人机系统智能优化方法：
性能预测与决策分析

王保国　王伟　黄勇　编著

国防工业出版社

·北京·

内 容 简 介

《人机系统智能优化方法:性能预测与决策分析》是一部专门研究与分析人机系统性能预测、决策分析和人机系统可靠性评价常用智能算法方面的专业基础性教材。全书共分三篇11章,系统阐述与探讨了钱学森先生综合集成思想框架下的智能优化方法,是信息科学与智能技术在人机系统中密切融合的具体应用。

本书内容系统严谨、条理清晰、重点突出,可作为高等学校系统工程、人机与环境工程、安全工程、工业工程、管理工程、数据挖掘与人工智能技术、生物医学工程、信息类工程与可靠性技术、能源与动力工程、机械工程及自动化、海洋工程、航空航天等专业本科生和研究生的专业基础课教材;也可供从事上述专业的科研人员与工程管理人员作为参考用书。

图书在版编目(CIP)数据

人机系统智能优化方法:性能预测与决策分析/王保国,王伟,黄勇编著. —北京:国防工业出版社,2023.9
ISBN 978-7-118-13064-5

Ⅰ.①人… Ⅱ.①王… ②王… ③黄… Ⅲ.①人-机系统-最优化算法 Ⅳ.①TB18

中国国家版本馆 CIP 数据核字(2023)第 178075 号

※

国防工业出版社出版发行
(北京市海淀区紫竹院南路23号 邮政编码100048)
三河市天利华印刷装订有限公司印刷
新华书店经售

*

开本 787×1092 1/16 印张 20½ 字数 472 千字
2023年9月第1版第1次印刷 印数 1—1500 册 定价 68.00 元

(本书如有印装错误,我社负责调换)

国防书店:(010)88540777 书店传真:(010)88540776
发行业务:(010)88540717 发行传真:(010)88540762

前　言

　　智能科学与信息科学的融合是 21 世纪最为关注的领域之一,同时它也是未来人机系统工程发展的重要方向。多年来,钱学森先生一直倡导开展系统科学、人体科学和思维科学的研究,特别关注脑科学、意识科学(心理、心智、心灵三个层次)的模型研究和认知神经科学的基础性研究,尤为关注"系统学"基础理论的构建与发展。为了贯彻钱先生全面发展系统学的倡导,2015 年 9 月王保国、王伟和徐燕骥合著了《人机系统方法学》,并在清华大学出版社出版发行。该书是一部针对人机系统通过数学建模进行系统评价与分析的专著,探讨了性能预测与优化设计,提出了系统人因事故的预测与个体防护的研究方法。同时,还对人机环境系统中涉及的哲学与法学中的几个重要问题进行了深入的探讨与研究。该书分四篇 10 章,列出了 369 篇国内外重要文献,它填补了我国在这一领域的空白。

　　本书(即《人机系统智能优化方法:性能预测与决策分析》)是《人机系统方法学》的姊妹篇,是《安全人机工程学》(全国安全工程专业通用规划教材,自 2007 年 6 月第 1 版之后,2016 年 7 月第 2 版发行)在方法上的进一步新拓展。与《人机系统方法学》相比,它是教材,后者是专著,它不同于《安全人机工程学》,在处理人机问题的方法上,更多的是将智能算法与信息科学交叉融合,将大量的智能算法、数据挖掘、知识发现和大数据分析方法以及信息科学中基于全信息概念的两大类信息转换原理用于解决复杂的人机系统工程问题。书中特别关注了神经工效学中的智能量化算法,复杂人机系统中的小波神经网络智能方法,深度学习与卷积神经网络的应用技术,数据挖掘与知识发现在可靠性工程中的应用以及文本挖掘、互联网技术和金融信息流中的数据挖掘技术等。另外,十分关注复杂系统的智能决策、多 Agent 分布式智能决策与广义智能评价以及人机复杂系统中高维多目标智能优化方法等,尤为关注基于全信息概念、采用信息-知识-智能转换生成各种智能策略方法。毫无疑问,这些智能算法和全信息框架下各种智能策略的生成技术都十分新颖,将此应用于人机系统的性能预测与决策分析更是项极具创新性的工作,必将拓宽人们处理人机工程复杂问题时的视野,提高解决实际问题的能力。本书的最后一章,即第 11 章是对未来人机系统的展望,该章将信息科学与智能科学高度融合,全方位地展示了未来人机系统工程的美好前景。

　　本书每章都配有"习题与思考"题,这些题目编写都是格外精心安排的。它打破了过去习题编写仅仅是复习与掌握课中所讲内容的常规做法,而是进一步拓展每章的知识。鼓励学有余力的学生在掌握了课中基本内容之后还要多读课外资料和参考书,要多读本学科中的世界名著,尤其要读中国科学家撰写的名著与教材。例如在第 1、3、4、9 章的"习题与思考"题中,特别介绍了四位院士(即陆启铿、戴汝为、陆汝钤、王众托先生)在发展科学前沿交叉学科、人工智能、智能算法、数据挖掘与知识发现领域中的创新工作以及著名决策分析教授陈珽先生的名著与教材,启发学生结合阅读名家的著作与教材谈他们自己的感受。此外,还对近年来国内外许多学者关注的 metaverse,对其内涵与所涉及的关键技术在本书第 11.9.12 小节中进行了扼要的归纳和总结,并且在第 11 章的"习题与思考"题中也进行了相关的讨论。总之,这种主动推荐与鼓励学子们学习的举措,还是十分有益的。

书中第 1、3、5、8 章和第 11 章第 11.8 及 11.9 节由王伟撰写,其余章节由王保国和黄勇共同撰写。全书的统稿由王保国完成。鉴于三位作者水平有限,书中难免会有错漏或不妥之处,敬请斧正!读者通过邮箱(MMSAIPP@163.com)可与我们联系或交流,以便再版时修正或补充。

作　者

2023 年 5 月 12 日

目　　录

第一篇　智能优化与知识发现的综合集成方法

第1章　人工智能的两大研究领域及其主要方法 … 2
1.1　智能和人工智能的概念及其基本特征 … 2
1.2　人工智能研究的主要途径和基本内容 … 5
1.3　人工智能研究中的搜索策略与主要方法 … 6
1.4　知识表示的几种方法以及问题求解的基本过程 … 20
习题与思考 1 … 27

第2章　常用的性能预测智能优化方法 … 29
2.1　进化优化算法所涉及的主要内容及其一般框架 … 30
2.2　禁忌搜索算法 … 31
2.3　遗传算法 … 33
2.4　模拟退火算法 … 36
2.5　蚁群算法 … 38
2.6　捕食搜索策略 … 40
2.7　粒子群优化算法 … 42
习题与思考 2 … 44

第3章　决策分析的几种重要策略 … 45
3.1　决策理论发展简史及与其他学科的联系 … 45
3.2　随机性决策的效用函数与决策分析的基本步骤 … 47
3.3　Bayes 定理、Bayes 策略与 Bayes 分析 … 51
3.4　模糊多准则决策问题以及多属性决策方法 … 54
3.5　动态规划概述以及多阶段决策与序贯决策 … 62
3.6　多目标决策理论基础以及多属性决策解法的统一框架 … 68
习题与思考 3 … 77

第4章　智能优化方法与知识模型融合的集成框架 … 79
4.1　知识和知识模型 … 79
4.2　智能优化与知识模型融合的基本框架 … 80
4.3　智能优化与知识模型融合的运行机制 … 80

4.4 智能优化与知识模型融合中的知识 ………………………………… 81
4.5 智能优化与知识模型融合的框架和流程 …………………………… 85
习题与思考 4 …………………………………………………………… 89

第二篇 智能优化在人机系统中的应用

第 5 章 神经工效学中的智能量化分析 …………………………………… 91
5.1 神经工程与神经工效学的概述 ……………………………………… 91
5.2 脑神经电信号的检测及脑电图的结构 ……………………………… 93
5.3 工效学中的神经电信号及 ERP 初步分析 …………………………… 95
5.4 人机界面工效学设计原则及注意力分配建模 ……………………… 98
5.5 神经电信号处理的基础算法 ………………………………………… 103
5.6 基于认知神经学的一类人机交互界面评价技术 …………………… 110
习题与思考 5 …………………………………………………………… 120

第 6 章 复杂人机系统中性能预测的几种高效算法及其应用 …………… 122
6.1 小波神经网络算法及小波函数的选择 ……………………………… 122
6.2 模糊神经网络算法及连接权重矩阵的调整 ………………………… 128
6.3 灰色系统性能建模与定量预测 ……………………………………… 130
6.4 反映神经细胞工作原理的 RNN 和 PCNN 模型 …………………… 140
6.5 深度学习以及卷积神经网络技术 …………………………………… 141
6.6 WNN 算法在优化三维叶片与射流元件中的应用 ………………… 148
6.7 卷积神经网络在人机工程中的应用 ………………………………… 153
习题与思考 6 …………………………………………………………… 155

第 7 章 数据挖掘和知识发现在可靠性工程中的应用 …………………… 157
7.1 知识发现和数据挖掘在多个领域中的应用 ………………………… 157
7.2 关联规则的挖掘及其设备的故障诊断 ……………………………… 160
7.3 确信可靠性方法的理论基础及指标间的转化关系 ………………… 166
7.4 考虑认知不确定的性能裕量模型以及 BRA 技术 ………………… 169
7.5 不确定理论与 DEA 融合技术及其应用 …………………………… 171
7.6 PSF 与 TSA 融合的人因可靠性智能方法及应用 ………………… 175
习题与思考 7 …………………………………………………………… 186

第 8 章 数据挖掘和知识发现在文本与互联网挖掘的应用 ……………… 187
8.1 非结构化文本与多媒体信息的知识表示 …………………………… 187
8.2 文本挖掘的常用方法以及基本框架 ………………………………… 189
8.3 视频文本检测与内容检索的智能方法 ……………………………… 193
8.4 互联网金融爬虫的智能搜索 ………………………………………… 195

8.5　时序金融信息流概述及其智能挖掘 ……………………………… 197
　　习题与思考 8 …………………………………………………………… 201

第 9 章　复杂决策问题的建模与系统智能评价方法 ……………………… 203
　　9.1　复杂系统的概念以及决策问题的分类 ……………………………… 203
　　9.2　结构化与半结构化决策问题求解方法 ……………………………… 205
　　9.3　贝叶斯网络方法的基本原理 ………………………………………… 206
　　9.4　基于多 Agent 分布式智能决策方法及其应用 ……………………… 212
　　9.5　复杂系统广义智能评价的几种方法 ………………………………… 222
　　习题与思考 9 …………………………………………………………… 234

第 10 章　人机系统高维多目标智能优化技术 …………………………… 236
　　10.1　多目标进化方法 …………………………………………………… 236
　　10.2　多目标进化算法中的三代 NSGA 技术 …………………………… 239
　　10.3　多目标优化中的 DE-EDA 混合搜索算法 ………………………… 240
　　10.4　改进的 Two-Archive 高维多目标进化算法 ……………………… 243
　　习题与思考 10 ………………………………………………………… 247

第三篇　未来人机系统：信息科学与智能技术融合策略

第 11 章　基于人工智能与认知计算的现代人机系统及其展望 ………… 248
　　11.1　全信息的描述及其度量方法：信息科学基础 …………………… 248
　　11.2　第一类信息转换原理以及感知、注意与记忆问题 ……………… 258
　　11.3　智能生成机制及其第二类信息转换原理 ………………………… 262
　　11.4　基础意识的生成机制：第二类 A 型信息的转换 ………………… 263
　　11.5　情感的生成机制：第二类 B 型信息的转换 ……………………… 264
　　11.6　理智的生成机制：第二类 C 型信息的转换 ……………………… 266
　　11.7　策略执行的机制：第二类 D 型信息的转换 ……………………… 268
　　11.8　人类智能系统主要功能模块及其工作过程 ……………………… 269
　　11.9　未来人机系统的展望 ……………………………………………… 272
　　习题与思考 11 ………………………………………………………… 298

后记 …………………………………………………………………………… 304

参考文献 ……………………………………………………………………… 306

第一篇 智能优化与知识发现的综合集成方法

早在20世纪80年代,钱学森先生就提出了开展研究系统科学、人体科学和思维科学三大新兴领域的倡议[1],提出了要开展"新三论""老三论"(简称为"新、老三论")学习的想法[2]。因此,如果将现代应用数学的八大分支再加上"新、老三论"合称为工程应用数理基础的话,那么它便是开展系统科学、人体科学和思维科学研究,特别是开展脑科学(包括微观水平:尺度10^{-6}米量级、神经元脉冲10^{-3}秒;介观水平:这里特指神经元簇和神经回路;宏观水平:尺度在10^{-2}米量级、脑功能系统活动在10^{-1}秒;显然,这里对脑科学研究时所定义的微观、介观和宏观尺度不同于理论物理中所规定的尺度范围)、意识科学(包括心理、心智和心灵三个层次)、认知神经科学、数据挖掘、机器学习、大数据分析以及人工智能理论等研究的重要基础工具。而基于智能优化与知识发现的综合集成又是开展人机系统研究的最基本方法,本篇主要讨论这个方法的基本框架。现代应用数学的八大分支包括:①概率论,②统计学,③模糊数学,④灰色数学,⑤可拓学,⑥人工神经网络,⑦遗传与进化算法,⑧优化理论(包括确定性优化、不确定性优化、运筹学)。"新、老三论"是指:①耗散结构理论(Prigogine),②协同学理论(Haken),③超循环(Eigen)以及突变理论(Thom,另外还包括混沌和分形问题),④信息论,⑤控制论,⑥运筹学理论;前三个为"新三论",后三个为"老三论"。

面对上述如此庞大的现代应用数学八大分支,本书不作一一讨论与介绍。本书针对的是人机系统,讨论智能优化方法在人机系统工程中的应用。因此,这里必须讲清人机系统研究些什么,即人机系统主要研究哪些方面的科学问题,它可能涉及哪些学术领域,这是本书首先要说明的问题。由于人机系统涉及面极广,学术界至今未给出人机系统的严格定义,因此这里很难准确地回答上述问题。作者根据当前学术界所研究的宽广领域,对人机系统的研究可初步概括成如下10个方面:①工效分析,②可靠性分析,③决策分析,④风险分析,⑤性能预策,⑥故障诊断(含故障模式、危险度分析、事件树分析、故障树分析等),⑦容错控制,⑧健康监视,⑨安全评估(含定性与定量安全评价法等),⑩多目标与多属性优化。

本篇针对上述10个研究方面的科学问题以及所涉及的计算方法,从智能优化和知识发现的角度讲述综合集成方法的基本框架以及几种典型智能算法。至于这些智能算法在人机系统中的具体应用,将在第二篇的第5章~第10章中讲述。

第1章 人工智能的两大研究领域及其主要方法

1.1 智能和人工智能的概念及其基本特征

1.1.1 智能及基本特征

物质的本质、宇宙的起源、生命的本质和智能的发生被认为是自然界的四大奥秘,是古今中外的许多哲学家、物理学家、天文学家、化学家、生物学家和脑科学家一直在努力探索与研究的问题,但至今仍然没有完全解决[3-39]。究竟什么是智能? 智能的本质是什么? 什么是人工智能? 人工智能是否能够实现? 一直是学术界争议的问题。不同领域的研究者从不同的角度,对智能与人工智能给出了各自不同的定义。例如,从事思维科学和思维理论(thinking theory)的人们认为智能的核心是思维,人的一切智慧或智能都来自大脑的思维活动,人类的一切知识都是人们思维的产物,因而通过对思维规律与方法的研究试图揭示智能的本质。又如从事知识阈值理论(knowledge threshold theory)研究的人们强调知识对智能的重要作用,认为智能行为取决于知识的数量及其程度,一个系统之所以有智能是因为它具有可运用的知识。在此认识的基础上,将智能定义为:智能是在巨大的搜索空间中迅速找到一个满意解的能力。再如从事进化理论(evolutionary theory)的人们认为,人的本质能力是在动态环境中的行走能力、对外界事物的感知能力以及维持生命与繁衍生息的能力,正是这些能力对智能的发展提供了基础。综上所述,尽管人们对智能的研究从不同角度、不同侧面提出了不同的观点,综合上述各种观点,概括起来可以认为:智能是知识与智力的综合。其中,知识是一切智能行为的基础,而智力是获取知识并运用知识求解问题的能力。具体地说,智能具有如下四点特征:

(1) 具有感知能力。这里感知能力指人们通过视觉、听觉、触觉、味觉、嗅觉等感觉器官感知外部世界的能力。感知是人类最基本的生理、心理现象,是获取外部信息的基本途径,人类的大部分知识都是通过感知外部信息而后由大脑加工获得的。

(2) 具有记忆与思维的能力。思维与记忆是人类大脑最重要的功能,也是具有智能的根本原因。记忆用于存储由感觉器官感知的外部信息以及由思维产生的知识;思维是一个动态过程,是用于对记忆的信息进行处理,其中包括利用已有的知识对信息进行分析、计算、比较、判断、推理、联想和决策等。按照钱学森的观点[1-2],思维可分为逻辑思维和形象思维以及在潜意识下涌现的灵感思维。逻辑思维又称抽象思维,它具有如下特点:①依靠逻辑进行思维;②思维过程是串行的,表现为一个线性过程;③思维过程可以用符号串表达,具有形式化特征;④思维过程具有严密与可靠性。形象思维又称直感思维,在思维过程中,存在着两次飞跃,即由感性形象认识到理性形象认识飞跃,获得对事物整体性的认识(即知觉),再在知觉的基础上形成具有一定概括性的感觉(即表象),而后再经过形象分析、形象比较、形象概括形成对事物的理性形象认识。形象思维具有如下特点:①主要是依据直觉进行思维;②思维过程是并行协同式的,表现为一个非线性过程;③没有统一的形象联系规则,因此形式化困难;④时常在少信息下仍可能得到比较满意的结果。灵感思维也称顿悟思维,它具有如下特点:①具有不定期的突发性;②具有非线性的独创性及模糊性;③它比形象思维更复杂,至今还未弄清产生的机理。

(3) 具有学习的能力与自适应能力。

(4) 具有行为能力。

1.1.2 人工智能发展简史与基本概念

回顾人工智能的发展历史可归结为1956年之前的萌芽期、1956—1969年间的形成期和1970年以后的发展期。在萌芽期里,最值得说明的有四件事:① 英国数学家A. M. Turing 在1936年提出了一种理想计算机的数学模型,即图灵机。Turing 的这项工作为后来出现电子计算机奠定了理论基础。② 美国神经生理学家 W. McCulloch 和 W. Pitts 在1943年建成了第一个神经网络模型(即 M-P 模型),开创了微观人工智能,即用模拟人脑来实现智能的研究。③ 美国数学家 J. W. Machuly 和 J. P. Eckert 1946年发明了世界第一台电子数字计算机,这为人工智能的研究奠定了物质基础。④ 美国数学家 C. E. Shannon 在1948年发表了《通讯的数学理论》,它代表着信息论的诞生。信息论对心理学产生了很大的影响,而心理学又是人工智能研究的重要支柱。

形成时期指1956年至1969年间,这13年硕果累累,这里仅列举如下六点:①1956年在 Dartmouth 大学召开关于机器智能的有关会议,会议由 J. McCarthy、M. L. Minsky、贝尔实验室的 Shannon 和 IBM 公司信息研究中心的 N. Rochester 四位发起,普林斯顿大学的 T. More,IBM 的 A. Samuel,MIT 的 R. Solomonoff 和 O. Selfridge,卡内基梅隆大学 A. Newell 和 H. A. Simon 等10人参加,会上由 McCarthy 提出"人工智能"这一术语,这次会议标志着人工智能新兴学科的诞生。②在机器定理证明方面,美籍华人数理逻辑学家王浩1958年在 IBM-704 计算机上用 3～5min 证明了《数学原理》中的全部定理(220条);1965年 Robinson 提出了消解原理,为定理的机器证明做出了突破性的贡献。③在专家系统方面,1968年斯坦福大学 E. A. Feigenbaum 团队成功地完成了专家系统 DENDRAL 的研究,借助于这个系统由质谱仪的实验,通过分析推理决定化合物的分子结构,其分析能力已接近、甚至超过有关化学专家的水平。因此该系统在美、英等国获得了广泛的应用。④在人工智能语言方面,1959年 McCarthy 发明了人工智能的 LISP 语言,该语言至今仍一直广泛采用。⑤在文法体系和形式语言方面,1956年 N. Chomsky 创立了形式语言。形式语言与自动机结合，便可以用来描述和研究思维过程。⑥在问题求解和万能的逻辑推理体系方面，1960 年 Simon 和 Newell 等人通过心理学实验总结出人们求解问题的思维规律，编制了"通用问题求解程序"，可以用来求解 11 种不同类型的问题。

发展期指 1970 年以后，人工智能的研究在问题求解、机器定理证明、博弈、程序设计、机器视觉、自然语言理解等领域取得了深入的进展，而且人工智能的理论与成果也广泛被应用于化学、医疗、气象、地质、交通等领域。这里仅列举如下：①在自然语言理解和计算机视觉领域，Minsky 考察了知识表示和使用方法的各种实现方法，1975 年提出了名为"框架"的知识表示方法，提出了适合于使用"框架"的程序设计语言 FRL(frame representation language)，开发了基于"框架"的知识表示语言 KRL(knowledge representation language)，并用该系统制定旅行计划。②1972 年，斯坦福大学的 E. H. Shortliffe 等人开发了专家系统 MYCIN，他们把熟练技术人员和医生的知识存储在计算机内，这个专家系统已经能够识别 51 种病菌，并且可以正确使用 23 种抗菌素，可以协助医生诊断、治疗细菌感染性血液病，能够为患者提供最佳处方，并且成功地处理了数百个病例。③1977 年，在第五届人工智能国际会议上，E. A. Feigenbaum 提出了知识工程(knowledge engineering)的研究方向，极大推动了专家系统和知识库系统研究与开发工作的进展。④在人工神经网络学习算法方面，生物物理学家 Hopfield 取得了突破性的进展，其中 Hopfield 模型以及反向传播学习算法在模式识别、故障诊断、预测和智能控制等多个领域中获得了广泛的应用。⑤从学术上讲，博弈(game theory)问题是搜索策略、机器学习的研究课题之一。博弈被认为是智能的活动，这里主要指计算机与人类下棋。1997 年 5 月，IBM 公司邀请国际象棋棋王 Kasparov 与 IBM 公司研制的"深蓝"(deep thought)计算机系统进行人机大战，"深蓝"以 3.5：2.5 的成绩击败了国际象棋棋王。另外，Google 于 2016 年 1 月 27 日在《Nature》杂志以封面论文的形式介绍了 Deep-Mind 团队开发的 AlphaGo，以及它击败欧洲围棋冠军樊麾的消息。此外，2016 年 3 月 AlphaGo 以 4：1 战胜曾 15 次荣获世界围棋冠军的韩国著名棋手李世石；之后又以 3：0 击败了围棋排名世界第一的柯洁。AlphaGo 系统融合了神经网络和卷积神经网络的各种算法，而且该系统具有自学习和深度学习的功能。2016 年 3 月 8 日与柯洁交战结束后，Google 宣布将向全世界开放 AlphaGo 的核心算法，同时还宣布，最新的 AI 算法将首先应用于医疗和金融领域，让人类共享科技成就所带来的进步和成果。

人工智能是数学、哲学、计算机科学、控制论、信息论、神经生理学、认知心理学、脑科学、语言学等多学科融合的一门综合性新学科。1956 年在 Dartmouth 大学夏季的讨论会上，John McCarthy 提议用人工智能(artificial intelligence, AI)作为这门综合性新学科的名称。从那以后，科学工作者发展了许多理论与原理，人工智能的概念也随之扩展。至今，人工智能的发展虽已走过了 60 多年的历程，但对人工智能尚无统一的定义。

文献[4,20-21]中，分别介绍了不同学者给出的多种人工智能的定义，例如 J. Nilsson、P. Winston、M. Minsky 以及 A. Feigenbaum 给出的定义等。这些定义虽然各自不同，但从人工智能研究的本质来讲这其中有共同之处，即可以认为人工智能是研究如何制造出人造的智能机器或智能系统来有效模拟人类智能活动能力的一门科学。换句话说，也可以认为：数学上的算法与编程，加上信息科学原理和现代控制理论以及精密制造工艺，便构成了人工智能以及机器知行学的核心平台，而全信息理论、知识理论、信息转换理论和现代控制理论是支撑这个平台的基础理论，它从这个角度充实与丰富了人工智能研究的内涵，给出了人工智能的定义。

1.2 人工智能研究的主要途径和基本内容

目前，对人工智能的研究主要有三种途径，相应地形成了三个学术流派：符号方法学派、连接方法学派和行为方法学派。①以符号处理为核心的方法（简称符号方法），常称符号主义，又称逻辑主义，代表人物有 Newell、Simon、Feigenbaum、Shortliffe 等。该流派学者认为，任何一种物理符号系统，如果是有智能的，则应有能执行对符号的输入、输出、存储、复制、条件转移和建立符号结构这六种操作，这就是著名的 Newell 和 Simon 提出的物理符号系统假说，简称 N—S 假说。根据 N—S 假说，人是具有智能的，因此人是一个物理符号系统；计算机是一个物理符号系统，因此它必须具有智能。另外，该学派学者认为计算机可以模拟人，或者说能够模拟人的大脑功能。②以网络连接为主的连接机制方法（简称连接方法），常称联结主义，又称仿生学派，是基于生物进化论的人工智能学派，主张人工智能可以通过模拟人脑结构来实现。Rosemblatt、Widrow、Hoff、Hopfield 等是该学派的领军人物，而人工神经网络（ANN）是该学派的主要研究内容。③基于智能行为的方法（简称行为方法）常称行为主义，又称控制论学派，其代表人物是 MIT 的 R. A. Brooks。

上述三个学派在理论方面研究的特点是：符号方法着重于功能模拟，提倡用计算机模拟人类认知系统所具备的功能；连接方法侧重于结构模拟，通过模拟人的生理网络来实现智能；行为方法侧重于行为模拟，依赖感知和行为来实现智能。在技术路线方面，符号方法依赖于软件线路，通过启发性程序设计，实现知识工程和各种智能算法；连接方法依赖于硬件设计，如 VLSI（超大集成网络）、脑模型和智能机器人等；行为方法利用一些相对独立的功能单元与智能体（Agent）组成分层异步分布式网络，为机器人的研究开创了一种新的方法。

目前，符号处理系统和神经网络模型的结合已经成为一个重要的研究方向，例如模糊神经网络系统，它将模糊逻辑与神经网络等结合在一起以实现优势互补。人工智能界普遍认为，未来的发展应立足于各学派之间的求同存异、相互融合。同时还要有效集成数学、生物学、心理学、哲学、控制科学、信息学、计算机学等，促进人工智能从软件到硬件、从理论分析到工程应用的新发展、新飞跃。

当前人工智能的基本研究领域可概括为六个方面：①机器学习，主要包括机械式学习、指导式学习、归纳学习、类比学习以及基于解释的学习等。②模式识别，主要包括统计模式识别、结构模式识别、模糊模式识别等。③神经网络，泛指生物神经网络和人工神经网络，生物神经网络是脑科学、神经生理学、病理学等研究的对象，而计算机科学、人工智能则是研究构建人工神经网络的方法与技术。因此，人工神经网络、卷积神经网络（convoluted neural network,CNN)和 CNN 的训练算法,支持深度学习各种算法以及 TensorFlow 框架的构建等应是该方向研究的重点。④进化计算,包括遗传算法、进化规划、进化策略以及遗传算法的编程等。⑤搜索策略和推理技术。对人机工程和一般工程系统,要求解的问题可归纳为两类:一类是知识贫乏系统,另一类是知识丰富系统。前者要用搜索技术去解决问题,后者则求助于推理技术。对于搜索策略应包括:图搜索策略与算法,盲目搜索、启发式搜索以及博弈问题的智能搜索算法等。推理是人工智能研究的核心问题之一,而且推理也是智能行为的基本特征之一。对于推理,它可分为确定性推理和不确定性推理。自然演绎推理和归结演绎推理都属于确定性推理的范畴,其推理过程都是按照必然的因果关系或者严格的逻辑推理进行的,是从已知的事实出发,通过运用相关的知识逐步推出结论的思维过程。在现实世界中,大量的事物和现象都是变化的、不确定的,因此不确定性推理(uncertainty reasoning)理应属于人工智能的研究范畴。所谓不确定性推理是指在推理过程中使用的前提条件及判断规则是不确定的或者是模糊的,因此推理所得的结论与判断也是不精确的、不确定的或者模糊的。目前,不确定性推理所使用的数学手段多基于概率的似然推理、基于模糊数学和模糊推理,可信度方法以及人工神经网络算法与遗传算法的计算推理等。⑥专家系统,至少应包括基于规则的专家系统、基于框架的专家系统、基于模型的专家系统以及专家系统的设计原则与开发等。

1.3 人工智能研究中的搜索策略与主要方法

1974 年,美国著名人工智能专家 N. J. Nilsson 给出了人工智能领域中应大力研究的四个核心问题,即:①知识的模型化和表示;②常识性推理、演绎和问题求解;③启发式搜索;④人工智能系统和语言。本节仅讨论搜索技术,下节(即 1.4 节)讨论知识表示,其他不作介绍,可参考文献[4-15]以及文献[19-36]等。

1.3.1 人工智能中的搜索策略

搜索是人工智能中的一个最基本的问题,是推理不可分割的一部分。现在,搜索技术已经渗透人工智能的多个领域,在自然语言理解、专家系统、模式识别、信息检索、博弈问题、自动程序设计、机器人学、智能决策支持系统等领域均广泛使用。通常搜索策略的主要任务是确定如何选取规则的方式,通常有两种基本方式:一种是不考虑给定问题所具有的特定知识,系统根据事先确定的某种固定排序,依次调用规则或随机调用规则。这其实就是盲目搜索方法,属于无信息引导一类搜索策略。这种搜索其效率不高,不便于复杂问题的求解。另一种是在搜索中加入了与问题有关的启发性信息,动态地确定规则的排序,优先调用较合适的规则使用,指导搜索朝着最有希望的方向前进,加速问题的求解过程、获得最优解。这种就是启发式搜索策略,又称有信息引导的搜索策略,它的搜索效率较高。

从人工智能求解现实问题的过程来看,都可以抽象为一个"问题求解"的过程。问题求解的过程实际上就是一个搜索过程。为了进行搜索,首先需要某种形式把问题表示出来,其表示是否适当,将直接影响到搜索效率。状态空间表示法以及与/或树(即问题空间)表示法是两种常见的形式化方法,下面扼要讨论在状态空间与问题空间中几种常见的盲目搜索方法。

1.3.2 状态空间中一般搜索过程以及常用盲目搜索方法

1. 状态空间的一般搜索过程

状态空间表示法是用"状态"和"算符"表示问题的一种方法。其中,"状态"用以描述问题求解过程中不同时刻的状态,也就是说状态是描述问题求解过程中任一时刻状况的数据结构,通常用一组变量的有序组合表示:

$$S_k = (S_{k0}, S_{k1}, \cdots) \tag{1.1}$$

其中 S_{ki} 为状态变量。

"算符"表示对状态的操作,算符的每一次使用就使问题由一种状态变换为另一种状态。当达到目标状态时,由初始状态到目标状态所用算符的序列就是问题的一个解。问题的状态空间是由问题的全部状态和一切可用算符所构成的集合,它一般用一个三元组表示,即 (S, F, G),这里 S 是问题的所有初始状态构成的集合;F 是算符的集合;G 是目标状态的集合。

在人工智能中运用搜索技术来解决问题,其基本思路为:首先把问题的初始状态(即初始节点)作为当前状态,选择合适的算符对其进行操作,生成一组子状态(或称后继节点、子节点、后续状态),然后检查目标状态是否在其中出现,若出现,则搜索成功,得到问题的解;若不出现,则按某种搜索策略从已生成的状态中再选一个状态作为当前状态。重复上述过程,一直到目标状态出现或者不再有可供操作的状态及算符时为止。

搜索的一般过程如下:

(1) 把初始节点 S_0 放入 OPEN 表中,建立一个只含初始节点 S_0 的搜索图,记为 G。

(2) 建立 CLOSED 表,初始为空表。

(3) LOOP:检查 OPEN 表是否空,若空则问题无解,退出。

(4) 将 OPEN 表的第一个节点取出放入 CLOSED 表,并记该节点为节点 n。

(5) 若节点 n 为目标节点,则有解并成功退出。

(6) 扩展节点 n,生成一组子节点,同时生成不是节点 n 祖先的那些后继节点的集合记作 M。把 M 的这些子节点作为节点 n 的子节点加入到 G 中。

(7) 针对 M 中子节点的不同情况,分别进行以下处理:

① 对于那些未曾在 G 中出现过的 M 成员,设置一个指向父节点(即节点 n)的指针,并把它们放到 OPEN 表。

② 对那些先前已在 G 中出现过的 M 成员,确定是否需要修改它指向父节点的指针。

③ 对于那些先前已在 G 中出现并且已经扩展了的 M 成员,确定是否需要修改其后继

节点指向父节点的指针。

(8) 按某种搜索策略,重排 OPEN 表。

(9) 转 LOOP。

由上述搜索过程可以看出,问题的求解过程实际上就是搜索的过程,而且问题求解的状态空间图是通过边搜索边形成的。搜索每前进一步,就要检查一下是否达到了目标状态,这样做便于尽量少生成与问题求解无关的状态,既节省了存储空间,又提高了求解的效率。这里要强调的是,在一般图搜索算法中,提高搜索效率的关键在于优化 OPEN 表中节点的排序方式,如果每次排在表首的节点都在最终搜索到的解答路径上,则算法不会扩展任何多余的节点就可以快速结束搜索。因此,排序方式便成为研究搜索算法的焦点,并且形成了多种搜索策略。一种简单的排序策略就是按预先的排序或随机排列新加入到 OPEN 表中节点的办法,例如深度优先(depth-first)和宽度优先(breadth-first)的方式等。下面讨论几种盲目搜索策略。

2. 状态空间中的宽度优先搜索

宽度优先搜索又称广度优先搜索,其基本思想是:从初始节点 S_0 开始,逐层对节点进行扩展并考察它是否是目标节点。在第 n 层节点没有全部扩展并考察之前,不对第 $n+1$ 层的节点进行扩展。OPEN 表中的节点总是按进入的先后顺序排列,先进入的节点排在前,后进入的排在后。宽度优先搜索的搜索过程如下:

(1) 把初始节点 S_0 放入 OPEN 表。

(2) 如果 OPEN 表为空,则问题无解,退出。

(3) 把 OPEN 表的第一个节点(记为节点 n)取出放入 CLOSED 表。

(4) 考察节点 n 是否为目标节点,如果是则得到问题的解,退出。

(5) 如果节点 n 不可扩展,则转第(2)步。

(6) 扩展节点 n,将其子节点放入 OPEN 表的尾部,并且为每一个子节点都配置指向父节点的指针,然后转到第(2)步。

上述搜索过程的示意图如图 1.1 所示。

宽度优先搜索的盲目性较大,当目标节点距离初始点较远时将会产生许多无用节点,因此这种搜索的效率较低,但只要问题有解,用宽度优先搜索总可以得到解,而且得到的是路径最短的解,因此宽度优先搜索这种策略是完备的。

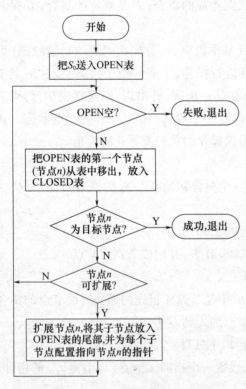

图 1.1 宽度优先搜索流程的示意图

3. 状态空间中的深度优先搜索

深度优先搜索的基本思想：它是一种一直向下的搜索策略，从初始节点 S_0 开始，按生成规则生成下一级各子节点，检查是否出现目标节点；若未出现，则按"最晚生成的子节点优先扩展"的原则，再用生成规则生成再下一级的子节点，再检查是否出现目标节点；如果仍未出现，则再扩展最晚生成的子节点。如此下去，沿着最晚生成的子节点分枝，逐级向下搜索。当达到某个子节点，如果该子节点既不是目标节点，且又不能继续扩展时，才选择其兄弟节点进行考察。

深度优先搜索的搜索过程如下：

(1) 把初始节点 S_0 放入 OPEN 表。

(2) 若 OPEN 表为空，则问题无解，退出。

(3) 把 OPEN 表的第一个节点(记为节点 n)取出放入 CLOSED 表。

(4) 考察节点 n 是否为目标节点。若是，则求得问题的解，退出。

(5) 若节点 n 不可扩展，则转第(2)步。

(6) 扩展节点 n，将其子节点放入到 OPEN 表的首部，并为其配置指向父节点的指针，然后转到第(2)步。

上述过程与宽度优先搜索的唯一区别是：宽度优先搜索是将节点 n 的子节点放到 OPEN 表的尾部，而深度优先搜索是把节点 n 的子节点放入到 OPEN 表的首部。仅此一点不同，就使得搜索的路径完全不同。

在深度优先搜索中，搜索一旦进入了某个分支，就将沿着该分支一直向下搜索。如果目标节点恰好在这个分支上时，则可很快得到解。如果目标节点不在此分支上，而且该分支又是一个无穷分支，则就不可能得到解。因此，深度优先搜索是不完备的，即使问题有解也不一定能求得到解。另外，采用深度优先搜索求得的解，路径也不一定是最短的。

4. 状态空间中的有界深度优先搜索

为了解决深度优先搜索问题的不完备，避免搜索过程陷入无穷分支的死循环，引入了一个搜索深度的界限(设为 d_m)，当搜索深度达到了深度界限而仍未出现目标节点时，就换一个分支进行搜索。有界深度优先搜索的过程如下：

(1) 把初始节点 S_0 放入 OPEN 表中，置 S_0 的深度 $d(S_0) = 0$。

(2) 若 OPEN 表为空，则问题无解，退出。

(3) 把 OPEN 表的第一个节点(记为节点 n)取出放入 CLOSED 表。

(4) 考察节点 n 是否为目标节点。若是，则求得问题的解，退出。

(5) 如果节点 n 的深度 $d(节点\ n) = d_m$，则转第(2)步。

(6) 若节点 n 不可扩展，则转第(2)步。

(7) 扩展节点 n，将其子节点放入到 OPEN 表的首部，并为其配置指向父节点的指针，然后转到第(2)步。

图 1.2 给出了有界深度优先搜索流程的示意图。如果问题有解，且其路径长度 $\leq d_m$ 时，则采用上述搜索过程一定能求得解。但如果解的路径长度 $> d_m$ 时，则上述搜索过程就得不到解。由于解的路径长度事先难以预料，因此要恰当地给出 d_m 值较困难。另外，

即使能求出解,它也不一定是最优的。

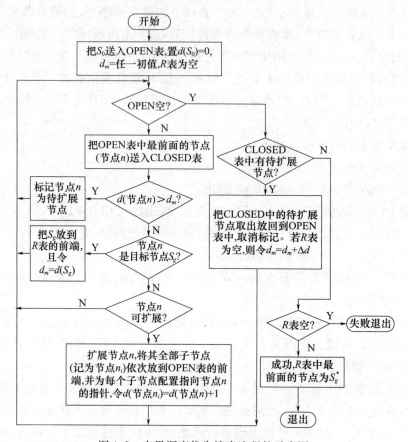

图 1.2 有界深度优先搜索流程的示意图

5. 状态空间中代价树的宽度优先搜索

考虑搜索代价的宽度优先搜索又称为代价树的宽度优先搜索。在代价树中,令 $g(x)$ 代表从初始节点 S_0 到节点 x 的代价,用 $c(x_1, x_2)$ 代表从父节点 x_1 到子节点 x_2 的代价,于是有

$$g(x_2) = g(x_1) + c(x_1, x_2) \tag{1.2}$$

在状态空间中,考虑搜索代价的宽度优先搜索的基本思想是:每次从 OPEN 表中选择节点往 CLOSED 表传递时,总是选取代价最小的节点,也就是说 OPEN 表中的节点在任一时刻都是按其代价从小到大的排序,代价小的节点排在前面,代价大的节点排在后面,而不管节点在代价树中处于何位置。代价树的宽度优先搜索过程如下:

(1) 把初始节点 S_0 放入 OPEN 表中,令 $g(S_0) = 0$。

(2) 若 OPEN 表为空,则问题无解,退出。

(3) 把 OPEN 表的第一个节点(记为节点 n)取出放入 CLOSED 表。

(4) 考察节点 n 是否为目标节点。若是,则求得问题的解,退出。

(5) 若节点 n 不可扩展,则转第(2)步。

(6) 扩展节点 n,将其子节点放入 OPEN 表中,且为其配置指向父节点的指针;计算各子节点的代价,并按各节点的代价对 OPEN 表中的全部节点按由小到大的顺序排序,然后转第(2)步。

图 1.3 给出了代价树宽度优先搜索的流程示意图。

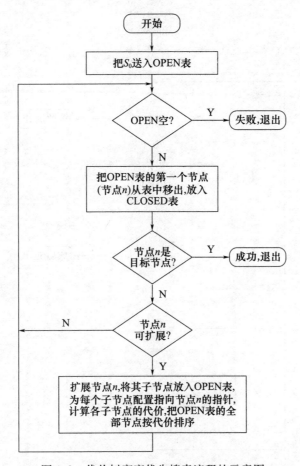

图 1.3 代价树宽度优先搜索流程的示意图

对于状态空间中代价树的宽度优先搜索,如果问题有解,则该搜索过程一定可求得并且是最优的,因此该搜索是完备的。

6. 状态空间中代价树的深度优先搜索

状态空间中,代价树的深度优先搜索如下:

(1) 把初始节点 S_0 放入 OPEN 表中。

(2) 如果 OPEN 表为空,则问题无解,退出。

(3) 把 OPEN 表的第一个节点(记为节点 n)取出放入 CLOSED 表。

(4) 考察节点 n 是否为目标节点。若是,则求得问题的解,退出。

(5) 若节点 n 不可扩展,则转第(2)步。

(6) 扩展节点 n,将其子节点按边代价从小到大的顺序放到 OPEN 表的首部,并为各子节点配置指向父节点的指针,然后转第(2)步。这里提到按边代价对子节点排序,这时因子节点 x_2 的代价 $g(x_2)$ 为 $g(x_2) = g(x_1) + c(x_1, x_2)$,式中 x_1 为 x_2 的父节点。在代价树的深度优先搜索中,只是从子节点中选取代价最小者,由于它们的父节点都是 x_1,即有相同的 $g(x_1)$,因此对各子节点代价的比较实质上是对边代价 c 的比较。

图 1.4 给出了代价树深度优先搜索的流程示意图。

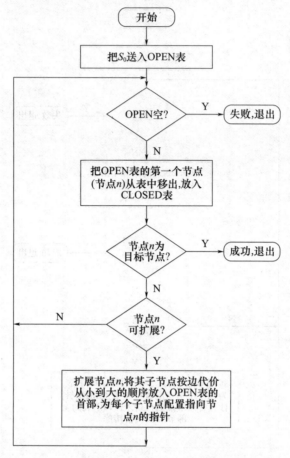

图 1.4　代价树深度优先搜索流程的示意图

1.3.3　问题空间中一般搜索过程以及常用盲目搜索方法

1. 问题空间的一般搜索过程

问题空间的表示法,又称问题规约(problem reduction)方法,是把复杂的问题变换为若干需要同时处理的较为简单的子问题后再加以分别求解。只有当这些子问题全部解决时,问题才算解决。而与/或图就是用于表示此类求解过程的一种方法,它是一种树图的形式,因此常将这种树图的形式作为与/或树的表示方法。在问题空间中,求解问题时其搜索策略也是分为盲目搜索和启发式搜索两大类。用问题空间方法求解问题时,首先应定义问题的描述方法以及分解和变换问题的算符,然后通过搜索生成与/或树,从而求得原始问题的解。对于一个"与"节点,只有当其子节点全部为可解节点时,它才为可解节点。只要在子节点中有一个为不可解节点,它就是不可解节点;对于一个"或"节点,只要子节点中有一个是可解节点,它就是可解节点,只有当全部子节点都是不可解节点时,它才是不可解节点。另外,由可解子节点来确定父节点、祖父节点等为可解节点的过程为可解标示过程;由不可解子节点来确定父节点、祖父节点等为不可解节点的过程称为不可解标示过程。在与/或树的搜索过程中将反复使用这两个过程,直到初始节点(即原始问题)被标示为可解或者为不可解节点为止。

下面给出问题空间中一般搜索的过程:
(1) 把原始问题当作初始节点 S_0,并把它作为当前节点。
(2) 通过分解或等价变换算符对当前节点进行扩展。
(3) 为每个子节点设置指向父节点的指针。
(4) 选择合适的子节点作为当前节点,反复执行第(2)步和第(3)步,在这一过程中要多次调用可解标示过程和不可解标示过程,直到初始节点被标示为可解节点或者为不可解节点为止。

通常将上述搜索过程所形成的节点和指针结构称作搜索树。与/或树搜索的目标是寻找解树,从而获得原始问题的解。如果在搜索的某一时刻,通过可解标示过程可确定初始节点是可解的,则由此初始节点及其下属的可解节点便构成了解树。如果在某时刻被选为扩展的节点不可扩展,并且它不是终止节点,则此节点就是不可解节点。此时可应用不可解标示过程确定初始节点是否为不可解节点,如果可以肯定初始节点是不可解的,则搜索失败;否则继续扩展节点。

这里要说明的是,可解与不可解标示过程都是自下而上进行的,即由子节点的可解性确定父节点的可解性。由于与/或树搜索的目标是寻找解树,因此若已确定某个节点为可解节点时,则其不可解的后继节点就不再有用,可以从搜索树中删去;同样,若已确定某个节点是不可解节点,则其全部后继节点便都不再有用,可从搜索树中删去。但当前这个不可解节点还不能删去,因在判断其先辈节点的可解性时还要用它。

2. 问题空间的宽度优先搜索

与状态空间的宽度优先搜索相类似,问题空间的宽度优先搜索也是按照"先产生的节点先扩展"的原则进行搜索,只是在搜索过程中要多次调用可解标示过程和不可解标示过程。其搜索过程如下:

(1) 把初始节点 S_0 放入 OPEN 表。
(2) 把 OPEN 表中的第一个节点(记为节点 n)取出放入 CLOSED 表。
(3) 若节点 n 可扩展,则:①扩展节点 n,将其子节点放入 OPEN 表的尾部,并为每个子节点配置指向父节点的指针,以备标示过程使用;②考察这些子节点中是否有终止节点。若有,则标示这些终止节点为可解节点,并应用可解标示过程对其父节点、祖父节点等先辈节点中的可解节点进行标示。如果初始节点 S_0 也被标示为可解节点,就得到了解树,搜索成功,退出搜索过程;如果不能确定 S_0 为可解节点,则从 OPEN 表中删去具有可解先辈的节点;③转第(2)步。
(4) 若节点 n 不可扩展,则:①标示节点 n 为不可解节点;②应用不可解标示过程对节点 n 的先辈节点中不可解的节点进行标示。如果初始节点 S_0 也被标示为不可解节点,则搜索失败,表明原始问题无解,退出搜索过程;如果不能确定 S_0 为不可解节点,则从

OPEN表中删去具有不可解先辈的节点;③转第(2)步。

图1.5给出了上述问题空间的宽度优先搜索的流程示意图。

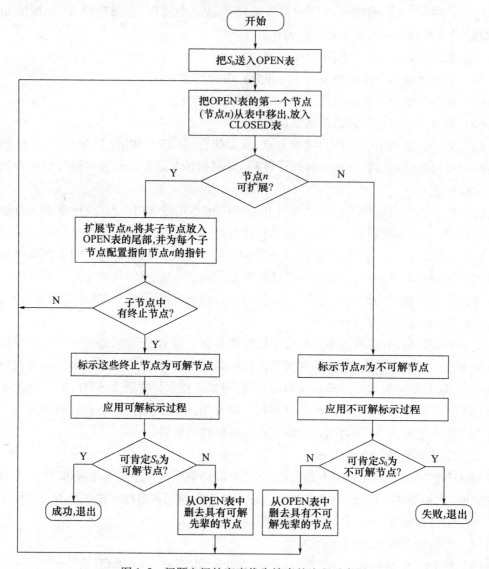

图1.5 问题空间的宽度优先搜索的流程示意图

3. 问题空间的深度优化搜索

问题空间的深度优先搜索与问题空间的宽度优先搜索过程基本相同,只是把第(3)步的第①点改为"扩展节点n,将其子节点放入OPEN表的首部,并为每个子节点配置指向父节点的指针,以备标示过程使用",这样就可使后产生的节点先被扩展。也可以像状态空间的有界深度优先搜索那样为问题空间的深度优先搜索规定一个深度界限,使搜索在规定的范围内进行。问题空间的有界深度优先搜索过程如下:

(1) 把初始节点S_0放入OPEN表。

(2) 把OPEN表中的第一个节点(记为节点n)取出放入CLOSED表。

(3) 若节点 n 的深度大于等于深度界限,则转第(5)步的第①点。

(4) 若节点 n 可扩展,则:①扩展节点 n,将其子节点放入 OPEN 表的首部,并为每个子节点配置指向父节点的指针,以备标示过程使用;②考察这些子节点中是否有终止节点。若有,则标示这些终止节点为可解节点,并应用可解标示过程对其先辈节点中的可解节点进行标示。如果初始节点 S_0 也被标示为可解节点,则搜索成功,退出搜索过程;如果不能确定 S_0 为可解节点,则从 OPEN 表中删去具有可解先辈的节点;③转第(2)步。

(5) 如果节点 n 不可扩展,则:①标示节点 n 为不可解节点;②应用不可解标示过程对节点 n 的先辈节点中不可解的节点进行标示。如果初始节点 S_0 也被标示为不可解节点,则搜索失败,表明原始问题无解,退出搜索过程;如果不能确定 S_0 为不可解节点,则从 OPEN 表中删去具有不可解先辈的节点;③转第(2)步。

图 1.6 给出了上述问题空间的有界深度优先搜索流程的示意图。

1.3.4 状态空间中的启发式搜索

上面所讨论的几种盲目搜索方法,节点的扩展次序完全是随意的,并且没有利用已解决问题的任何特性信息;在决定要被扩展的节点时,并没有考虑节点在解的路径上的可能性有多大,它是否有利于问题的求解以及求出的解是否为最优解等。因此,前面所讨论的几种盲目搜索方法都具有较大的盲目性,所产生的无用节点数较多,而且搜索空间较大,效率不高。启发式搜索要用到问题自身的某些特性信息,使搜索朝着最有希望的方向前进。由于这种搜索的针对性较强,因此往往是只需要搜索问题的部分状态空间,效率相对较高。

在启发式搜索中,估价函数是个重要概念,其一般形式为:

$$f(x) = g(x) + h(x) \tag{1.3}$$

式中,$f(x)$ 和 $h(x)$ 分别是估价函数和启发函数,$g(x)$ 代表了从初始节点 S_0 到节点 x 的实际代价;启发函数 $h(x)$ 代表从 x 到目标节点 S_g 的最优路径的评估代价,它体现了问题的启发性信息,其形式要根据问题的特性来确定。

1. 局部择优搜索

局部择优搜索是对深度优化搜索方法的一种改进,它属于启发式搜索的一种方法,其基本思想是:当一个节点被扩展以后,按 $f(x)$ 对每一个子节点计算估价值,并选择最小者作为下一个要考察的节点,正是由于它每次都只是在子节点的范围内选择下一个要考察的节点,范围较狭窄,因此称其为局部择优搜索,下面给出它的搜索过程:

(1) 把初始节点 S_0 放入 OPEN 表,计算 $f(S_0)$。

(2) 若 OPEN 表为空,则问题无解,退出。

(3) 把 OPEN 表的第一个节点(记为节点 n)取出放入 CLOSED 表。

(4) 考察节点 n 是否为目标节点。若是,则求得问题的解,退出。

(5) 若节点 n 不可扩展,则转第(2)步。

(6) 扩展节点 n,用估价函数 $f(x)$ 计算每个子节点的估价值,将估价值按照从小到

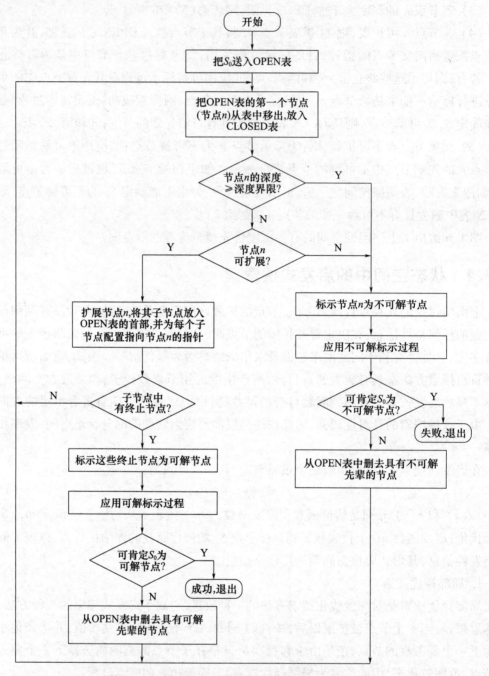

图 1.6 问题空间的有限深度优先搜索流程的示意图

大的顺序依次放到 OPEN 表的首部,并且为每个子节点配置指向父节点的指针。然后转第(2)步。

图 1.7 给出了局部择优搜索流程的示意图。

深度优先搜索、代价树的深度优先搜索以及局部择优搜索的共同之处都是以子节点作为考察范围,所不同的是它们选择节点的标准不一样:深度优先搜索以子节点的深度作

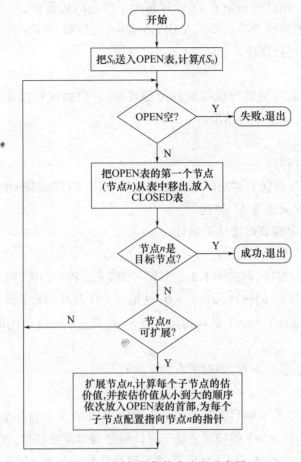

图 1.7 局部择优搜索流程示意图

为选择标准,后生成的子节点先被考察;代价树深度优先搜索以各子节点到父节点的代价作为选择标准,代价小者优先被选择;局部择优搜索以估价函数的值作为选择标准,哪一个子节点的 f 值最小就优先被选择。另外,在局部择优搜索中,如果 $f(x) = g(x)$,则局部择优搜索就成为代价树的深度优先搜索;如果 $f(x) = d(x)$,这里 $d(x)$ 代表节点 x 的深度,则局部择优搜索就变为深度优先搜索。因此,代价树的深度优先搜索和深度优先搜索可以看为局部择优搜索的两个特例。

2. 全局择优搜索

局部择优搜索是从刚生成的子节点中进行选择,选择的范围比较狭窄。全局择优搜索方法进行搜索时,每次总是从 OPEN 表的全体节点中选择一个估价值最小的节点。全局择优的搜索过程如下:

(1) 把初始节点 S_0 放入 OPEN 表,计算 $f(S_0)$。

(2) 若 OPEN 表为空,则搜索失败,退出。

(3) 把 OPEN 表的第一个节点(记为节点 n)从表中移出放入 CLOSED 表。

(4) 考察节点 n 是否为目标节点。如果是,则获得问题的解,退出。

(5) 如果节点 n 不可扩展,则转第(2)步。

(6)扩展节点 n,用估价函数 $f(x)$ 计算每个子节点的估价值,并为每个子节点配置指向父节点的指针,把这些子节点都送入 OPEN 表中,然后对 OPEN 表中的全部节点按估价值从小至大的顺序进行排序。

(7)转第(2)步。

比较全局择优搜索与局部择优搜索的过程可知,它们的区别仅在第(6)步。因此全局择优搜索的流程图,这里不再给出。

3. A^* 算法

A^* 算法的主要过程如下:

如果将 1.3.2 小节里状态空间的一般搜索过程中第(8)步重排 OPEN 表时给出如下限制,则一般搜索过程就变为 A^* 算法,即

(1)把 OPEN 表中的节点按估价函数

$$f(x) = g(x) + h(x)$$

的值由小到大进行排序(即前面 1.3.2 小节一般搜索过程中的第(8)步重排 OPEN 表)。

(2) $g(x)$ 是对 $g^*(x)$ 的估计,$g(x) > 0$,这里 $g^*(x)$ 是从初始节点 S_0 到节点 x 的最小代价。在 A^* 算法中,$g(x)$ 实际上是从初始节点 S_0 到节点 x 的路径代价,且恒有 $g(x) \geqslant g^*(x)$。

(3) $h(x)$ 是 $h^*(x)$ 的下界,即对所有的 x 均有

$$h(x) \leqslant h^*(x)$$

这里 $h^*(x)$ 是从节点 x 到目标节点的最小代价;如果有多个目标节点,则取其中最小的一个。值得注意的是,$h(x)$ 的确定依赖于具体问题的启发性信息,这里 $h(x) \leqslant h^*(x)$ 的限制是十分必要的,它保证了 A^* 算法能够找到最优解。另外,在满足 $h(x) \leqslant h^*(x)$ 的前提下,$h(x)$ 值越大,则所携带的启发性信息越多,搜索时扩展的节点数越少,搜索的效率越高。

1.3.5 问题空间中的启发式搜索

与/或图的有序搜索是一个不断选择和修改希望树(这里用符号 T 表示)的过程。若问题有解,则经过有序搜索将找到最优解树。有序搜索过程如下:

(1)把初始节点 S_0 放入 OPEN 表中。

(2)求出希望树 T,即根据当前搜索树中节点的代价 h,求出以 S_0 为根的希望树 T。

(3)依次把 OPEN 表中 T 的端节点 N 选出放入 CLOSED 表中。

(4)若节点 N 是终止节点,则:

① 标示 N 为可解节点。

② 对 T 应用可解标示过程,把 N 的先辈节点中的可解节点都标示为可解节点。

③ 如果初始节点 S_0 被标示为可解节点,则 T 就是最优解树,成功退出。

④ 否则,从 OPEN 表中删去具有可解先辈的所有节点。

(5)若节点 N 不是终止节点,且它不可扩展,则:

① 标示 N 为不可解节点。
② 对 T 应用不可解标示过程,将 N 的先辈节点中的不可解节点都标示为不可解节点。
③ 如果初始节点 S_0 也被标示为可解节点,则失败退出。
④ 否则,从 OPEN 表中删去具有不可解先辈的所有节点。
(6) 若节点 N 不是终止节点,但它可扩展,则:
① 扩展节点 N,产生 N 的所有子节点。
② 把这些子节点都放入 OPEN 表中,并为每个子节点配置指向父节点(节点 N)的指针。
③ 计算这些子节点的 h 值以及其先辈点的 h 值。
(7) 转第(2)步。
图 1.8 给出了与/或树有序搜索的流程示意图。

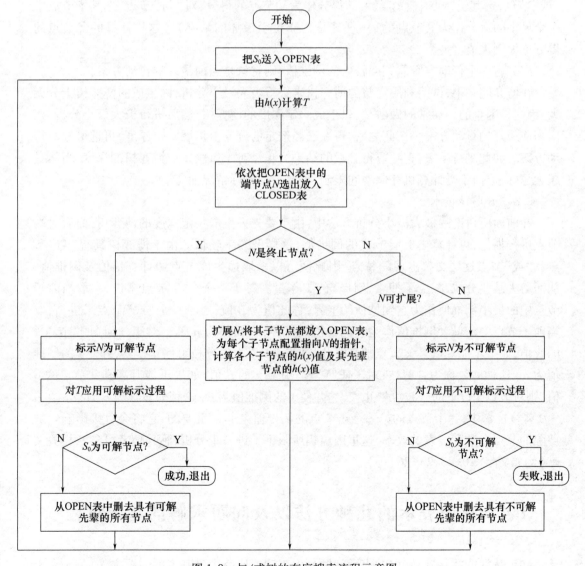

图 1.8 与/或树的有序搜索流程示意图

1.3.6 博弈树启发式搜索的两种基本方法

1. 极大极小分析法

极大极小分析法的基本思路是：

（1）设博弈的双方中一方为 A，另一方为 B，所谓极大极小分析法是为其中的一方（例如 A）寻找一个最优行动方案的方法。

（2）为了找到当前的最优行动方案，要对各方案可能产生的后果进行比较，即要考虑每一方案实施后对方可能采取的所有行动，并计算可能的得分。

（3）为了计算得分，需要根据问题的特性信息定义一个估价函数，以便估算当前博弈树端节点的得分。此时估算出来的得分称为静态估值。

（4）当端节点的估值计算出来之后，再推算出父节点的得分。推送的方法是：对"或"节点，选其子节点中一个最大的得分作为父节点的得分；对"与"节点，选其子节点中一个最小的得分作为父节点的得分（这是为立足于最坏的情况）。这样计算的父节点的得分称为倒推值。

（5）若一个行动方案能获得较大的倒推值，则它就是当前最好的行动方案。

在博弈问题中，试图利用完整的博弈树来进行极大极小分析，因生成的博弈树十分庞大，因此是困难的。通常的做法是：只生成一定深度的博弈树，然后进行极大极小分析，找出当前最好的行动方案。在此之后，再在已经选定的分支上扩展一定深度，再选最好的行动方案。如此进行下去，直到取得胜败的结果为止。对于每次生成博弈树的深度，当然是越大越好，但由于受计算机存储空间限制，需要根据实际情况而定。

2. $\alpha - \beta$ 剪枝技术

在前面所讨论的极大极小分析方法中，由于要先去生成一定深度的博弈树，而后对端节点进行估值，再计算出上层节点的倒推值，这样做效率较低。由于博弈树具有"与"节点和"或"节点逐层交替出现的特点，因此便可以采取边生成节点边计算估值及倒推值，从而剪去某些分枝，减少了搜索及计算的工作量。对于一个"与"节点来讲，它取当前子节点中的最小倒推值作为它倒推值的上界，称此值为 β 值；对于一个"或"节点来讲，它取当前子节点中的最大倒推值作为它倒推值的下界，称此值为 α 值。对于任何"或"节点 x 的 α 值，如果不能降低其父节点的 β 值，则对节点 x 以下的分枝可停止搜索，并使 x 的倒推值为 α，这种剪枝称为 β 剪枝；对于任何"与"节点 x 的 β 值，如果不能升高其父节点的 α 值，则对节点 x 以下的分枝可停止搜索，并使 x 的倒推值为 β，这种剪枝称为 α 剪枝。在 $\alpha - \beta$ 剪枝技术中，一个节点的第一个子节点的倒推值是非常重要的，它将会直接影响到被剪除的节点个数和搜索的效率，这里因篇幅所限不予进一步分析，感兴趣者可参考相关文献（例如文献[20-23,25-26]等）。

1.4 知识表示的几种方法以及问题求解的基本过程

知识是智能的基础，知识的表示问题是人工智能研究中最基本的问题之一，是一个十分重要的研究课题。由于知识的有关概念以及一些基本知识表示模式所涉及的内容较多,因此本节仅讨论两个小问题:(1)知识的分类,(2)知识表达的主要方法。

1.4.1 知识的分类

对于知识的分类,从不同的角度划分可以得到不同的分类方法,这里仅讨论以下四种常见的分法:

(1) 从知识的作用范围来分,知识可分为常识性知识和领域性知识。常识性知识是通用性知识,是人们普遍知道的知识,它可适用于所有领域。领域性知识是面向某个具体领域的知识,是专业性的知识,例如专家的经验以及有关理论就属于领域知识。

(2) 从知识的作用及表示来分,知识可分为事实性知识、过程性知识和控制性知识。事实性知识一般采用直接表达的形式,例如用谓词公式表示等。过程性知识主要是指与领域相关的知识,过程性知识一般是通过对领域内各种问题的比较与分析得出规律性的知识,由领域内的规则、定律、定理及经验构成。控制性知识又称深层知识或元知识,它是关于如何运用已有的知识进行问题求解的知识,因此又称为"关于知识的知识"。

(3) 从知识的确定性来分,知识可分为确定性知识和不确定性知识。确定性知识是精确性的知识,其逻辑值要么为真,要么为假。不确定性知识是对不精确、不完全及模糊性知识的总称。

(4) 从知识的结构及表现形式来分,知识可分为逻辑性知识和形象性知识。逻辑性知识是反映人类逻辑思维过程的知识,这种知识一般都具有因果关系以及难以精确描述的特点,它们通常是基于专家的经验以及对一些事物的直观感觉。形象性知识是通过事物的形象而建立起来的知识,目前人们正在研究用神经元网络连接机制来表示这种知识。

1.4.2 知识表示的主要方法以及问题的求解

由于知识的表示问题是人工智能中一个十分重要的基础性研究课题,涉及的面很广,因此在本小节的以下讨论中仅涉及知识表示的5个方面:产生式表示法、框架表示法、语义网络表示法、脚本表示法和过程表示法。

1. 产生式表示法以及产生式系统求解问题的步骤

1) 产生式表示法的基本形式与产生式系统的基本结构

产生式表示法又称为产生式规则表示法,它常用于具有因果关系的知识,其基本形式是 P→Q,或者"IF P THEN Q",式中 P 是产生式的前提,Q 是结论或应该执行的操作。

把一组产生式放在一起,让它们相互配合,协同作用。一个产生式生成的结论可以供另一个产生式作为已知事实使用,以求得问题的解决,这样的系统称为产生式系统。通常一个产生式系统由规则库、综合数据库和控制系统这三个部分组成,如图1.9所示。

2) 产生式系统的分类

产生式系统从不同角度进行划分,可得到不同的分类方法,例如按推理方向划分可分为前向、后向和双向产生式系统;按其所表示的知识是否具有确定性可分为确定性产生式

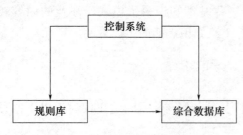

图1.9 产生式系统的基本结构

系统和不确定产生式系统;按规则库及综合数据库的性质及结构特征进行分类,可分为可交换的产生式系统、可分解的产生式系统以及可恢复的产生系统。因篇幅所限,这里仅对上述可交换、可分解、可恢复这三类产生式系统略作讨论。

(1) 产生式系统求解问题的过程是一个反复从规则库中选用合适规则并执行规则的过程。在这一过程中,不同的控制策略会得到不同的规则执行次序,从而有不同的求解效率。如果一个产生式系统对规则的使用次序是可交换的,即无论先使用哪一条规则都可达到目的,那么这样的产生式系统就称为可交换的产生式系统。用这种系统求解问题时,其搜索过程不必进行回溯,不需要记载可用规则的作用顺序。由于在求解问题时,只需选用任一个规则序列,而不必要去搜索多个序列,因此省时、效率高。

(2) 人们在求解问题时,常把一个规模较大且比较复杂的问题分解为若干个较小规模并且比较简单的子问题,而后对每个子问题分别进行求解。例如一个产生式系统可分解的条件是可以把它的综合数据库 DB 以及终止条件都分解为若干独立的部分,其产生式规则一般具有如下形式:

$$\text{IF } P \text{ THEN } \{DB_i^1, DB_i^2, \cdots, DB_i^m\}$$

其含义是,如果当前综合数据库是 DB_i,则当前条件 P 被满足时,就把 DB_i 分解为 m 个互相独立的子库。例如图1.10所示,设综合数据库的初始内容是 $\{C,B,Z\}$,规则库中有如下规则:

$$r_1: \text{IF } C \text{ THEN } \{D,L\}$$

$$r_2: \text{IF } C \text{ THEN } \{B,M\}$$

$$r_3: \text{IF } B \text{ THEN } \{M,M\}$$

$$r_4: \text{IF } Z \text{ THEN } \{B,B,M\}$$

终止条件是生成只包含 M 的综合数据库,即把综合数据库的内容变为

$$\{M,M,\cdots,M\}$$

在图1.10中,用括弧连接起来的子节点间是"与"关系,不用括弧连接的子节点是"或"关系。显然,用图表示可分解产生式系统求解问题的过程时,得到一棵与/或树。

(3) 在可交换产生式系统中,规则的使用次序是可交换的,但要求每条规则的执行都要为综合数据库添加新的内容,这一要求是强制性的,对许多情况并不能适用。事实上,人们在求解问题的过程中是经常要进行回溯的,当问题求解到某一步发现无法继续下去时,就撤销在此之前得到的某些结果,恢复到先前的某个状态。用产生式系统求解问题也这样,当执行一条规则后使综合数据库的状态 DB_i 变为 DB_{i+1} 时,如果发现由 DB_{i+1} 不可能得到问题的解,就需要立即撤销由刚才执行规则所产生的结果,使综合数据库恢复到先前的状态,然后选用别的规则继续求解。像这样在问题的求解过程中既可以对综合数据

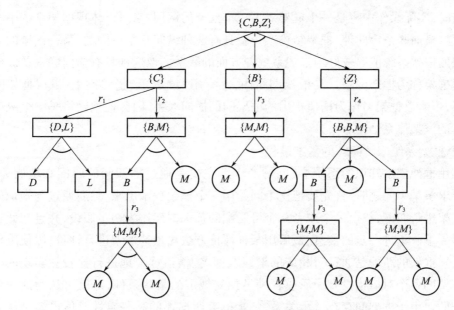

图 1.10 可分解的产生式系统

库添加新内容,又可删除或修改老内容的产生式系统便称为可恢复的产生式系统。

3) 产生式系统求解问题的一般大致步骤

(1) 初始化综合数据库,把问题的初始已知事实输入综合数据库中。

(2) 如果规则库中存在尚未使用过的规则,而且它的前提可与综合数据库中的已知事实匹配,则转第(3)步;若不存在这样的事实,则转第(5)步。

(3) 执行当前选中的规则,并对该规则做上标记,把该规则执行后得到的结论输入综合数据库中。如果该规则的结论部分指出的是某些操作,则执行这些操作。

(4) 检查综合数据库中是否已包含了问题的解,如果已包含,则终止问题的求解过程;否则转第(2)步。

(5) 要求用户提供进一步的关于问题的已知事实,若能提供,则转第(2)步;否则终止问题的求解过程。

(6) 如果规则库中不再有未使用过的规则,则终止问题的求解过程。

以上仅是粗略地描述了产生式系统求解问题的大致步骤,其中还有许多细节因篇幅所限未考虑。

2. 框架表示法以及框架系统中问题求解的基本过程

1) 框架结构以及框架网络系统

框架是一种描述所讨论对象(例如一个事物、一个事件或者一个概念)属性的数据结构,在框架理论中,框架被视作知识表示的一个基本单位。一个框架通常由若干个槽(slot)组成,每个槽可以拥有若干个侧面。一个槽用于描述所论对象某一方面的属性,每一个侧面具有若干个侧面值。一个框架系统中,一般都含有多个框架。为了区别不同的框架、槽和侧面,需要赋予框架名、槽名和侧面名。另外,槽值或侧面值可以是逻辑的、数字的,也可以是在满足某个给定条件时要执行的动作或过程。当槽值或侧面值为另一个框架名时,实际操作中将是一个框架对另一个框架的调用,它可以体现框架系统中不同框架之间的横向联系。此外,框架结构本身就具有一种纵向联系。因此,某一论域的全体框架构成的框架系统能够较好地描述系统各方面的联系。像这样具有横向联系及纵向联系的一组框架称为框架网络。在框架网络中,既有用"继承"槽指出的上、下层框架间的纵向联系,也有以框架名作为槽值指出的框架间的横向联系,因此框架网络是一个纵横交错的复杂的框架体系结构。

2) 框架系统求解问题的基本过程

在用框架表示知识的系统中,问题的求解主要是通过框架间的匹配和填槽去实现。当需要求解某个问题时,首先要把这个问题用一个框架表示出来,然后通过与知识库中已有的框架进行匹配,找出一个或者几个可匹配的预选框架作为初步假设,并且在此初步假设的引导下收集进一步的信息,最后用某种评价方法对预选框架进行评价,以便决定是否接受它。框架的匹配是通过对相应的槽以及槽名、槽值逐个地进行比较去实现的。如果两个框架的各个对应槽没有矛盾或者满足预先规定的某些条件,那就可认为这两个框架是匹配的。由于框架间存在继承关系,一个框架所描述的某些属性及值可能是从它的上层框架那里继承过来的,因此在比较两个框架时往往要涉及它们的上层和上上层的框架,这就增加了匹配的复杂性。另外,框架间的匹配一般都具有不确定性,因为建立在知识库中的框架其结构和描述都已固定下来,而应用中的问题都是随机的、变化的,要使它们完全一致是不现实的。由于这些原因,便使得框架的匹配问题成为一个比较复杂且比较困难,但又不能不解的问题。在不同的系统中,采用的解决方法也各不相同,例如有些系统中设置了"必要条件"槽、"充分条件"槽等措施就是一种解决问题的方法。

另外,框架系统中的问题求解过程与人类求解问题的思维过程有许多相似之处。当人们对某事物不完全了解时,往往是根据当前已掌握的情况着手工作,然后在工作过程中不断发现新情况、新线索,使工作逐渐向纵深发展,直到最终解决问题。框架系统中的问题求解过程也是这样,在匹配的过程中,不断提出进一步要求,使问题的求解向前推进一步。如此重复进行这一过程,直到问题最终获得解决为宜。

3. 语义网络表示法以及语义网络系统的推理过程

1) 语义网络的知识表示方法

语义网络是通过概念及其语义关系来表达知识的一种网络图。从图论的观点来讲,它其实是一个带有标识的有向图,其中有向图的节点表示各种事物、概念、情况、属性、动作、状态等;弧表示各种语义联系,指明它所连接的节点间的各种语义关系。节点和弧都必须带有标识,以便区分各种不同对象以及对象间各种不同的语义联系。每一个节点可以带有若干属性,一般用框架或元组表示。另外,节点还可以是一个语义子网络,形成一个多层次的嵌套结构。图1.11给出一个基本网元,其中A与B分别代表两个节点;R_{AB}表示A与B间的某种语义联系。图中箭头所指的节点代表上层概念,而箭尾节点代表下层概念或者一个具体的事物。与框架表示法一样,语义网络也具有属性继承的特征,即下层概念可以继承上层概念的属性,因此就可以在下层概念只列出它独有的属性。

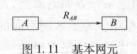

图1.11 基本网元

2）语义网络系统的推理过程

用语义网络表示知识的问题求解系统称为语义网络系统。该系统主要由两大部分组成：一部分是由语义网络构成的知识库；另一部分是用于问题求解的语义网络推理机。语义网络的推理过程主要有两种：一种是继承推理，另一种是匹配推理。

（1）继承推理。继承是指将对事物的描述从抽象节点（概念节点、类节点）传递到具体节点（实例节点）。通过继承可以得到所需节点的一些属性值，它通常是沿着类属关系例如 ISA、AKO、AMO 等继承弧进行的。这里 ISA 的含义为"是一个"（is-a），表示一个事物是另一个事物的实例；AKO 的含义为"是一种"（a-kind-of），表示一种事物是另一种事物的类型；AMO 的含义为"是一名"（a-member-of），表示一个事物是另一个事物的成员。继承的一般过程为：

① 建立节点表，存放待求节点和所有以 ISA、AKO、AMO 等继承弧与此节点相连的那些节点。初始情况下，只有待求解的节点。

② 检查表中第一个节点是否有继承弧。如果有，就将该弧所指的所有节点放入节点表的末尾，记录这些节点的所有属性的值，并且从节点表中删除第一个节点；如果没有，仅从节点表中删除第一个节点。将没有继承属性的弧记录下来，并将所指向的节点存放到节点表中。

③ 重复检查表中的第一个节点是否有继承弧及属性值，直到节点表为空。记录下来的属性及其值就是待求节点的所有属性。

（2）匹配推理。

语义网络系统中求解问题一般是通过匹配来实现的。所谓匹配就是在知识库的语义网络中寻找与待求问题相符的语义网络模式，其主要过程如下：

① 根据待求问题的要求，构造一个网络片断，其中有些节点或弧的标识是空的，标记待求解的问题。

② 根据该网络片断，到知识库中去寻找可匹配的相应信息。当待求解的语义网络片断和知识库中的语义网络片断相匹配时，便得到了问题的解。

③ 在通常情况下，上述这种匹配一般不是完全的，具有不确定性，因此需要考虑匹配的程度，需要研究解决不确定性匹配的问题。

4. 脚本知识表示法及其推理方法

1）脚本的基本思想与组成

在人类的各种知识中，常识性知识涉及面很广、关系很复杂，很难把它形式化地表示出来交给计算机处理，面对这个难题，1975 年左右，R. C. Schank 把人类生活中各类故事情节的基本概念抽取出来，构成一个原语集，确定原语集中各原语间的相互依赖关系，在抽象概念原语时，注意遵守一些基本的要求，如概念原语不能有歧义性，各概念原语应当相互独立，等等。他在研制 SAM（Script Applier Mechanism）时对动作一类的概念进行了原语化，抽象出了 11 种动作原语，可作为槽来表示一些基本行为。这 11 种动作原语是：

（1）ATRANS，表示某种抽象关系的转移。

（2）ATTEND，表示用某个感觉器官获取信息，如用眼睛看某种东西或用耳朵听某种声音。

(3) EXPEL,表示把某物排出体外,如落泪、呕吐等。

(4) GRASP,表示行为主体控制某一对象,如抓起某件东西、扔掉某件东西等。

(5) INGEST,表示把某物放入体内,如吃饭、喝水。

(6) MBUILD,表示由已有的信息形成新信息,如由图、文、声、像形成多媒体的信息。

(7) MOVE,表示行为主体移动自己身体的某一部位,如抬手、弯腰、站起等。

(8) MTRANS,表示信息的转移,如看电视、交谈、读报等。

(9) PROPEL,表示对某一对象施加外力,如推、拉等。

(10) PTRANS,表示某一物理对象物理位置的改变,如某人从一处走到另一处,其物理位置发生了变化。

(11) SPEAK,表示发出声音,如唱歌、说话等。

R. C. Schank 利用这 11 中动作原语及其相互依赖关系,把生活中的事件编成脚本,每个脚本代表一类事件,并且把事件的典型情节规范化。脚本可以看作是框架的一种特殊形式,是利用槽之间的关系表达事件发生的先后顺序。

脚本与日常生活中的电影剧本有些相像,有角色(人或演员)、道具和场景等。通常一个脚本可由以下 5 部分组成:

① 进入条件:指出脚本所描述的事件可能发生的前提条件。

② 角色:描述事件中可能出现的有关人物。

③ 道具:描述事件中可能出现的有关物体。

④ 场景:描述事件序列,可以有多个场景。

⑤ 结局:给出脚本所描述事件发生以后所产生的结果。

2) 用脚本表示知识的推理方法

脚本对所描述的问题构成了一个因果链。链头即脚本的进入条件,只有当这些进入条件被满足时,脚本所表示的事件才能发生;链尾是一组结果,只有当这一组结果产生后,脚本所描述的事件才算结束,其后的事件或事件序列才能发生。正是由于脚本中所描述的每一个事件前后都是相互联系的,前面事件是后面事件发生的起因,而后面事件是前面事件发生的结果,因此便产生了运用与脚本表示法相适应的推理方法实现问题求解的想法。

用脚本表示的问题求解系统一般也包含知识库和推理机。知识库中的知识用脚本来表示,在一般情况下,知识库中包含了许多事先写好的脚本,每一个脚本都是对某一类型的时间或者知识的描述。当需要求解问题时,问题求解系统中的推理机制,首先到知识库中搜索寻找是否有适于描述所要求解问题的脚本,如果有(可能有多个),则在适于描述该问题的脚本中,利用一定的控制策略(例如判断所描述的问题是否满足该脚本的进入条件),选择一个脚本作为启用脚本,将其激活,运行脚本,利用脚本中的因果链实现问题的推理求解。

脚本表示法的不足之处是它对知识的表示比较呆板,所表示的知识范围也比较窄,因此不适合用来表达各种各样的知识。目前脚本表示法在自然语言理解方面获得了一些应用。

5. 知识的过程表示法以及问题求解的基本过程

1) 过程性知识表示方式及其过程规则的结构

语义网络和框架等知识表示方法,均是对知识和事实的一种静止的表达方法,学界称它为陈述式知识表达。它强调的是事物所涉及的对象,是对事物有关知识的静态描述,是知识的一种显式表达形式。与知识的陈述式表示相对应的是知识的过程表示,它隐式地表达为一个求解过程的过程。在过程表示法中,知识库是一组过程的集合,这样当需要对知识库进行修改时,实际上就是对有关程序进行修改操作。一般情况下,过程规则包含激发条件、演绎操作、状态转换和返回四个部分,其结构如图 1.12 所示。

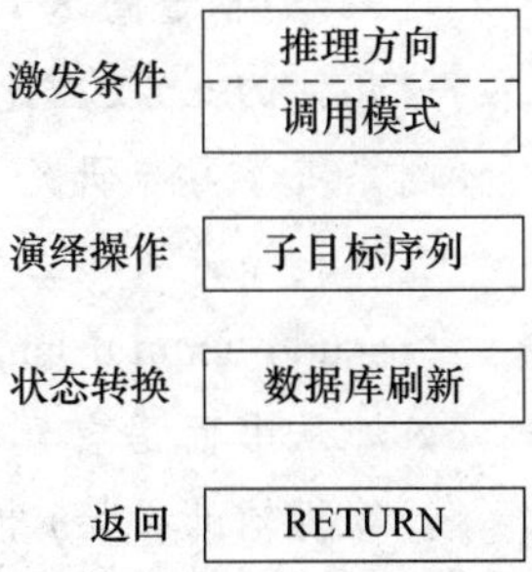

激发条件	推理方向
	调用模式
演绎操作	子目标序列
状态转换	数据库刷新
返回	RETURN

图 1.12 过程规则的结构

在图 1.12 中,激发条件由两部分组成,即推理方向和调用模式。推理方向指出其推理是前向推理(FR)还是后向推理(BR)。若为前向推理,则只有当数据库中有已知事实可与其"调用模式"匹配时,该过程规则才能被激活;若为后向推理,则只有当"调用模式"与查询目标或子目标匹配时才能将该过程规则激活。另外,演绎操作由一系列的子目标所构成,当上面的激发条件被满足时,将执行这里列出的演绎操作。此外,状态转换操作用于对数据库进行增、删、改,分别用 INSERT、DELETE 以及 MODIFY 语句实现。过程规则的最后一个语句是 RETURN,用于将控制权返回到调用该过程规则的上级过程规则。

2) 问题求解的基本过程

在用过程规则表示知识的系统中,问题求解的基本过程如下:①每当有一个新的目标时,就从可用的过程规则中选择一个规则(设为 R),并执行该过程规则 R。②在 R 的执行过程中,可能又将产生新的目标,此时就调用相应的过程规则并执行它。③反复进行这一过程,直到执行到 RETURN 语句,这时就将控制权返回给调用当前规则的上级过程规则(设为 R'),对 R' 也做同样处理,并按调用时的相反次序逐级返回。④在这一过程中,如果某过程规则运行失败,就选择另一个同层的可用过程规则执行;如果不存在这样的过程规则,则返回失败标志并将执行的控制权移交给上级的过程规则。

习题与思考 1

1.1 人机系统涉及面很广,它的研究大概涉及哪十个方面的科学问题?

1.2 什么是智能?它有哪些基本特征?

1.3 什么是人工智能?人工智能发展过程中经历了哪些阶段?能否举出一些典型事例?

1.4 陆汝钤先生 1959 年毕业于德国耶拿大学数学系,回国后师从华罗庚先生并在陆启铿先生的指导下,从事多元复变函数论研究。20 世纪 70 年代初,陆启铿先生致力于数学上的纤维丛(fiber bundles)和物理上的规范场(gauge field)之间对应关系问题的研究,并于 1974 年在《物理学报》上发表了"规范场与主纤维丛上的联络"这篇著名论文。1979年陆启铿在中国科学院研究生院(现更名中国科学院大学)开设了"微分几何学及其在物理学中的应用"课程,该课程讲义后来由科学出版社出版发行,其销售量高达1.6万册。由于陆启铿先生忙于纤维丛几何、规范场论和流形微分几何的探索,因此从1972年起,陆汝钤先生转向计算机科学的研究领域,他是我国系统学习与研究人工智能的著名学者之一。1985年陆汝钤先生在国际上率先研究异构型分布人工智能(DAI),把机器辩论引进人工智能。1988年他提出了PNLU(pseudo-natural language understanding,类自然语言理解)知识自动获取方法,能有效地从书面语言素材自动获取知识,以快速构造基于知识的技术,把ICAI(即智能计算机辅助教学)生成技术从初期的手工编制(即第一代、手工编制)和后来变为主流的用写作软件编制(即第二代、写作软件software编制)推进到以自动知识获取为特征的第三代,并且开发出了基于知识的自动生成软件,以利于企业管理人员能直接介入软件的开发与维护。陆汝钤先生还设计并主持研制了知识工程语言和大型专家系统的开发环境,该项研究工作取得了重大的经济与社会效益并于1993年获国家科技进步奖。另外,陆汝钤先生1989年和1996年间在科学出版社出版《人工智能》(上、下册)多达1321页;2017年在清华大学出版社出版《计算系统的形式语义》(上、下册)也多达1856页。因此,要系统地研究人工智能,发展有效算法和软件绝对不是一件短、平、快的容易事。由于数十年的努力,陆汝钤先生1999年当选为中科院院士。试结合陆汝钤院士1972年至今在人工智能、类自然语言理解的知识自动获取方法以及知识工程语言研发等方面的科研经历,谈一下你对学习与发展人工智能技术的一些初步想法?此外,由于陆启铿先生在数学上纤维丛与物理学规范场之间对应关系的研究中做出重大贡献,1980年当选中国科学院学部委员(后改称院士)。试结合陆启铿院士从事数学上的拓扑学、微分几何和物理上的规范场研究的经历。谈一下你对学科融合、解决前沿科学问题的一些看法?

1.5 人工智能研究的主要途径是什么?有哪些主要研究派系?

1.6 数据挖掘产生的原动力主要体现在哪些方面?

1.7 数据挖掘研究的基本内容可概括为哪几个方面?

1.8 数据挖掘十大算法主要包括哪些?能否对其中的一二种算法举例说明如何用于工程问题?

1.9 人工智能的搜索策略主要有哪几种方式?能否举实例说明?

1.10 常用的知识分类方法有哪些?知识表示的主要方法有哪些?请举例说明。

1.11 在本篇的说明中,对人机系统工程曾初步概括成10个方面的问题。但如果从最基本科学问题的角度去分析上述10个方面,通常又可概括为如下3个重要方向:①人机工效设计与评价;②人机可靠性分析;③人机智能优化技术。对于航空、航天领域,其最基本科学问题的研究还应增加两个重要方向:④飞行器环境控制技术;⑤航空航天生命保障工程。针对航天员在外太空行走时航天服的作用,在阅读相关航天资料的基础上试说明在航天工程中设置生命保障工程研究方向的重要性?

第 2 章 常用的性能预测智能优化方法

常规的优化算法例如线性规划、二次规划和凸优化,通常都要求优化问题具有凸性,然而我们遇到的许多工程实际问题常常是非凸的。对于多阶段决策问题,虽然采用动态规划方法能够找到最优解,但这时所花费的计算量会随着问题的规模呈指数增长,它们并不适合于规模较大的问题。尤其是在复杂的人机系统工程中,大量优化问题都呈现出多目标、强约束、非线性、不确定性、动态时变等特征,甚至这些工程问题本身建模就十分困难,许多问题还要求较强的计算实时性,这就使得传统的优化方法难以适用。而智能优化方法对问题本身的性质几乎无任何要求,并且具有全局搜索优化能力。由于人机系统中各种工程问题的设计思想和具体应用的多样性,智能优化方法的门类众多,相关研究算法与思想非常分散,更重要的是智能优化算法并不是一门理论严谨的学科,它没有什么严格的公理体系,主要是依据计算机计算得到性能的好坏去判别算法的成功与否,尽管许多算法都有一些粗糙的理论分析,有的还有收敛性证明,但从严谨数学的角度看,许多理论工作欠完整,有的甚至经不起仔细推敲。目前,智能优化仍属于一门实验学科。因此,本章在挑选智能优化方法时,尽量选取理论分析较完善并被广泛应用于人机系统不同领域中的典型方法,例如禁忌搜索算法、遗传算法、模拟退火算法、蚁群算法、捕食搜索算法、粒子群优化算法等。

由于前面所列举的各种优化算法都是按照各自机制完成问题优化求解的。正是由于所用机制不同、不同优化算法所采取的寻优策略不同,为了进一步提高算法的寻优性能,人们很自然地会产生将两种或两种以上优化方法结合起来使用的想法,从而产生了混合优化策略。另外,人们也注意到了发展广义领域搜索算法及其统一结构和基于统一结构设计下的混合策略;并关注了 BF(breadth-first)与 DF(depth-first)间的权衡问题研究,试图利用 OFF(optimization feature factor)去调节 BF 与 DF 间的权衡。但这时遇到的另一困难是获取精确或可靠的 OFF 值所需的计算代价通常会很高,所以上述这些改进措施与算法仍需进一步完善才能使之工程化。尽管如此,混合优化策略仍是一个很有潜力的发展方向。

早在 1986 年,理论免疫学家 J. D. Farmer 等人首次指出了生物免疫学与机器学习之间的联系,于是一种新的基于免疫原理的新型智能优化算法诞生了。近十多年来的数值计算表明:在大多数情况下,采用免疫算法取得了比现有启发式算法更好的求解结果,尤其在求解的效率方面,因此这是一种值得关注的智能方法。

此外,近些年来模仿生物进化与遗传原理的进化优化获得了长足的发展。通常人们习惯将基于生物演化原理(例如自然选择与基因遗传)进行问题求解的系列技术与方法统称为进化计算(evolutionary computing,EC)、计算智能(computational intelligence,CI)或者进化优化算法(evolutionary optimization algorithms,EOA)。在本书以下的讨论中,多采用了智能优化方法(intelligent optimization methods,IOM)或进化优化算法这两种称呼。这里要说明的是：IOM 和 EOA 是有细微区别的,为简单起见在本书中忽略了两者的区别。上面所提到的智能方法,许多可以归并为现代流行进化算法这一领域。因此,在本章的第一小节,首先讨论进化优化算法所涵盖的主要内容。

2.1 进化优化算法所涉及的主要内容及其一般框架

2.1.1 进化优化算法所涵盖的主要内容

进化优化算法是一种更为宏观意义上的仿生优化算法,它模拟自然界中一切生命和智能体的生成与进化过程,模拟 C. Darwin(达尔文)"优胜劣汰、适者生存"的进化原理以及 G. Mendel(孟德尔)等人的遗传变异理论去激励并寻找生命体保持与产生更好结构。换句话说,进化优化算法主要是通过模拟自然界生物进化过程与机制,宏观上模拟达尔文的进化论,微观上模拟分子遗传学,并用于求解优化与搜索问题的一类新的计算方法。随着科学技术的发展以及人们对生物进化原理、群体智能(swarm intelligence)和遗传变异机制的深入研究,不断有新的模拟生物进化原理和遗传变异机制的技术与方法提出。人们已习惯将所有模拟生物的遗传和进化规律来解决实际工程和其他实际问题的技术和方法都称为进化优化计算方法,因此进化优化算法涵盖了相当多的智能优化方法。本章将这些智能方法以进化优化方法为主框架进行分类,可分成三个大部分：①经典进化算法;②目前流行的进化算法;③进化优化问题的几个专题。下面分别扼要讨论一下各大部分所包括的内容。

1. 经典进化算法

进化算法(evolutionary algorithms,EA)的发展很快,其传统的四个分支为：①遗传算法(genetic algorithms,GA),1975 年由 Holland 提出[40];②进化策略(evolution strategy,ES),分别由 Rechenberg[41,42]和 Schwefel[43]于 20 世纪 60 年代和 1975 年独立提出;③进化规划(evolutionary programming,EP),1962 年由 Fogel[44]提出;④遗传规划(genetic programming,GP)又称作遗传编程,1989 年由 Koza 提出[45-47]。

2. 目前流行的进化算法

例如：①禁忌搜索(tabu search 或 taboo search,TS)[48-49];②模拟退火算法(simulated annealing,SA)[50];③蚁群算法(ant colony system 或 ant system,AS)[51];④捕食搜索策略(predatory search,PS)[52];⑤粒子群优化算法(particle swarm optimization,PSO)[53];⑥差分进化(differential evolution,DE)[54];⑦分布估计算法(estimation of distribution algorithm,EDA)[55];⑧文化算法(cultural algorithm,CA)[56];⑨模因算法(memetic algorithm,MA,又可译作文化基因算法)[57];⑩人工免疫系统(artificial immune system,AIS)基本算法[58]等。

由于篇幅有限,本章在下面几节中仅对前面五种算法进行了简要讨论,第⑥、⑦种算法放到了本书第10章研究,其余3种算法本书不再讨论,感兴趣者可参考相应杂志、书籍与文献。

3. 进化优化问题的几个专题

例如多目标优化[59-60],尤其是非支配非序遗传算法[61-62]和NSGA-Ⅱ算法[63];再如组合优化问题,特别是旅行商问题(traveling salesman problem,TSP)[64-65]以及图着色问题(graph coloring problem,GCP)[66-67];再如约束优化问题,一般是采用惩罚函数法求解[68],对于采用进化算法去处理约束也有许多方法,例如静态惩罚方法[69]、协同进化惩罚方法[70]、小生境惩罚方法[71]等方法。因篇幅有限,本节不再讨论有关算法的详细细节,感兴趣者可参考相关文献。

2.2 禁忌搜索算法

禁忌搜索(TS)的思想起源于20世纪70至80年代,其TS这一概念是由美国科罗拉多大学的Glover F.教授首先提出[48-49],它属于局部邻域搜索算法的推广,是一种非常高效的邻域搜索算法。该算法模仿人类的记忆功能,使用禁忌表封锁刚搜索过的区域以避免迂回搜索,并通过AC(aspiration criterion,又称赦免准则)来赦免一些被禁忌的优良状态,进而保证多样化的有效搜索以便最终实现全局优化。禁忌搜索涉及邻域(neighborhood)、禁忌表(tabu list)、禁忌长度(tabu length)、候选解(candidate)、赦免准则(AC)、渴望水平(aspiration level,有时也称为赦免准则)、选择策略(selection strategy,SS,又称禁忌策略)和停止准则(stopping rule)等概念与构成要素。

2.2.1 TS算法的基本思想与核心技术

TS算法采取了邻域选优的搜索方法,为了逃避局部最优解,采用了接受劣解的策略,即每一次迭代得到的解不必一定优于原来的解。但是,一旦接受了劣解,迭代就有可能陷入循环。因为邻域搜索的过程就是从一个解移动到另外一个解,这里的移动用s表示,移动后得到的一个解用$s(x)$表示,从当前解出发的所有移动得到的解集合用$S(x)$表示。简单的邻域搜索算法可由如下三步描述:

第1步:选择一个初始解$x \in X$;

第2步:在当前解的邻域中,选择一个能得到最好解的移动s,即

$$c(s(x)) < c(x), \quad s(x) \in S(x))$$

如果这样的移动s不存在,则x就是局部最好解,算法停止;否则$s(x)$是当前邻域中的最好解;

第3步:令$x = s(x)$为当前解,转第2步,继续搜索。

上述这种邻域搜索方法容易实现,通用性好,但这种搜索结果完全依赖于初始解和邻域的结构,而且只能搜索到局部最优解。为了获得全局搜索的结果,因此 TS 采用允许劣解来逃离局部最优解。采用了将最近接受的一些移动放在禁忌表中,在以后的迭代中加以禁止。即只有不在禁忌表中的较好解(可能比当前解差)才被接受作为下一次迭代的初始解。随着迭代的进行,禁忌表不断更新,经过一定迭代次数后,最早进入禁忌表的移动就从禁忌表中解禁退出。

禁忌搜索算法的局域选优能力很强,邻域选优速度快,但广域搜索的能力较差。使用短期表的搜索方式可以认为是邻域搜索,而使用中期表的方式可以认为是区域强化式(regional intensification)搜索,但这仍可能达不到全局搜索。为了实现全局多样化(global diversification)搜索,因此又提出了长期表的概念。中期表和短期表都是基于已经经历过的搜索给出的策略,它属于"学习式"搜索,而长期表并不基于过去的搜索进行搜索,而是在新的区域内完全随机生成初始解进行搜索,它属于"非学习式"搜索策略。使用长期表进行多阶段禁忌搜索,能够很好地提高算法的广域搜索能力,同时也没有丧失禁忌搜索算法的邻域搜索能力。在禁忌搜索算法中,禁忌策略的选取和赦免准则的设计是禁忌搜索算法的两个最核心的思想,两者是对立统一的,如果能很好地协调禁忌策略与赦免准则之间的关系,便能很好地实现全局寻优。

2.2.2 TS 算法的基本步骤与流程框图

考虑如下优化问题:

$$\min c(x) \quad x \in X \subset \mathbf{R}^n \tag{2.1}$$

式中,目标函数 $c(x)$ 可以是线性的,也可以是非线性的。

为简单起见,下面给出一个不考虑中期表和长期表时 TS 算法的最基本步骤:

第 1 步:初始化。给出初始解 x,禁忌表 T 设为空即 $T = \emptyset$。

第 2 步:判断是否满足停止条件。如果满足,则输出结果,算法停止;否则继续以下步骤。

第 3 步:从邻域中选择一个比较好的解作为下一次迭代的初始解,用公式表示便为

$$x' = \text{opt } s(x) = \arg[\min c'(s(x))] \tag{2.2}$$

式中,x 为当前解,x' 为选出的邻域最好解,$s(x) \in V$ 为邻域解,$c'(s(x))$ 为候选解 $s(x)$ 的适值函数,$V \subseteq S(x)$ 称为候选解集。另外,$\arg[\min c'(t)]$ 是代表当 $c'(t)$ 取最小值时 t 的取值。对于候选解集中的最好解,判断其是否满足赦免准则,如果满足,则更新当前解,转第 5 步;否则继续以下步骤。

第 4 步:选择候选解集中不被禁忌的最好解作为当前解。

第 5 步:更新禁忌表 T。

第 6 步:转第 2 步。

下面讨论 TS 算法的流程,以式(2.1)的优化问题为例,如果以整个邻域为候选解集,以目标函数作为适值函数,以给定的最大迭代次数 NG 作为停止准则,以优于历史最优解

作为赦免准则,于是 TS 算法的流程如图 2.1 所示。

与传统的优化算法相比,TS 算法在搜索的过程中可以接受劣解,因此具有较强的"爬山"能力。它在搜索时能够跳出局部最优解,转向解空间的其他区域,是一种局部搜索能力很强的全局迭代寻优算法。但是,TS 算法也有明显的欠缺,它对初始解有较强的依赖性,好的初始解可使 TS 算法在解空间中搜索到好的解,而较差的初始解则会降低 TS 算法的收敛速度。另外,TS 算法的迭代搜索过程是串行的,而非并行搜索。为了改善 TS 算法的性能,目前已发展了多种改进办法,主要集中在两个方面,一个是改进算法本身的操作和参数的选取,另一方面是与其他算法相结合(例如模拟退火算法或者粒子群优化算法等),发展混合算法。虽然 TS

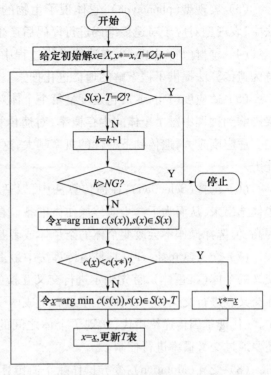

图 2.1 TS 算法的流程框图

算法最早是针对组合优化提出的,但该算法在函数优化问题中也已获得很好的应用。函数优化与组合优化问题的最大区别在于状态和邻域的表征。函数优化时,状态以实数形式表达,而邻域结构通常以 x 为中心,r 为半径的球(这里记作 $B(x,r)$)表征。对函数优化问题来讲,设计 TS 算法的目的也是为克服局部极值的影响以高效地实现全局优化。

2.3 遗传算法

2.3.1 遗传算法的基本概念

遗传算法(GA)是 1975 年密歇根大学 Holland 教授提出的[40,72],1992 年 Koza 提出了遗传编程的概念[73,74],这为后来遗传算法的工程应用以及机器学习问题提供了强有力的工具。以下扼要介绍 GA 中几个基本概念:

(1) 基因(Gene):它是一个 DNA 分子片段,上面有遗传信息,是用来控制生物体性状的基本遗传单位,而生物个体的全部基因组合称为"基因型"(Genotype)。

(2) 染色体(Chromosome):它是基因的物质载体,是生物体中拥有遗传特性的物质。在遗传算法中,编码串就是染色体,而且染色体也是遗传算法操作的基本对象。

(3) 表现型(phenotype)：它体现了生物的行为响应、组织生理和形态等。在遗传算法中，表现型对应于对遗传编码进行译码后产生的实际解。

(4) 种群(Population)：在遗传进化过程中，某一代所有染色体的总和称为种群。种群为遗传算法提供了搜索解的遗传进化搜索空间。

(5) 适应度(Fitness)：它是度量每个个体对其生存环境适应能力的标准，它的大小直接影响到种群中每个个体的生存概率，对遗传算法的收敛速度和其他性能也都有很大影响。适应度越大，遗传到下一代的概率越大，这意味着优良个体在种群中具有较强的繁殖能力。

(6) 选择(Selection)：在遗传算法中，以适应度为指标，把当前种群中适应度较高的个体选出来，从而为下一步遗传操作做准备。在选择算子的作用下，种群整体质量在逐步提高，但选择操作不会改变个体的杂色体或者基因。

(7) 交叉(Crossover)：它是遗传算法中最重要的遗传操作，对于两个被选择出来进行交叉的个体(染色体)，首先确定进行交叉互换的交叉点，然后以这两个个体为父代个体，在交叉点进行交叉互换，因而在重组后生成两个新的子代个体(染色体)。在交叉的过程中，父代把基因传递给后代，实现了个体之间的信息交流。个体(染色体)是否发生交叉还要通过交叉概率进行控制。

(8) 变异(Mutation)：变异操作赋予遗传算法一定的随机搜索能力，一定程度上使得遗传算法的性能更加完善。变异的过程体现了个体基因在遗传过程的不稳定性，个体(染色体)是否发生变异是由变异概率进行控制的。

在遗传算法中有四个控制参数(种群规模 N，交叉概率 p_c，变异概率 p_m 和终止条件)需要提前设定。种群规模 N 太小时会降低种群的多样性，太大时会降低算法的收敛速度。交叉概率 p_c 和变异概率 p_m 一般都有一个建议取值范围，前者为 0.4~0.99，后者为 0.001~0.1；并不是所有被选择的个体都要进行交叉或变异操作，变异的主要作用是保持种群的多样性，过大的变异概率容易导致种群进化不稳定。

2.3.2 遗传算法的基本思想和算法流程

遗传算法是根据问题的目标函数 $f(x)$ 构造一个适值函数(Fitness function，通常用 $F(x)$ 表示)，在遗传算法适应值(fitness value)规定为非负，从目标函数 $f(x)$ 映射到适值函数 $F(x)$ 的过程称为标定(scaling)。用适值函数对一个由多个解(每个解对应一个染色体)构成的种群进行评价、作遗传运算和选择，经过多代繁殖以获得适应值最好的个体作为问题的最优解。

遗传算法的主要步骤如下：

(1) 随机产生一组初始个体，构成初始种群，并且评价每个个体的适配值。

(2) 判断算法收敛准则是否满足，若满足则输出搜索结果；否则执行以下步骤。

(3) 根据适应值的大小和选择策略执行选择操作。

(4) 按交叉概率 p_c 执行交叉操作。

(5)按变异概率 p_m 执行变异操作。

(6)返回步骤(2)。

图2.2给出了遗传算法流程的基本框图。

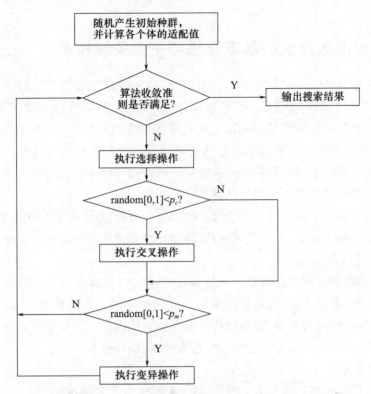

图2.2 简单遗传算法(simple genetic algorithm,SGA)的流程框图

遗传算法不同于传统的优化方法,它具有如下特点:

(1)遗传算法对问题参数编码成"染色体"后进行进化操作,而不是针对参数本身,这就使得遗传算法不受函数约束条件(例如连续性,可导性等)的限制。

(2)GA的搜索过程是从问题解的一个集合开始的,而不是从单个个体开始,因此具有隐含和并行搜索的特性,从而可以减小陷入局部极小的可能。

(3)在遗传算法中,所使用的遗传操作均为随机操作,另外GA根据个体适应值的信息进行搜索,不需要其他信息。

(4)遗传算法具有全局搜索能力,它提供了一种求解复杂优化问题的通用框架,它不依赖于问题的具体领域,适用于各种类型(例如复杂问题和非线性问题)的优化求解。

(5)遗传算法具有固有的并行性,而且鲁棒性强。

尽管如此,遗传算法也有很多不足之处,例如遗体算法的理论基础尚不完善、进化参数选择缺乏理论依据、算法存在过早收敛到问题的局部最优解及局部搜索能力较弱等问题。以上这些缺陷和不足限制了遗传算法的优化效率和求解结果的精度,对此文献[75]给出了更多的遗传算法设计分析与改进措施,感兴趣者可参考。

2.4 模拟退火算法

2.4.1 模拟退火算法的基本思想和主要关键技术

早在1953年N. Metropolis就提出了模拟退火(SA)原始算法[50],但一直到1983年S. Kirkpatrick等人才成功地将SA的思想用于组合最优化问题并创建了现代的SA算法[76]。模拟退火算法是基于Monte Carlo迭代求解策略的一种通用的随机搜索寻优算法,是对局部搜索算法的扩展。其出发点是基于物理的退火过程与组合优化之间的相似性,SA由某一较高初温开始,利用Metropolis抽样策略在解空间中进行随机搜索,伴随着温度的不断不降,最终得到问题的全局最优解。

SA算法的关键技术可用三个函数两个准则给予概括,三个函数与两个准则分别是状态产生函数、状态接受函数、温度更新函数、内循环终止准则和外循环终止准则。

1. 状态产生函数

状态产生函数设计的出发点是尽可能保证产生的候选解遍布全部解空间。通常,状态产生函数由两部分组成,即产生候选解的方式和候选解产生的概率分布。候选解的产生方式是由问题的性质所决定,即当前状态的邻域结构内以一定概率方式产生,而产生概率的分布方式可以是均匀分布、正态分布、指数分布、柯西分布。

2. 状态接受函数

通常,状态接受函数以概率方式给出,在SA算法中常采用$\min[1,p_{ij}]$作为状态接受函数,这里p_{ij}为

$$p_{ij} = \exp\left(-\frac{f(j)-f(i)}{T_k}\right) = \exp\left(-\frac{\Delta f}{T_k}\right) \tag{2.3}$$

式中,$f(\cdot)$为目标函数,T_k为当前温度参数,i是当前解,j为其邻域中的一个解,它们的目标函数分别为$f(i)$与$f(j)$,并用Δf表示目标值的增量。若$\Delta f < 0$,则算法无条件从i移到j(此时j比i好);若$\Delta f > 0$,则算法要依据概率p_{ij}来决定是否从i移到j。

3. 温度更新函数

温度更新函数即温度的下降方式,用于在外循环中修改温度值。

4. 内循环终止准则

内循环终止准则,又称Metropolis抽样稳定准则,用于决定在各温度下产生候选解的数目。

5. 外循环终止准则

外循环终止准则,即算法终止准则,用于决定算法的结束。

2.4.2 模拟退火算法的计算步骤和流程框图

令下面所讨论的优化问题为

$$\min f(i), i \in S \tag{2.4}$$

式中，S 是一个离散的有限状态空间，i 表示状态。这时模拟退火算法的主要步骤如下：

第 1 步：初始化，任选初始解 $i \in S$，给定初始和终止温度分别为 T_0 和 T_f，令迭代指标 $k=0$，$T_k=T_0$；

第 2 步：随机产生一个邻域解 $j \in N(i)$（这里 $N(i)$ 表示 i 的邻域），计算目标函数的增量 $\Delta f = f(j) - f(i)$；

第 3 步：如果 $\Delta f < 0$，令 $i=j$ 转第 4 步；否则产生 $\eta = U(0,1)$，如果 $\exp\left(-\dfrac{\Delta f}{T_k}\right) > \eta$，则令 $i=j$；

第 4 步：如果达到热平衡（内循环次数大于 $n(T_k)$）转第 5 步；否则转第 2 步。

第 5 步：降低 T_k，$k=k+1$，若 $T_k < T_f$，则算法停止，否则转第 2 步。

模拟退火算法的流程框图如图 2.3 所示。

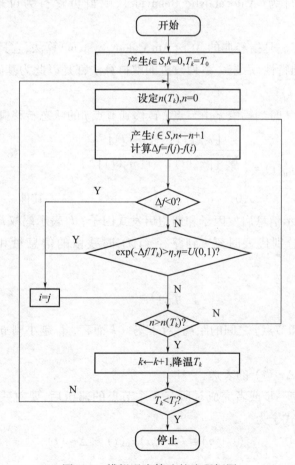

图 2.3 模拟退火算法的流程框图

尽管 SA 算法的通用性级强，算法也易于实现，但要真正获得一个质量和可靠性都高，初值鲁棒性好的结果仍有许多工作有待开展；另外，要克服 SA 计算时间较长、效率较低的缺点，也需要进行深入的研究。

2.5 蚁群算法

2.5.1 基本蚁群算法中的一些关键技术

蚁群(Ant System 或者 Ant Colony System,这里我们采用后者)算法是意大利学者 Dorigo M 等人在 1991 年时首先提出的一种基于蚁群觅食行为启发而发展起来的智能寻优的通用搜索技术与算法[51,77,78]。该算法中蚁群在移动中通过信息素(Pheromone)进行间接通信以选择移动的方向,蚁群的集体行为表现出一种信息的正反馈现象,即最短路径上走过的蚂蚁最多,因此后来的蚂蚁选择路径的概率也就越大,蚁群这种选择路径的过程可称为自催化行为(Autocatalytic Behavior),蚁群觅食行为可理解为增强型学习过程。

所谓基本蚁群算法是指经典的 ACS(Ant Colony System)算法,它具有当前很多种类蚁群算法最基本的共同特性,后来一系列改进的蚁群算法都是以此为基础。

1. 转移概率 $p_{ij}^k(t)$

符号 $p_{ij}^k(t)$ 表示 t 时刻蚂蚁 k 由节点 i 转移到节点 j 的状态转移概率,其表述式为

$$p_{ij}^k(t) = \begin{cases} \dfrac{[\tau_{ij}(t)]^\alpha \cdot [\eta_{ij}(t)]^\beta}{\sum_{S \in d_k}\{[\tau_{is}(t)]^\alpha \cdot [\eta_{is}(t)]^\beta\}} & j \in d_k \\ 0 & 其他 \end{cases} \quad (2.5)$$

式中,α 和 β 分别表示信息启发因子和期望启发式因子;d_k 表示蚂蚁 k 下一步可选择的节点;$\tau_{ij}(t)$ 和 $\eta_{ij}(t)$ 分别代表时刻 t 到路径 (i,j) 时残留的信息量和启发信息量;对于 $\eta_{ij}(t)$ 一般取为

$$\eta_{ij}(t) = \frac{1}{d_{ij}} \quad (2.6)$$

这里 d_{ij} 代表节点 i 和节点 j 之间的距离,对于蚂蚁 k 而言,d_{ij} 越小则 $\eta_{ij}(t)$ 越大,$p_{ij}^k(t)$ 也就越大。

2. $\tau_{ij}(t+n)$ 和 $\Delta\tau_{ij}(t)$ 的表达

在每只蚂蚁走完一步或者完成对所有 n 个节点的遍历后,要对残留信息素进行更新处理,其使用的调整式子为

$$\tau_{ij}(t+n) = (1-\rho)\tau_{ij}(t) + \Delta\tau_{ij}(t) \quad (2.7)$$

$$\Delta\tau_{ij}(t) = \sum_{k=1}^{m} \Delta\tau_{ij}^k(t) \quad (2.8)$$

式中,ρ 代表信息素的挥发系数,ρ 的取值范围为 $[0,1)$,而 $1-\rho$ 表示信息素的残留系数;$\Delta\tau_{ij}(t)$ 表示在本次循环中路径 (i,j) 上的信息素增量,初始时刻 $\Delta\tau_{ij}(0)=0$;符号 $\Delta\tau_{ij}^k(t)$ 表示第 k 只蚂蚁在本次循环中留在路径 (i,j) 上的信息量,对于 $\Delta\tau_{ij}^k(t)$ 的计算,Dorigo M

曾给出三种计算模型[51],这里仅给出蚁周模型(Ant-cycle Model),即

$$\Delta\tau_{ij}^{k}(t) = \begin{cases} \dfrac{Q}{L_k} & \text{第 } k \text{ 只蚂蚁在本次循环中经过}(i,j) \\ 0 & \text{其他} \end{cases} \quad (2.9)$$

式中,Q 为一常量,它表示蚂蚁循环一周或者一个过程在经过的路径上所释放的信息素总量,它在一定程度上影响着算法的收敛速度。通常 Q 越大,则越有利于算法的快速收敛;但如果 Q 特大时,虽然收敛速度很快,但其全局搜索能力变差,易陷于局部最优解并且计算性能也不稳定的情况;L_k 表示第 k 只蚂蚁在本次循环中所走路径的总长度。对于蚁群算法中更多的关键细节可参阅国外英文文献或国内中文书籍,例如文献[79,80]等。

2.5.2 基本蚁群算法的主要步骤和流程框图

对于蚁周模型,这里给出基本蚁群算法的主要步骤如下:

第 1 步:初始化参数。令时间 $t=0$,循环次数 $N_c=0$;设置最大循环次数为 N_{cmax};令路径 (i,j) 的初始化信息量 $\tau_{ij}(t) = \text{const}$,初始时刻 $\Delta\tau_{ij}(0) = 0$;

第 2 步:设共有 m 只蚂蚁,将 m 只蚂蚁随机放在几个节点上。

第 3 步:循环次数 $N_c \leftarrow N_c + 1$。

第 4 步:令蚂蚁禁忌表索引号 $k=1$。

第 5 步:$k = k + 1$。

第 6 步:由状态转移概率式(2.5),计算出蚂蚁选择节点 j 的概率;

第 7 步:选择具有最大状态转移概率的节点,将蚂蚁移到该节点,并把这个节点记入禁忌表中。

第 8 步:如果没访问完集合 C 中的所有节点,即 $k < m$,则跳转至第 5 步;否则,转第 9 步。

第 9 步:由式(2.7)和式(2.8)更新每条路经上的信息量。

第 10 步:如果满足结束条件,则循环结束并输出计算结果;否则清空禁忌表并跳转到第 3 步。

图 2.4 给出了基本蚁群算法的流程框图,如下:

虽然蚁群算法引入了正反馈并行机制,具有较强的鲁棒性和优良的分布式计算机制、易于与其他方法相结合等优点,但它也有明显的不足:

(1)每次解构造过程的计算量较大,算法搜索时间较长,并且搜索时易出现停滞现象。

(2)基本蚁群优化算法是用于离散的优化问题(即组合优化问题),对于连续优化(即函数优化问题)则限制了该算法的应用。

针对上述缺陷,因此提高蚁群算法的寻优能力并使其应用连续域问题成为改进蚁群算法的两个重要方向。

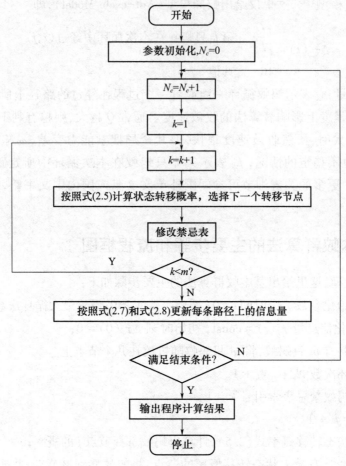

图2.4 基本蚁群算法的流程框图

2.6 捕食搜索策略

2.6.1 捕食动物在搜索时的行为特征与捕食策略

捕食动物的搜索行为研究一直是生态学、生物学和动物行为学研究的主线[52],捕食动物的搜索过程可分三个不同的部分:①捕食的搜索,在没有发现猎物和猎物的迹象时,捕食动物在整个捕食空间沿着一定方向以很快的速度寻找猎物。②一旦发现猎物或者发现有猎物的迹象,则它们便立刻改变自己的运动方式,减慢速度,不停地巡回,在发现猎物或有猎物迹象的附近区域进行集中的区域搜索,持续不断地接近猎物。这种在区域限制(Area-Restricted)的搜索十分重要。在区域限制的空间搜寻一段时间如果没发现猎物后,捕食动物将放弃这个集中的区域,继而在整个捕食空间继续搜寻猎物。如果发现了猎物,则捕食动物便要追逐和攻击猎物。对猎食者来说,它们在追逐和攻击阶段以及进食阶段

都需要很大的消耗。③如果捕到猎物,则要处理并吃掉猎物。对于动物的这种捕食过程搜索策略可概括为以下两个搜索:

① 常规搜索,即在整个提速空间进行全面搜索,直到发现猎物或有猎物的迹象才转到区域限制的空间继续搜索。

② 区域限制搜索,即在猎物或者有猎物迹象的附近区域所进行的集中搜索,直到搜索多次没有找到猎物而放弃局域搜索,转到常规搜索。

动物的这种捕食搜索策略很好地平衡了对整个猎物空间的广度探索(exploration)能力和对猎物聚集区域的深度开发(exploitation)能力之间的矛盾,有利于优化问题的求解。为表述简洁,下文将广度探索与深度开发简称为探索与拓广,即将 exploration-exploitation 译为探索—拓广。

图 2.5 给出了动物的捕食搜索策略框图,动物学家的研究表明动物的这种捕食搜索策略效率很高。

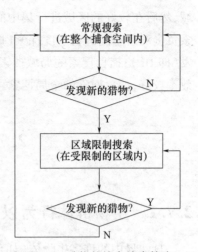

图 2.5 动物的捕食搜索策略

2.6.2 捕食搜索算法以及所涉及 BF 与 DF 间的权衡问题

为了模拟动物的上述捕食过程中的搜索策略,1998 年巴西学者 Linhares A 提出了一种用于解决组合优化问题的模拟动物捕食能力的空间搜索策略[81],并把这种搜索策略分别应用于解决旅行商问题(TSP)和超大规模集成电路设计(VLSI)问题[82],图 2.6 给出了捕食搜索(predatory search, PS)算法的框图。

采用捕食搜索算法寻优时,如图 2.6 所示,首先在整个搜索空间中进行全局搜索,直到找到一个较优解;然后在较优解附近的区域进行集中搜索,直到搜索很多次也没有找到更优解,从而放弃局域搜索;然后再在整个搜索空间进行全局搜索。如此循环,直到找到最优解(或者近似最优解)为止。值得注意的是,在捕食搜索算法中,使用了限制(Restriction)条件来表征较优解的邻域大小[83]。通过限制的调节,去实现搜索空间的增大或者减小,从而达到 BF(Breadth-First,广度优先)与 DF(Depth-First,深度优先)之间的平衡。

严格地讲,上述捕食搜索算法并不是一种具体的寻优计算方法,因为它并没有给出在局域和全局到底如何进行具体搜索的办法,因此在本质上它应是一种平衡局域搜索和全局搜索的策略,所以将其称为捕食搜索策略似乎更贴切。局域搜索与全局搜索、广度探索与深度开

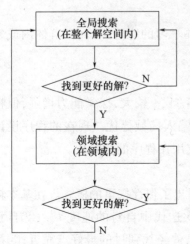

图 2.6 捕食搜索算法的框图

发(即 BF 与 DF)、搜索速度与优化质量是困扰于所有寻优算法中常隐含的矛盾,而捕食搜索非常巧妙地平衡了这个矛盾。捕食搜索在较差的区域进行全局搜索以找到较好的区域,然后在较好的区域进行集中的局域搜索,以使解得到迅速地改善;捕食搜索的全局搜索负责对解空间进行广度探索(即 BF),捕食搜索的局域搜索负责对较好区域进行深度开发(即 DF);捕食搜索的局域搜索由于仅集中于一个相对很小的区域进行搜索,因此寻优效率较好;捕食搜索的全局搜索可使搜索免于陷入局部最优点。

2.7 粒子群优化算法

2.7.1 生物群体行为以及 PSO 算法构成的要素

自然界中的许多生物体(如鱼群、鸟群等)具有一定的群体行为,动物学家研究发现:由数目庞大的个体组成的鸟群飞行时可以改变方向、散开或者进行队形的重组等,那么一定有某种潜在的能力或者规则保证了这些同步的行为。1975 年 Wilson 研究了鱼群的运动,1987 年和 1990 年 Reynolds 和 Hepper 研究了鸟群的飞行。1995 年美国心理学家 J. Kennedy 和电气工程师 R. Eberhart 对 Hepper 的鸟群飞行模型做了改进从而得到粒子群的优化算法[53]。

粒子群优化(particle swarm optimization,PSO)算法是一种典型的群体智能优化算法,它算法简单、易于实现、无需梯度信息、参数少、可用实数编码,是近年来国际上智能优化领域研究的热门方向。该算法的构成要素包括群体大小、学习因子、最大速度、惯性权重、邻域拓扑结构、停止准则等。

(1) 群体大小 m

m 为整型参数,当 m 太小时易陷入局域寻优,当 m 太大则收敛的速度太慢。

(2) 学习因子 c_1 和 c_2。

学习因子使粒子具有自我总结和向群体中优秀个体学习的能力,从而向群体内或邻域内最优点靠近。通常取 $c_1 = c_2$,并且范围在 0~4 之间。

(3) 最大速度 V_{max}

最大速度决定了粒子在一次迭代中最大的移动距离。V_{max} 较大,探索能力增强,但粒子容易飞过最好解;V_{max} 较小时,开发能力增强,但容易陷入局域寻优。现在的程序设计时,V_{max} 的作用已可用调整惯性权重去取代,V_{max} 现在仅用在程序的初始化。

(4) 惯性权重 ω

为了改善 PSO 算法的收敛性能,1998 年文献[84]提出了惯性权重的概念。在基本粒子群优化算法中,粒子的速度主要由三部分组成:①上次迭代中自身的速度 U_{id}^k;②自我认知部分,也即是粒子飞行中考虑到自身的经验,向自己曾经找到过的最好点靠近;③社会经验部分,它体现了粒子间信息的共享与相互合作。速度的这三个部分迭加体现了粒子飞行中考虑到自身的经验,又考虑了向邻域中其他粒子学习以及向邻域内所有粒子曾经找到过的最好点靠近这样一个综合迭加结果。

假设一个由 m 个粒子组成的群体($1 \leq i \leq m$),在 D 维搜索空间($1 \leq d \leq D$)中以一定的速度飞行。

设第 i 个粒子的位置可以表示为

$$\boldsymbol{x}_i = (x_{i1}, x_{i2}, \cdots, x_{id}, \cdots, x_{iD}) \tag{2.10}$$

设第 i 个粒子的速度可以表示为

$$\boldsymbol{u}_i = (u_{i1}, u_{i2}, \cdots, u_{id}, \cdots, u_{iD}) \tag{2.11}$$

第 i 个粒子经过的历史最好点可以表为

$$\boldsymbol{p}_i = (p_{i1}, p_{i2}, \cdots, p_{id}, \cdots, p_{iD}) \tag{2.12}$$

群体(或邻域内)所有粒子所经过的最好点可表示为

$$\boldsymbol{p}_g = (p_{g1}, p_{g2}, \cdots, p_{gd}, \cdots, p_{gD}) \tag{2.13}$$

考虑到粒子自身的速度、自我认知部分和社会经验部分对粒子 i 的影响,于是粒子速度和位置更新为

$$u_{id}^{k+1} = \omega u_{id}^k + c_1 \xi (p_{id}^k - x_{id}^k) + c_2 \eta (p_{gd}^k - x_{id}^k) \tag{2.14}$$

$$x_{id}^{k+1} = x_{id}^k + u_{id}^{k+1} \tag{2.15}$$

式中,ω 为惯性权重,上标 k 为当前迭代数。ξ 和 η 为在[0,1]区间内均匀分布的伪随机数。u_{id}^k 表示粒子 i 在第 k 次迭代中第 d 维的分速度。

对于粒子群优化算法来讲,探索能力(体现在 BF)与开发能力(体现在 DF)的平衡是至关重要的。较大的 ω 值使粒子在自己原来方向上具有更大的速度,从而在原方向上飞行的更远,具有更好的探索能力;较小的 ω 值使粒子飞行较近,具有更好的开发能力。因此调节惯性权重 ω 值便能够调节粒子群的搜索能力。

(5) 邻域拓扑结构

对于 PSO 算法,目前已发展了许多类型的邻域结构(例如星形结构、环形结构、金字塔结构和冯·诺依曼(Von Neumann)结构等),文献[85]的研究指出:没有哪种邻域结构能够很好地适合于所有类型的测试函数,但从平均效果来看,冯·诺依曼结构较其他来讲较好。

(6) 停止准则

通常采用最大迭代次数或者可以接受的满意解作为停止准则。

2.7.2 粒子群优化基本算法与流程框图

粒子群优化基本算法的流程如下:

第 1 步 初始化。设定 c_1 和 c_2,最大迭代次数。取 $k = 1$,在 R^D 中随机产生 m 个粒子,组成初始种群,包括随机位置和速度。

第 2 步 计算每个粒子的适应值。

第 3 步 对每个粒子,将其适应值与所经历过的最好位置的适应值进行比较;如果更好,则将其作为粒子的个体历史最优值,用当前位置更新个体历史最好位置。

第4步 对每个粒子,将其历史最优适应值与群体内或邻域内所经历的最好位置的适应值进行比较;若更好,则将其作为当前的全局最好位置。

第5步 利用式(2.14)或式(2.15)对粒子的速度和位置进行更新。

第6步 利用停止准则,如果未达到终止条件,则转第2步。

图2.7给出了粒子群优化基本算法的流程框图。

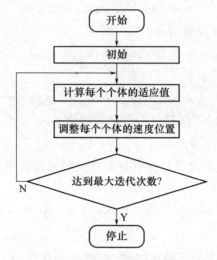

图2.7 粒子群优化基本算法的流程图

习题与思考 2

2.1 进化优化方法主要可划分为哪几个部分?

2.2 目前流行的进化算法有哪些?能否举例说明之?

2.3 禁忌搜索算法与传统优化算法的最主要区别是什么?

2.4 以 Holland 的基本 GA 为例,说明该算法具体实现的主要流程框图。

2.5 模拟退火算法有什么特点?画出该算法的计算框图。

2.6 为什么蚁群觅食行为可以理解为增强型学习过程?

2.7 给出蚁群基本算法的主要流程框图。

2.8 动物捕食过程的捕食搜索可概括为哪几种搜索策略?它是如何巧妙地在广义探索(exploration)与深度开发(exploitation)能力之间进行权衡的?

2.9 举例说明粒子群优化的行为过程并给出这一优化过程的基本框图。

2.10 常用的性能预测方法,其优劣到底用哪些指标评价?目前大部分教材都认为可用如下三个方面去衡量:①达优率,即在多次不同随机种子出发的计算中达到最优解的百分比。②计算速度,即在特定的软、硬件环境中计算不同规模问题所花费的时间。③计算大规模问题的能力,即在可接受的时间里能够求解最大问题的规模。试给出上述没有提到的新评价指标并给出支持你所提指标的相关国内外文献名称与文章出处。

第 3 章 决策分析的几种重要策略

所谓决策,从狭义上讲便是从若干个可能的方案中,按某种标准(或准则)选择一个,而这种标准可以是最优、满意、合理等等;从广义上讲是人们为了达到某个目标,从一些可能的方案(或途径)中进行选择的分析过程,是对影响决策的诸因素进行逻辑判断与权衡。作为一门学科或学科分支,决策理论是研究在有风险或不确定性情况下对决策问题进行定量分析的相关方法。目前,决策的分析方法共有三种,即规范性、描述性和规定性方法。所谓规范性方法是指假设一个合乎理性的决策人对目标或对实现目标的手段进行选择,它主要是基于经验的考虑而非以实验为基础的观察。而描述性的决策方法是以实验为基础,对选择行为进行观察和研究,考察在决策形势下指导决策人行为的思想活动过程。另外,规定性的决策方法的目标是改进决策方法,使之符合规范性要求。

3.1 决策理论发展简史及与其他学科的联系

3.1.1 决策理论的发展简史

20 世纪 20 年代后,决策理论从对策论中分离出来。对策论是研究人与智能的对手(人)之间的对抗,而决策理论是处理人与自然界之间的关系。决策是一个主观思维活动的过程,决策者是决策的灵魂,任何决策都是人的智能活动,图 3.1 给出了决策思维过程的简要框图。

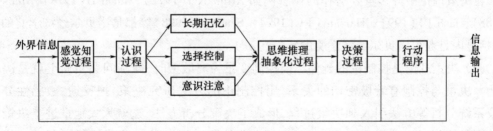

图 3.1 决策思维过程的简要框图

1926 年文献[86]在效用和主观概率的基础上提出了制定决策的理论,1937 年文献[87]对主观概率的构造方法做出了重大贡献,1944 年文献[88]完善了不确定条件下制定决策效用理论的基础。1950 年文献[89]用对策论的定理解决了统计决策中的一些基本问题,1954 年文献[90]把主观概率与效用理论整合成一个求解统计决策问题的整体框架,同年文献[91]建立了具有理论体系并形成具有严格哲学基础和公理框架的统计决策理论。伴随着上述理论体系的形成,许多学者将它用于不确定性和数学上结构良好的随机试验样本的决策问题,并且形成了以贝叶斯分析为基础的统计决策理论。20世纪60年代,统计决策理论有了长足的发展,其中有代表性的是1966年文献[92]提出了决策分析一词,并且将系统分析的方法引入到统计决策理论之中,从理论与应用两个方面推动了决策理论的快速进展。半个多世纪以来,在经济学家、数学家以及系统科学家的共同努力下,决策分析已逐渐用于商业、经济、实用统计、法律、医学、政治等各个方面。另外,行为科学家对描述性决策和效用测度等问题的研究,使排序、有界区间的度量技术等获得了较大的发展。

从20世纪70年代开始,决策分析已成为工业、商业以及政府部门制订决策所使用的一种重要方法。一些规范性的决策方法,如成本效益分析、资源分配、关键路径法(CPM)等的应用得到了普及;多目标决策问题的研究,也在逐步深入,方法不断涌现。

随着计算机技术的飞速发展以及信息处理、数据存储与检索手段的不断进步,再加上程序化决策方法和非程序化决策方法研究的深入发展,使得决策模型的创建工作日臻完善。另外,随着人工智能技术的发展、知识库的形成,使得根据新信息并及时自动修改的策略成为可能。此外,决策支持系统的产生与发展,不仅为决策人提供了问题求解所需的相关信息和适当模型,而且也使某些常规性问题的求解有可能成为自动求解。

3.1.2 决策理论与其他学科的关系

以下分五个方面给出决策理论与其他学科之间的相互联系:

(1) 决策理论是运筹学的一个分支,随机性决策问题的许多处理方法都离不开概率与统计技术。

(2) 决策理论是经济学和管理科学的重要组成部分。从学科分类的角度来讲,管理科学为一级学科,管理理论是其中最主要的一部分,而决策理论是管理理论中的重要内容。在决策理论中许多重要著作的作者例如 Arrow K J(1972)、Simon H(1978)、Allais M(1988)、Nash J F(1994)、Harsanyi J C(1994)、Sen A K(1998)等都是诺贝尔经济学奖的得主(括号内是获得诺贝尔经济学奖的年份)。

(3) 决策理论是控制论的延伸。当控制变量为离散型时,控制问题实质上就是决策问题。决策与控制有着极密切的关系,用控制论的方法研究决策,把反馈、敏感性分析以及系统分析等方法引入到决策过程,形成了决策分析方法,这就大大地推进了决策理论的实际应用。在这方面以 Howard R A 为首的斯坦福大学决策分析研究所的工作最为出色。

(4) 决策理论也是系统科学和系统工程中的重要部分。从概念上讲,系统分析与决策分析不是一码事,它们的侧重点不同,系统分析侧重于对系统的整体性能进行客观的分析判断,而决策分析则在进行客观分析的同时还注意决策人的价值判断与偏好分析。

(5) 决策理论是社会科学与自然科学的交叉,是典型的软科学。自然科学研究的是客观世界,是客观世界中的事实元素,所使用的方法以定量为主;社会科学主要研究由人组成的社会,社会中的人以及人际关系,其核心是价值元素,关键在于价值判断,所使用的方法以定性为主,所研究的成果难以用客观标准衡量。所谓软科学,是要用定量方法研究价值元素,即对社会科学采用定量化的方法去研究。而决策理论是用定量化的方法去处理决策人的价值判断。在对价值的研究上,各学科领域研究的内容各有侧重。哲学家研究人如何决定什么是有价值的;经济学家力图回答人如何在不同方案中做出使自己尽量满足的抉择;心理学家则探索何为满足,人如何动脑筋解决问题;数学家尽力提供各种数学模型帮助解决这些问题。

3.2 随机性决策的效用函数与决策分析的基本步骤

3.2.1 随机性决策问题的基本特点与要素

随机性决策是指未来自然状态的不确定性,决策人无论采取什么行动,都会因为自然状态的不同而出现不同的后果。所谓随机性决策就是在未来不确定的因素和信息不完全的条件下所进行的决策,它在生活中和企业决策中大量存在着。随机性决策问题具有如下三个特点:

(1) 决策人面临的选择,可以采取的行动并不唯一;

(2) 由于自然状态存在着不确定性,因此也导致了后果的不确定;正是因为自然状态不能由决策人控制,而且对自然状态决策人也不能做出准确的预测,于是无论决策人采取什么决策,都可能产生不同的后果。换句话说,决策人要承担一定的风险,所以风险性便为随机性决策问题的基本特点之一;

(3) 在随机性决策问题中,除效果的客观性一面外,还有效果的主观性一面,这是随机性决策问题的又一个基本特点,这就是后果的效用性。这个特点的具体表现是,在进行决策时,先要确定各种后果的效用,以便反映决策人的偏好,这样决策人才能从多种方案中选择他们偏爱的那种决策。

构成随机性决策问题的几个要素如下:

(1) 有若干个自然状态,并用符号 Θ 表示自然状态集,即

$$\Theta = \{\theta_1, \theta_2, \cdots, \theta_n\} \tag{3.1}$$

这里 θ_i 表示决策人遇到的第 i 个自然状态。

(2) 有若干个决策,并用符号 A 表示方案集(又称行动集),即

$$A = \{a_1, a_2, \cdots, a_m\} \tag{3.2}$$

这里 a_i 表示决策人可能采取的决策方案。

(3) 用大写 C 表示后果集,即

$$C = \{c_{ij}\} \tag{3.3}$$

这里 c_{ij} 表示在真实的自然状态 θ_j，决策人采取 a_i 方案时的后果。这种后果可以是非价值的，也可以是价值型的。后果可以是采取其方案的增益值，也可以是损失值，一般称为益损值。在不考虑决策人对风险的态度时，这种后果可用益损函数表示，即 $B(\theta,a)$，它是关于自然状态 θ 和决策方式 a 的二元函数；在考虑决策人对风险的态度时，这时要采用效用函数 $u(\theta,a)$。

通常认为决策问题的基本要素就是上述方案、自然状态和后果这三个。但在有些决策问题中还有另一个重要的要素即信息，用大写字母 X 表示信息集，即

$$X = \{x_1, x_2, \cdots, x_s\} \tag{3.4}$$

这里 X 又称为样本空间（或者观测空间、测度空间）。在决策时，为了获取与自然状态 Θ 有关的信息以减少不确定性，往往需要进行调查研究，调查所得的结果是个随机变量，记为 x。

3.2.2 用于定量决策的效用函数

在决策理论中，后果对决策人的实际价值，即决策人对后果的偏好次序是用效用（utility）来度量的。效用就是对偏好的量化，它是数而且是实值函数。定义了后果的效用之后，就能去比较各种后果的优劣。决策问题除了用决策树来描述（详见本书 3.2.4 小节）以外，还常用表格（又称决策表）来表示。表 3.1 给出了决策表的一般形式，表 3.2 给出了以效用表示后果价值的决策表，表 3.3 给出了转置的损失矩阵。在表 3.1 中，θ_j 与 a_i 的含义分别同式（3.1）与式（3.2），而 x_{ij} 表示 θ_j 与 a_i 条件下的后果，它可能是个数字（例如用实值效用函数 u 或者价值函数 v 去表达）也可以是文字。表 3.2 中的 u_{ij} 代表了 θ_j 与 a_i 条件下用实用函数表达的后果。表 3.3 中的 l_{ji} 是用损失表达的后果，并且有

$$l_{ji} = -u_{ij} \tag{3.5}$$

用于定量决策的效用函数主要有 3 种构造方法：①离散型后果效用函数的构造方法；②连续型后果效用函数的构造方法；③用解析函数近似效用曲线的构造方法。由于篇幅所限，这里略去对这三种构造方法的详细细节，感兴趣者可参考文献[93]。

表 3.1 决策表的一般形式

状态 行动	θ_1	θ_2	$\cdots$	θ_j	$\cdots$	θ_n
a_1	x_{11}	x_{12}	$\cdots$	x_{1j}	$\cdots$	x_{1n}
a_2	x_{21}	x_{22}	$\cdots$	x_{2j}	$\cdots$	x_{2n}
$\vdots$	$\vdots$	$\vdots$	$\cdots$	$\vdots$	$\cdots$	$\vdots$
a_i	x_{i1}	x_{i2}	$\cdots$	x_{ij}	$\cdots$	x_{in}
$\vdots$	$\vdots$	$\vdots$	$\cdots$	$\vdots$	$\cdots$	$\vdots$
a_m	x_{m1}	x_{m2}	$\cdots$	x_{mj}	$\cdots$	x_{mn}

表 3.2　以效用表示后果价值的决策表

行动＼状态	θ_1	θ_2	…	θ_j	…	θ_n
a_1	u_{11}	u_{12}	…	u_{1j}	…	u_{1n}
a_2	u_{21}	u_{22}	…	u_{2j}	…	u_{2n}
⋮	⋮	⋮	…	⋮	…	⋮
a_i	u_{i1}	u_{i2}	…	u_{ij}	…	u_{in}
⋮	⋮	⋮	…	⋮	…	⋮
a_m	u_{m1}	u_{m2}	…	u_{mj}	…	u_{mn}

表 3.3　转置的损失矩阵

状态＼行动	a_1	a_2	…	a_i	…	a_m
θ_1	l_{11}	l_{12}	…	l_{1i}	…	l_{1m}
θ_2	l_{21}	l_{22}	…	l_{2i}	…	x_{2m}
⋮	⋮	⋮	…	⋮	…	⋮
θ_j	l_{j1}	l_{j2}	…	l_{ji}	…	l_{jm}
⋮	⋮	⋮	…	⋮	…	⋮
θ_n	l_{n1}	l_{n2}	…	l_{ni}	…	l_{nm}

另外,由于历史原因,客观概率人们习惯使用 probability(即概率)一词,采用记号 $P(\theta)$ 表示自然状态 θ 的概率;而主观概率习惯用 likelihood(即似然率),采用记号 $\pi(\theta)$ 表示自然状态 θ 的似然率。本书对概率与似然率的用法,并不进行严格区分,但是尽可能用记号 $\pi(\theta)$ 表示似然率。

3.2.3　随机性决策问题常用的原则

随机性决策问题常用的决策原则有最大可能原则(the most probable state principle)、渴望水平原则(aspiration level principle)和期望值最大原则(the most expectation principle)。

(1) 最大可能原则:一个事件其概率愈大,则发生的可能性也大,最大可能原则就是按最大概率的自然状态进行决策。在这种情况下,随机性决策问题就变成了确定型决策问题。这个原则适用于在一组自然状态中某一状态出现的概率比其他状态出现的概率大很多,而其他状态下诸方案的益损值差别较小的情况,否则就会造成较大的失策。

(2) 渴望水平原则:预先给出收益的一个渴望水平 D,对于每个方案,都求出其收益的一个渴望水平 D 的概率。于是,使这个概率最大的方案,就是渴望水平原则下的最优方案,即 $P[B(\theta,a) \geqslant D]$,这里 $B(\theta,a)$ 为关于 θ 和 a 的二元函数。

(3) 期望值最大原则:用期望值法进行决策,是把每个方案的期望值求出来,加以比较,然后选择期望值最大(当目标为利润时)或期望值最小(当目标为损失时)的方案。

3.2.4 决策树

在很多情况下,利用决策树来表示决策过程是非常方便与直观的,图 3.2 给出了决策人面临两种备选方案有两种可能的自然状态时的决策树。图中,最左侧的小方框表示决策点,从它引出的分支叫决策枝,又称方案分支,每一枝代表决策人可能采取的一种方案并在该决策枝上作相应的标记 $a_i (i=1,2,\cdots,m)$;决策枝的终点是小圆点,称为机会点。从机会点向右发出的枝叫机会枝,每一个机会枝代表一种自然状态,有几种可能的自然状态就有几条机会枝;在各个机会枝上可以标注自然状态的记号 θ_j 或者该状态出现的概率 $\pi(\theta_j),j=1,\cdots,n$;决策人在机会点处是无法控制沿哪条机会枝继续向前的。机会枝的终点是小三角形的点,称为后果点,并用 c_{ij} 表示决策人采用 a_i 元方案、在自然状态 θ_j 下的后果。

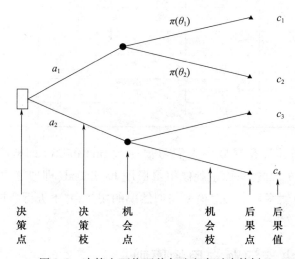

图 3.2　决策人面临两种备选方案时决策树

3.2.5 决策分析的基本步骤

求解一个实际的决策问题,通常包括如下四个步骤:

第 1 步,构造决策问题。

第 2 步,确定各种决策可能的后果并且设定各种后果发生的概率。

第 3 步,确定各种后果对决策人的实际价值,即确定决策人对后果的偏好。

第 4 步,对备选方案进行评价和比较。评价方案优秀的依据是 Von Neumann-Morgernstern 的效用理论[88-89],用该理论计算出各种后果的效用进而计算出各个方案的期望效用,并且选择期望效用最大的方案。图 3.3 给出了决策分析的基本步骤。

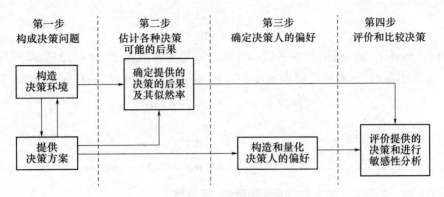

图 3.3 决策分析的基本步骤

3.3 Bayes 定理、Bayes 策略与 Bayes 分析

Bayes 分析是决策分析中最重要的方法。本节为了讨论 Bayes 分析,必须介绍 Bayes 定理。因为由 Bayes 定理就可以利用随机试验获得的新信息去修正自然状态的先验分布,得到更接近实际状态、更准确的后验概率分布,这对于提高 Bayes 分析的精度具有重要的实际价值。

3.3.1 条件概率以及 Bayes 定理

设 $\{A_j\}, j=1,2,\cdots,n$ 是几个互不相容的事件,并且 $\pi(A_j) > 0, j=1,2,\cdots,n$;另外,$\bigcup_{j=1}^{n} A_j = S$,这里 S 为样本空间,于是对任一事件 B,有全概率公式为

$$\pi(B) = \sum_{j=1}^{n} [\pi(B \mid A_j) \pi(A_j)] \tag{3.6}$$

在事件 B 发生的条件下,事件 A_j 发生的概率称为条件概率,记作 $\pi(A_j \mid B)$,有

$$\pi(A_j \mid B) = \pi(A_j B) / \pi(B) \tag{3.7}$$

将式(3.6)代入式(3.7),得到 Bayes 定理,即

$$\pi(A_j \mid B) = \frac{\pi(A_j B)}{\sum_{j=1}^{n}[\pi(B \mid A_j)\pi(A_j)]} = \frac{\pi(B \mid A_j)\pi(A_j)}{\sum_{j=1}^{n}[\pi(B \mid A_j)\pi(A_j)]} \tag{3.8}$$

式中,B 为随机试验的结果或称观察值;$\pi(A_1),\pi(A_2),\cdots,\pi(A_n)$ 称为先验概率,$\pi(A_1 \mid B),\pi(A_2 \mid B),\cdots,\pi(A_n \mid B)$ 称为后验概率。

在实际决策分析过程中,需要准确估计的条件概率密度 $f(x \mid \theta)$,它是 θ 出现时 x 的条件概率密度(又称似然函数)。这时 $x \in$ 随机变量 X,$\theta \in$ 未来的自然状态 Θ,为了准确地估计自然状态 Θ,需要通过随机试验进行观察获取新的信息;而观察所得到的是与 Θ 相关的另一个随机变量 X 的值 x。对于连续型随机变量 Θ 与 X,条件概率密度函数为

$$\pi(\theta \mid x) = \frac{f(x \mid \theta) \cdot \pi(\theta)}{m(x)} \tag{3.9}$$

式中,$\pi(\theta)$ 是 θ 的先验概率宽度函数;$\pi(\theta \mid x)$ 是观察值为 x 时的后验概率密度函数;$f(x \mid \theta)$ 是 θ 出现时,x 的条件概率密度;$m(x)$ 是 x 的边缘宽度,或称预测密度,有

$$m(x) = \int_{\theta \in \Theta} f(x \mid \theta) \pi(\theta) d\theta \tag{3.10}$$

对于离散型随机变量:

$$m(x_k) = \sum_i p(x_k \mid \theta_i) \pi(\theta_i) \tag{3.11}$$

式中,$\pi(\theta \mid x)$ 是观察值为 x 时的后验概率密度函数。

3.3.2 Bayes 风险与 Bayes 策略

由于历史原因,统计决策理论习惯用损失函数 $l(\theta,a)$ 来描述决策的后果,它与效用函数 $u(\theta,a)$ 的关系为

$$l(\theta,a) = -u(\theta,a) \tag{3.12}$$

因为效用函数能够反映在风险情况下决策人的偏好,所以只要能设定足够精确的效用函数,期望效用就是求解风险型决策问题的合理测度。另外,按照式(3.12)设定的损失函数同样也能反映决策人的偏好,期望损失可作为所风险型决策问题的合理测度,也可作为评价行动优劣的数值指标。

前面讨论 Bayes 定理时讲到,在实际的决策分析过程中,为了准确地估计自然状态 Θ,需要通过随机试验进行观察获取新的信息;而观察所得到的是与 Θ 相关的另一个随机变量 X 的值 x。当决策人通过随机试验得到观察值 x 后,需要根据观察值 x 和某种决策策略 δ(或称决策规则、决策准则)去选择适当的行动 a,使 $a = \delta(x)$,这里决策策略 δ 是从样本空间到决策空间的映射;所有可能的决策策略的集合法为策略空间,记作 Δ。当决策人根据观察值 x 和决策策略 δ,采用行动 a,真实的自然状态为 θ 时,相应的损失函数为

$$l(\theta,a) = l(\theta,\delta(x)) \tag{3.13}$$

1. 风险函数 $R(\theta,\delta)$

在给定自然状态 θ,采取决策策略 δ 时,损失函数 $l(\theta,\delta(x))$ 对随机调验后果 x 的期望值称为风险函数,记作 $R(\theta,\delta)$,即

$$R(\theta,\delta) = E_\theta^X [l(\theta,\delta(x))] \tag{3.14}$$

式中,风险函数 $R(\theta,\delta)$ 是真实的自然状态 θ、采取策略 δ 时的期望损失。如果随机试验后果 x 为连续型随机变量,则有

$$R(\theta,\delta) = \int_{x \in X} l(\theta,\delta(x)) f(x \mid \theta) dx \tag{3.15}$$

式中,$f(x \mid \theta)$ 为 θ 出现时 x 的条件概率密度;如果随机试验后果 x 为离散型随机变量,有

$$R(\theta,\delta) = \sum_{x \in X} l(\theta,\delta(x)) p(x \mid \theta) \tag{3.16}$$

式中，$p(x|\theta)$ 为 θ 出现时 x 的条件概率；因为在进行决策分析时并不知道真实的自然状态 θ，只能对自然状态设定为先验概率 $\pi(\theta)$，因此风险函数只能用关于自然状态 θ 的期望值来描述实际的损失。

2. Bayes 风险函数 $\gamma(\pi,\delta)$

当自然状态的先验概率为 $\pi(\theta)$，决策人采用的策略为 δ 时，风险函数 $R(\theta,\delta)$ 关于自然状态 θ 的期望值称为 Bayes 风险函数，记作 $\gamma(\pi,\delta)$，即

$$\gamma(\pi,\delta) = E^{\pi}[R(\theta,\delta)] = E^{\pi}[E_{\theta}^{X}(l(\theta,\delta(x)))] \tag{3.17}$$

在上述定义中，如果 θ, x 为连续型随机变量，$\pi(\theta)$ 为先验概率密度函数，则

$$\gamma(\pi,\delta) = \int_{\theta \in \Theta} R(\theta,\delta)\pi(\theta)d\theta = \int_{\theta \in \Theta}\int_{x \in X} l(\theta,\delta(x))f(x|\theta)dx\pi(\theta)d\theta \tag{3.18}$$

如果 θ, x 为离散型随机变量，$\pi(\theta)$ 为先验概率，则有

$$\gamma(\pi,\delta) = \sum_{\theta \in \Theta} R(\theta,\delta)\pi(\theta) = \sum_{\theta \in \Theta}\sum_{x \in X} l(\theta,\delta(x))p(x|\theta)\pi(\theta) \tag{3.19}$$

如果 $\gamma(\pi,\delta_1) < \gamma(\pi,\delta_2)$，则称策略 δ_1 优于 δ_2，记作 $\delta_1 > \delta_2$。

3. Bayes 策略

令先验分布为 $\pi(\theta)$ 时，若策略空间存在某个策略 δ^{π}，能够使

$$\forall \delta \in \Delta,\text{有 } \gamma(\pi,\delta^{\pi}) \leq \gamma(\pi,\delta) \tag{3.20}$$

则称 δ^{π} 为 Bayes 策略，又称 Bayes 准则，也就是说，最优的决策策略是 Bayes 策略 δ^{π}，即进行 Bayes 分析时，应该选择 δ^{π}，使

$$\gamma(\pi,\delta^{\pi}) = \min_{\delta \in \Delta}\{\gamma(\pi,\delta)\} \tag{3.21}$$

3.3.3 Bayes 分析

由 Bayes 策略，当观察值为 x，先验分布为 $\pi(\theta)$ 时，最优的决策策略是 Bayes 策略 δ^{π}，它满足式(3.21)。其中对于连续型随机变量 $\gamma(\pi,\delta)$ 由式(3.18)定义；对于离散型随机变量 $\gamma(\pi,\delta)$ 由式(3.19)定义。因此，根据式(3.21)，选 δ^{π} 使 $\gamma(\pi,\delta)$ 达到极小，这就是 Bayes 分析的正规型。使用 Bayes 分析的正规型解实际问题时需要用式(3.18)或式(3.19)求它们的极小的 $\delta(x)$，通常是十分困难的，尤其是 Δ 集中策略数目较大时，计算与所有 $\delta(x)$ 相应 $\gamma(\pi,\delta)$ 的工作量太大。为避开这个困难，可采用如下办法：

由 Fubini 定理，交换式(3.18)求积分的次序，如下面形式：

$$\gamma(\pi,\delta) = \int_{x \in X}\left[\int_{\theta \in \Theta} l(\theta,\delta(x))f(x|\theta)\pi(\theta)d\theta\right]dx \tag{3.22}$$

要使式(3.22)达到极小，应当对每个 $x \in X$，选择一个 δ，使式(3.22)中[ ]内的积分（这里记作 γ^*）

$$\gamma^* = \int_{\theta \in \Theta} l(\theta,\delta(x))f(x|\theta)\pi(\theta)d\theta \tag{3.23}$$

为极小。由于观察值 x 的边缘分布 $m(x) > 0$，使式(3.23)为极小，必然会使

$$\gamma^* = \frac{1}{m(x)} \int_{\theta \in \Theta} l(\theta, \delta(x)) f(x\mid\theta)\,\pi(\theta)\,d\theta \qquad (3.24)$$

$$= \int_{\theta \in \Theta} l(\theta, \delta(x)) \left[\frac{f(x\mid\theta)\,\pi(\theta)}{m(x)} \right] d\theta$$

达极小。将式(3.9)代入后,式(3.24)变为

$$\gamma^{**} = \int_{\theta \in \Theta} l(\theta, \delta(x))\,\pi(x\mid\theta)\,d\theta \qquad (3.25)$$

另外,当 x,θ 为离散型随机变量时,式(3.25)变为

$$\gamma^{**} = \sum l(\theta, \delta(x))\,\pi(x\mid\theta) \qquad (3.26)$$

由于 $\delta(x) = a$ 若对每个给定的 x,选一个 a,使式(3.25)或者式(3.26)达到极小,等价于使式(3.23)为极小,也能使式(3.22)为极小。由此可以找到最优的决策策略,即 Bayes 策略 δ^{π}。学术界通常将这种分析方法叫做 Bayes 分析的扩展型,它是 Schlaifer R. O. 于 1961 年提出的(可参考文献[94])。图 3.4 给出了扩展型 Bayes 分析的简单流程,这里要说明的是,用 Bayes 分析的扩展型比正规型更直观,尤其是用式(3.23)计算 γ^* 时不需要计算 $m(x)$ 值,这使得计算更方便。

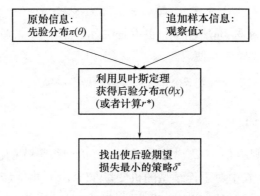

图 3.4　扩展型 Bayes 分析的简单流程

3.4　模糊多准则决策问题以及多属性决策方法

3.4.1　模糊性与随机性

事件的不确定性有两种不同的表现形式:一种是事件是否发生的不确定性,即通常所说的随机性;另一种是事件本身状态的不确定性,我们称为模糊性。对前者而言,事件是否发生虽难预知,但事件本身状态是清楚的。但对后者而言,问题不在于事件发生与否,而在于事件本身的状态不很分明,致使不同的人观察同一事件会有不同的感觉,因而得出不同的结论。模糊事件的主要特性之一是不服从数学上的排中率,不是非此即彼,而可以

亦此亦彼,存在着许多,甚至无穷多的中间状态。

一般来讲,随机性是一种外在因果的不确定性,而模糊性是一种内在结构的不确定性。从信息观点来看,随机性只涉及信息的量,模糊性则关系到信息的含义。因此,可以说模糊性是比随机性具有更深刻的不确定性,在现实生活中,模糊性的存在比随机性的存在更为广泛,尤其在主观认知领域,模糊性的作用比随机性的作用重要得多。

3.4.2 决策分析的三个基本要素以及模糊集理论的提出与应用

通常,决策分析中存在着三个基本的要素:一是可供选择的方案,即策略;二是一组给定的约束条件,策略的选择和目标的追求都必须以满足约束条件为前提;三是选取一个已知的效用函数,以便衡量每种策略的得失。在经典的决策模型中,各种数据和信息都被假定为绝对精确,目标和约束也都假定严格的定义并且有良好的数学表示。但在实际问题中的目标函数、约束条件等是很难用数学式表达清楚的,于是1970年南加州大学的R. E. Bellman和加利福尼亚大学的L. A. Zadeh教授提出了模糊决策的基本模型,提出了模糊集合的基本定义以及模糊集合的运算法则[95]。迄今为止,模糊集理论的应用已经渗透到决策科学的各个领域,无论是单独决策还是群决策,单一准则决策还是多准则决策,一次性决策还是多阶段决策,或者不同种类交叉的混合性决策,模糊集理论在决策思想、决策逻辑和决策技术等方面都发挥了重要的作用,并且取得了良好的效果。另外,以模糊集理论为基础研制的计算机软件,包括数据库决策支持统和知识库专家系统也都投入市场并且进入了商业应用的阶段。

3.4.3 模糊多准则决策的两大领域以及主要区别

经典的多准则决策(Multiple Criteria Decision Making, MCDM)主要划分为两大领域,即多属性决策(Multiple Attribute Decision Making, MADM)和多目标决策(Multiple Objective Decision Making, MODM),其共性是两者对事物好坏的判断准则都不是唯一的,且准则与准则之间常常会相互矛盾。此外,不同的目标或属性通常具有不同的量纲,因此不可能直接比较,两者都必须经过某种适当的变换之后才具有可比性。MADM与MODM之间的主要差别在于:前者的决策空间是离散的,后者是连续的;前者的选择余地是有限的、已知的,后者是无限的、未知的;前者的约束件隐含于准则之中,不直接起限制作用;后者的约束条件独立于准则之外,是决策模型中不可缺少的组成部分。总之,前者可以认为是对事物的评价选择问题,后者则属于对方案的规划设计问题。

由于决策问题中属性水平和目标水平的表示方式可以是定量的(即数字的),也可以是定性的(即语言的);其数据结构可以是精确的(即刚性的),也可以是不精确的(即柔性的),然而模糊集理论均已在这两类模型中获得了广泛的应用,从而形成了模糊多属性决策和模糊多目标决策两个较活跃的研究领域。

3.4.4 模糊集理论基础知识的概述

为了便于本节的讨论，先对模糊集理论中几个重要的定义与定理以及运算法则作一些必要的介绍：

定义 3.1 论域 X 到 $[0,1]$ 闭区间上的任意映射

$$\mu_{\tilde{A}}:X \to [0,1]$$

$$x \to \mu_{\tilde{A}}(x)$$

都是 X 上的一个模糊集 $\tilde{A}$，$\mu_{\tilde{A}}$ 叫 $\tilde{A}$ 的隶属函数，$\mu_{\tilde{A}}(x)$ 称为 x 对 $\tilde{A}$ 的隶属度，记为

$$\tilde{A} = \{(x,\mu_{\tilde{A}}(x)) \mid x \in X\} \tag{3.27}$$

显然，模糊集 $\tilde{A}$ 完全由隶属函数 $\mu_{\tilde{A}}(x)$ 刻画。在模糊数学的相关文献中，模糊集还有另外的两种表示：

(1) 当论域 x 是有限集时，记 $X = \{x_1, x_2, \cdots, x_n\}$，则 X 上的模糊集 $\tilde{A}$ 可写为

$$\tilde{A} = \sum_{i=1}^{n} \mu_i/x_i \quad \text{或} \quad \tilde{A} = \bigcup_{i=1}^{n} \mu_i/x_i \tag{3.28}$$

这里符号"$\sum$"和"$\cup$"并不是求和的意思，只是概括集合诸元的记号。

(2) 当论域 X 是无限集时，X 上的模糊集 $\tilde{A}$ 可以改写为

$$\tilde{A} = \int_{x \in X} \mu_{\tilde{A}}(x)/x \tag{3.29}$$

同样，这里的符号"$\int$"也不是积分的意思。

与普通集合一样，模糊集合最基本的运算也是并、交、余三种，运算符号常采用 $\cap$，$\cup$，^{c} 这三个符号。

定义 3.2 对于论域 X 上的模糊集 $\tilde{A}, \tilde{B}$：

(1) $\tilde{A}$ 和 $\tilde{B}$ 的并集 $\tilde{C} = \tilde{A} \cup \tilde{B}$，也是 X 上的模糊集，其隶属函数 $\mu_{\tilde{C}}$ 被定义为

$$\mu_{\tilde{C}}(x) = \max\{\mu_{\tilde{A}}(x),\mu_{\tilde{B}}(x)\}, \quad \forall x \in X \tag{3.30}$$

(2) $\tilde{A}$ 和 $\tilde{B}$ 的交集 $\tilde{D} = \tilde{A} \cap \tilde{B}$，也是 X 上的模糊集，其隶属函数 $\mu_{\tilde{D}}$ 被定义为

$$\mu_{\tilde{D}}(x) = \min\{\mu_{\tilde{A}}(x),\mu_{\tilde{B}}(x)\}, \quad \forall x \in X \tag{3.31}$$

(3) $\tilde{A}$ 的余集 $\tilde{A}^c$，也是 X 上的模糊集，其隶属函数 $\mu_{\tilde{A}^c}$ 被定义为

$$\mu_{\tilde{A}^c}(x) = 1 - \mu_{\tilde{A}}(x), \quad \forall x \in X \tag{3.32}$$

另外，普通集合的并、交、余运算满足幂等律、交换律、结合律、吸收律、分配律、复原律、对偶律（摩根律）和补余律，构成经典布尔代数。类似地，模糊集合的并、交、余运算也满足幂等律、交换律、结合律、吸收律、分配律、复原律、对偶律（摩根律），但补余律不成立，即

$$\tilde{A} \cup \tilde{A}^c \neq X, \quad \tilde{A} \cap \tilde{A}^c \neq \emptyset \tag{3.33}$$

分解定理与扩张原则是模糊集理论的重要组成部分[95]，前者是把模糊集合转化为普通集合来处理，而后者是把普通集合的分析方法引申到模糊集合之中。由分解定理指出：

设 $\tilde{A}$ 为论域 X 上的模糊集，A_α 是 $\tilde{A}$ 的 α 截集，$\alpha \in [0,1]$，则有

$$\tilde{A} = \bigcup_{\alpha \in [0,1]} \alpha A_\alpha \tag{3.34}$$

这里 αA_α 是常数 α 与 A_α 的数量积，它们构成 X 上一个特殊的模糊集，其隶属函数定义为

$$\mu_{\alpha A_\alpha} = \begin{cases} \alpha & x \in A_\alpha \\ 0 & x \notin A_\alpha \end{cases} \tag{3.35}$$

关于模糊集理论的扩张原则，感兴趣者可参考文献[95]。

定理 3.1 如果用抽象运算符号 $*$ 表示普通的四则运算之一，即 $* \in \{+,-,\times,\div\}$，用 $(*)$ 代表相应的模糊运算。设 $\tilde{M}$，$\tilde{N}$ 为两个模糊数，由扩张原理与分解定理，得出

$$\begin{aligned}\tilde{M} &= \int_{\alpha \in [0,1]} \alpha [m_\alpha^L, m_\alpha^R] \\ \tilde{N} &= \int_{\alpha \in [0,1]} \alpha [n_\alpha^L, n_\alpha^R]\end{aligned} \tag{3.36}$$

这里 m_α^L，n_α^L 和 m_α^R，n_α^R 分别表示模糊数 $\tilde{M}$，$\tilde{N}$ 的 α 截集的左、右边界。于是可得到

$$\tilde{M}(*)\tilde{N} = \int_{\alpha \in [0,1]} \alpha [\tilde{M}(*)\tilde{N}]_\alpha = \int_{\alpha \in [0,1]} \alpha ([m_\alpha^L, m_\alpha^R](*)[n_\alpha^L, n_\alpha^R]) \tag{3.37}$$

由此，可得到模糊数的四则运算的具体表达式。

定义 3.3 设 $L(x)$ 和 $R(x)$ 分别为模糊数 $\tilde{A}$ 的左、右基准函数，如果

$$\mu_{\tilde{A}} = \begin{cases} L\left(\dfrac{m-x}{\alpha}\right), & x \leq m, \alpha > 0 \\ R\left(\dfrac{x-m}{\beta}\right), & x > m, \beta > 0 \end{cases} \tag{3.38}$$

则 $\tilde{A}$ 为 L-R 模糊数，记为 $\tilde{A} = (m;\alpha,\beta)_{LR}$，其中 m 为 $\tilde{A}$ 的均值，α 与 β 为 $\tilde{A}$ 的左、右扩散，并且约定 $\alpha = \beta = 0$ 时，L-R 模糊数退化为普通实数，即 $(m;0,0)_{LR} = m$。

3.4.5 模糊决策基础知识的概述

定义 3.4（模糊目标） 设 X 代表可能采用的全部策略。模糊目标 $\tilde{G}$ 是决策者对目标的某种不分明的要求，被表示为论域 X 上的一个模糊集合，其隶属函数 $\mu_{\tilde{G}}(x)$ 反映了策略 x 相对于目标 $\tilde{G}$ 所能达到的满意程度。

定义 3.5（模糊约束） 模糊约束 $\tilde{C}$ 是对策略运作的一种不严格的限制，表示为策略域 X 上的一个模糊集合，其隶属函数 $\mu_{\tilde{C}}(x)$ 指出了策略 x 符号约束条件的程度。

上面定义 3.4 和定义 3.5 表明：模糊目标和模糊约束是被定义在同一个策略空间中的两个模糊子集，因而具有同等的地位，在本质上起着相同的作用。目标和约束之间的这种对称性质为我们提供了一种可能性：即用一种相对简便的方法把目标和约束直接联系在一起，既能最大限度地实现目标，又能最大限度地满足约束。

定义 3.6（模糊决策） 设 $\tilde{G}$ 和 $\tilde{C}$ 为策略空间 X 中的模糊目标和模糊约束，则模糊决策 $\tilde{D}$ 也是 X 中的一个模糊集合，它被定义为 $\tilde{G}$ 和 $\tilde{C}$ 的交集：$\tilde{D} = \tilde{G} \cap \tilde{C}$，具有隶属函数：

$$\mu_{\tilde{D}}(x) = \min\{\mu_{\tilde{G}}(x), \mu_{\tilde{C}}(x)\}, \quad \forall x \in X \tag{3.39}$$

如果决策者需要一个明确的决策建议,例如选取模糊决策中使隶属函数 $\mu_{\tilde{D}}(x)$ 取得最大值的那些策略,记作 $M^* = \{x_m \mid x \in X, \mu_{\tilde{D}}(x_m) \geq \mu_{\tilde{D}}(x)\}$,称为最大决策集合。如果是 $\mu_{\tilde{D}}(x)$ 在 X^* 中有唯一最大值,则 x^* 对应的策略是唯一分明的决策建议,称为极大化决策,具有隶属度

$$\mu_{\tilde{D}}(x^*) = \max_x \min\{\mu_{\tilde{G}}(x), \mu_{\tilde{C}}(x)\} \tag{3.40}$$

对定义 3.6 可以推广到更一般的情况:假定 n 个模糊目标 $\tilde{G}_j(j=1,2,\cdots,n)$ 和 m 个模糊约束 $\tilde{C}_i(i=1,2,\cdots,m)$,如果所有的目标和约束都定义在策略空间 X 中并且具有相同的重要性,则模糊决策 $\tilde{D}$ 将由全部目标和约束的交集构成,记为

$$\tilde{D} = (\bigcap_{j=1}^{n} \tilde{G}_j) \cap (\bigcap_{i=1}^{m} \tilde{C}_i) \tag{3.41}$$

其隶属函数 $\mu_{\tilde{D}}(x)$ 为

$$\mu_{\tilde{D}}(x) = \min\{\min_{j=1\sim n}\mu_{\tilde{G}}(x), \min_{i=1\sim m}\mu_{\tilde{C}}(x)\}, \quad \forall x \in X \tag{3.42}$$

上述定义隐含着三重假设:

(1)"语言和"对应于"逻辑与";

(2)"逻辑与"对应于集合的"交";

(3)模糊集的"交"由"取小"算子定义。

由于取小算子只考虑被综合对象的最差情形,这样的决策无疑是悲观的。反之,决策者有时候必须要考虑每个方案的最好情形,因而将"语言或"视为"逻辑或",并假定"逻辑或"对应集合"并",然后采用"取大"算子来定义模糊决策,即

$$\tilde{D} = \bigcup_{j=1\sim n} \tilde{G}_j \tag{3.43a}$$

具有隶属函数

$$\mu_{\tilde{D}}(x) = \max_{j=1\sim n}\{\mu_{\tilde{G}}(x)\} \tag{3.43b}$$

这样的决策方式被称为乐观型决策。

3.4.6 经典多属性决策基础知识概述

1. 决策矩阵

给定一组可能的方案 $A_1, A_2, \cdots, A_m$,伴随着每个方案的属性记为 $C_1, C_2, \cdots, C_n$。各属性的重要程度用 $w_1, w_2, \cdots, w_n$ 表示,并且符合归一化条件 $w_1 + w_2 + \cdots + w_n = 1$。决策的目的是要找出其中的最优方案,记为 $A_{\max}$。针对于上述多属性决策问题,可写出下面的决策矩阵 $\boldsymbol{D}$,即

$$\boldsymbol{D} = \begin{bmatrix} x_{11} & x_{12} & \cdots & x_{1n} \\ x_{21} & x_{22} & \cdots & x_{2n} \\ \vdots & \vdots & \vdots & \vdots \\ x_{m1} & x_{m2} & \cdots & x_{mn} \end{bmatrix} \tag{3.44}$$

由于多属性指标之间的相互矛盾与制衡,因而不存在通常意义下的最优解,取而代之

的是有效解(efficient solution)、满意解(satisfied solution)、优先解(preferred solution)、理想解(ideal solution)、负理想解(negative-ideal solution)和折衷解(compromise solution)。所谓理想解是指所有属性水平上都应该是该属性可能具有的最好结果,即

$$A^+ = (c_1^+, c_2^+, \cdots, c_j^+, \cdots, c_n^+) \tag{3.45a}$$

式中

$$c_j^+ = \max_i U_j(x_{ij}), \quad i = 1,2,\cdots,m \tag{3.45b}$$

这里 $U_j(\cdot)$ 表示第 j 个属性的指标值或者效用函数值。其实,通常理想解在实际上并不存在,但是这个概念在多属性决策的理论和实际应用中十分重要。所谓负理想解是指由最坏的属性指标所构成的方案,即

$$A^- = (c_1^-, c_2^-, \cdots, c_j^-, \cdots, c_n^-) \tag{3.46a}$$

式中

$$c_j^- = \min_i U_j(x_{ij}), \quad i = 1,2,\cdots,m \tag{3.46b}$$

2. 属性权重的分配

在经典的多属性决策中,常用的权值分配方法主要有:特征矢量法(eigenvector)、加权最小二乘法(weighted least square)、熵法(entropy)等。对于特征矢量法,文献[96]对其进行了详细的讲述,可供感兴趣者参考。

3. 经典多属性决策问题的几种求解方法

迄今为止,已有许多求解经典多属性决策问题的方法,这里仅介绍几种最基本、最常用的方法:

(1) 乐观型决策方法(maximax)。该方法只考虑每个方案中最好的属性指标,然后选出好中之好者对应的方案作为决策的结果。为了体现这一思想,乐观型决策的指标合成采用了双重的"取大"算子,其优先解 A^* 由下面的合成公式确定,即

$$A^* = \{A_k \mid k \in I, x_k = \max_i \max_j (x_{ij})\} \tag{3.47}$$

(2) 悲观型决策方法(maxmin)。与乐观型决策方法相反,悲观型决策方法采用的是"坏中求好"的决策策略,它先选出每个方案中最坏的指标值,令其中最好的指标所对应的方案作为决策的结果。这种保守性的决策行为体现了决策者厌恶风险的态度。悲观型决策的优先解 A^* 为

$$A^* = \{A_k \mid k \in I, x_k = \max_i \min_j (x_{ij})\} \tag{3.48}$$

(3) 简单加权平均型(SAW)决策方法。该决策方法的优先解 A^* 为

$$A^* = \{A_k \mid k \in I, U(A_k) = \max_i \{\sum_{j=1}^n w_j x_{ij}\}\} \tag{3.49}$$

式中 w_j, x_{ij} 分别为经过归一化处理后具有可比性的权值和指标值。由于 SAW 计算简单易行,因此在实际决策中广为应用。但上述决策模式成立的前提是假定了每一个方案的总体效应可以简单地分解为各因素的分效应。如果因素与因素之间存在一定的互补性,则应考虑采用非线性加权的计算模式。

3.4.7 模糊多属性决策的基本模型以及几种求解方法

1. 模糊多属性决策的基本模型

与经典多属性决策相类似,模糊多属性决策基本模型可表述为:给定一个方案集 $A = \{A_1, A_2, \cdots, A_m\}$,与相应于每个方案的属性指标集 $C = \{C_1, C_2, \cdots, C_n\}$,以及用于说明每种属性对应重要程度的权集 $w = \{w_1, w_2, \cdots, w_n\}$。其中属性指标和权值大小的表示方式,可以是数字的,也可以是语言的;所涉及的数据结构可以是精确的,也可以是不精确的。而所有语言的或不精确的属性指标,其权值大小和数据结构等都采用决策空间中的模糊子集或模糊数表示。其模糊指标值矩阵 $\tilde{F}$ 可写为

$$\tilde{F} = \begin{pmatrix} \tilde{f}_{11} & \tilde{f}_{12} & \cdots & \tilde{f}_{1n} \\ \tilde{f}_{21} & \tilde{f}_{22} & \cdots & \tilde{f}_{2n} \\ \vdots & \vdots & \vdots & \vdots \\ \tilde{f}_{m1} & \tilde{f}_{m2} & \cdots & \tilde{f}_{mn} \end{pmatrix} \quad (3.50)$$

并选择适当的广义模糊复合(composition)算子(又称合成算子)对模糊权重矢量 $\tilde{w}$ 和模糊指标值矩阵 $\tilde{F}$ 实行变换得到代表方案价值的模糊效用值;然后,用模糊集排序方法对模糊效用集进行比较[97,98],以确定其中具有最大满意程度的方案作为决策的结果。

2. 模糊加权平均型决策方法(F-SAW)

经典的多属性决策中的简单的加权方法,其优先解 A^* 由式(3.47)给出。当式中权值 w_j 和指标值 x_{ij} 均为模糊数(这里记为 $\tilde{w}_j$ 和 $\tilde{x}_{ij}$)时,方案 A_i 的价值效用可用如下方法计算:

假定函数 $g: \mathbf{R}^{2n} \to \mathbf{R}$ 为

$$g(\tilde{z}_i) = \sum_{j=1}^{n} \tilde{w}_j \tilde{x}_{ij} \Big/ \sum_{j=1}^{n} \tilde{w}_j \quad (3.51)$$

式中 $\tilde{z}_i = (\tilde{w}_1, \cdots, \tilde{w}_n; \tilde{x}_{i1}, \tilde{x}_{i2}, \cdots, \tilde{x}_{in})$,并在积空间 R^{2n} 上定义下面的隶属函数

$$\mu_{\tilde{z}_i}(z) = \left[\bigwedge_{j=1}^{n} \mu_{\tilde{w}_j}(\tilde{w}_j) \right] \wedge \left[\bigwedge_{j=1}^{n} \mu_{\tilde{x}_{ij}}(\tilde{x}_{ij}) \right] \quad (3.52)$$

而映射产生的模糊效用集 $\tilde{U}_i = g(\tilde{z}_i)$ 具有如下隶属函数

$$\mu_{\tilde{U}_i}(u) = \sup_{z: g(z) = u} \mu_{\tilde{z}_i}(z), \quad \forall u \in R \quad (3.53)$$

迄今为止,为求解上述隶属函数,已有许多方法,例如文献[99]等。

3. 模糊乐观型决策方法(F-maximax)

定义3.7 对任意模糊数 $\tilde{A}$,相应于 $\tilde{A}$ 的左、右模糊集分别记为 $\tilde{A}_L$ 和 $\tilde{A}_R$,其隶属函数被定义为

$$\begin{aligned} \mu_{\tilde{A}_L} &= \sup_{\substack{x = y+z \\ z \leq 0}} \mu_{\tilde{A}}(y) \\ \mu_{\tilde{A}_R} &= \sup_{\substack{x = y+z \\ z \geq 0}} \mu_{\tilde{A}}(y) \end{aligned} \quad (3.54)$$

定义 3.8 两个模糊数 $\tilde{A}$ 和 $\tilde{B}$ 之间的左、右模糊极大集，分别记为 $\tilde{A} \vee_L \tilde{B}$ 和 $\tilde{A} \vee_R \tilde{B}$，或者 $\widetilde{\max}_L(\tilde{A},\tilde{B})$ 和 $\widetilde{\max}_R(\tilde{A},\tilde{B})$，其隶属函数被定义为

$$\mu_{\tilde{A} \vee_L \tilde{B}}(z) = \sup_{\substack{z=x \vee y \\ x,y \in R}} \{\mu_{\tilde{A}_L}(x) \wedge \mu_{\tilde{B}_L}(y)\},$$

$$\mu_{\tilde{A} \vee_R \tilde{B}}(z) = \sup_{\substack{z=x \vee y \\ x,y \in R}} \{\mu_{\tilde{A}_R}(x) \wedge \mu_{\tilde{B}_R}(y)\}, \tag{3.55}$$

定义 3.9 两个模糊数 $\tilde{A}$，$\tilde{B}$ 之间的左、右模糊极小集，分别记为 $\tilde{A} \wedge_L \tilde{B}$ 和 $\tilde{A} \wedge_R \tilde{B}$ 或者 $\widetilde{\min}_L(\tilde{A},\tilde{B})$ 和 $\widetilde{\min}_R(\tilde{A},\tilde{B})$，其隶属函数被定义为

$$\mu_{\tilde{A} \wedge_L \tilde{B}}(z) = \sup_{\substack{z=x \wedge y \\ x,y \in R}} \{\mu_{\tilde{A}_L}(x) \wedge \mu_{\tilde{B}_L}(y)\},$$

$$\mu_{\tilde{A} \wedge_R \tilde{B}}(z) = \sup_{\substack{z=x \wedge y \\ x,y \in R}} \{\mu_{\tilde{A}_R}(x) \wedge \mu_{\tilde{B}_R}(y)\}, \tag{3.56}$$

在下面的讨论中，假设模糊权重矢量 $\tilde{w}=[\tilde{w}_j]$ 和模糊指标值矩阵 $\tilde{D}=[\tilde{r}_{ij}]$ 均为已知，其中 $\tilde{w}_j$ 和 $\tilde{r}_{ij}$ 可以是模糊数，也可以是精确数，但都写成 L-R 型模糊数的表示形式。

定义 3.10 设 $L(x)$ 和 $R(x)$ 分别为模糊数 $\tilde{A}$ 的左、右基准函数[95]，如果

$$\mu_{\tilde{A}}(x) = \begin{cases} L\left(\dfrac{m-x}{\alpha}\right), & x \leqslant m, \alpha > 0 \\ R\left(\dfrac{x-m}{\beta}\right), & x > m, \beta < 0 \end{cases} \tag{3.57}$$

则称 $\tilde{A}$ 为 L-R 模糊数，并记为 $\tilde{A}=(m;\alpha,\beta)_{LR}$，其中 m 称为 $\tilde{A}$ 的均值；α 和 β 称为 $\tilde{A}$ 的左、右扩散，并且约定 $\alpha=\beta=0$ 时，L-R 模糊数退化为普通实数，即 $(m;0,0)_{LR}=m$。

定理 3.2 设 $\tilde{M}=(m;\alpha,\beta)_{LR}$，$\tilde{N}=(n;\gamma,\delta)_{LR}$ 则

$$\tilde{M}+\tilde{N}=(m+n;\alpha+\gamma,\beta+\delta)_{LR}$$

定义 3.11 对于模糊集合 $\tilde{A}_i$，$\tilde{A}_j$，其 Hamming 距离记作 $d_H(\tilde{A}_i,\tilde{A}_j)$，被定义为

$$d_H(\tilde{A}_i,\tilde{A}_j) = \int_{x \in S} |\mu_{\tilde{A}_i}(x) - \mu_{\tilde{A}_j}(x)| \mathrm{d}x \tag{3.58}$$

下面讨论模糊乐观型决策方法的基本思想及其主要步骤。由于乐观型决策只考虑每一个方案的最佳指标值，而对其他指标值皆忽略不予考虑。另外，权重分配也采用了所谓的"退化性"赋权方法[99-100]。为了体现"好中求好"的风险型决策思想，这里以右模糊极大集为收益类指标的参照基准，以左模糊极小集为成本类指标的参照基准，并以海明（Hamming）距离为检测尺度。先确定每一方案中的相对优先指标，然后采用同样方式，通过对相对优先指标值的进一步比较，从而确定问题的最佳方案。具体决策的七个基本步骤如下：

步骤 1 将模糊指标值矩阵进行归一化处理。

步骤 2 确定方案 A_i 的右模糊极大集 $\tilde{M}_{iR}$

$$\widetilde{M}_{iR} = \tilde{\max}_R(\tilde{r}_{i1R}, \tilde{r}_{i2R}, \cdots, \tilde{r}_{inR})$$

具有隶属函数

$$\mu_{\widetilde{M}_{iR}}(r_i) = \sup_{\substack{r_i = r_{i1} \vee r_{i2} \vee \cdots \vee r_{in} \\ (r_{i1}, r_{i2}, \cdots, r_{in}) \in R^n}} \min\{\mu_{\tilde{r}_{i1R}}(r_{i1}), \mu_{\tilde{r}_{i2R}}(r_{i2}), \cdots, \mu_{\tilde{r}_{inR}}(r_{in})\} \quad (3.59)$$

步骤 3　计算右模糊集 $\tilde{r}_{ijR}(j=1,\cdots,n)$ 与右模糊极大集 $\widetilde{M}_{iR}$ 之间的海明距离：

$$d_H^R(\tilde{r}_{ijR}, \widetilde{M}_{iR}) = \int_{s(\tilde{r}_{ijR} \cup \widetilde{M}_{iR})} |\mu_{\tilde{r}_{ijR}}(x) - \mu_{\widetilde{M}_{iR}}(x)| \, \mathrm{d}x \quad (3.60)$$

步骤 4　令

$$\tilde{r}_i^{\max} = \min\{d_H^R(\tilde{r}_{ijR}, \widetilde{M}_{iR})\} \quad (3.61)$$

步骤 5　确定 $\tilde{r}_{iR}^{\max}, i=1,\cdots,m$ 的右摸糊极大集 $\widetilde{M}_R$：

$$\widetilde{M}_R = \tilde{\max}_R(\tilde{r}_{1R}^{\max}, \tilde{r}_{2R}^{\max}, \cdots, \tilde{r}_{mR}^{\max}) \quad (3.62)$$

具有隶属函数

$$\mu_{\widetilde{M}_R}(r) = \sup_{\substack{r = r_1 \vee r_2 \vee \cdots \vee r_m \\ (r_1, r_2, \cdots, r_m) \in R^m}} \min\{\mu_{\tilde{r}_{1R}^{\max}}(r_1), \mu_{\tilde{r}_{2R}^{\max}}(r_2), \cdots, \mu_{\tilde{r}_{mR}^{\max}}(r_m)\} \quad (3.63)$$

步骤 6　计算 $\tilde{r}_{iR}^{\max}$ 与 $\widetilde{M}_R$ 之间的海明距离：

$$d_H^R(\tilde{r}_{iR}^{\max}, \widetilde{M}_i) = \int_{s(\tilde{r}_{iR}^{\max} \cup \widetilde{M}_R)} |\mu_{\tilde{r}_{iR}^{\max}}(x) - \mu_{\widetilde{M}_R}(x)| \, \mathrm{d}x \quad (3.64)$$

步骤 7　按照 $\tilde{r}_{iR}^{\max}$ 与 $\widetilde{M}_R$ 之间海明距离从小到大的顺序排列方案 A_i 的优劣次序，并将最优方案记为 $A_{\max}^*$。

模糊悲观型决策方法（F-maximin）模糊乐观—悲观结合型决策方法（F-hurwicz）以及模糊折中型决策方法（F-compromise）等，感兴趣者可参考相关文献（例如文献[101-103]等）。

3.5　动态规划概述以及多阶段决策与序贯决策

3.5.1　动态规划概述

动态规划是运筹学的一个分支[104,105]，是解决多阶段决策问题的一种行之有效的途径，它是解决最优化问题的一种数学方法。该方法产生于 20 世纪 50 年代，首先由美国数学家 R. E. Bellman 提出，而文献[106]是世界上第一部出版的动态规划领域的专著，是一种广泛应用于现代经济与管理学科中的重要决策方法[107-108]。

1951 年 R. E. Bellman 等人根据一类多阶段决策问题的特点，把多阶段决策问题变换为一系列互相联系的单阶段问题，然后再逐个加以解决。与此同时，Bellman 提出了解决这类问题的"最优性原理"，并且在研究了大量实际问题的基础上创建了解决最优化问题的一种新方法——动态规则。

在工程技术中,许多实际问题用动态规划方法去处理,要比用线性规划或者非线性规划更有效。特别是对于离散性的问题,由于解析数学无法进行,而动态规则的方法便成为非常有用的工具。这里要说明的是,动态规划是求解某类问题的一种方法,是考察问题的一种途径而不是一种具体的算法,因而它不可能像线性规划那样有一个标准的数学表达式和一组明确定义的规则。使用动态规划求解问题时,必须要根据具体问题进行相应的分析处理原则。

通常,动态规划模型可以根据时间参数和过程的演变进行分类[109],根据多阶段决策过程的时间参量是离散的还是连续的变量,可分为离散决策过程和连续决策过程。另外,根据决策过程的演变是确定性的还是随机性的,又可分为确定性决策过程和随机性决策过程。于是将上述组合起来就有离散确定性、离散随机性、连续确定性、连续随机性四种决策过程模型。本节主要讨论离散决策过程,简单讨论多阶段决策和序贯决策的基本概念、理论与方法,并通过典型问题加以说明。

3.5.2 动态规划的几个基本概念

这里仅给出动态规划中常用的五个基本概念:阶段、状态、决策和策略、状态转移方程、指标函数。下面结合图 3.5 进行简要的说明。

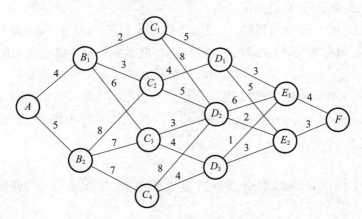

图 3.5 铺设输油管道的线路网络图

(1) 阶段、阶段变量。

将所求解的问题,按照时间或者空间特征分解成几个互相联系的子过程,这些子过程便称作阶段,把描述阶段所使用的变量称为阶段变量。通常,在动态规划中,阶段和阶段变量是最重要的两个基本术语。把所求解的问题,划分成几个阶段,使所求问题转化成多阶段决策的过程。而后再按次序去求解每个阶段的解,以图 3.5 为例,A 为起点,F 为终点,从 A 到 F 分线了五个阶段,并且常用小写字母 k 表示阶段的序号($k=1,2,\cdots,5$)。如图所示 B 有两个选择 B_1、B_2;从 B 到 C,这里 C 有四种选择 C_1,C_2,C_3,C_4;从 C 到 D,在 D 有三种选择 D_1,D_2,D_3;从 D 到 E,在 E 有两种选择 E_1,E_2;最后,从 E 到 F,这里 F 为终点。

(2) 状态、状态变量、可达状态集合。

各阶段开始时所处的自然状况或客观条件称作状态。在图 3.5 中,某阶段出发的位置就是状态。该位置处的点既是该阶段某支路的起点,又是前一阶段某个支路的终点。通常,一个阶段有若干个状态。如图 3.5,在第 1 阶段有一个状态即点 A;在第二阶段有两个状态,即点集合 $\{B_1,B_2\}$,一般第 k 阶段的状态就是第 k 阶段所有始点的集合。

描述过程状态的变量便称为状态变量,它可以用一个数、一组数或者一个向量来描述。通常用 S_k 表示第 k 阶段的状态变量。以图 3.5 为例,第四阶段有三个状态,这里 S_4 可取 3 个值,即 D_1,D_2,D_3,这里 $\{D_1,D_2,D_3\}$ 称作第四阶段的可达状态集合,记为 $S_4 = \{D_1,D_2,D_3\}$。

(3) 无后效性。

上面所讨论的动态规划中的状态,应该具有如下的性质:如果某个阶段状态给定后,则在这个阶段以后过程的发展,应该不受这个阶段以前各段状态的影响。换言之,过程的过去历史只能通过当前的状态去影响它未来的发展,当前的状态是以往历史的一个总结。上述这个性质称作无后效性(又称马尔科夫性)。

这里要强调的是,如果状态仅仅描述过程的具体特征,则并不是任何实际过程都能满足无后效性的要求。因此,如果状态的某种规定方式可能导致不满足无后效性,这时应该适当地改变状态的规定方法,以便达到过程状态满足无后效性的要求。

(4) 决策、决策变量、允许决策集合。

决策是指过程处于某一阶段的某个状态时,为确定下一阶段的状态而作出的决定(或选择),这种决定便称为决策;在最优控制理论中,也称为控制。描述决策的变量,称为决策变量,常用 $u_k(s_k)$ 表示,它表示第 k 阶段当前状态处于 s_k 时的决策变量,它是状态变量的函数。在实际工程问题中,决策变量的取值通常会限制在某一范围之内,该范围称作允许决策集合,并用符号 $D_k(s_k)$ 表示,它表示第 k 阶段从状态 s_k 出发的允许决策集合,因此有决策变量 $u_k(s_k) \in D_k(s_k)$。

(5) 策略。

策略是一个按顺序排列的由决策所组成的集合,常用 $p_{k,n}(s_k)$ 表示 k 子过程策略,即

$$p_{k,n}(s_k) = \{u_k(s_k),u_{k+1}(s_k),\cdots,u_n(s_n)\} \tag{3.65}$$

这里 k 子过程(又称后部子过程)的定义是指由过程的第 k 阶段开始到终止状态(第 n 个阶段)为止的过程称为问题的子过程。

(6) 状态转移方程。

状态转移方程是指由一个状态演变到另一个状态的过程方程。如果用 s_k 和 u_k 分别表示第 k 阶段的状态变量和第 k 阶段决策变量 u_k 的值,那么一旦第 k 阶段的决策变量 u_k 给定,第 $k+1$ 阶段的状态变量 s_{k+1} 值也就完全确定,即

$$s_{k+1} = T_k(s_k,u_k)$$

上式描述了由 k 阶段到 $k+1$ 阶段的状态转移规律,称为状态转移方程。T_k 则称为状态转移函数。

(7) 指标函数。

指标函数是用来衡量过程优劣的一种数量指标,它是定义在全过程和所有后部子过程上确定的数量函数,并且用 $V_{k,n}$ 表示,即

$$V_{k,n} = V_{k,n}(s_k, u_k, s_{k+1}, u_{k+1}, \cdots, s_{n+1}), \quad k = 1, 2, \cdots, n \tag{6.66}$$

常用的指标函数如下:

(a)

$$V_{k,n}(s_k, u_k, s_{k+1}, u_{k+1}, \cdots, s_{n+1}) = \sum_{j=k}^{n} v_j(s_j, u_j) \tag{3.67}$$

式中 $v_j(s_j, u_j)$ 代表第 j 阶段的阶段指标

(b)

$$V_{k,n}(s_k, u_k, s_{k+1}, u_{k+1}, \cdots, s_{n+1}) = \prod_{j=k}^{n} v_j(s_j, u_j) = v_k(s_k, u_k) V_{k+1,n}(s_{k+1}, u_{k+1}, \cdots, s_{n+1}) \tag{3.68}$$

不同的问题,指标函数有不同的含义,例如它可能是距离、利润、成本、产品的产量或者资源的消耗等。

(8) 最优值函数。

最优值函数是表示指标函数的最优值,记作 $f_k(s_k)$,该符号表示从第 k 阶段的状态 s_k 开始到第 n 个阶段的终止状态,在这个过程中采取最优策略时所给的指标函数值,即

$$f_k(s_k) = \mathop{\mathrm{opt}}_{\{u_k, \cdots, u_n\}} V_{k,n}(s_k, u_k, \cdots, s_{n+1}) \tag{3.69}$$

式中"opt"是 optimization(最优化)的缩写,它可以根据题意而取 min 或 max。

3.5.3 动态规划的基本思想和基本方程

动态规划方法的基本思想是:

(1) 动态规划方法的关键在于正确地写出所环境问题的基本方程,即动态规划问题的递推关系以及恰当的边界条件。为此,必然先将问题分成几个相互联系的阶段,恰当地选取状态变量和决策变量以及定义最优值函数,从而把一个大问题化成了一族同类型的子问题,然后逐个求解。

(2) 在多阶段决策过程中,动态规划方法是当前一段与未来各段分开,又把当前效益与未来效益结合起来考虑的一种最优化方法。因此,每段决策的选取应从全局进行考虑。

(3) 在求整个问题的最优策略时,由于初级状态是已知的,而后面每段的决策都是该段状态的函数,因此最优策略便可由所经过的各段状态获得。

动态规划的基本方程,通常是一种递推关系式。在一般情况下,对于动态规划的逆序解法,由 k 阶段与 $k+1$ 阶段的递推关系为

$$f_k(s_k) = \mathop{\mathrm{opt}}_{u_k \in D_k(s_k)} \{v_k(s_k, u_k) + f_{k+1}(s_{k+1})\}, \quad k = n, n-1, \cdots, 1 \tag{3.70}$$

边界条件为 $f_{n+1}(s_{n+1}) = 0$。

其求解是从 $k = n$ 开始,由后往前推进。而对于动态规划的顺序解法,其基本方程的

递推关系为

$$f_k(s_{k+1}) = \underset{u_k \in D_k(s_{k+1})}{\text{opt}} \{v_k(s_{k+1}, u_k) + f_{k-1}(s_k)\}, \quad k = 1, 2, \cdots, n \tag{3.71}$$

边界条件为 $f_0(s_1) = 0$，其求解是从 $k = 1$ 开始，由前往后推进。

3.5.4 多阶段决策以及案例

多阶段决策过程，本意是指这样一类特殊的活动过程，可以按时间顺序分解成若干相互联系的阶段，又称"时段"。在每一个时段都要做出决策，全部过程的决策便形成一个决策序列，因此多阶段决策问题（multi-stage decision problem, MSDP）也属于序贯决策问题（sequential decision problem, SDP）。

多阶段决策问题，通常可分为确定型与风险型两类。在确定型多阶段决策中，目标值都是确定值；而在风险型多阶段决策中，目标值常用期望值作为评价的标准。

例 3.1 设某工厂所需的一种配料，都是每月的前五日在国外某地市场上购买，一次购足一个月的需要配料。该地市场上这种配料的价格随供求而变，各日不同，但一日内价格不变。采购者无法预知各日的确实价格，但根据市场调查，每天各种价格出现的概率见表 3.4。现决策的问题是：确定每月应在哪天购买为宜，也就是确定五天中每日对待购买的态度，"购进"还是"不购进"？

表 3.4 市场价格概率表

单价（万元/千克）	30	34	40
概率	0.22	0.40	0.38

解 设 X_n 为第 n 天的实际单价，$f_n(x_n)$ 为第 n 天起最低价格期望值，D_n 为第 n 天的行动。购进用 1 表示，不购用 0 表示。

那么，决策的目标函数是

$$f_n(x_n) = \min[D_n \cdot x_n + D_{n+1} \cdot f_n(x_{n+1})]$$

$$D_n = \begin{cases} 0, & \text{如果 } x_n \geq f_{n+1}(x_{n+1}) \\ 1, & \text{如果 } x_n < f_{n+1}(x_{n+1}) \end{cases}$$

所以 $\sum D_n = 1$。

先从最后一天开始，$n = 5$，若前四天均未购进，那么，到第五天一定要购进，第五天的实际单价可能是 30、34、40。

因此，期望值是

$$f_5(x_5) = 30 \times 0.22 + 34 \times 0.4 + 40 \times 0.38 = 35.4 \text{（万元/千克）}$$

$n = 4$，在第四天价格有三种：

（1）当 $x_4 = 30$ 时，因 $x_4 < 35.4$，故应购进，即 $D_4 = 1, D_5 = 0, f_4(x_4) = 1 \times 30 + 0 \times 35.4 = 30$ 万元/千克，相应概率为 0.22。

（2）当 $x_4 = 34$ 时，因 $x_4 < 35.4$，故应取 $D_4 = 1, D_5 = 0, f_4(x_4) = 1 \times 34 + 0 \times 35.4 = 34$ 万元/千克，相应概率为 0.40。

(3) 当 $x_4 = 40$ 时，因 $x_4 > 35.4$，故应取 $D_4 = 0$，$D_5 = 1$，$f_4(x_4) = 0 \times 40 + 1 \times 35.4 = 35.4$ 万元/千克，相应概率为 0.38。

所以第四天购买染料价格的数学期望为
$$f_4(x_4) = 30 \times 0.22 + 34 \times 0.40 + 35.4 \times 0.38 = 33.65（万元/千克）$$

在第三天，即 $n = 3$ 时：

(1) 当 $x_3 = 30$ 时，由于 $x_3 < 33.65$，故 $D_3 = 1$，$D_4 = 0$，$f_3(x_3) = 30$ 万元/千克，相应概率为 0.22。

(2) 当 $x_3 = 34$ 时，由于 $x_3 > 33.65$，故 $D_3 = 0$，$D_4 = 1$，$f_3(x_3) = 33.65$ 万元/千克，相应概率为 0.40。

(3) 当 $x_3 = 40$ 时，由于 $x_3 > 33.65$，故 $D_3 = 0$，$D_4 = 1$，$f_3(x_3) = 33.65$ 万元/千克，相应概率为 0.38。

综合得 $f_3(x_3)$ 的数学期望为
$$30 \times 0.22 + 33.65 \times (0.4 + 0.38) = 32.85（万元/千克）$$

在第二天，即 $n = 2$ 时：

(1) 如 $x_2 = 30$ 时，则因 $x_2 < 32.85$，故 $D_2 = 1$，$D_3 = 0$，$f_2(x_2) = 30$ 万元/千克，相应概率为 0.22。

(2) 如 $x_2 = 34$，因 $x_2 > 32.85$，故 $D_2 = 0$，$D_3 = 1$，$f_2(x_2) = 32.85$ 万元/千克，相应概率为 0.40。

(3) $x_2 = 40$，因 $x_2 > 32.85$，故 $D_2 = 0$，$D_3 = 1$，$f_2(x_2) = 32.85$ 万元/千克，相应概率为 0.38。

所以得 $f_2(x_2)$ 的数学期望是
$$30 \times 0.22 + 32.85 \times 0.78 = 32.22（万元/千克）$$

在第一天，$n = 1$：

(1) $x_1 = 30$，因 $x_1 < 32.22$，故 $D_1 = 1$，$D_2 = 0$；$f_1(x_1) = 30$ 万元/千克，相应概率为 0.22。

(2) $x_1 = 34$，因 $x_1 > 32.22$，故 $D_1 = 0$，$D_2 = 1$；$f_1(x_1) = 32.22$ 万元/千克，相应概率为 0.40。

(3) $x_1 = 40$，因 $x_1 > 32.22$，故 $D_1 = 0$，$D_2 = 1$；$f_1(x_1) = 32.22$ 万元/千克，相应概率为 0.38。

所以得 $f_1(x_1)$ 的数学期望是
$$30 \times 0.22 + 32.22 \times 0.78 = 31.73（万元/千克）$$

综上分析，便可获知最优决策是：如第一、二、三天的价格为 30 元则购进，否则等待；第四天如价格为 30 元或 34 元则购进，否则等第五天购买。

3.5.5 序贯决策以及决策序列终止的原则

以上所讨论的多级决策问题，其阶段数都是确定的。除了这种多级决策之外，还有一种多级决策问题,其决策的级数不是事先确定的,而是依赖于我们决策过程中所出现的状况,这种决策问题称之为序贯决策。解决序贯决策的关键是确定一个决策序列终止的原则。这个原则就是:无论到决策的哪个阶段,只要有一个非经抽样的行动的后悔期望值小于进行一次抽样的费用时,决策序列便可终止。序贯决策的典型案例不再给出,可参考相关文献。

3.6 多目标决策理论基础以及多属性决策解法的统一框架

3.6.1 多目标决策问题的特点

在经济管理和工程实践中,常常需要对多目标(多准则、多指标)的方案、计划与工程设计问题进行好坏的判断,在通常情况下对多目标问题的决策是件很困难的事,这由于:

(1) 目标的矛盾性

在多目标决策中,目标之间有相互矛盾的现象。例如选择新建的厂址时既要考虑造价、运费、燃料供应的费用等经济指标,还要考虑对环境的污染等社会因素,只有对各种因素的指标进行综合衡量之后,才能获得合理的决策。

(2) 目标的不可公度性

通常,各项目标具有完全不同的性质,而且计量单位也不相同,甚至有的目标还无法度量,因此目标的不可公度性普遍存在着。

(3) 决策人的偏好不同、决策也不同

决策人对风险的所持态度、对某一个目标的偏好和认知的不同,都会影响到决策的结果。正是由于上述三个特点,因此给多目标决策问题带来许多困难。

3.6.2 多目标决策问题的分类

多目标决策问题可分为两类:一类是多属性决策(multi-attribute decision making, MADM)问题,这类决策的问题中的决策变量是离散型的,其中备选方案的数量是有限个。求解这类问题的核心工作是对各备选方案进行评价,而后排选各方案的优劣次序,再从中择优。另一类是多目标决策(multi-objective decision making, MODM)问题,这类决策问题中的决策变量是连续型的,即备选方案有无限多个。求解这类问题的关键是向量优化,即数学规划问题。

国外文献中还有一种分类法是将多属性决策问题与多目标决策问题都通称为多准则决策(multi-criterion decision making, MCDM)问题,并且把群决策问题也都归入多准则决策问题之中,这样 MCDM 问题便可以分成两类:一类是确定型多准则决策问题;另一类是非确定型多准则决策问题。

3.6.3 多目标决策与多目标评价的理论基础与基本概念

1. 多目标决策的主要步骤

通常,多目标决策问题包括五个步骤[110](如图 3.6 所示):第一步提出问题,通常对问题的认识是主观而含糊的;第二步阐明问题,清楚地说明问题的目标、属性等;第三步构造模型、确定关键变量、估计各种参数、寻找关键变量之间的逻辑关系,并在上述工作的基础上产生各种备选方案;第四步分析评价,利用构造的模型并根据主观判断,采集或标定各备选方案的各属性值,并根据决策规则进行排序或优化;第五步根据上述评价结果,再择优实施。

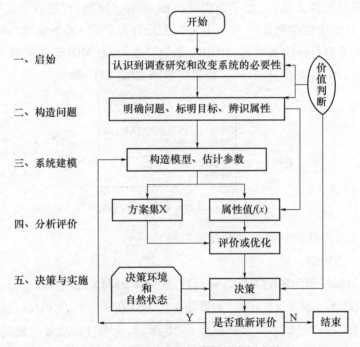

图 3.6 典型的多目标决策的求解步骤

2. 评价的基本原则

评价是为了更好地决策,评价的结果将直接影响着决策的正确性。因此,组织与实施评价的过程是十分重要的,评价通常要遵循如下五个基本原则:

① 评价的标准应具有科学性;②应具有客观性,要尽量避免个人倾向或偏见;③应具有可比性,符合公平性原则;④应具有有效性;⑤应具有动态性,动态性有两个方面的含义:一是如果被评价的对象属性是动态的,那么就不能用静止的观点去考评它;二是如果评价的指标是动态的,则评价的指标应作相应的变动。

3. 多目标决策问题的主要要素以及 MODP 的一般性表述

多目标决策问题(MODP),通常涉及五个要素:①决策单元(decision-making unit);②目标集(set of objectives);③属性集(set of attributes);④决策形势(decision situation);⑤决策规则(decision rule)。

① 决策单元和决策人。决策单元是由决策人、分析人员和作为信息处理器的人机系统组成。决策单元的功能是：按照输入信息，产生内部信息，形成系统知识，提供价值判断，并作决定；② 目标集及其递阶结构。目标是决策人希望到达的状态，为了阐明目标，可将目标表示成层次型的结构以便于分析与计算；③ 属性集和代用属性。属性就是对基本目标达到程度的直接度量。当目标无法用属性值直接度量时，这时常用代用属性(proxy attritude)去间接度量；决策形势是多目标决策问题的基础，它可以说明决策问题的结构和决策环境。决策形势的确定是与决策问题的性质和所有相关人员，包括决策人和决策分析人的经验、判断力等有关；④ 决策规则。在作决策时，决策人力图选择"最好的"可行方案，这就需要对方案根据其所有属性值排列优劣次序，而对方案排序的依据就是决策规则。决策规则可分为两大类：一类是最优化(optimizing)规划，它把方案集中所有备选方案排成完全序，并依决策准则从完全序中选一个最好的；另一类是满意(satisfying)规则。图 3.7 给出了典型多目标决策问题(MODP)的简要框图，而 MODP 的求解，则需要运筹学和数学中的优化算法等更多方法，感兴趣者可参阅文献[111]等。

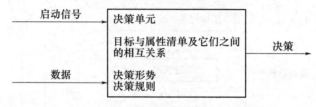

图 3.7　典型的多目标决策问题

4. 多目标决策问题的非劣解与最佳调和解

定义 3.12　非劣解：

$f(x)$ 为多目标决策问题的矢量目标函数，其分量为 $f_j(x)$，$j = 1, 2, \cdots, n$；并且认为分量 $f_j(x)$ 均越大越优。对于 $x^* \in X$，如果在 X 中不存在 x 可使 $f_j(x) \geq f_j(x^*)$，对 $j = 1, 2, \cdots, n$ 且至少有一个 j 使得不等式严格成立，则称 x^* 为多目标决策向量优化问题的非劣解。非劣解又称非控解(non-dominance solution)、有效解(efficient solution)、Pareto 最优解(pareto-optimal solution)、锥最优解(cone-optimal solution)。对于多目标决策问题，如果没有最优解，就一定有一个以上的非劣解。

定义 3.13　最佳调和解(best compromise solution)：

根据决策人的偏好结构，从可行域或者非劣解集中选出决策人最满意的解叫最佳调和解，记作 x^B。因为多目标优化问题通常不存在最优解，因此需要在非劣解集中根据决策人的偏好结构选择最佳调和解。

3.6.4　多属性决策概述以及确定权重的方法

1. 多属性价值函数和多属性效用函数

多属性价值函数是决策人对确定性多属性后果价值的量化。而不确定性多属性后果对决策人的实际价值，则用多属性效用函数度量。如果能够为多目标决策问题的后果或者方案设定实值的效用函数或价值函数,那么多目标决策问题的求解就只需要比较后果或者方案的效用函数以及价值函数的大小,即变成了解纯量的优化问题,因此就使得求解过程大为简化。对于多属性价值函数和多属性效用函数更多的讨论,可参考文献[112]。

2. 决策矩阵

在多属性决策问题中,用 $X = \{x_1, x_2, \cdots, x_m\}$ 表示可供选择的方案集;用 $Y_i = (y_{i1}, y_{i2}, \cdots, y_{in})$ 表示方案 x_i 的 n 个属性值,其中 y_{ij} 是第 i 个方案第 j 个属性的值;当目标函数为 f_j 时,$y_{ij} = f_j(x_i)$,$i = 1, 2, \cdots, m$;$j = 1, 2, \cdots, n$。

将各个方案和属性值列成矩阵如表3.5所示。

表3.5 决策矩阵

	y_1	...	y_i	...	y_n
x_1	y_{11}	...	y_{1j}	...	y_{1n}
...	...	...	...	...	...
x_i	y_{i1}	...	y_{ij}	...	y_{in}
...	...	...	...	...	...
x_m	y_{m1}	...	y_{mj}	...	y_{mn}

3. 属性值的规范化

在多属性决策问题中,因为属性值种类类型不同,因此对其规范化带来一定的难度。有些指标的属性值是越大越好,例如科研成果等,这种指标称为效益型指标;有些指标是值越小越好,例如扩建厂房所用费用等,这种指标叫成本型指标。另外,还有些指标的属性值既非效益型又非成本型,例如在学校中学生与教师数量之比简称生师比,如果生师比值过高,学生的培养质量就难以保证;如果比例过低,则老师的工作量又不饱满。因此,如将这几类属性数据放在同一个表中,就不便于直接从数值大小判断方案的优劣,所以需要对决策矩阵中的数据进到预处理,使得表中任一属性下性能越优的方案预处理后的属性值越大。

其次,就是目标间的不可公度性,因此要设法消去量纲,仅用数值的大小来反映属性值的优劣。第三是属性值表中的数值要归一化,使表中的数归一到[0,1]的区间。

4. 确定权重的常用方法

在多目标决策问题中,尽管不可公度性可以通过属性矩阵的规范化得到部分解决,但是这些规范化的方法无法反映目标的重要性,而解决各目标之间重要性的手段是引入权重(weight)概念,权重是目标重要性的度量。另外,通过权重也可以将多目标决策问题化为单目标问题进行求解。

常用的确定权重的方法有许多种,下面仅讨论如下3种:

1) 最小二乘法

设有 n 个目标,决策人将目标的重要性作相互比较需要 $C_n^2 = \frac{1}{2}n(n-1)$ 次。这里把

第 i 个目标对第 j 个目标的相对重要性记为 a_{ij}，并且认为这是属性 i 的权重 w_i 与属性 j 的权重 w_j 之比的近似值，$a_{ij} \approx w_i/w_j$，于是 n 个目标成对比较的结果为矩阵 A

$$A = \begin{pmatrix} a_{11} & a_{12} & \cdots & a_{1n} \\ a_{21} & a_{22} & \cdots & a_{2n} \\ \vdots & \vdots & \vdots & \vdots \\ a_{n1} & a_{n2} & \cdots & a_{nn} \end{pmatrix} \approx \begin{pmatrix} w_1/w_1 & w_1/w_2 & \cdots & w_1/w_n \\ w_2/w_1 & w_2/w_2 & \cdots & w_2/w_n \\ \vdots & \vdots & \vdots & \vdots \\ w_n/w_1 & w_n/w_2 & \cdots & w_n/w_n \end{pmatrix} \tag{3.72}$$

如果决策人能够准确估计 a_{ij} 值，则应有

$$\begin{cases} a_{ij} = 1/a_{ji}, \ a_{ij} = a_{ik}a_{kj} \\ a_{ii} = 1 \end{cases} \tag{3.73}$$

并且有

$$\sum_{i=1}^{n} a_{ij} = \frac{\sum_{i=1}^{n} w_i}{w_j} \tag{3.74}$$

当 $\sum_{i=1}^{n} w_i = 1$ 时，则有

$$w_j = \frac{1}{\sum_{i=1}^{n} a_{ij}} \tag{3.75}$$

如果决策人对 a_{ij} 的估计不准确时，则上述各式中的等号应变为近似号，这时可用最小二乘法计算出 w，即通过求解

$$\min\left\{ \sum_{i=1}^{n} \sum_{j=1}^{n} (a_{ij}w_j - w_i)^2 \right\} \tag{3.76a}$$

$$\text{s.t.} \ \sum_{i=1}^{n} w_i = 1 \tag{7.76b}$$

$$w_i > 0 \ (i = 1, 2, \cdots, n) \tag{7.76c}$$

引用拉格朗日乘子 λ、构造拉格朗日函数 L

$$L = \sum_{i=1}^{n} \sum_{j=1}^{n} (a_{ij}w_j - w_i)^2 + 2\lambda \left(\sum_{i=1}^{n} w_i - 1 \right) \tag{3.77}$$

将 L 对 $w_k(k=1,2,\cdots,n)$ 求偏导数，并令其为 0，得几个代数方程：

$$\sum_{i=1}^{n} (a_{ik}w_k - w_i)a_{ik} - \sum_{j=1}^{n} (a_{kj}w_j - w_k) + \lambda = 0 \quad k = 1, 2, \cdots, n \tag{3.78}$$

于是式(3.76b)和式(3.78)构成了 $n+1$ 非齐次线性方程组，有 $n+1$ 个未知数 λ，$w_1, w_2, \cdots, w_n$ 可求得一组唯一的解，因此可以得到 w 值，即

$$w = [w_1, w_2, \cdots, w_n]^T \tag{3.79}$$

2）本征向量法

按照文献[113]的思想，构造如下方程

$$(A - nI) \cdot w \approx 0 \tag{3.80}$$

式中 A 同(3.72)式定义;I 为单位矩阵。如果 A 的估计是准确的,式(3.80)严格等于 0,于是齐次方程组对未知数 w 只有平凡解。如果 A 的估计不能准确到使式(3.80)等于 0,则矩阵 A 有这样的性质:它元素的小摄动意味着本征值的小摄动,从而有

$$A \cdot w = \lambda_{\max} w \qquad (3.81)$$

式中 $\lambda_{\max}$ 为矩阵 A 的最大本征值。因此 w 能从式(3.81)获得,这种方法称为本征向量法[113]。

3) 层次分析法

20 世纪 70 年代初美国运筹学家 T. L. Saaty 提出一种层次分析(analytical hierarchy process,AHP)法,是一种定性与定量相结合的决策分析方法[114-116]。层次分析法求解的主要步骤如下:

第一步,由决策人利用表 3.6 构造目标重要性判断矩阵 A 如(3.72)式所示。为了便于比较第 i 个目标对第 j 个目标的相对重要性,即给出 a_{ij} 值,Saaty 根据一般人的认知习惯和判断能力给出了属性间相对重要性的等级表即表 3.6,利用该表可以给出 a_{ij} 的值[114]。这种给法虽然粗略点,但有一定的实用价值。

表 3.6 目标重要性判断矩阵 A 中元素的取值

相对重要程度	定义	说明
1	同等重要	两个目标同样重要
3	略微重要	由经验或判断,认为一个目标比另一个略微重要
5	相当重要	由经验或判断,认为一个目标比另一个重要
7	明显重要	深感一个目标比另一个重要,且这种重要性已有实践证明
9	绝对重要	强烈的感到一个目标比另一个重要得多
2,4,6,8	两个相邻判断的中间值	需要折衷时采用

第二步,由本征向量法求出 $\lambda_{\max}$ 和 w。

第三步,矩阵 A 的一致性检验。如果最大本征值 $\lambda_{\max}$ 大于表 3.6 中给出的同阶矩阵相应的 $\lambda'_{\max}$ 时,则不能通过一致性检验,应该重新估计矩阵 A,直到 $\lambda_{\max}$ 值小于 $\lambda'_{\max}$ 通过一致性检验时,求得的权重 w 才有效。

第四步,进行方案排序。①各备选方案在各目标下属性值已知时,可由指标

$$C_i = \sum_{j=1}^{n} w_j z_{ij}$$

的大小排出方案 i(这里 $i = 1, 2, \cdots, m$)的优劣次序;式中 z_{ij} 的含义将在下文(3.82)式中给出。②各备选方案在各目标下属性值难以量化时,可通过在各目标下优劣的两两比较(仍利用表 3.6)求得每个目标下各方案的优先性(即权重),再计算出各方案的总体优先性(即总权重),并根据总体优先性的大小排出方案的优劣。文献[115-116]中给出了层次分析法的详细解题过程,并且给出了典型算例,可供参考。

3.6.5 多属性决策问题的几种求解方法

1. 加权和以及加权积方法

对多属性决策问题,当方案数量较多时,如果使用权重去对方案排队,最常被人们采用的是简单加法的加权法(下文简称加权和法)。这种方法在设定了各项目标的权重后,对每个方案求各属性值的加权和,其主要步骤如下:

① 属性表规范化,得 z_{ij}(这里 $i=1,2,\cdots,m$;$j=1,2,\cdots,n$)。
② 确定各指标的权重系数 w_j(这里 $j=1,2,\cdots,n$)。
③ 令综合评价指标

$$C_i = \sum_{j=1}^{n} w_j z_{ij} \tag{3.82a}$$

按指标 C_i 的大小排出方案 i($i=1,2,\cdots,m$)的优劣。

加权和法,常常被许多人不适当地使用,这是由于许多人并不清楚使用它应有一些前提条件,即使用加权和法意味着承认如下假设:

① 指标体系为树状结构,即每个下级指标只与一个上级指标相关联;
② 每个属性的边际价值是线性的,每两个属性都是相互价值独立的;
③ 属性间应具备完全的可补偿性,即一个方案的某属性无论多差都可用其他属性来补偿。

事实上,上述这三点假设往往都不能成立。因此,使用加权和法要十分小心。

筛选方案时,加权积法也是常被人们选用的方法。使用这种方法意味着承认了各目标属性组之间的可补偿性,而且这种补偿假定为线性的。而事实上,许多决策问题中的属性值之间是不可补偿的,而且即使在一定范围内可以补偿,但这种补偿也是非线性的。对于加权积法的具体步骤与加权和法类似,只是(3.82a)式中综合评价指标的计算用下式完成,即

$$C'_i = \prod_{j=1}^{n} w_j e_{ij} \tag{3.82b}$$

从数学本质上讲,加权和法使用加权属性算术平均值的 n 倍作为综合评价指标,而加权积法是用加权属性几何平均值的 n 倍作为综合评价指标。由于算术平均值不小于几何平均值,因此加权和法的可补偿性不小于加权积法。

2. TOPSIS 法和 PROMETHEE 法

TOPSIS(technique for order preference by similarity to ideal solution,可译为逼近理想解的排序)方法[117]是一种借助于多属性问题的理想解和负理想解给出方案 X 的优劣排序方法。设一个多属性决策问题的备选方案集为 $X = \{x_1, x_2, \cdots, x_m\}$,对于方案集 X 中的每个方案 x_i,衡量方案优劣的属性向量为 $Y = \{y_{i1}, y_{i2}, \cdots, y_{in}\}$。所谓理想解 $\boldsymbol{x}^*$,它是方案集 X 中并不存在的虚拟最佳方案,它的每个属性值都是决策矩阵中该属性最好的值;而负理想解 $\boldsymbol{x}^o$ 也是个虚拟最差的方案,它的每个属性值都是决策矩阵中该属性最差的值。在 n 维空间中,将方案集 X 中的各备选方案 x_i 与理想解 $\boldsymbol{x}^*$ 和负理想解 $\boldsymbol{x}^o$ 的距离进行比较,

既靠近理想解近,又远离负理想解的方案就是方案集 X 中的最佳方案;也可以依据此去排 X 集中各备选方案的优先序。

TOPSIS 方法的主要步骤如下:

步骤 1,用向量规范化的方法对决策矩阵规范化。设决策矩阵为 $Y = \{y_{ij}\}$,并将其规范化后的决策矩阵记为 z,即

$$z = \{z_{ij}\} = \begin{pmatrix} z_{11} & z_{12} & \cdots & z_{1j} & \cdots & z_{1n} \\ z_{21} & z_{22} & \cdots & z_{2j} & \cdots & z_{2n} \\ \vdots & \vdots & & \vdots & & \vdots \\ z_{i1} & z_{i2} & \cdots & z_{ij} & \cdots & z_{in} \\ \vdots & \vdots & & \vdots & & \vdots \\ z_{m1} & z_{m2} & \cdots & z_{mj} & \cdots & z_{mn} \end{pmatrix} \tag{3.83}$$

步骤 2,构造加权规范阵 X。

$$X = \begin{pmatrix} x_{11} & x_{12} & \cdots & x_{1j} & \cdots & x_{1n} \\ x_{21} & x_{22} & \cdots & x_{2j} & \cdots & x_{2n} \\ \vdots & \vdots & & \vdots & & \vdots \\ x_{i1} & x_{i2} & \cdots & x_{ij} & \cdots & x_{in} \\ \vdots & \vdots & & \vdots & & \vdots \\ x_{m1} & x_{m2} & \cdots & x_{mj} & \cdots & x_{mn} \end{pmatrix} = \begin{pmatrix} z_{11} & z_{12} & \cdots & z_{1j} & \cdots & z_{1n} \\ z_{21} & z_{22} & \cdots & z_{2j} & \cdots & z_{2n} \\ \vdots & \vdots & & \vdots & & \vdots \\ z_{i1} & z_{i2} & \cdots & z_{ij} & \cdots & z_{in} \\ \vdots & \vdots & & \vdots & & \vdots \\ z_{m1} & z_{m2} & \cdots & z_{mj} & \cdots & z_{mn} \end{pmatrix} \cdot \begin{bmatrix} w_1 \\ w_2 \\ \vdots \\ w_j \\ \vdots \\ w_n \end{bmatrix}$$
$$\tag{3.84a}$$

或者简写为

$$X = \{x_{ij}\} = \{z_{ij}\} \cdot [w_1, w_2, \cdots, w_n]^{\mathrm{T}} = \{z_{ij}\} \cdot w \tag{3.84b}$$

式中: $i = 1, 2, \cdots, m$; $j = 1, 2, \cdots, n$;权重列向量 w 可由决策人给确定方法。

步骤 3,确定理想解 x^* 和负理理解 x°;设理想解 x^* 的第 j 个属性值为 x_j^*;负理想解 x° 第 j 个属性值为 x_j°,则理想解

$$x_j^* = \begin{cases} \max\limits_i x_{ij} & j \text{ 为效益型属性} \\ \min\limits_i x_{ij} & j \text{ 为成本型属性} \end{cases} \quad j = 1, 2, \cdots, n \tag{3.85}$$

负理想解

$$x_j^\circ = \begin{cases} \max\limits_i x_{ij} & j \text{ 为效益型属性} \\ \min\limits_i x_{ij} & j \text{ 为成本型属性} \end{cases} \quad j = 1, 2, \cdots, n \tag{3.86}$$

步骤 4,计算各方案到理想解与负理想解的距离。

备选方案 x_i 到理想解的距离为

$$d_i^* = \sqrt{\sum_{j=1}^n (x_{ij} - x_j^*)^2} \quad i = 1, 2, \cdots, m \tag{3.87}$$

备选方案 x_i 到负理想解的距离为

$$d_i^o = \sqrt{\sum_{j=1}^{n}(x_{ij} - x_j^o)^2} \quad i = 1, 2, \cdots, m \tag{3.88}$$

步骤 5，计算各方案排队的综合评价指数

$$C_i^* = d_i^o / (d_i^o + d_i^*) \quad i = 1, 2, \cdots, m \tag{3.89}$$

步骤 6，按 C_i^* 由大到小排列方案的优劣次序。

PROMETHEE 方法是 J. P. Brans 1984 年提出建立级别高于关系(outranking relation)上的排序方法[118]。该方法的关键在于确定目标优先函数的类型及参数，当准则类型、参数确定之后，PROMETHEE 方法简便、易于计算，该方法广泛地用于教育、医疗等管理部门的多目标多属性评价之中。这里级别高于关系的定义是：给定方案集 X，方案 $x_i, x_k \in X$，给定决策人的偏好次序和属性矩阵 $\{y_{ij}\}$，如果人们有理由相信 $x_i \geqslant x_k$ 时，则称 x_i 的级别高于 x_k，记作 $x_i O x_k$；这里符号"$\geqslant$"的含义是"不劣于"，例 $x_i \geqslant x_k$ 的含义是 x_i 不劣于 x_k。关于 PROMETHEE 方法的具体步骤可参考相关文献[118]等。

3.6.6 求解多属性决策问题的统一框架

尽管求解多属性决策问题的方法很多，但至今也没有哪种方法是十全十美的。另外，对于同一个决策问题，采用不同的方法求解还往往会得到不同的结果，于是便产生了选用哪种方法和采用哪个结果的问题。一种较可靠的办法是多用几种方法去解并将各种结果综合比较，以便获得较满意的方案优劣排序。此外，文献[119]给出了求解多属性决策问题的统一框架，如图 3.8 所示，该框架具有一定的参考价值。该框架分为方案筛选、排序、集结和再集结这四大模块。在方案筛选过程中，可用一些简单的方法例如满意值法、逻辑和法等去删除明显处于劣势的和不可接受的方案，以便使后面的计算简化。在对方案集 X 中的备选方案排序过程中，为了使评价结果更可靠，可以根据问题的特点，采用简单加权和法、层次分析法、加权积法、TOPSIS 方法以及 PPROMETHEE 法等，同时选用几种适当的多属性决策方法进行求解，获得几种可能相同也可能不同的排序。

如果上面所获得的方案集 X 中各备选方案的几种排序相同，则问题求解终止。如求解结果有差别，这时要分析产生差别的原因、排除数据处理上的不当和方法选用上的不妥等情况后，可以选用 Borda 函数、Dodgson 函数、Kemeny 函数等所构建的方法以及平均序对上述几种排序进行集结[120]。若集结的结果一致，则问题求解结束；否则，需要再集结（又称作综合）形成完全序或偏序作为最终结果。这里"集结"与"再集结"（又称"综合"）有可能会涉及群决策(group decision-making)或集体(collective)决策的概念，也可能会涉及社会选择函数(social choice function, SCF)和社会福利函数(social welfare function, SWF)这两类工具函数，对此感兴趣的读者可参考 K. J. Arrow 的专著[121,122]等。引入 SCF 和 SWF 的目的是为了集结个人偏好以形成社会总体偏好以便构建群决策方法，其中社会福利函数的 Arrow 条件[122]与社会选择函数的性质之间有异同，并且 SCF 和 SWF 各具特点，在上述"集结"与"再集结"阶段，这些概念与函数都是十分重要的。

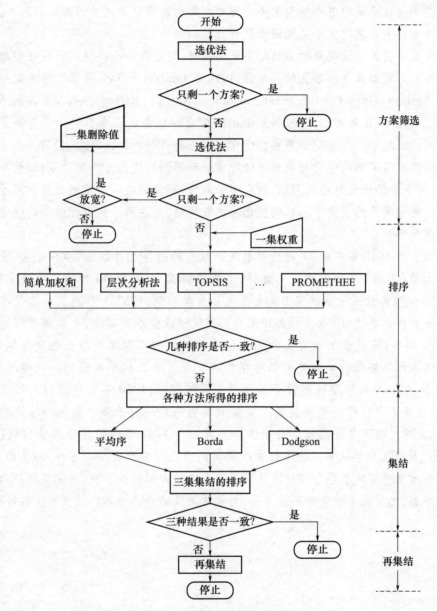

图 3.8 求解多属性决策问题的统一框架

习题与思考 3

3.1 决策理论与哪些学科有较密切的关系？

3.2 随机性决策问题的基本特点是什么？其要素有哪些？

3.3 为什么说 Bayes 分析是决策分析中最重要的方法之一？

3.4 多属性决策和多目标决策的主要区别是什么？

3.5 模糊多属性决策的基本模型主要有哪些?举例说明这类决策的具体求解方法。

3.6 动态规划中常用的五个基本概念是什么?

3.7 在求解多属性决策问题和多目标决策问题时,对于同一个决策问题往往很难得到一个各个方面都满意的最优解。因此,1994年Srinivas和Deb提出了非支配排序遗传算法(nondominated sorting genetic algorithm,NSGA),2002年Deb等又改进NSGA产生了NSGA-Ⅱ算法。另外,得到Pareto前沿的概念也在多目标优化与决策问题中得到广泛应用。尽管对于多目标优化与决策问题已有许多算法,但同一个优化与决策问题采用不同的优化与决策方法时常得到不同的优化与决策结果;即使同一个算法,对多目标优化与决策问题,到底哪个解好,还要取决于决策者为目标赋予的优先级。能否举例给出两个目标的优化与决策问题,并在所给定目标赋予的优先级下确定最优解?

3.8 陈珽先生1946年完成"电磁透镜射线方程式的推导及其解法"学位论文,受到原交通大学(上海)张钟俊院士的好评,电磁透镜在20世纪40年代是新兴学科领域。1955年陈珽被派往哈尔滨工业大学进修自动控制,1957年春返校后为了在本校创办自动控制专业,1958年他翻译出版了苏联阿依捷尔曼著的《自动调整理论讲义》。1976年冬,陈珽参加教育部和国家科委组织的制订国家科技长远发展规划会议。会议期间了解到钱学森先生倡导在我国发展系统工程学科研究的战略思想,因此20世纪70年代后期陈教授开始研究大系统理论,1980年以后他转入研究决策分析,从事多个目标以及涉及多人决策问题的研究。对于多个输入和输出的决策问题,他推广应用了数据包络分析方法。陈珽于1987年在科学出版社出版《决策分析》,是我国最早从事系统工程和决策理论研究的教授之一。另外,为了培养后人,他组建了很好的教学与科研团队。你能否通过查阅相关资料,举例说明陈教授在教学方面,尤其在决策理论研究方面,对他的团队给予的培养以及教学上的传承?

第4章 智能优化方法与知识模型融合的集成框架

4.1 知识和知识模型

知识是一种被确认的信念,通过知识持有者和接收者的信念模式和约束来创造、组织和传递。另外,知识又是从信息的变化、重构、创造而获得,其内涵要比数据、信息更加广泛、深刻和丰富。知识必须具备三个特征:被证实的(justified)、真的(true)和被相信的(believed)。此外,知识可分为显性知识和隐性知识。显性知识可用正规化的、系统化的语言来传输;而隐性知识则拥有个性化特征,它很难被正规化和传播。本节主要讨论显性知识,可以用计算机语言来表示与存储。

知识模型是将专家知识、产品设计的过程知识以及环境知识等明确地表示于产品信息的模型之中。知识模型通常是基于系统功能和结构知识构建,并通过符号或者流程图来描述。因此,知识表达、知识获取、知识存储和知识应用便体现了知识模型所完成的主要功能。

4.1.1 知识表达和获取的实施方法

这里所谓知识表达就是采用计算机的语言,把所要解决问题的结构化信息表达出来。通常,采用一维或者多维数组来表示知识,所用数组的每个元素一般都应具有特定的含义,具有明确的知识信息表述。

所谓知识获取就是采用特定的方法去获得一些人们所感兴趣的知识,例如在本章智能优化模型和知识模型融合的集成框架下,知识获取主要是采取从智能优化方法的演化过程中挖掘有用的知识,采取统计方法、机器学习以及数据挖掘等技术作为获取知识的重要手段。

4.1.2 知识存储和知识应用的实施策略

所谓知识存储就是将一些感兴趣的知识采用特定的方法存储起来。在本章中多采用一维或者多维数组来表达感兴趣的知识,并且在相关程序中将表示知识的数组以全局变量形式定义出来,使得任何模型在任何时段都可以访问或者更新这些数组。

这里所谓知识应用就是采用特定的方法将知识应用到优化求解的具体问题之中,在知识模型和智能优化模型相融合的集成框架中,知识模型和智能优化模型都起着非常重要的作用。通常,智能优化模型是基础,知识模型是核心,采取从前期优化过程中挖掘有用的知识,而后采取应用这些知识去指导后续的优化过程,这种将智能优化模型与知识模型有效集成起来的策略,将极大地提高这类优化算法的优化绩效,相关的实施细节和流程将会在第4.3~第4.5节讨论。

4.2 智能优化与知识模型融合的基本框架

智能优化方法与知识模型相融合的集成建模基本框架如图4.1所示。该基本框架以智能优化模型为基础,同时突出知识模型对后续优化过程的指导作用,将智能优化模型和知识模型有效地结合起来,极大地提高了该基本框架的优化绩效。

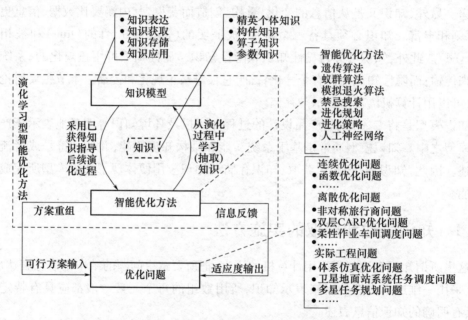

图4.1 智能优化方法与知识模型融合的基本框架

4.3 智能优化与知识模型融合的运行机制

智能优化与知识模型融合的基本框架,又常常简称为学习型智能优化方法(或基本框架),其运行机制如图4.2所示。在学习型智能优化方法的运行过程中,由于初始阶段可供学习的样本太少,挖掘出来的知识可信度不高,对后续优化过程的指导作用也不明显;随着迭代的逐步推进,挖掘出来的知识可信度越来越高,对后续优化过程的指导作用也就越来越明显。与原始的智能优化方法相比,在知识模型的辅助和指导下,学习型智能优化方法要么能更快地收敛到一个满意解,要么能收敛于一个质量更高的满意解,它能够极大地提高优化方法的优化绩效,提高优化算法的效率。总之,在学习型智能优化方法的优化过程中,智能优化模型是基础,知识模型是核心,将智能优化模型与知识模型有效地集成起来,即从前期优化过程中挖掘有用的知识,而后应用知识来指导后续的优化过程,因此获得了较高的优化绩效。

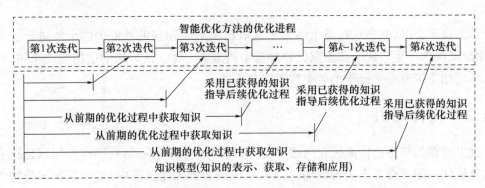

图4.2 智能优化方法与知识模型融合基本框架的运行机制

4.4 智能优化与知识模型融合中的知识

本节主要讨论智能优化与知识模型融合中的四种知识形式:精英个体知识、构件知识、算子知识和参数知识。这些知识为智能优化模型与知识模型融合框架嵌入知识奠定了重要基础。

4.4.1 精英个体知识

精英个体(elitist)是指种群从开始优化到目前为止搜索到的适应度值最高的个体,它具有最好的基因结构和优良特性。为了防止在后续的优化过程中精英个体不被破坏或者丢失,常采用"精英保留"策略。这种策略的核心思想是将进化过程中获得的精英个体直接复制到下一代。另外,为了保持种群规模不变,采用种群中淘汰适应度值最小的个体。文献[123]已从理论上证实了,这种采取"精英保留"策略的标准遗传算法具有全局收敛的特性。

在本节中,将精英个体集中的所有个体称为精英个体知识。精英个体知识的结构可描述为

$$(E_1, E_2, \cdots, E_n) \tag{4.1}$$

其中 $E_i = \{X \mid f(X) \geq f(E_n)\}$ 为第 i 个精英个体,X 为种群中的个体,$f(X)$ 为 X 的适应值,n 为精英个体知识的容量。这里精英个体集中的个体按适应值降序排列即 $f(E_{i-1}) \geq f(E_i)$,$\forall i \leq n$。精英个体知识的应用可以涉及许多方式:例如保留精英个体、良种迁移、良种交叉以及基于精英个体对普通个体进行改进操作等。下面仅对其中的两种方式:良种迁移和良种交叉略作讨论:

（1）良种迁移，它是从精英个体集中引进精英个体去替代当前群中的最差个体。例如采用遗传算法进行演化时，则从精英个体集中引进精英个体来替代当前种群中的最差个体，而后再进行后续的选择、交叉和变异操作；如果采用蚁群算法进行优化时，则从精英个体集中引进精英个体来替代当前种群中的最差个体，而后再进行相关知识的更新操作。

（2）良种交叉，它是从精英个体集中选取精英个体和当前种群中的个体进行交叉操作，用交叉操作产生较优个体去取代原种群中的最差个体。从方法的适用范围来讲，这种方式可适用于带有交叉操作的各类智能优化方法。

4.4.2 构件知识

这里所谓构件是指构成优化问题可行方案的部件(component)，而构件知识是指有助于构建优化问题可行方案的特征信息。在学习型智能优化方法中，常会遇到五类构件知识：构件顺序知识、构件聚类知识、构件指派机器知识、构件指派顺序知识以及变量灵敏度知识。下面仅对其中的两类构件知识略作讨论：

（1）构件聚类知识，它是描述构件之间聚类性质的一种累积知识。构件聚类知识的应用方式可概括为：从已经获得的准最优解中抽取不同构件之间的聚类知识，而后基于构件聚类知识来构造或者改进后续个体。如果从方法适用的范围来讲，该方法可以适用于各类智能优化方法；如果从问题适用的范围来讲，该方式适用于需要考虑不同构件之间聚类处理的各类优化问题。

（2）变量灵敏度知识，是指各个变量在给定区域内对目标值的敏感程度。对于具有多个变量的优化问题，每个变量对目标值的敏感程度都是不同的：有些变量对目标值非常敏感，即变量数值的微小调整，都将导致输出结果的较大波动；有些变量对目标值就不太敏感。另外，变量所处的区域的不同其敏感程度也有所差异。

通常，灵敏度分析包括局部灵敏度分析和全局灵敏度分析，这里局部灵敏度分析只检验某个参数的调整对模型结果的影响程度；而全局灵敏度分析则要检验多个参数的调整对模型结果影响，并且还要分析每个参数以及参数之间的相互作用对模型结果的影响。

变量灵敏度知识的结构可描述为

$$\langle SE(1), SE(2), \cdots, SE(N) \rangle \tag{4.2}$$

式中，$SE(i)$ 表示第 i 维变量在当前最优解附近的灵敏度，N 为优化问题的维度。变量灵敏度知识主要应用于遗传算法的变异操作。首先计算出每个自变量被选择操作的概率：

$$P_i = \frac{SE(i)}{\sum_{i=1}^{N} SE(i)} \tag{4.3}$$

这里，P_i 表示第 i 个自变量被选择操作的概率。从 N 个自变量中随机选择 1 个需要进行变异操作的自变量，然后按下面的微摄动方法去获得变异后的子代染色体。这里微摄动方法是指,将父代染色体中已选自变量的数值分别微调为原来的 $1-2\sigma, 1-\sigma, 1+\sigma$ 和 $1+2\sigma$ 倍,这样便得到了 4 个子代染色体,这里 σ 为设计参数。从父代染色体和子代染色体中选择一个最优个体作为本次变异的结果。

变量灵敏度知识的应用模式可以概括为:从已获得的准最优解中抽取各变量在给定区域内对目标值的敏感程度,而后基于变量灵敏度知识去构造或者改进后续个体。从方法适用的范围来讲,该模式适用于各类智能优化方法;而从问题适用的范围来讲,它适用于各类连续优化问题。

4.4.3 算子知识

1. 算子的优化绩效和算子绩效知识

当选用某种算子进行单次操作时,假设参与操作的原个体集合为 C_B,操作后产生的新个体集合为 C_A;如果 C_A 中的最优个体好于 C_B 中的最优个体,则认为选用该算子所完成的这次操作是成功的。这里算子的优化绩效可理解为在求解当前问题的过程中,选用某算子所获得成果操作的次数。而算子知识是指各个算子优化绩效的一种累积知识,又可称为算子绩效知识(performance knowledge of operators, PKO)。

2. 算子知识的抽取和应用

为便于叙述,这里用一个简单实例(如表 4.1 所示)去说明算子知识的抽取和应用的过程。假设在某遗传算法中,有 3 种不同算子被用来执行变异操作。若采用第 k 种算子执行当前变异操作是成功的,那么第 k 种算子的优化绩效 $N(k)$ 将增加 1 次。在执行下次变异操作时,将按式(4.4)计算每种算子的被选概率。

$$P(i) = \frac{N(i)}{\sum_{i=1}^{3} N(i)} \tag{4.4}$$

表 4.1 算子知识的抽取和应用

操作	第一种算子		第二种算子		第三种算子	
	优化绩效	被选概率	优化绩效	被选概率	优化绩效	被选概率
初始化	1	33%	1	33%	1	33%
第 1 次变异	1	25%	2	50%	1	25%
第 2 次变异	2	40%	2	40%	1	20%
第 3 次变异	2	40%	2	40%	1	20%
...	...	...	...	...	...	...

这里 $P(i)$ 为第 i 种算子的被选概率。如表 4.1 所示,在算子知识初始化操作时,每种算子的优化绩效都被初始化为 1,由式(4.4)可算出这时每种算子的被选概率为 33%。假设在第 1 次变异时选择了第二种算子来执行变异操作,如果第 1 次变异后获得的新个体优于变异前的原个体(也就是说此变异操作是成功的),则第二种变异算子的优化绩效被更新为 2,于是每种算子的被选概率将分别被更新为 25%、50% 和 25%;假设第 2 次变异时

选择了第一种算子来执行变异操作,如第 2 次变异操作也是成功的,则第一种变异算子的优化绩效被更新为 2,于是相应地每种算子的被选概率将分别被更新为 40%、40% 和 20%;假设第 3 次变异时选择了第三种算子来执行变异操作,如第 3 次变异操作不成功(即没能获得改进的个体),这时所有算子的优化绩效和被选概率均应保持不变。

3. 算子知识的应用

采用多种算子去执行智能优化方法的各种操作时,应抽取各个算子的优化绩效,而后再根据算子知识优先选取优化绩效高的算子去执行后续优化操作。从方法的适用范围来讲,它适用于各类智能优化方法;从问题适用的范围来讲,它适用于各类优化问题。

4.4.4 参数知识和 PKPC

在优化过程中,合理地调整参数取值是提高智能优化方法优化绩效的有效办法。为了降低参数对实验结果的敏感性,本小节采用多个不同参数组合来实施演化过程,并且依据当前参数组合的优化绩效确定下次迭代所使用的参数组合。这里约定:在单次迭代完成后,如果全局最优解得到改进,那么当前的迭代称作一次成功的迭代。在优化求解的过程中,是以该参数组合的成功迭代次数作为该参数组合的优化绩效。在本小节中,参数知识主要是指各个参数组合优化绩效的一种累积知识,又可称为参数组合绩效知识(performance knowledge of parameter combinations,PKPC)。

在优化过程的初始化阶段,多采用正交设计方法去产生多个不同的参数组合,同时每个参数组合的优化绩效被初始化为 1。另外,在进行智能优化方法每次迭代之前,采用轮盘赌法随机地从多个参数组合中选取一个参数组合作为本次迭代的参数。如果全局最优解在本次迭代中得到改进,则就应增加本次迭代所使用参数组合的优化绩效值。

为了便于讨论参数组合知识的抽取与应用过程,这里用四个参数组合的简单实例(如表 4.2 所示)去作简捷说明。在第一次迭代前,每个参数组合的优化绩效和被选概率分别被初始化为 1 和 25%;采用轮盘赌法选中了参数组合 2 为第一次迭代的参数,并且假设当前全局最优解在本次迭代中获得改进,因此参数组合 2 的优化绩效增加为 2。在第二次迭代前,四个参数组合的被选概率分别为 20%、40%、20% 和 20%。参数组合知识的抽取和应用既保证了以较高概率去使用那些拥有较高优化绩效(即获取全局最优解改进的次数较多)的参数组合,又保证了参数组合的多样性,可以有效地提高学习型智能优化方法的优化绩效。

表 4.2 参数组合知识的抽取和应用

参数组合	第一代迭代前		第二代迭代前	
	优化绩效	被选概率	优化绩效	被选概率
参数组合 1	1	25%	1	20%
参数组合 2	1	25%	2	40%
参数组合 3	1	25%	1	20%
参数组合 4	1	25%	1	20%

4.5 智能优化与知识模型融合的框架和流程

通常,优化问题可分成两大类:一类是函数优化问题,其优化对象在一定空间内是连续变量,因此这类优化问题又称作连续优化问题;另一类是组合优化问题,其优化对象在解空间中为离散状态,于是这类优化问题又称作离散优化问题。为便于讨论,本节仅讨论函数优化问题。另外,目前智能优化方法已有许多种,同样为方便本节的讨论,这里仅讨论遗传算法。换句话讲,在本节讨论智能优化与知识模型融合问题时,为便于讨论选用函数优化问题为例,并且针对遗传算法与知识模型的融合为切入点讨论这一问题的算法框架与流程。

遗传算法是求解函数优化问题的一种非常有力的工具,该算法从点的群体开始搜索,对初始点集要求不高;遗传算法不是直接在参变量集上实施,而是利用参变量集的某种编码;另外,遗传算法利用个体适应度值信息,无需导数或其他辅助信息,在搜索过程中不容易陷入局部最优,即使适应度函数是不连续的、非规则的或有噪声的,遗传算法也能以较大概率找到全局最优解。大量的实践表明,遗传算法与传统优化方法相比,具有简单通用、鲁棒性强、适于并行处理并且高效、实用等优点。尽管如此,遗传算法还有许多有待完善之处,例如如何避免早熟,如何智能地选择操作算子,如何自主挖掘领域知识和智能应用领域知识去高效地提高优化性能等。

下面就以函数优化问题的学习型遗传算法为主线,讨论智能优化方法与知识模型融合的大致框架与流程。

4.5.1 问题的描述及特点的分析

在许多科学研究与工程应用领域,常会遇到各种复杂的全局优化问题,这些问题的数学模型可表述为

$$\left.\begin{aligned}&\min f(X)\\&\text{s.t.}\quad g_i(X) \leq 0, \quad i=1,2,\cdots,r\\&\quad h_j(X)=0, \quad j=1,2,\cdots,q\\&\quad a_k \leq x_k \leq b_k, \quad k=1,2,\cdots,n\end{aligned}\right\} \quad (4.5)$$

式中,X 为决策变量,$f(X)$ 为目标函数;$g_i(X)$ ($i=1,2,\cdots,r$) 代表各种不等式约束,r 代表不等式约束的个数;$h_j(X)$ ($j=1,2,\cdots,q$) 代表各种等式约束,q 代表等式约束的个数;n 代表决策变量的个数(即优化问题的维度);如果用 D 表示目标函数 $f(X)$ 的可行域(即可行空间),如果存在 $X^* \in D$,$\forall X \in D$,$f(X^*) \leq f(X)$ 都成立,那么称 X^* 为函数 $f(X)$ 在可行空间 D 上的全局最优解,相应地 $f(X^*)$ 称为全局最优值。寻找目标函数全局最优解的问题便称为全局优化问题。

通过增加惩罚函数的方式,可以将(4.5)式所描述的约束优化问题转换为如下的无

约束优化问题:

$$\min_{X \in D} F(X) \qquad (4.6)$$

这里 $F(X)$ 为一个多模态的目标函数:

$$F(X) = f(X) + M \sum_{i=1}^{r} \left[g_i^*(X) \right] + M \sum_{j=1}^{q} |h_j(X)| \qquad (4.7)$$

其中

$$g_i^*(X) = \begin{cases} 1, & g_i(X) > 0 \\ 0, & g_i(X) \leq 0 \end{cases} \qquad (4.8)$$

M 代表一个很大的正数。

4.5.2 求解的过程和优化流程

求解函数优化问题的学习型遗传算法,其优化流程和优化框架[124]如图4.3所示。这类智能优化与知识模型融合的算法,其主要改进是体现在:①将多种不同操作算子集成到学习型的遗传算法中;②基于算子绩效知识动态地选择下一步操作时所需要使用的操作算子。

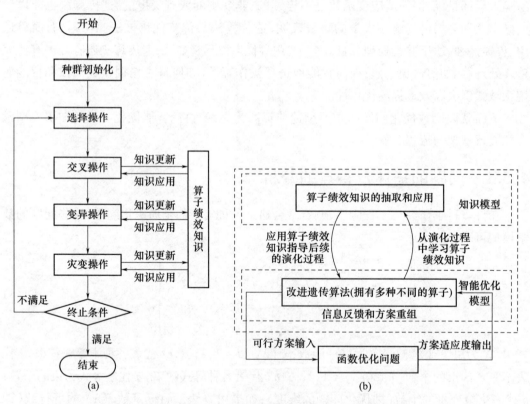

图 4.3 学习型遗传算法进行优化的流程(a)和优化框架(b)

1. 种群初始化

这里采用浮点数方式对函数优化问题的解进行编码。在浮点数编码方式下,每个一维浮点数组(即染色体)都对应于函数优化问题的一个解;所有染色体的长度都等于优化问题的维度。在求解函数优化问题之前,通常很难知道全局优化点的分布区域,因此采用正交表以均匀分布的方式便可产生一组较好的初始种群。

2. 选择操作

选择操作的原则是向适应度较强的个体赋予较大的生成机会,这里可采用轮盘赌法来执行学习型遗传算法的选择操作。

3. 交叉操作

常见的交叉算子有 5 种:①"取大""取小"交叉算子;②量化正交交叉算子;③算术交叉算子;④单点交叉算子;⑤双点交叉算子。表 4.3 给出了常见的 5 种交叉算子的基本信息,图 4.4 给出了采用不同交叉算子求解测试函数 $F_1(X)$ 和 $F_2(X)$ 的成功率。测试函数 $F_1(X)$ 和 $F_2(X)$ 分别为

$$F_1(X) = x_1^2 + 2x_x^2 - 10\sin 2x_1 \sin x_3 + 0.5\cos(x_1 + 2x_2) + x_1^2 x_3^2 - 5\sin(2x_1 - x_2 + 3x_3) \tag{4.9}$$

$$F_2(X) = MA + \sum_{i=1}^{M}(x_i^2 - A\cos 2\pi x_i) \tag{4.10}$$

式中,A 表示一个比较大的正数,M 表示一个正整数。

表 4.3 五种交叉算子

算子	项目	内容
CR_1	名称	"取大""取小"交叉算子
	简介	对于两个父代个体,分别按照"取大"和"取小"运算产生两个子代个体
CR_2	名称	量化正交交叉算子
	简介	将父代个体所定义的求解空间量化成若干离散点,应用正交设计方法选择两个最优秀的子代个体
CR_3	名称	算术交叉算子
	简介	先产生杂交模板,然后依据杂交模板对两个父代染色体进行杂交
CR_4	名称	单点交叉算子
	简介	两个父代个体经过一次交叉产生子代个体
CR_5	名称	双点交叉算子
	简介	两个父代个体经过两次交叉产生子代个体

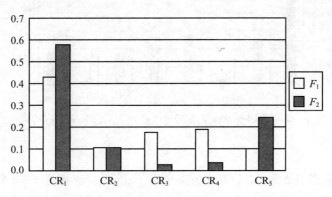

图 4.4 采用不同交叉算子求解函数 $F_1(X)$ 和 $F_2(X)$ 的成功率

4. 变异操作

常见的变异算子有 8 种：①随机数变异算子；②随机一维变异算子；③附加扰动变异算子；④多位互换变异算子；⑤逆序变异算子；⑥i 步循环移位变异算子；⑦外抛变异算子；⑧高斯变异算子。表 4.4 给出了这 8 种变异算子的基本信息，图 4.5 给出了采用不同变异算子求解测试函数 $F_1(X)$ 和 $F_2(X)$ 的成功率。

表 4.4　常见的 8 种变异算子

算子	项目	内容
MU_1	名称	随机数变异算子
	简介	用定义域上的随机数来替代染色体中的某个基因位
MU_2	名称	随机一维变异算子
	简介	随机生成向量 $(0,\cdots,1,\cdots,0)$，在该方向上进行寻优
MU_3	名称	附加扰动变异算子
	简介	对染色体中的各个基因位增加随机扰动
MU_4	名称	多位互换变异算子
	简介	将第 k 位（$k=1,2,\cdots,i$ 或 $k=1,2,\cdots,n-j$）的数值和第 $k+j$ 位的数值互换，n 为维数
MU_5	名称	逆序变异算子
	简介	将染色体第 i 位至第 j 位间的基因位倒序
MU_6	名称	i 步循环移位变异算子
	简介	将每个基因位（设当前为第 j 位）向后移动 i 个位置或向前移动 $i+j-n$ 个位置（当 $i+j>n$ 时）
MU_7	名称	外抛变异算子
	简介	以峰点为中心，以较大的随机步长向周围抛点
MU_8	名称	高斯变异算子
	简介	应用高斯变异算子来提高函数的快速局部收敛性

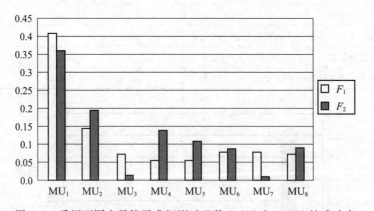

图 4.5　采用不同变异算子求解测试函数 $F_1(X)$ 和 $F_2(X)$ 的成功率

5. 灾变操作

常见的灾变算子有 5 种：①动态更新灾变算子；②免疫灾变算子；③单纯形灾变算子；④混沌搜索灾变算子；⑤最速下降灾变算子。表 4.5 给出了这 5 种灾变算子的基本信息；

图 4.6 给出了不同灾变算子求解测试函数 $F_1(X)$ 和 $F_2(X)$ 的成功率。

表 4.5 常见的 5 种灾变算子

算子	项目	内容
ZB_1	名称	动态更新灾变算子
	简介	随机产生若干新个体,然后将这些个体加入到种群中
ZB_2	名称	免疫灾变算子
	简介	通过疫苗提取、接种疫苗和免疫选择三个步骤来完成操作
ZB_3	名称	单纯型灾变算子
	简介	在每次陷入早熟时,采用单纯型法加强对模型空间的搜索
ZB_4	名称	混沌搜索灾变算子
	简介	在每次陷入早熟时,利用混沌优化算法跳出局部最优解
ZB_5	名称	最速下降灾变算子
	简介	在每次陷入早熟时,应用最速下降法加强对模型空间的搜索

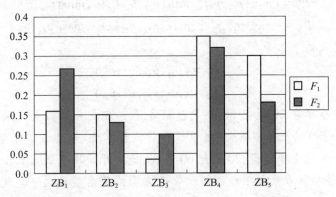

图 4.6 采用不同灾变算子求解 $F_1(X)$ 和 $F_2(X)$ 的成功率

6. 终止条件

当下面三个条件之一满足时,求解函数优化问题的学习型遗传算法便立即终止:①如果优化过程中获得的全局最优解与实际最优解的相对误差小于 0.001%;②如果优化过程中获得的全局最优解在连续 N_m 次迭代内没有被改进;③如果预先设置的 N_I 次(即最大迭代次数)迭代已经完成。

习题与思考 4

4.1 知识必须要具备的三个特征是什么?并请举例说明这些特征。

4.2 虽然知识有多种定义(参见维基百科(Wikipedia)、互动百科(Hudong)或百度百科 (Baike·Baidu)等),但知识除具有三个特征之外,它还是一种抽象的,是借由某种 形式而呈现出来的、可以相互相传达的概念。知识分显性知识和隐性知识,请通过实例讲述一下显性知识的内涵。
4.3 获取知识的主要手段有哪些？请举例说明。
4.4 结合书中图4.1给出的智能优化方法与知识模型融合的基本框架图，分析一下它与普通智能优化方法的区别。
4.5 分析智能优化方法与知识模型融合基本框架的运行机制，如何理解"与原始的智能优化方法相比，在知识模型的辅助和指导下"可以"较快地收敛到一个满意解"这句话？并请举例说明。
4.6 常见的知识模型有几种形式？请举例说明这些知识模型所涵盖的相关内容。
4.7 通常，优化问题可分为两大类：一类是连续优化问题，另一类是离散优化问题，请举例加以说明。
4.8 以通常遗传算法和知识模型中交叉操作采取"取大""取小"交叉算子为例采用书中第4.5节里的融合算法，完成对测试函数(4.9)式的优化。这里采用"取大""取小"交叉算子执行交叉操作后，所产生的两个子代个体为

$$\boldsymbol{P}'_1 = (\min\{p_{11},p_{21}\}, \min\{p_{12},p_{22}\}, \cdots, \min\{p_{1n},p_{2n}\}) \quad (4.11a)$$

$$\boldsymbol{P}'_2 = (\max\{p_{11},p_{21}\}, \max\{p_{12},p_{22}\}, \cdots, \max\{p_{1n},p_{2n}\}) \quad (4.11b)$$

这里两个父代的个体为

$$\boldsymbol{P}_1 = (p_{11}, p_{12}, \cdots, p_{1n}) \quad (4.12a)$$

$$\boldsymbol{P}_2 = (p_{21}, p_{22}, \cdots, p_{2n}) \quad (4.12b)$$

4.9 王众托老先生早在20世纪50年代就翻译了索洛多夫尼柯夫主编的《自动调整原理》(共三分册)以及麦耶罗夫的《电机自动调整原理》等著名著作与教材，并且着眼于该校的自动化专业建设；20世纪60年代，他又开始从事系统工程的理论研究与应用，是我国最早从事系统工程和知识管理方面的著名教授之一。他撰写的《知识系统工程》《知识管理》以及《信息与知识管理》等教材与专著深受广大学子们的欢迎。由于他数十年卓越的工作，王众托先生2001年当选为中国工程院院士。请你结合本书第4章的学习以及阅读他的《信息与知识管理》一书，谈一下你对信息管理与知识管理方面共性以及相互关联的认识。

第二篇 智能优化在人机系统中的应用

第5章 神经工效学中的智能量化分析

5.1 神经工程与神经工效学的概述

5.1.1 神经工程学科涵盖的三大基础知识

神经工程(neural engineering 或 neuro engineering，NE)是神经科学与工程学方法相融合，它用以揭示大脑中枢与周边神经系统感知、认知机理，剖析神经生理、神经心理和神经病理以及相关功能变化的机理，其目的是在于研究开发可实现认识、修复、增强或者替代神经系统功能的新方法与新技术，它是脑科学研究与应用的重要领域之一。神经工程学科涵盖了三大基础：①神经生理与病理学基础；②神经心理学基础；③神经工效学基础。

5.1.2 神经工效学概述

正如诺贝尔奖获得者沃森所言：21世纪是脑的世纪。美国老布什总统曾把1990—2000年命名为"脑的十年"；紧接着，欧洲共同体于1991年制定了"欧共体脑十年计划"。1995年日本学术振兴会设立了"脑科学和意识问题"特别委员会，1996年日本开启了为期20年的"脑科学时代"计划，而且日本科学技术厅提出了"了解脑，保护脑，创造脑"的口号。2013年4月2日奥巴马总统宣布"脑计划(BRAIN Intiative)"，它是美国第二个脑十年的计划。正是在这种大背景下，神经人因学(Neuroergonomics)2008年在牛津大学出版社首版了。

神经工效学作为一门新兴学科的研究目前正处于蓬勃发展的阶段[125]。神经工效学是研究工作中的脑与行为的科学，它将神经科学和工效学(又称人因学)相融合，以发挥两者的最大优势。神经人因学研究的主要目标可归纳为两个:一个目标是为弄清人类在从事复杂任务时脑是如何工作的,弄清楚人脑是如何结合知觉、认知以及情感过程,去控制肌肉的活动;另一个目标是利用现有的人类绩效与脑功能方面的知识,设计出更安全更高效的科技与作业环境。

神经人因学研究所涉及的领域极为广泛[126],在本小节概述中仅选择如下三个方面略作说明:

1. 神经人因学与脑成像、眼动以及行为测量间的关联

脑成像技术、眼动技术以及行为测量技术等都已经用于神经人因学的研究与实践中。脑成像技术可以分为两大类:一类是基于脑血流动力学的方法,如正电子发射断层扫描(PET),功能性磁共振成像(fMRI),经颅多普勒超声(TCDS);另一类是测量脑的电磁活动的方法,如脑电图(EEG),事件相关电位(ERP),脑磁图(MEG)。另外,关于脑成像技术在认知与人类绩效研究中的应用,文献[127]给出了这方面的综述。

2. 神经工效学与神经心理学

神经工效学和神经心理学都要应用心理测量方法,而且都认为人类的行为可以通过言语和非言语行为的客观测试来量化,其中包括神经系统的状态,这些数据能够反映一个人的心理状态和信息加工过程。另外,上述过程还可以分成几个不同的状态与功能领域,例如知觉、注意、记忆、语言、执行功能(包括决策的制定与执行),以及运动能力等,对于这些功能和状态可以用多种技术完成相应的测评[128]。

3. 遗传学、生物技术和纳米技术对神经工效学的贡献

近年来,随着人类对认知功能神经基础的深入研究,越来越感到分子遗传学、现代生物技术以及纳米技术在神经工效学中应用的潜力巨大。下面仅举例说明:①现代工效学研究发现:工效学对选拔和训练人才具有重大意义[129]。②现代生物技术从分子层面提供了研究人类神经活动的手段,这使得研究者可以对脑功能进行多种操作[125]。③现有的脑功能测量方法都受到脑功能监视器水平以及传感器容量的限制,同时也会影响功能活动。而纳米技术的发展使新型传感器做得很小,进而可以监控其他方法无法探测到的脑结构内部神经的功能变化。另外,利用纳米技术制作恰当尺度的装置,便可以传递监控和调节神经递质或者促进神经受体所需的化学物质,以促进人类在特定环境中的工作绩效[130]。

随着现代科学技术与纳米技术的飞速发展,测试仪器正向着高空间分辨率和高时间分辨率的方向发展,虽然目前还没有一种新型技术可以达到工效学中所希望的理想标准,即 0.1mm 的空间分辨率和 1ms 的时间分辨率,但是这种发展的趋势是令人鼓舞的。

5.1.3 脑科学与人工智能之间的联系

自 20 世纪 90 年代以来,世界主要发达国家都纷纷加大对脑科学研究的投入。美国于 1989 年率先推出了全国性的脑科学研究计划,并将 20 世纪的最后十年命名为"脑的十年"。紧接着欧洲共同体于 1991 年制定了"欧共体脑十年计划"。人脑是神经工程(neuro engineering,NE)最重要的研究对象,脑科学研究离不开神经成像、神经调控、神经接口等

众多神经工程技术,神经工程学把脑科学研究获得的知识与工程技术相结合,实现脑疾病诊断与治疗、脑功能的增强、修复与替代。NE 是脑科学的重要组成部分,它为脑科学的研究提供了认知与改造,甚至创造大脑的工具,同时也为脑科学研究成果应用于临床和日常生活提供了重要的工程技术。

人工智能主要致力于研究与开发人类智能的理论和方法。脑科学涉及神经科学、神经工程、认知科学、神经生物学、神经心理学等众多基础学科;另外,脑科学致力于研究大脑的结构和功能,探讨大脑的运行机理,为脑疾病的诊断与治疗、为深入认识大脑奥秘和开发类脑人工智能提供依据。

人工智能技术能够为脑科学研究中的诸多难题提供解决的办法,例如借助于人工智能技术可以从高维度空间解析人类大脑的结构和工作原理。尤其是近年来,深度神经网络、仿脑芯片等人工智能技术的突破性进展,恰恰是受益于人类对大脑结构和工作原理的认识,并且不断深入研究的结果。

神经工程研究的重要目标之一是通过神经系统和人造设备之间的接口进行信息交互与功能整合,也就是说通过搭建人脑智能与人工智能之间的信息桥梁,实现人机智能的高度融合。而脑-机接口(brain-computer interface,BCI)技术则是其中的关键[131]。脑-机接口是一个检测中枢神经系统(central nervous system,CNS)活动并将其转化为人工输出来替代、修复、增强、补充或者改善自然态 CNS 输出并由此改变 CNS 与其内外环境之间持续交互作用的系统。BCI 系统通过记录这些大脑中枢活动信号,从中提取与脑意念思维相关的具体信息特征,并将这些特征转换成可与外界环境进行信息交流或者操控外部设备的指令输出。例如美国加州大学伯克利分校利用双光子成像技术记录钙生理指标信号,能够记录到 150 μm×150 μm 区域内的每个细胞,并用与峰值有关的钙信号训练小鼠操控声音光标,结果小鼠只用几天就学会了此任务,而且表现越来越好,该研究成果已发表在 *Nature Neuroscience* 杂志上。因此,我们说神经工程技术是架起脑科学与人工智能之间的桥梁,它为两个领域的研究提供必要的技术支撑的认知是正确的、恰当的。通过 BCI 技术的不断发展以及脑-机双向"交互"(Interaction)技术的实现,便可以促进大脑智能的模糊决策、纠错和快速学习能力与人工智能的快速、高精度计算以及大规模、快速、准确记忆和检索能力的结合,从而能够发展出更先进的人工智能技术,并且搭建出人脑与人脑、人脑与智能机器能够之间交互连接的大型智能网络,进而创造出一个美好的智能信息时代。

5.2 脑神经电信号的检测及脑电图的结构

5.2.1 两类神经系统电信号

人类的神经系统分为中枢神经系统(central nervous system,CNS)和周围神经系统(peripheral nervous system,PNS),相应地神经电生理信号亦分为中枢神经电信号和周围神经电信号。中枢神经电信号主要产生于中枢神经系统所调控的神经细胞间进行信息传递时的电活动,一般包括微观的单个神经细胞离子通道电信号、神经元动作电位、突触传递信号以及宏观的大脑皮层表面电信号和头皮表面的电信号等。而周围神经电信号主要来自受周围神经系统支配的肌细胞的电活动,例如肌电信号、心电信号、眼电信号、皮电信号和胃电信号等。

5.2.2 脑电图

脑电是反映大脑功能状态的一类特殊生物电信号,1924 年德国精神学家 Berger 通过大量实验首次发现并记录了人脑规律性自发的脑电活动。20 世纪 40 年代后期,脑电图(electroenc ephalo gram,EEG)已被用作诊断脑类疾病并广泛用于临床诊断。

传统脑电图机的原理结构如图 5.1 所示。下面仅对脑电电极、放大器以及脑电图机的主要性能参数作简略说明。

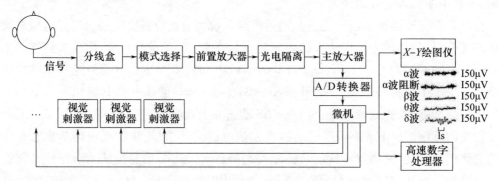

图 5.1 传统脑电图机的原理结构图

1. 脑电电极。

脑电的记录通常有三个电极,一个是接地电极,另两个是记录电极。脑电的电极可分为被动电极和主动电极。被动电极通过导线连接到放大器;与被动电极相比,主动电极内部包含一个可增益放大 10 倍的前置放大器。虽然加入这种元件会给系统带入一部分噪声,但降低了电极对外界干扰与噪声的敏感度。

2. 脑电放大器。

脑电信号具有幅度小、频率低的特点,因此放大器的设计必须具有高输入阻抗、高共模抑制比(Common Mode Rejection Ratio,CMRR)、低噪声,这也是衡量放大器优劣的重要指标。如图 5.2 所示,脑电放大器的单元结构通常包括前置差分放大电路、50Hz 陷波器、高通滤波器、低通滤波器以及其他放大电路等。

3. 脑电图机性能参数。

这里只讨论常用的 6 个性能参数:①最大灵敏度;②反映该机器低频滤波性能的时间常数;③高频滤波的性能参数,这个参数对抑制高频噪声,保证采集到较高准确性的信号都是十分关键的;④反映脑电图机的输出信号与输入信号之间满足线性关系程度的参数;⑤共模抑制比(CMRR),这个参数也很重要,它是差模电压放大倍数与共模电压放大倍数之比;⑥频率响应,这个参数是指输入幅度相同、频率不同的信号时,输出信号随着频率发

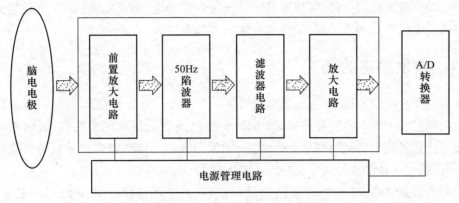

图 5.2 脑电放大器单元结构图

生变化的关系。脑电图机的频率响应,通常是取决于放大器和记录器。

5.2.3 脑电波中的四种频率波

在记录到的脑电波中,根据频率不同,可分成四种波即 α,β,θ 和 δ 波;其中 α 波频率为 8~13Hz,波幅为 20~100μV;这种波通常为正弦波状,有时呈弧形或者锯齿状。α 波是成年人过于安静状态时的主要脑电波,这种波当人处于清醒、安静并且闭眼时即出现,当人睁开眼睛或接受其他刺激时,α 波顶消失而呈现快波,称作为 α 波阻断(见图 5.3 所示)。另外,α 波处于枕部和顶区为主。β 波频率为 14~30Hz,波幅为 5~20μV,该波处在额部和颞(即 Temporal)部,通常认为 β 波的出现为大脑皮质兴奋的结果。θ 波的频率为 4~8Hz,振幅 10~50μV;在困倦、意识朦胧和睡梦中时一般会有 θ 波。成人在清醒状态下几乎没有 θ 波。δ 波的频率为 0.5~4Hz,振幅为 20~200μV;δ 波在睡眠时出现,另外在深度麻醉、缺氧和大脑有器质性的病变时也会出现。

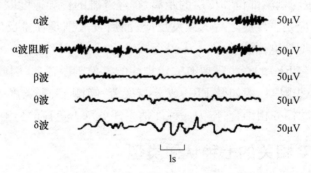

图 5.3 脑电波中的四种频率波

5.3 工效学中的神经电信号及 ERP 初步分析

在神经人因学理论中,经常会涉及神经电信号的分析问题。按照大脑中枢神经系统电生理活动产生的机制,可以将神经电信号分为自发脑电、诱发脑电(例如事件相关电位和稳态诱发电位等)、诱发节律、动作电位和局部场电位等。

5.3.1 自发脑电的研究

在脑力负荷问题分析中,自发脑电的研究十分重要。对于一般健康的人,自发脑电按频率由低到高可分为5种特征波形,即δ、θ、α、β和γ波。现代的研究表明:脑电θ、α、β等频段的能量对脑力负荷的变化十分敏感,例如当人处于较高警觉性并且进行较难的任务操作时,脑电活动的主要成分就趋向于幅度较低、频率较高的β频段;当人处于清醒但处于较低的警觉性时,脑电的α波活动增强;当人处于困倦状态时,θ波会明显地增强。通常都认为:心理压力变大、思维的活跃和注意的聚焦都会促使脑电活动向较高的频段移动并且抑制α波的活动。

5.3.2 皮层诱发电位以及 ERP 的成分

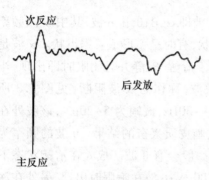

图 5.4 皮层感觉区诱发电位

当人体感觉器官感受到外界的信息时,外周的感觉传入大脑皮层,在相应的感觉区会记录到皮层诱发电位(Evoked Potential, EP),例如听觉诱发电位(Auditory Evoked Potential, AEP)、体感诱发电位(Somatosensory Evoked Potential, SEP)、视觉诱发电位(Visual Evoked Potential, VEP)以及事件相关电位(Event Related Potential, ERP)等。皮层诱发电位可分为三部分,即主反应、次反应和后发放(如图 5.4 所示)。主反应为先正(向下)后负(向上)的电位变化,其潜伏期的长短与刺激部位和皮层的距离、神经纤维的传导速度以及传递的突触数目等因素有关。次反应是主反应之后的续发反应,而后发放则是在主反应与次反应之后较长时间的一系列周期性电位波动。

事件相关电位(ERP)的产生需要有一定规律的事件刺激任务,因此 ERP 在脑力负荷的研究中会受到一些限制,例如受 ERP 成分与疲劳、唤醒度、警觉度等脑状态相关的启发,常将 ERP 与辅助任务相结合,作为一种评估主任务脑力负荷的检测方法。

5.3.3 与 ERP 相关的七种认知类型

事件相关电位是大脑对特定事件或者外界刺激作出响应时所形成的非常微弱的电压,它是脑电信号(EEG)中的一个特殊电位变化。由于 ERP 的产生与触发事件(可以是感觉、运动或者认知事件)存在着锁时关系,因此在研究心理过程时探讨心理现象与生理反应之间的关联提供了一种安全的、非侵入的途径。ERP 反映的是数以万计的神经元在神经信息处理过程中的同步化放电活动。ERP 可以分成两类成分构成:一类是外源性成分,它是在触发事件发生后最初的 100ms 内形成的早期波形或者成分,反映的是纯粹感觉信息处理过程；另一类是内源性成分，它是 ERP 波形中的晚期成分，反映的是大脑对外界刺激的评价过程。

目前，与 ERP 相关的认知类型有 7 种：①感觉诱发 ERP、②视觉成分 N170、③听觉失区配负波(mismatch negativity，MMN)、④内源性成分 P300、⑤警告刺激后的伴随负电位 CNV(contingent negative variation)、⑥单侧化记录负电位(lateralized readiness potential，LRP)、⑦因错误产生的负波(error-related negative，ERN)。上述七种类型不作详细解释，可参阅文献[126]。

5.3.4 诱发节律

首先定义两个现象：事件相关去同步(event related desynchronization，ERD)现象和事件相关同步(event related synchronization，ERS)现象。由于肢体动作或者大脑的想象动作引起了脑电信号功率谱的强弱变化，如果脑电信号的功率谱比率下降，则称为 ERD 现象，如果功率谱比率上升，则称为 ERS 现象。这里要说明的是，不同肢体部位动作诱发的 ERD/ERS 现象在发生频段上具有明显的差异，例如足部动作则多诱发在 7~8Hz 和 20~24Hz 频段的 ERD 现象；如舌部动作诱发的 ERS 现象较显著，并且多发生在 10~11Hz 频段；再如手部动作诱发的 ERD 现象较显著，多发生在 10~12Hz 和 20~24Hz 频段。另外，不同肢体部位的动作诱发的 ERD/ERS 现象还具有不同的皮层区域分布，并且皮层区域的分布还表现出对侧占优的特点，这里不予展开讨论。

5.3.5 动作电位和局部场电位

1. 动作电位

当神经元受到一定强度（超过阈电位）的刺激时，膜电位迅速上升至某一峰值点，而后迅速下降，最终逐渐恢复至静息状态，上述这个波动的过程就称作动作电位，它是细胞兴奋的标志。动作电位在传导过程中无衰减，并且传导距离与幅度不相关，因此动作电位幅度不会因传导距离的增加而发生变化。另外，神经纤维的动作电位一般在 0.5~2.0ms 内完成，表现为一个短促而尖锐的脉冲变化，通常将这部分脉冲变化称为峰电位。动作电位主要指细胞内的电位变化，而峰电位则是指细胞外的电位变化。

2. 局部场电位

局部场电位(local field potential，LFP)是指大脑内记录到的细胞外电压信号的低频部分（低于 500Hz），主要反映了记录电极附近神经元集群的突触活动，是记录电极附近神经元兴奋性或者抑制性突触激活后所有跨膜电流的总和，它可用于大脑局部网络动力学的研究。局部场电位的采集是一种侵入方式，需要将电极植入大脑组织中，可以在麻醉的人脑或者动物脑中进行。局部场电位现已广泛用于感觉处理、运动规则以及其他更高级的认知活动（例如注意力、记忆和感知等神经网络机制的研究以及侵入式脑—机接口技术的研究）。

目前，实验中记录到的 LFP 信号具有如下特点：①信号微弱，幅值仅在几十微伏到几百微伏;②易受噪声干扰;③非平稳性强。

5.4 人机界面工效学设计原则及注意力分配建模

5.4.1 人机显示界面的工效学原则

一个完整的人机系统应该包括人(又称操作者)、机器(又称机器系统)和人机显示界面(以下简称人机界面)三部分[96,115],如图 5.5 所示。

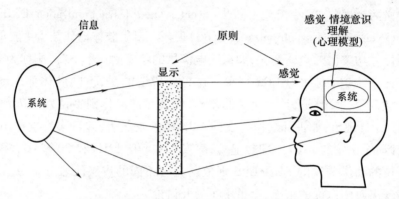

图 5.5 人、机器和人机界面的关联示意图

在机器系统中会有一些有效信息(或者要求操作者做出的行为),同时操作者也有自己的感觉、情境意识以及理解等心理认知行为,而人机显示界面则是它们的中介。

在工效学中,对于人机显示界面的设计原则主要归纳了四个方面:①与知觉操作相关的有 5 项原则(P1~P5);②与心理模型相关的有 2 项原则(P6~P7);③与注意力相关的有 3 项原则(P8~P10);④与人的记忆相关的有 3 项原则(P11~P13)。这四个方面合计有 13 项原则,今略简述如下:

(1) P1:增强显示界面的易读性或易听性;

(2) P2:避免绝对判断的局限性;

(3) P3:自上而下的加工过程(top-down processing);

(4) P4:冗余增益(redundancy gain);

(5) P5:可辨别性(discriminability);

(6) P6:形如其表原则(principle of pictorial realism);

(7) P7:运动一致的原则(principle of moving part);

(8) P8:使访问信息的消耗降到最低(minimizing information access cost);

(9) P9:临近相容原则(proximity compatibility principle);

(10) P10:多资源原则(principle of multiple resources);

(11) P11:利用视觉信息,降低记忆负荷;

(12) P12：预测辅助原则(predictive aiding)；

(13) P13：一致性原则(principle of consistency)。

在人机界面工效学设计中，针对上述知觉操作、心理行为、注意力分配以及人的记忆四个方面共给出了此13项设计原则，对上述诸项原则感兴趣者，可参阅工效学方面的书籍例如Wickens、Norman和Parasuraman等人的著作与相关文章，这里不再详细给出。

5.4.2 眼动追踪和注意力分配问题

在飞机座舱人机界面研究中，眼动追踪技术一直倍受关注。早在1950年，文献[132]就分析了飞行员在飞机着陆时的眼动特征。研究人员利用安装在驾驶舱内的摄像机记录了被试的眼动行为，而后对数千帧图像进行手动编码分析。研究发现：飞行员注视每个仪表盘的频率取决于该仪表盘对于正在执行的飞行动作的重要程度，而每次注视的时间则取决于从该议表获取信息的难易程度；眼动模式具有个体差异性；仪表盘的布局应该使个体的注意(Attention)可以轻松地在不同仪表间进行切换。早期的工效学理论为精细地仪表布局实验设计和飞机驾驶舱人机界面的科学构建奠定了基础，提出了飞行仪表T型布局的著名理念与方案，并且影响至今。

如今，复杂的眼动追踪系统使用的已十分普遍，而且价格低廉、便于携带，眼动数据的收集与分析也较简洁方便[133]。正因如此，眼动技术越来越多地用于驾驶、阅读、放射诊断和提高运动员绩效等工效学研究的许多应用领域[126]。另外，眼动也是人机交互过程中一种有效的输入方式，可以通过眼动在屏幕上进行点击操作或者控制视觉显示的内容[134]。

20世纪60年代之后，电传操纵、自动寻航、自动驾驶系统以及火力控制系统等逐渐在先进的飞机上获得了应用，因此飞行员在人机系统中的职能发生了部分转变，有些操作活动已转变成由飞机自动完成。20世纪70年代中后期，飞行控制、自动导航、推进控制和火力控制装备等系统也已逐步实现了综合集成，飞行点的监控、决策、管理等高级职能逐步强化，而操纵方面的职能在逐步弱化。在这个背景环境下，飞行员是在执行各种任务时往往需要同时关注多种飞行信息，因此便要求飞行员必须合理地分配自身的注意力并根据信息的优先级别对多个信息进行选择性的注意，以便保证信息搜集的全面性、准确性和及时性。

作业者的注意力分配机制要受到信息处理系统的控制，而且还与作业人员当前生理及心理因素密切关联。在实际飞行控制操作中，飞行员的失误将导致注视遗漏现象的发生，即使是最重要的信息也不能保证每次都进入注意焦点，甚至可能在飞行员的一次扫视过程中被完全忽视而无法引动注意机制。正是考虑到上述的复杂情况，国内外研究者普遍认为目前是很难以生物医学的方法对飞行员的注意力分配机制给予明确解释的，换句话说则要从工程处理学的角度对其进行定量的测量与分析，并将其外化为可控的因素。

通常注意可分为3个基本类型：①选择性注意；②分配性注意；③持续性注意。在上述注意的基本类型中，第二种类型的注意对飞行员来讲尤其重要，例如随着新一代飞机座舱显示界面的设计，飞行驾驶的多任务作业特点十分突出。在这种情况下，飞行员分配性注意行为便起着决定性决用,这是由于注意力分配和转移的合理性为及时准确收集到信息提供了重要保障;从座舱布局优化设计时量化的角度看,注意力分配研究的结果易于量化。正如大家所知,一个良好的座舱显控仪表布局应易于作业人员对信息辩识速度快、误读率低、可靠性高、易于缓解飞行员的心理与减轻体力疲劳。另外,人的注意力分配可以从眼动状态上获得反映,因此高精度、非接触式、安装灵活的眼动设备的开发为测量与验证飞行员的注意力分配行为提供了强有力的支持手段。此外,多样化的眼动指标,如扫视轨迹、注视次数、注视时间、瞳孔尺寸、兴趣区域、扫视速度、扫视幅度、注视点百分比、注视时间百分比、平均瞳孔变化率、注视频率、扫视频率等也为多个侧面描述飞行员的注意力分配行为提供了可能。

5.4.3 注意力分配建模的研究

飞行员注意力分配理论及其测量技术的研究,涉及认知心理学、生理学、人机工程学、计算机仿真技术等多个学科,飞行员的注意力分配、脑力负荷、情境意识(situation awareness,SA)已成为工效学界研究的热点之一。目前,对注意力分配行为研究的方法主要有以下几种:

1. 眼动追踪法与认知建模

眼动追踪法是生理测评法中典型的方法之一,对此 Wickens 在文献[135]中作了详细论述,并且指出了视觉注意与眼动之间的密切联系。另外,在认知工程领域,操作者的认知模型多用于人机交互系统的分析、设计和评价过程。但由于人自身行为具有非线性、随机性、离散性和时变性等特征,认知建模会面临很大困难,再加上注意力分配还要受到人的生理、心理活动的影响,这就使得现有的认知模型在实用性和通用性方面还有较大的局限性。

2. 基于混合熵的注意力分配模型

基于混合熵的注意力分配模型是在 Kleinman 最佳驾驶员控制模型(optimal control model,OCM)[136]的基础上,结合 Matsui 模型中人行的模糊特性[137],经过概率熵与模糊熵的概念[138]引出了混合熵 H_{tot} 这一重要概念[139]。另外,在混合熵理论的基础上,综合考虑了信息价值、人为失误以及信息检出效率等因素对飞行员注意力分配策略的影响,最后获得了基于混合熵的注意力分配模型[140],其模型结构如图 5.6 所示。

该结构图是构建在以飞行员仪表扫视行为作为主要应用情境,以一组视觉加工信息为研究对象,以认知工程、模糊数学和广义信息论为主要理论基础,它具体包括了四个模块,分别为信息认知空间模块(模块 1)、基于混合熵的注意力分配模块(模块 2)、基于较高脑唤醒状态的注意力分配行为特征模块(模块 3)和基于较低脑唤醒状态的注意力分配行为特征模块(模块 4)。由上述四个模块的研究内容可以看出,模块 2 是核心模块;模块 3 是模块 2 的基础;模块 3 和模块 4 分别为模块 2 的两种特殊情况(可认为是两种边界情况)。图 5.6 中 H_{avg} 为平均混合熵,其定义见文献[141]。根据最大熵原理便可得到 H_{avg} 达到最大(当较高唤醒状态时)或者 H_{avg} 有最小值(当较低唤醒状态时),换句话说作业人员的心理熵 H_{avg}^* 有最大值(当较高唤醒状态时)或者心理熵 H_{avg}^* 有最小值(当较低唤醒状

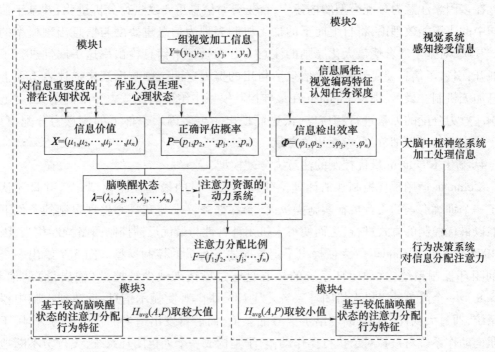

图 5.6 基于混合熵的注意力分配模型结构图

态时)。

3. 基于 SEEV 和混合熵的多因素注意力分配模型

2001—2003 年间,对影响飞行员注意力分配行为的因素,Wickens 团队进行了细致的研究,并提出了含有四个主要因素的 SEEV 模型[140,142],这里 S(即 Salience)代表信息突显性,两个 E(即 Effort 和 Expectancy)分别代表获得信息所要付出的努力与作业人员的期望,V(即 Value)代表信息价值。该模型在航空领域已得到广泛的应用,并且成了目前学术界主流的注意力分配模型之一。尽管如此,SEEV 模型在对因素属性值采取分级量化方法也有一些需要改进的地方,对此文献[143]作了相关的分析。

通常认为信息加工机制有两条通路组成,一条是自下而上(bottom-up)的加工,由输入特征驱动;另一条是自上而下(top-down)的加工,是系统的一种自动搜索或者选择性控制。考虑到 Wickens 提出的 SEEV 模型,可将上述两种信息加工机制按照影响注意力分配的因素归纳为信息突显性 S、获取信息所付出的努力 E、信息出现概率 P 以及信息重要度 V。前两种因素属于自下而上的信息加工机制,后两种则属于自上而下的加工机制。在上述四个因素中,信息突显性和信息出现概率反映出兴趣区域内部的属性;而付出的努力反映了兴趣区域之间的属性,是作业人员在对视觉信息进行加工处理时需要依靠转动眼球或者是转动头部来获取信息时所付出的努力。信息重要度与作业任务相关,在不同飞行阶段中飞行任务与视觉信息的相关度和重要度大都不同,并且飞行员在对信息价值的认知评价过程中,由于受到一系列大脑内部活动的影响,对价值的认知结果通常会存在着一定的模糊性。

在多因素注意力分配模型的构建中,首先要对信息重要度进行分析量化,并基于信息认知中的决策能效理论,将自上而下的加工机制表现为信息重要度与信息出现概率的乘积。其次,对基于混合熵最大化原则的注意力分配模型中信息检出率这一属性进行了具体展开,引入了信息突显性和获取信息所付出的努力这两个影响因素来描述自下而上的信息加工机制。最后,根据 Kleiman 在最佳控制模型中给出的注意力分配的定义,对上述影响注意力分配的因素进行相应整合,进而提出一个多因素条件下的注意力分配模型。对于该模型的详细细节,可参阅相关文献。

4. 基于 Kleinman 最优控制的注意力分配模型

Kleinman 运用现代控制和估计理论建立了飞行员的最优控制模型[136],并且还认为对于一个训练有素的飞行员在实施操纵时,会在任务要求与其身心生理限制的条件下尽可能以最优控制的方式进行,进而使得人机闭环特性与最优反馈控制回路特性相当,因此在 1976 年左右 Kleinman 等人便提出了定量描述飞行员的控制模型。图 5.7 给出一个简单的闭环控制系统,这种闭环系统的核心是通过反馈来减少被控量(输出量)的偏差。图 5.8 为一个简单的飞机人机闭环系统。飞行员眼睛观测显示信息,反馈到大脑中枢神经系统,通过大脑控制器判断与给定信号的差值,而后再发出适当的指令信号,作用于神经肌肉动作系统对被控对象执行操作动作,于是构成一个人机闭环系统,飞行员不断地调整自身的动力学特性,以使得人机闭环特性接近最佳状态。飞行员作为人机闭环系统中的检测和反馈装置,对被控量进行观测,视觉信号通过眼睛到视网膜,引起神经冲动,在大脑中生成外界影像。从通信系统来看,信号在传输与检测中不可避免地要受到外来干扰与设备内部噪声的影响。通常把观测误差对被测量信号产生的污染称为观测噪声,把外部干扰对系统的污染称为系统噪声,把执行操作对信号的污染称为运动噪声。另外,在信号的检测和处理中,将观测噪声与系统噪声视为零均值的高斯白噪声,将运动噪声视为由高斯白噪声经过滤波器后得到的有色噪声。

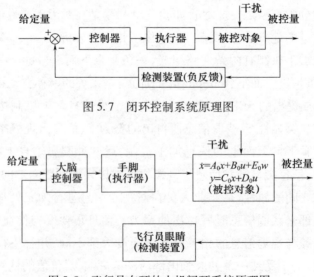

图 5.7 闭环控制系统原理图

图 5.8 飞行员在环的人机闭环系统原理图

滤波是指从混合在一起的诸多信号中提取出所需要信号的过程。为了获取所需信号排除干扰,就要对信号进行滤波。Kalman 滤波是由计算机实现的一种实时递推算法,它所处理的是随机信号,利用系统噪声和观测噪声的统计特性,以系统的观测量作为滤波器的输入,以所求的估计值作为滤波器的输出。滤波器的输入与输出由时间更新和观测更新算法联系在一起,并且由系统状态方程和观测方程估计出所有需要处理的信号。图 5.9 给出了采用 Kalman 滤波建立的飞行员最优控制模型。另外,理论上可以证明:当飞行员处于最佳控制状态时等同于飞行员注意力最优分配问题。此外,在飞行员最优控制模型的框图中,涉及了人的相关特性,它主要用来反映飞行员固有的生理特性,例如有效时间延迟、某些神经肌肉系统及观测噪声和运动噪声所表征的特性等。

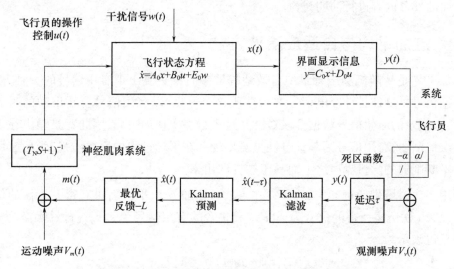

图 5.9　采用 Kalman 滤波的飞行员最优控制模型

人有一个不可控制的最小反应延迟时间,生理学上称为人的神经元不应期,包括神经突触延迟、神经传导时间、神经中枢信息处理时间和作出可测反应的延迟时间。因此飞行员对任何连续信号的接收并不是连续的,而是每隔 0.06~0.3s 采样一次,这就是采样特性又称反应时间延迟特性。在飞行员线性模型中常用延迟环节 $e^{-s\tau}$ 来表示(这里 τ 约为 0.06~0.3s)。飞行员最优控制模型中更详细的内容,可参考相关人机工效学方面的文献与著作(例如文献[16]等)。

5.5　神经电信号处理的基础算法

神经电信号主要指大脑中枢神经系统活动所产生的电生理信号。通常,人们采集到的神经电信号的能量大都弱于背景信号,多属于微弱信号,因此难以直接从强噪声背景中检测提取。本节给出几种神经电信号处理方法的基础算法,其目的在于使读者能够简单地了解神经电信号的处理过程。神经电信号的处理是神经工程应用技术领域重要的技术手段,对神经电信号的深入研究是监测人体生理动态、诊断并治疗神经系统疾病的重要途径。对于神经电信号处理的基础算法,我们归纳成六个方面,即:①迭加平均与自适应滤波方法;②Fourier 分析与时频分析方法;③相干分析以及非线性动力学(包括混沌(Chaos)、分叉(Bifurcation)、分形(Fractals)等)参数的计算与分析;④因果性分析与溯源分析(包括脑电正问题以及脑电反问题等)的求解方法;⑤主成分分析(principal component analysis,PCA)以及独立分量分析(independent component analysis,ICA)方法;⑥模式识别(pattern recognition)方法,其中包括线性判别分析(linear discriminant analysis,LDA)、支持向量机(support vector machine,SVM)方法、聚类分析(clusteing analysis)算法、人工神经网络(artificial neural network,ANN)、深度学习(deep learning)等。本小节只对第①、第②和第⑥方面的部分内容进行简明讨论。

5.5.1 迭加平均与自适应滤波方法

迭加平均是从随机噪声背景中有效地提取锁时性重复出现有用信号的一种方法,该方法依据信号重复性是神经电信号本身性质这个特点,以有用信号重复出现的时刻为起点,将实验记录的原始信号数据分段对准并且进行多次迭加平均,因此背景噪声在平均过程中逐次地削弱,有用信号因其锁时性重复出现并在平均过程中逐次增强,最后有用信号突显于不断削弱的随机噪声之上而易于被提取出来。

利用多次时域坐标对齐迭加再平均的方法,迭加 N 次平均后可获得 $\sqrt{N}$ 倍的信噪比增益。设第 i 次测量所得的信号为 $x_i(t)$,其中含的有用信号为 $s_i(t)$,背景噪声为 $n_i(t)$,三者关系可表示为

$$x_i(t) = s_i(t) + n_i(t), i = 1, 2, \cdots, N \tag{5.1}$$

迭加平均后,其平均值 $E(*)$ 和方差 $\mathrm{var}(*)$ 的表达式分别为

$$E\left(\frac{1}{N}\sum_{i=1}^{N} n_i(t)\right) = 0, \mathrm{var}\left(\frac{1}{N}\sum_{i=1}^{N} n_i(t)\right) = \frac{\sigma^2}{N} \tag{5.2}$$

这里 σ 为标准差。为了应对时变的工作环境或符合信号自身时变的特征,便产生了自适应滤波器系统,如图 5.10 所示。设连续信号 $x(t)$ 的离散采样值 $x(n)$ 中含有的有用信号为 $s(n)$,其与数字滤液估计信号 $\hat{s}(n)$ 的差值为误差信号 $e(n)$,即

$$e(n) = \hat{s}(n) - s(n) \tag{5.3}$$

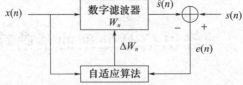

图 5.10 自适应滤波器系统框图

输入离散信号 $x(n)$ 经过数字滤波器后获得的估计信号为 $\hat{s}(n)$,即

$$\hat{s}(n) = x(n) \cdot W_n \tag{5.4}$$

式中，W_n 为自适应滤波系数，并按下式进行修正

$$W_{n+1} = W_n + \Delta W_n \tag{5.5}$$

式中，ΔW_n 为滤波器系数的校正因子。下面仅讨论基于递推最小二乘算法(recursive least square, RLS)的最小优化准则的自适应滤波算法，该算法在处理过程中，相对于其他方法（例如基于最小均方误差(least mean square, LMS)的优化准则法），无须对输入序列的统计特性作出假定，因此方便工程应用。

5.5.2 Fourier 分析与时频分析方法

Fourier 分析又称调和分析，在信号处理中它可以将时域信号分解成与其频率对立、可反映能量分布的幅值谱，这样就将信号的时域特征与其频域特征有机地联系起来。图 5.11 给出了用 Fourier 分析方法分别模拟的时域尖峰脉冲（神经元动作电位）和双极性方脉冲信号的过程。图中最上面一行为这两种脉冲的连续原始信号，第二行表示采用单个正弦信号分别逼近两种脉冲的效果，第三行表示采用 4 个频率间隔均匀的正弦波迭加的逼近结果，最后一行为采用 32 个正弦波迭加逼近的效果。由图可以看到，采用更多的正弦波迭加可以更好地模拟原始信号。实际上，任何时域连续信号 $x(t)$ 都可以通过 Fourier 分析被精确地表达成一些或者无穷多个特定频率、幅值随时间变化的正弦波之和。应用 Euler 公式将 Fourier 级数写为复指数形式为

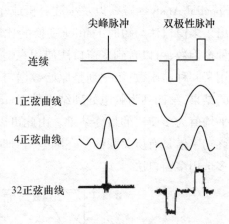

图 5.11　用 Fourier 分析法模拟连续信号

$$\begin{cases} x(t) = \sum_{n=-\infty}^{+\infty} [c_n \exp(in\omega t)] \\ c_n = \dfrac{1}{T} \int_{-\frac{T}{2}}^{\frac{T}{2}} x(t) \exp(-in\omega t) \, dt \end{cases} \quad n \in \mathbf{Z} \tag{5.6}$$

当周期 $T \to +\infty$ 时便得到非周期函数 $x(t)$ 精确表达式，即

$$x(t) = \frac{1}{2\pi} \int_{-\infty}^{+\infty} X(\omega) \exp(i\omega t) \, d\omega \tag{5.7}$$

$$X(\omega) = \int_{-\infty}^{+\infty} x(t) \exp(-i\omega t) \, dt \tag{5.8}$$

这里 $X(\omega)$ 称为 $x(t)$ 的像函数，$x(t)$ 称为 $X(\omega)$ 的像原函数。另外，$X(\omega)$ 也称为函数 $x(t)$ 的 Fourier 变换。

时频分析(Time-Frequency Analysis)又称时频域分析(Time-Frequency Domain Analysis)是一种分析时变非平稳信号的处理方法。时频分析能提供信号的时域与频率联合分布信息，能够描述信号频率随时间变化的关系。其基本思想可概括为：构造时频联合分布函数，以便描述信号能量密度以及相位信息在时频域的分布，即利用这种时频分布获得特

定时刻和特定频率对应的信号功率或者相位关系等特征,以便用于时频滤波与时变信号研究等。

神经电信号作为一种典型的时变非平稳信号,在很多场合需要时频分析。例如以脑电信号为例,时频分析可用于研究神经振荡(Neural Oscillations)的具体作用机制,尤其是研究某种认知功能的神经响应过程。另外,以事件相关电位为代表的脑电时域分析仅仅反映了脑电所包含的一部分信息,而时频分析则为挖掘其余部分的脑电信息提供了补充。用于神经电信号分析的常用时频分析法有多种,例如短时Fourier变换(Short-Time Fourier Transform,STFT)、多窗口法(Multitaper Method,MTM),又称多窗谱分析(Multi-Taper Spectral Analysis)法,以及小波分析或小波变换(Wavelet Transform,WT)法等。图5.12给出了多窗口法与短时Fourier变换的比较,该图最左侧为原始时间序列数据;第二列是多种窗函数,可以看到多窗口法使用在时域上略有差异的窗函数,而短时Fourier变换仅使用了一种窗函数;第三列是原始数据与各种窗函数相乘后的时域波形,即多种窗函数处理的结果;第四列为脑电处理结果的Fourier变换所得功率谱;第五列是将多个功率谱进行平均值为多窗法的最终结果。由此可以看出,多窗口法与短时Fourier变换处理所得的最终功率谱是有所关联的。在脑电信号时频分析中,对于信号噪声较大或试验次数较少时,多选用多窗口法。

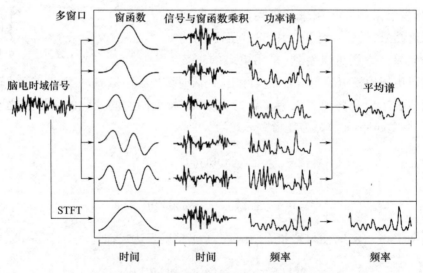

图5.12　多窗口法与短时Fourier变换的比较

小波分析或者小波变换(Wavelet Transform,WT)是在Fourier分析的基础上发展起来的,作为时频分析方法,小波分析较Fourier分析有着许多本质性的进步。小波分析提供了一种自适应的时域和频域同时局部化的分析方法,无论分析低频或者高频局部信号,它都能自动调节时频窗,以适应实际分析的需要。小波分析在局部时频分析中具有很大的灵活性,它能够聚焦到信号时段和频段的任意细节,因此称作时频分析的显微镜[144,145]。小波分析方法已广泛应用于信号处理、图像处理、模式识别、语言识别、地震勘探、CT成像、计算机视觉、航空航天技术、故障监控、通信与电子系统等众多学科和相关技术的研究中。

1. 小波变换与离散小波变换

令$f(t)$代表模拟信号，$\psi(t)$为小波函数、$\bar{\psi}_{ab}(t)$为$\psi_{ab}(t)$的共轭函数，$W_f(a,b)$代表对$f(t)$作如下的积分变换：

$$W_f(a,b) = \int_R f(t)\bar{\psi}_{ab}(t)\mathrm{d}t \tag{5.9}$$

式中

$$\psi_{ab}(t) = |a|^{\frac{1}{2}}\psi(at-b) \tag{5.10}$$

式中，$\psi(at-b)$是由$\psi(t)$经平移和放缩的结果，$\psi_{ab}(t)$为小波函数。这里式(5.9)便称为小波变换，并记作$W_f(a,b)$。

上面讨论的是a和b为连续变量的情况，在实际应用中a与b常取作整数离散的形式，例如这时$\psi_{ab}(t)$表示为

$$\psi_{j,k}(t) = 2^{\frac{j}{2}}\psi(2^jt-k) \tag{5.11}$$

相应的小波变换表示为离散小波变换并记作$W_f(j,k)$，其表达式为

$$W_f(j,k) = \int_R f(t)\bar{\psi}_{j,k}(t)\mathrm{d}t \tag{5.12}$$

式中，$\bar{\psi}_{j,k}(t)$为$\psi_{j,k}(t)$的共轭函数，而$\psi_{j,k}(t)$的表达式由式(5.11)定义。

2. 内积空间以及小波的多分辨分析

令$L^2(\mathbf{R})$表示一个函数线性空间，$L^2(\mathbf{R})$中的内积运算定义为

$$(f(t),g(t)) \equiv \int_R f(t)\overline{g(t)}\mathrm{d}t, \forall f,g \in L^2(\mathbf{R}) \tag{5.13}$$

式中，$(,)$代表内积记号，$\overline{g(t)}$表示$g(t)$的共轭函数。

模拟信号$f(t) \in L^2(\mathbf{R})$可以用一串不同尺度j的函数序列$\{f^j(t)\}$来逼近，这种办法称为函数的多尺度逼近。1986年S. Mallat和Y. Meyer在多尺度逼近的基础上提出了多分辨分析(multi-resolution analysis, MRA)的概念。MRA是指一串嵌套式子空间逼近序列$\{V_j\}_{j \in \mathbf{Z}}$，它满足如下要求：

(1) $\quad\cdots \subset V_j \subset V_{j+1} \subset \cdots \subseteq L^2(\mathbf{R}) \tag{5.14a}$

(2) $\quad V_j = span\{\phi_{j,k}(t) | \phi_{j,k}(t) = 2^{\frac{j}{2}}\phi(2^jt-k), k \in \mathbf{Z}\} \tag{5.14b}$

这里$\phi(t)$为尺度函数，又称为MRA的生成元。它有两层含义：① $\phi(t)$的平移可张成函数的线性空间V_0；② $\phi(t)$的2进的放缩平移可张成函数线性空间V_j。

因为$V_j \subset V_{j+1}$，记$W_j = V_{j+1}/V_j$，即W_j是V_j在V_{j+1}中的补子空间，因此有

$$V_{j+1} = V_j \oplus W_j \tag{5.15}$$

式中，符号$\oplus$表示子空间直和关系。$\{V_j\}_{j \in \mathbf{Z}}$是一个嵌套式的子空间逼近序列；$W_j$为小波子空间，其表达式为

$$W_j = span\{\psi_{j,k}(t) = 2^{\frac{j}{2}}\psi(2^jt-k), k \in \mathbf{Z}\} \tag{5.16}$$

正是由于MRA确定了小波子空间的直和分解关系，因此信号$f(t)$的小波分解形

式为

$$f(t) = \sum_{j \in Z} w^j(t) \tag{5.17}$$

$$w^j(t) = \sum_{j \in Z} d_k^j \psi_{j,k}(t) \tag{5.18}$$

由此可知,原则上来讲只要给定 $\phi(t)$ 和 $\{h_n\}$ 满足 MRA 的要求,只要求出 $\{g_n\}$ 并满足下述条件:

$$\phi(t) = \sum_n h_n \phi(2t - n), \{h_n\} \in l^2 \tag{5.19a}$$

$$\psi(t) = \sum_n g_n \phi(2t - n), \{g_n\} \in l^2 \tag{5.19b}$$

$$V_0 \oplus W_0 = V_1 \tag{5.19c}$$

那么小波函数 $\psi(t)$ 就是存在的并且可以被构造出来。所以 MRA 为构造小波提供了一个统一的构造。在上述表达式中,$\phi(t)$ 与 $\psi(t)$ 分别代表尺度函数与小波函数,$\{h_n\}$ 与 $\{g_n\}$ 分别代表低通数字滤波器和高通数字滤波器;式(5.19a)和式(5.19b)称为双尺度方程。以上讨论的仅是一维小波的构造方法,二维和三维小波的构造过程,可参考相关文献(例如文献[146]等)。

5.5.3 线性与非线性 SVM 算法以及核函数的选择

SVM(支持向量机)的思想,最早在 1936 年 Fisher 构造判别函数时就已经显露出来。1974 年 Vapnik 和 Chervonenkis 创建了统计学习理论,提出了结构风险最小化(structural risk minimization,SRM)原则建模的思想,开创了直接对判别边界建模的理论方向。基于小样本学习问题,1995 年前后正式提出了 SVM 的概念[147-148],并以结构风险最小化(SRM)原则为基础,通过引入核函数将样本向量映射到高维特征空间,然后在高维空间中构造最优分类面,获得线性最优决策函数,进而构建了一种新的算法。它是一种具有坚实理论基础的统计学习算法,它以最大化间隔为策略,将所研究的问题形式化为一个求解凸二次规划问题,从这个意义上讲,SVM 的学习算法应属于求解凸二次规划的最优化算法。

1. 线性可分问题的 SVM 算法

假设样本集为 (x_1, y_1),(x_2, y_2),…,(x_n, y_n),并且 $x_i \in \mathbf{R}^d$、$y_i \in \{-1, +1\}$,这里 x_i 为特征变量,y_i 为因变量,并且有 $i = 1, 2, \cdots, n$。在给定的数据线性可分的情况下,存在一个超平面(如图 5.13 所示),使分类间隔(margin)最大。设分类线方程为 $\boldsymbol{w} \cdot \boldsymbol{x} + b = 0$,$y \in \{-1, 1\}$,$y_i [(\boldsymbol{w} \cdot \boldsymbol{x}_i) + b] \geq 0$,这里 $i = 1, 2, \cdots, n$,则分类间隔为 $\dfrac{2}{\|\boldsymbol{w}\|}$,因此分类间隔最大即要求 $\|\boldsymbol{w}\|$ 最小化。也就是说,为了使分类面对所有样本正确分类且具备分类间隔,就必须满足

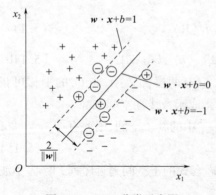

图 5.13 SVM 分类示意图

$$y_i[(\boldsymbol{w} \cdot \boldsymbol{x}_i) + b] - 1 \geq 0 \tag{5.20}$$

求最优分类超平面问题就可表述为在式(5.20)的约束下,最小化函数 $\psi(\boldsymbol{w})$:

$$\psi(\boldsymbol{w}) = \frac{1}{2}\|\boldsymbol{w}\|^2 = \frac{1}{2}(\boldsymbol{w} \cdot \boldsymbol{w}) \tag{5.21}$$

即

$$\begin{cases} \min \dfrac{1}{2}\|\boldsymbol{w}\| \\ \text{s.t. } y_i[(\boldsymbol{w} \cdot \boldsymbol{x}_i) + b] - 1 \geq 0 \end{cases} \quad (i = 1, 2, \cdots, n) \tag{5.22}$$

引入 Lagrange 系数 α_i 和 Lagrange 函数 L

$$L = \frac{1}{2}\|\boldsymbol{w}\|^2 - \sum_{i=1}^{n} \alpha_i [y_i(\boldsymbol{w} \cdot \boldsymbol{x}_i + b) - 1] \tag{5.23}$$

将(5.23)式分别对 $\boldsymbol{w}$ 和 b 求偏导数并令其等于0,

$$\begin{cases} \dfrac{\partial L}{\partial b} = -\sum_{i=1}^{n} \alpha_i y_i = 0 \\ \dfrac{\partial L}{\partial \boldsymbol{w}} = \boldsymbol{w} - \sum_{i=1}^{n} \alpha_i y_i \boldsymbol{x}_i = 0 \end{cases} \tag{5.24}$$

求解上述方程组,并将解加上 * 号,得

$$\sum_{i=1}^{n} \alpha_i^* y_i = 0 \tag{5.25a}$$

$$\boldsymbol{w}^* = \sum_{i=1}^{n} (\alpha_i^* y_i \boldsymbol{x}_i) \tag{5.25b}$$

由式(5.25a)和式(5.25b)可以看出,对应于 $\alpha_i = 0$ 的那些样本对 $\boldsymbol{w}^*$ 不起作用;只有 $\alpha_i > 0$ 的那些样本才对 $\boldsymbol{w}^*$ 起作用,这些样本称为支持向量。代入原 Laglange 函数式(5.23),得

$$L = \sum_{i=1}^{n} \alpha_i^* - \frac{1}{2}\sum_{i=1}^{n}\sum_{j=1}^{n}(\alpha_i^* \alpha_j^* y_i y_j \boldsymbol{x}_i \cdot \boldsymbol{x}_j) \tag{5.26}$$

上述问题的对偶问题变为

$$\max_{\alpha^*} W(\boldsymbol{\alpha}^*) = \sum_{i=1}^{n} \alpha_i^* - \frac{1}{2}\sum_{i=1}^{n}\sum_{j=1}^{n}(\alpha_i^* \alpha_j^* y_i y_j \boldsymbol{x}_i \cdot \boldsymbol{x}_j) \tag{5.27a}$$

$$\text{s.t. } \sum_{i=1}^{n} \alpha_i^* y_i = 0 \quad (i = 1, 2, \cdots, n) \tag{5.27b}$$

$$\alpha_i^* \geq 0 \quad (i = 1, 2, \cdots, n) \tag{5.27c}$$

这是一个不等式约束下的二次函数极值问题,即二次规则问题。根据 KKT(Karush-Kuhn-Tucker)条件,该优化问题的解必须满足:

$$\alpha_i^* \{y_i[(\boldsymbol{w}^* \cdot \boldsymbol{x}_i) + b^*] - 1\} = 0 \quad i = 1, 2, \cdots, n \tag{5.28}$$

这里 α_i^* 和 $\boldsymbol{w}^*$ 可以通过训练算法得到,代入式(5.28)便得到 b^*。

2. 非线性分类的 SVM 方法

对于非线性分类问题,可采用适当的内积函数(又称核函数)$K(\boldsymbol{x}_i, \boldsymbol{x}_j)$ 就可以实现某

一非线性变换后的线性分类,此时优化的目标函数为

$$Q(\vec{a}) = \sum_{i=1}^{n} \alpha_i - \frac{1}{2}\sum_{i=1}^{n}\sum_{j=1}^{n}[\alpha_i\alpha_j y_i y_j K(\boldsymbol{x}_i,\boldsymbol{x}_j)] \tag{5.29}$$

在形式上,SVM 类似于一个神经网络,输出是中间节点的线性组合,每个中间节点对应于一个支持向量,如图 5.14 所示,而相应的分类决策函数为

$$f(\boldsymbol{x}) = \mathrm{sgn}\Big(\sum_{i=1}^{n}[\alpha_i^* y_i K(\boldsymbol{x}_i,\boldsymbol{x})] + b^*\Big) \tag{5.30}$$

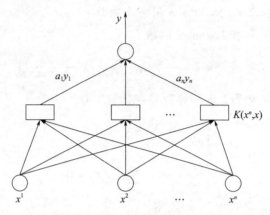

图 5.14　SVM 与核函数的示意图

图 5.14 中,权值 $w_i = \alpha_i y_i$,$\boldsymbol{x} = (x^1, x^2, \cdots, x^d)$ 为输入向量。核函数 $K(\boldsymbol{x},\boldsymbol{x}_i)$ 为基于 S 个支持向量 $\boldsymbol{x}_1, \boldsymbol{x}_2, \cdots, \boldsymbol{x}_s$ 的非线性变换(内积)。关核函数选择的具体形式,可参考相应支持向量机方面的文章与专著(例如文献[149-150]等)。

5.6　基于认知神经学的一类人机交互界面评价技术

20 世纪 70 年代以来,认知神经科学、脑科学和意识科学得到了飞速发展。认知神经科学(cognitive neuroscience)是认知科学(cognitive Science)和神经科学(neuroscience)的交叉学科,它是由杰出神经科学家 M. S. Gazzaniga 和认知心理学家 G. A. Miller 于 20 世纪 70 年代首次命名的新学科。认知神经科学是一门研究人脑高级功能的学科,其研究目的是阐明认知活动中脑的机制,其分支学科包括认知神经心理学、认知心理生理学、认知生理学、认知神经生物学、计算神经科学。M. S. Gazzaniga 的名著《认知神经科学:关于心智的生物学》的中译本已于 2011 年面世。近年来,从心理学衍生出来的认知科学与神经科学相结合,把神经科学的实验与认知科学的心理行为联系起来去考察一部分意识活动与大脑神经活动的关联,形成了一股意识科学研究的热潮。唐孝威先生 1999 年和 2004 年分别出版了《脑功能成像》和《意识论——意识问题的自然科学研究》两部著作,这在某种程度上也反映了我国在意识科学领域与人体科学领域中的新进展。20 世纪 90 年代(1990—1999 年),美国曾进行了举世闻名的"脑的十年"研究计划。该计划由总统发出倡

议、国会立案,这在科学史上是第一次。日本也正执行"脑科学时代"研究计划(1997—2016年)。欧洲执行了"欧洲脑的十年"研究计划(1991—2000年)。世界范围内成立了国际脑研究组织(international brain research organization,IBRO)。脑科学涉及许多大的学科,例如生物化学、生物物理学、生理学、心理学、计算机科学(包括人工智能、机器人研究等)、医学、影像学等,涉及到脑的功能和结构的研究。在脑的结构研究方面,从微观到宏观,脑科学包括了如下不同量级水平的研究:分子(10^{-10}m)、突触(微米)、神经元(100 μm)、网络(毫米)、脑区(厘米)。在脑的功能研究方面,可分为脑的生理功能和脑的心理功能。随着脑科学和认知神经科学的研究与进展,揭开人脑活动的奥秘已成为21世纪人类所进行的一项伟大的科学探索任务。

长期以来,心理学家、神经科学家、临床医师以及人因工程(human factors engineering)工程心理学(engineering psychology)和人机环境系统工程领域的技术人员都在探讨如何利用无损伤的方法去观察人脑进行思维时的特性变化。20世界后半叶以来,随着计算机技术、电子技术和认知心理学的发展,ERP(event-related brain potentials,事件相关脑电位,简称事件相关电位)技术和脑功能成像技术便成了两个可以观察脑功能活动过程的窗口。应该讲1989年D. Regan在Elsevier出版的 *Human Brain Electophysiology* 一书从侧面反映了这个时期在人脑电生理学方面的进展。

5.6.1 EEG 和 EP 的发现

人脑只要没有死亡,就会不断地产生脑电,这种在自然状态下发生的脑电称为自发电位(electroenc ephalo gram,EEG),它是ERP产生的基础。1929年Hans Berger首次发表头皮记录的EEG文章并发现了心算可引起EEG的α节律减少的现象,这是人类首次将从脑电中观察心理活动的理想变为现实,是脑电发展的里程碑。EEG一般由头皮表面电极记录得到,健康成年人在清醒状态下,头皮表面记录的EEG波幅为数微伏至75 μV,但在病理状态下可高达1mV以上。按周期长短或频率高低可将EEG分为α、β、γ、θ和δ节律等。节律也可称为波,各种节律的频率范围分别为:α节律 8~13Hz,β节律 14~25Hz,γ节律 25Hz以上,θ节律 4~7Hz,δ节律 0.5~3.5Hz。在EEG被发现之后,人们对其期望从中提取心理活动的信息以揭示脑的心理功能。此后的30年间,虽然关于EEG与心理活动关系的研究以及从中提取心理活动信息的研究一直没有中断,但由于受到那时科学与技术水平的限制,进展甚微。与此同时,采用刺激诱发脑电的方法研究诱发电位(evoked potentials,EP)的工作获得了较大的长进。1935—1936年间Pauling和Hallowell Davis首先在清醒人脑头皮上记录到感觉诱发电位,他们当时是在被试者平静、采用单词刺激诱发的EP,这种EP由于没有叠加,所以信噪比很低,EP掩埋在EEG中。1947年Dawson首次用照相叠加技术记录人体EP,这是首次实现用叠加方法提高EP信噪比的重要报导。为了实现叠加,必须做到刺激记录与EEG记录同步;为了实现照相叠加,必须实现刺激出现与照相机快门同步。这在当时的胶片感光次数不可能太多的时代,获得的信噪比仍然很不理想。1951年Dawson发明了机械驱动-电子存储式EP叠加与平均方法,这使得EP的记录速度和记录精度都得到了提高。20世纪50年代末,计算机取代了机械驱动-电子器件,成了叠加平均的主体,因此在生物学领域,计算机开始对数字信号叠加平均,开辟了ERP研究技术的新纪元。

5.6.2 CNV 和 P300

ERP的研究已经深入到心理学、生理学、神经科学、医学和人工智能等多个领域,目前人们已经发现了许多与认知活动过程密切相关的成分。CNV(contingent negative variation,伴随性负波)是英国神经生理学家G. Walter1964年首次提出的概念,标志着事件相关脑电位研究新时代的开始。他发现CNV与人脑对时间的期待、动作准备、定向、注意等心理活动密切相关。CNV包含两个子成分:一个是早期的朝向波(orienting wave, O-wave),另一个是晚期的期待波(expectancy wave, E-wave),目前CNV已广泛应用与医学临床认知功能的评价,例如痴呆、帕金森氏症、癫痫、精神分裂症、焦虑和慢性疼痛等。1965年S. Sutton在识别不同声调时记录到一个潜伏期约300ms的正波P300(也称P3b;通常ERP成分的命名中,正波名为P,负波名为N,其后标出潜伏期),这一发现发表在Science杂志上。大量的研究结果表明P300是与注意、辨认、决策、记忆等认知功能有关的ERP成分。到目前为止,普遍认为知觉和注意因素对P300的赋值有显著影响。现在P300已广泛地应用于心理学、医学、测谎、神经经济学等领域。

5.6.3 心理生理学和认知神经科学的诞生

心理生理学的英文为psychophysiology,这个词是由美国著名心理学家John Stern教授于1964年提出的。该词是指以心理因素为自变量、以生理指标为因变量的学科,一般以人为被试的研究工作领域。因此除了ERP方法之外,心理生理学还应包括采用眼电、皮电、肌电、心电、脑化学等方法进行的研究工作,显然它与原来的"生理心理学"(physiological psychology)的研究范畴和方法有所不同。

认知神经科学是近十几年才出现的一门新兴大规模交叉学科,颇受科学界关注。新的脑高级功能成像方法学的突破性进展是形成这门新学科的内在动力。认知神经科学是侧重研究认知过程神经机制的科学,因此高时间分辨率的ERP便是进行认知神经科学研究的最得力方法,为此认知神经科学提出人之一的Gazzaniga教授在2000年出版的 *The New Cognitive Neuroscience* 一书中特别强调了ERP与ERF(event-related field,事件相关脑磁)方法的重要性。

5.6.4 听觉 MMN 和视觉 MMN

脑对信息的自动加工能力是脑的一种奇特的高级功能,人的行为受脑的控制,是脑功能的表现。行为自动化是脑信息自动加工的结果,这对人类具有重要价值。MMN(mismatch negativity,失匹配负波)是1978年R. Näätänen采用相减的方法首先提取出的,并提出了注意的脑机制模型和记忆痕迹理论。大量的研究已表明,AMMN(auditory mismatch negativity,常译为听觉 MMN)反映了听觉信息的感觉记忆机制。近年来,VMMN(visual mismatch negativity,常译为视觉 MMN)研究有了长足的发展,2009 年在匈牙利布达佩斯召开了首次以 VMMN 为专题的国际会议,它有力地推动了 VMMN 的研究与应用。

5.6.5 涉及语言加工的 ERP 成分

1980 年,M. Kutas 和 S. A. Hillyard 在一项语句阅读任务中发现语意不匹配的句尾词引出一个负电位,潜伏期在 400ms,故称为 N400,这一发现发表在 *Science* 杂志上。围绕 N400 的一系列研究,促进了对人脑语言加工脑机制的认识,给语言心理学的研究注入了新活力。涉及语言加工的 ERP 成分有很多,例如 LAN(left anterior negativity,左前负波)、PMN(phonological mismatch negativity,语言失匹配负波)等,这些语言加工的 ERP 成分使探讨语言加工的脑机制成为可能。

5.6.6 关于 ERN 的研究

错误相关成分的研究一直是学术界高度重视的方向之一。错误相关负波(error related negativity,ERN)、错误正波(error positivity,eP)、错误负波(error negativity,eN)、反馈相关负波(feedback related negativity,FRN)等相继在实验中观察到,这使得 ERN 与 Pe 作为与人类行为目的、决策等社会心理相关的新的重要的 ERP 成分,在近 10 年来成为国际科学界关注的新的热点。对 ERN 的深入研究孕育着用 ERP 指标研究社会心理学问题的新的突破。

5.6.7 ERP 的定义以及 ERP 数据的提取过程

进入 20 世纪 60 年代以来,除发现 CNV 以外,还发现了运动预备电位(readiness potentials,RP)和 P300 等由心理因素引起或者主要由心理因素引起的脑电波。这时学者们认识到,使用"诱发电位"一词已不能概括由主动的自上而下的心理因素产生的脑电波了。因此在这个背景下,1969 年 Herb Vauhan 提出了"事件相关电位"一词,英文为 Event-Related Potentials 或者 Event-Related brain Potentials。因为 ERP 是由 EP 演化而来的,因此在确定 ERP 的定义时有必要将 EP 的定义同时加以概括。以下给出魏景汉和闫克乐先生在《认知神经科学基础》一书中给出的有关定义:EP 的广义定义为,"凡是外加一种特定的刺激作用于机体,在给予或撤销刺激时在神经系统任何部位引起的电位变化"。EP 的狭义定义为,"凡是外加一种特定的刺激作用于感觉系统或脑的某一部位,在给予或撤销刺激时,在脑区所引起的电位变化"。ERP 的定义为,"当外加一种特定的刺激,作用于感觉系统或脑的某一部位,在给予或撤销刺激时,或者当某种心理因素出现时,在脑区所产生的电位变化"。

ERP 的获取是对自发脑电(EEG)进行若干步骤的数据处理,将埋藏在 EEG 中的 ERP 波形成分逐渐显现出来,这个获取 ERP 波形成分的数据处理过程称作 ERP 的数据提取过程。图 5.15 给出了 ERP 数据处理的基本过程,图中 EOG 和 ECG 分别代表眼电(electrooculogram）与心电（electrocardiogram）。上述基本过程可参考 MIT 出版社 2005 年出版的 S. J. Luck 写的 *An Introduction to the Event-Related Potential Technique* 一书。

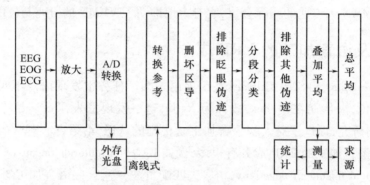

图 5.15　ERP 数据处理的基本过程

5.6.8　脑功能成像技术的研究与应用

脑功能成像技术是 20 世纪 80—90 年代出现的成像技术，主要包括 PEC（position emission computerized，正电子发射断层成像）、SPECT（single photo emission computerized tomography，单光子发射断层成像）、fMRI（functional Magnetic Resonance Imaging，功能核磁共振成像）、MEG（magnetoencephalography，脑磁图）、EEC（electroencephalography，脑电图）和光学成像等。它与 CT（computerized tomography，计算机断层显像技术）和 MRI（Magnetic Resonance Imaging，磁共振成像）等结构成像不同，功能成像得到的是反映机体功能的信息。另外，从功能成像所获取的信息上看，fMRI、PET 和 SPECT 反映的是脑功能的三维断层图像，而 MEG 和 EEG 反映的是脑磁和脑电信号变化的时间谱。此外，光学成像获得的是局部大脑皮层表面的二维图像，反映了大脑皮层对光的吸收、反射或散射特性。

应该指出的是，国外在脑功能成像技术方面的发展与成熟很快。以 MEG 的发展为例，它是 1981 年由 S. J. Williamson 首次完成的。初期的 MEG 为单信道的传感器装置，到 20 世纪 80 年代，便发展成了 37 信道的传感器装置并可以用于癫痫病的诊断和一些脑功能方面的研究。20 世纪 90 年代初期便可以经过一次测量就可采集到全头的脑磁场信号，而现在信号探测传感器在整个头部已达 275 个探测位置，可以同时快速地收集和处理整个大脑的数据，并且能够与 MRI 或 CT 等解剖影像信息叠加整合，可以形成脑功能解剖学定位，准确地反映出脑功能瞬时状态的变化，这为脑的高层次功能研究奠定了有利的分析工具。而今，脑功能成像技术早已广泛用于神经科学、神经外科、癫痫、小儿神经疾病诊断等临床科学的研究，尤其是知觉、认知、判断、记忆、注意、意识、情感、运动、联想、语言、学习等脑的高级功能方面的研究。MEG 为揭示思维的本质，了解人为什么成为有个性、有感情、有思想的生命体提供了非常有效的研究途径。在讲到 MEG 的美好应用前景之时，我们还应记住美国物理学家 Brain Josephson（布朗·约瑟夫逊）。约瑟夫逊的超导隧道效应是制造脑磁图传感器的核心部件 SQUID（superconducting quantum interface device，超导量子干涉器件）的核心理论。1962 年，当时还是剑桥大学研究生的 Josephson 发现了超导隧道效应并于1973年荣获诺贝尔物理学奖。而今MEG无论在基础性研究或临床应用等方面都发挥着巨大作用。在基础性研究方面这里仅略简述四点：①对自发异常波的检测，它可以对异常波的发生源进行精确定位，可以检测到ALFNA(abnormal low frequency neuromagnetic activit,异常低频神经磁活性波)，为脑外科手术提供重要依据。②体感诱发磁场(SEFs)，即MEG可对诱发磁场的发生源——躯体感觉中枢进行精确定位，并在MRI图像上清晰地表示出来，因此将诱发磁场发生源位置与MRI影像相融合便可对皮层功能区进行定位。③AEFs和VEFs，其中AEFs是由听觉刺激所诱发产生的脑磁场，可根据潜伏期的长短分为短潜伏期(<12ms)、中潜伏期(12~50ms)和长潜伏期(>50ms)三种；VEFs是由视觉刺激所诱发产生的脑磁场。④ERF(event-related field,事件相关场，又常习惯称为事件相关磁场)的研究是脑磁研究和认知神经科学共同的重要内容。寻找ERF的脑内发生器，即脑高级功能定位，是认知神经科学研究的核心方面。由于脑磁比脑电的脑内源定位精确，因此脑磁是比脑电更有效的研究复杂心理活动时脑机制的方法。但由于研究脑磁的成本比脑电高得多，致使脑磁的应用远不如脑电广泛。

以下例举一个MEG在手术靶点定位方面的例子作为应用实例。许多神经疾病由于找不到明显的结构异常，很难用影像学检测手段来判断病灶。功能影像学检测能够通过测定神经生理活动去区分正常组织与发生病变的组织，为术前手术靶点的判定提供重要的信息。MEG可用于定位神经核团毁损术的靶点。脑血管瘤和脑血管畸形可以通过介入影像学检测，MEG可作为一种很好的无创伤检测手段。立体定向放射外科将影像学、放射外科学和立体定向技术有机地结合起来，其中MEG与γ刀或X刀以及质子束放射系统结合毁损神经核团，具有无创伤、靶点定位准确、疗伤评估及时等优点，因此为神经外科治疗脑功能性神经和精神疾病开辟了一条崭新途径。

5.6.9 脑电、心电、眼电三类电生理指标的筛选

对于汽车驾驶员或飞机飞行员来讲，由于舱内仪表和信息高度密集，驾驶员或飞行员的脑力负荷问题就显得十分重要，它直接关系到汽车的行驶和飞机的飞行安全。如何有效地进行舱内人机显示界面的设计，使人机界面的设计满足驾驶员或飞行员脑力负荷水平便是人机工程设计人员努力的方向。以人机交互界面为例，进入21世纪后能用眼睛控制的"眼标"以及直接用大脑思维控制的"脑标"将获得很大发展，它们都将用于操控图形界面。例如Eye-Typer 300系统便是一个由眼睛——视觉控制的键盘系统，当人们在LED上注视了一段时间后，就能输入信息，这种系统可以设计成用来操纵一些控制系统，如电视机、打印机和其他一些控制系统。因此眼动追踪系统、眼动测量系统、EOG(electro-oculo-graph)技术以及人的情境认知(situational cognitive,SC)的定性与定量分析问题，已成为人机工效学家当前关注的热点问题之一。以下分3个问题分别讨论：

1. 脑电指标与脑力负荷

1999年D. N. Norman对世界范围内近20年来的飞行事故进行了细致的分析后指出，约有35%的飞行事故与飞行员脑力负荷过重有关。因此在飞机座舱显示界面的设计阶

段,就需要高度关注飞行员的脑力负荷,优化脑力任务设计并使其保持在一个适当水平,以保证飞行安全。近些年来,国外大量的航空事故调查的结果表明:脑力负荷所引发的航空事故与飞行员对信息的自动探测、警觉性、朝向注意等认知能力的下降所导致的飞行员操作失误有关。在目前认知神经科学领域中,ERP 技术已经发现了多个成分可以反映大脑的认知加工过程,尤其是失匹配负波(MMN)和 P3a 成分都可以有效地反映大脑皮质对信息变化的自动探测能力和注意朝向能力。

2. 心电指标和脑力负荷

随着飞机飞行自动化程度的提高,飞行员在座舱人机交换系统中的主要职能已由手工操作者为主转变为飞机飞行状态的监控者为主,这一角色的转变使得飞行员的脑力负荷大大加重,尤其是当战斗机出现飞行特情需要紧急处置时,飞行员所面临的信息加工要求非常严格,在极短的时间内要处理大量飞行信息并迅速作出应对的决策,因而容易出现脑力负荷超载,严重时还会影响到飞行员的工作效率、飞行操作的可靠性以及飞行员自身的生理心理健康。2000 年 C. D. Wickens 和 J. G. Hollands 在 *Engineering Psychology and Human Performance* 这部当代心理科学名著中也指出,60% ~ 90% 的航空飞行事故都发生在飞行员脑力负荷强度大、应激水平高的飞行任务中,因此优化人机界面任务设计和人机功能分配对预防航空事故、保障航空飞行安全便显得格外重要。

在飞行员脑力负荷的主观评测方法中,1988 年 S. G. Hart 和 L. E. Staveland 开发的 NASA-TLX(即 task load index)量表、1988 年 G. B. Reid 和 T. E. Nygren 开发的 SWAT(即 subjective workload assessment technique)量表以及 1993 年修正的 Cooper-Harper 量表是三种最具代表性的方法。主观评测方法通常在作业人员完成任务后进行,其优点是避免了对主任务的侵入性,但它的缺点是这种主观评价的个体差异较大而且无法实现实时性。另外,在飞行模拟器进行绩效测量,测试被试者对异常信息的正确操作率和反应时间方面也是常用的方法。此外,开展心电数据的测量是近十余年来国内外十分重视的方向。在心电为指标的心理学研究中,心率、心电图的 T 波以及心脏活动的功率谱变化为最常用的三个指标。在医学中,心血管反应性是一个宽泛的概念,心率的变化、心肌收缩力量大小的变化、血压变化、呼吸窦性心律不齐、T 波幅度的变化等都属于心血管反应性的范畴。这里心率(heart rate,HR)指心跳的快慢,心律(heart rhythm)指心动的节律或规律,而呼吸窦性心律不齐(respiratory sinus arrhythmia,RSA)指心率随呼吸增减的情况。在心血管反应性这个宽泛的范畴中,心率的变异性(其中包括时域与频域两类)研究的较多。国外大量的研究表明,心率和心率变异性(heart rate variability,HRV,它是 1992 年由 L. J. Mulder 提出的概念)能够有效地反映脑力负荷的敏感程度。另外,在 HRV 的时域分析中,平均心率(mean HR)、最大 R-R 间期(maximum R-R intervals)、最小 R-R 间期(minimum R-R intervals)以及 R-R 间期的标准差(SDNN)为心电信号测量的几个关键指标。在这几个指标中,以 SDNN 对飞行任务相关的脑力负荷变化有显著的敏感性。

3. 眼电指标与脑力负荷

国外研究表明,与眼电(EOG)相关的指标中,眨眼次数(eye blink numbers,EBN)与脑力负荷水平密切相关。因此在本节的研究中,同时采集被试者的水平眼电和垂直眼电,并在不同的飞行难度下测得被试者的眨眼次数。

5.6.10 基于多生理指标的脑力负荷预测模型

借助于上面5.6.9小节的筛选,如果同时考虑脑电、心电和眼电这三大类生理指标时,建议应优先考虑P3a、SDNN和EBN这三个指标。P3a属于脑电指标,它是注意朝向能力的重要指标;SDNN属于心电指标,它与飞行任务相关的脑力负荷变化有显著的敏感性;EBN属眼电指标,它与脑力负荷水平也密切相关。因此,针对指定的飞机座舱和显示界面,针对不同的飞行任务,利用这三个指标去建立飞行员的脑力负荷预测模型是可行的。事实上,从 G. F. Wilson 2002 年在 *The International Journal of Aviation Psychology* 第 1 期发表的文章以及 J. B. Noel 2005 年在 *Computers & Operations Research* 第 10 期发表的文章来看,他们已将脑电、心电、眼动、皮电、呼吸以及主观评价等因素综合起来去考虑飞行员的脑力负荷类型,并给出了一个合理的评价。另外,这里给出脑力负荷预测的一种表达形式:

$$\begin{bmatrix} y_1 \\ y_2 \\ y_3 \end{bmatrix} = \begin{bmatrix} a_{11} & a_{12} & a_{13} & a_{14} & a_{15} \\ a_{21} & a_{22} & a_{23} & a_{24} & a_{25} \\ a_{31} & a_{32} & a_{33} & a_{34} & a_{35} \end{bmatrix} \begin{bmatrix} x_1 \\ x_2 \\ x_3 \\ x_4 \\ x_5 \end{bmatrix} + \begin{bmatrix} b_1 \\ b_2 \\ b_3 \\ b_4 \\ b_5 \end{bmatrix} \equiv \boldsymbol{A} \cdot \begin{bmatrix} x_1 \\ x_2 \\ x_3 \\ x_4 \\ x_5 \end{bmatrix} + \boldsymbol{B} \quad (5.31)$$

式中,y_1、y_2、y_3分别代表在单飞行作用任务、双飞行作业任务和多飞行作业任务中,脑力负荷水平的判别函数值;x_1为心率变异性指标 SDNN 的值;x_2为 ERP 指标 P3a 成分的峰值、x_3为 NASA-TLX 量表主观评价值。这里应注意的两点是:①在数学建模方面,常用的方法很多,例如以华罗庚先生为代表的多因素多水平方差分析的数学模型方法以及多元统计分析方法(可参阅华罗庚先生或方开泰先生的相关著作)、回归分析法、人工神经网络方法、对数线性模型法(包括 Logit 模型等)以及 Bayesian Fisher 判别分析方法(简称 B-F 方法)等。在概率论与数理统计中,华罗庚、许宝騄、王梓坤、陈希孺、方开泰等先生都做了许多奠基性的开创工作。多元统计分析仅是数理统计中的一个分支,在多元统计分析中,聚类分析、回归分析和判别分析是常用的三大方法。上面提到的 B-F 方法可以有效地保留所选指标,防止信息丢失,判别结果稳定性较好,可以得到 Bayes 统计思想与 Fisher 投影相结合的线性判别方程。②在这项评价的工作负荷采用了以脑力负荷为主,考虑了6个因素,即脑力要求、体力要求、时间要求、绩效、努力程度和挫折水平。对每一个因素的评分都在 1~10 分范围。脑力负荷被认为是上述6个因素的加权平均值。另外,式(5.31)中 x_4 代表对飞行异常信息操作的正确率;x_5 代表对异常信息的反应时间。对此,作为一个例子,文献[16]给出了式中 $\boldsymbol{A}$ 与 $\boldsymbol{B}$ 的取值,它们可以分别取为

$$\boldsymbol{A}^\mathrm{T} = \begin{bmatrix} 0.222 & 0.180 & 0.112 \\ -0.664 & -0.325 & -0.144 \\ 0.232 & 0.421 & 0.533 \\ 255.570 & 226.945 & 229.526 \\ 279.203 & 285.836 & 292.738 \end{bmatrix} \quad (5.32)$$

$$\boldsymbol{B} = \begin{bmatrix} -255.259 \\ -247.952 \\ -263.507 \end{bmatrix} \tag{5.33}$$

最后,在结束本节讨论之前还有一点要强调:人机界面(human-machine interface 或 man-machine interface,HMI 或 MMI)可分为两类,一类为广义的人机界面,它是在人-机-环境系统(human-machine-environment system 或 man-machine-environment system,HMES 或 MMES;中文又常简称为人机环境系统)模型中,人与机之间存在一个相互作用"面",在这个面上发生着人与机之间的信息交流和控制活动。人机环境系统是一个典型的封闭系统,即人在闭环中的系统(man-in-loop system)。在这个系统中,研究人机界面问题主要是针对显示与控制两个问题。另一类为狭义的人机界面,它是指计算机系统中的人机界面(human-computer interface,HCI),又称人机接口或用户界面。本节所讲的人机界面多指广义的人机界面。在进行所有人机界面工效学的设计时,其中包括监视作业和操作作业的设计,都应该充分考虑操作者的作业能力和工作负荷。只要工作负荷和人的工作能力相匹配,才能够提高整个系统的效能。这里人的工作负荷应包括体力负荷(physical workload)与脑力负荷(mental workload)。随着现代科学技术的不断发展,一方面在那些不希望或者不必包括人在内的自动系统得到不断地发展;但另一方面还发展着另一类系统,这类系统除了应用最现代化的技术设备之外,还必须包括具有一定要求的甚至具有高度科学技能与训练有素的人在系统中直接进行操作、监控、决策或指挥。只有这样才可确保系统的任务能够无误的完成。事实上在现代一些宇宙飞船的姿态控制系统中,往往要考虑到当计算机一旦失灵时要由人去操纵飞船的方案。自人类开始载入航天飞行的 50 多年里,航天员通过手动方式协助航天器返回的例子不胜枚举。1962 年 2 月 20 日,美国"水星"6 号飞船绕地球飞行 3 圈,历时 4 小时 55 分 23 秒,在大西洋海面安全返回。当飞船飞到第 2 圈时,飞船自控系统失灵,只好手动返回。1962 年 10 月 3 日,美国"水星"8 号飞船上天飞行一圈后,航天员的航天服出现故障,温度由 23℃ 上升到 32℃。在地面指挥下,航天员沉着调整,才使温度恢复到 22℃。1965 年 3 月 18 日,前苏联"上升"2 号飞船飞行一天后返回大气层时,自动导航系统失灵,在比原计划飞行任务多一圈的情况下,航天员用手控操纵分船成功返回地面。1967 年 4 月 23 日,前苏联"联盟"1 号飞船因姿控系统故障,到第 16 圈和第 17 圈时飞船返回都不成功。在第 18 圈时航天员用手动去控制飞船的姿态,然后启动制动火箭才使飞船进入返回轨道。1970 年 4 月 11 日"阿波罗"13 号飞船进行第 3 次登月飞行,在飞行 56 小时离地球 33 万 km 接近月球时,因两个纽扣大小的恒温器开关故障使服务舱储氧箱爆炸,舱内许多设备遭到损坏。在这种危难情况下,航天员仍沉着应对,他们按地面科学家精确计算的轨道和地面指挥员的命令,手动操纵飞船,使用登月舱的氧气和动力于 4 月 17 日成功返回地球。另外,航天器交会对接时采用远距离自动和近距离手动与自动控制相结合的方案已成为保障交会对接安全可靠性的重要手段。迄今为止,俄罗斯和美国共成功进行了 200 多次空间交会对接活动,其中有许多次是航天员在手动操作下完成的。例如 1997 年 8 月 5 日,俄罗斯发射"联盟"TM26 号载人飞船升空。8 月 7 日航天员以手动方式与"和平"号空间站对接使进站的航天员同站上的航天员会合。此外,NASA 著名的哈勃望远镜的修复工程也都是在人的参与下才成功完成的。

在现代航空与航天工程中,人因失误还是造成事故的重要原因之一。例如 1966 年美国的载人飞船由于乘员操作失误,再加上姿控发动机输出系统故障,导致了飞船姿控失控;1978 年在"阿波罗"号与"联盟"号飞船联合飞行中,由于乘员手控失误,使有毒气体进入"阿波罗"号飞船座舱,造成乘员中毒;1985 年苏联"联盟"T-14 飞船的指令长由于精神上的原因导致饮食和睡眠不好,未能完成飞行任务,提前返回地面。疲劳是造成人失误的重要原因,它可分为体力疲劳和生理疲劳。正是由于疲劳时会发生生理过程或心理过程的变化,因此可以通过对乘员的生理、心理等指标的测定来判断疲劳程度,例如皮肤电反应测定法、表面肌电(surface electromyography,SEMG)分析法、闪光融合频率测定法、反应时间测定法、触两点辨别阈值法等都可以用于疲劳程度的测量。

此外,未来人机界面的设计是一个多通道整合,文字、图像、声音和视频等多媒体技术全面刺激人的感官,语音识别与控制技术(简称语控)、眼动识别与控制技术(简称眼控)、手势识别与控制技术(简称手势控)以及其他人工智能技术去操作被控对象的新的人机信息交互界面。在这种情况下,虚拟现实技术使其交互观景仿真具有多感知性、沉浸感、交互性和自主性,因此该技术也将成为新一代人机信息交互界面设计研究的重要手段,在这种新的形势下需要从语音识别的输入、生理信号、姿势、手势以及表情等方面去研究人在完成某种任务时所呈现出的规律,为这类人机界面的设计提供基础数据。这时人机界面的评价,除了要涉及认知神经科学之外还会有更多的学科参与。

最后,还有三点需要说明:①由于 E-Prime 实验设计技术的不断发展与完善,使得 E-Prime 成为全球通用的标准化的心理实验生成系统,并成为当今心理学界与人机工程领域各种研究技术尤其是各种前沿研究技术(例如 ERP、fMRI、眼动等技术)或设备所标配的实验设计软件。例如德国 BP 公司的 ERP 脑电产品、美国 EGI 的电脑电产品、德国 SMI 的 IviewX、HiSpeed 高速眼动仪等。E-Prime 软件是由美国 Pittsburgh 大学学习研究与发展中心和美国 PST 公司(即 Psychology Software Tools,Inc.,心理学软件工具公司)联合开发的一套用于计算机化行为研究的实验生成系统,该软件同时提供了与 Excel 和 SPSS 等数据分析软件的数据接口,从而可以有效地将实验被试人员的反应数据进行记录,数据的导出或者数据结果的基本统计分析、参数检验(例如样本的 t 检验等)、方差分析、非参数检验(例如多配对样本 Fridman 检验、多配对样本的 Kendall 协同系数检验等)、相关分析和回归分析、聚类分析(例如 K-Means 聚类分析)、因子分析、置信度分析(例如 Cronbach α 系数、Split-half 信度系数等)、建立一般模型(例如对数线性模型、Logit 模型等)以及时间序列分析(time series analysis)技术(例如指数平滑法、自回归法、自回归移动平均结合模型分析等),这些数据结果的统计分析也可以借助于 SPSS 软件来完成。显然,上述这些统计分析方法对于人机系统中"人"或"机"模型的创建十分有益。②20 世纪后半叶以来,随着计算机技术、电子技术和认知心理学的发展,事件相关脑电位(ERP)和脑成像方法(例如功能性磁共振成像 fMRI 和正电子发射断层成像 PET)已成为可以观察脑活动过程的两大类窗口。ERP 具有毫秒级的时间分辨率(例如脑磁图 MEG 的时间分辨率可达 1ms),而

fMRI 和 PET 的空间定位准确但时间分辨率较差,因此上述两大类方法相互结合、相辅相成的并行发展已成为工程实用的必然发展趋势。目前在临床外科手术中,已在病灶的准确定位诊断时用上了 ERP 与 PET(或 fMRI)相结合的定位诊断技术,其临床符合率高达 80%以上。③未来战场上可能会出现由"智慧脑"与飞机构成的新型人机系统。对于"智慧脑"的设计,除了通常电子学、计算机控制等理论与技术外,还需要加强人类对脑科学和认知神经科学的研究,需要加强对心智问题的量化研究,加强对神经信息学与计算神经科学的深入发展,更需要加强用脑波信号去控制机械装置的新型技术的研制与发展。毫无疑问,人机智能控制、人工神经网络、第三代智能机器人等以及计算神经人因科学将会在未来 20 年的前沿科学与高新工程技术领域中发挥更大的作用;Neuroergonomics 将会成为未来人机工程领域中一个非常重要的发展方向,它将为带"智慧脑"的高超声速无人机的研制提供坚实的理论支撑。

习题与思考 5

5.1 神经工程学科通常包括哪些基础学科?请举例说明神经科学与神经工程之间的区别和联系。

5.2 简述神经工效学与传统工效学的区别。

5.3 神经工效学又称作神经人因学,它是一门新兴的多学科融合的新学科,为什么说该学科的发展与脑科学的研究、认知科学、系统神经学、行为神经学、神经心理学、神经生理学、信息技术、纳米技术等密切相关?

5.4 请举实例谈一下脑科学与人工智能之间的关联。

5.5 解释事件相关电位的概念;请列出几种提取 ERP 信号的方法。

5.6 请简述脑电图机的检测原理。

5.7 在记录到的人脑电波中,常用的有哪四种频率波?它们的频率与波幅范围各是多少?

5.8 人机界面工效学设计的 13 项原则是什么?简述对这些原则的理解与认识。

5.9 在眼动技术中,常用的眼动指标有哪些?

5.10 Wickes 提出的 SEEV 模型包含哪些主要因素?

5.11 如果采用 Kalman 滤波的飞行员最优控制模型,如何理解飞行员处于最佳控制状态时便等同于飞行员注意力最优分配的问题?

5.12 神经电信号的处理主要涉及哪六个方面的基础算法?

5.13 如何理解 Fourier 分析、小波多分辨分析和支持向量机技术是神经电信号处理时三种非常有用的基础分析方法?

5.14 以飞行员与座舱所构成的人机交互显示界面的评价为例,在脑电、心电、眼电三类电生理指标的筛选时,主要考虑哪些具体的电生理指标与成分?

5.15 在飞行员座舱人机交互显示界面评价时,所采用的多生理指标和脑力负荷预测模型主要包含哪些重要指标?

5.16 在多指标筛选的过程中,常会遇到多因素多水平的试验设计问题,能否举例说明华罗庚先生和方开泰先生倡导的正交设计试验法和均匀试验设计法的应用?

5.17 以临床外科手术为例,急需解决实时准确定位病灶位置的难题。目前从现有的脑功能测量方法和脑成像技术来看,都没有达到 Ergonomics 所要求的 0.1mm 的空间分辨率和 1ms 的时间分辨率。换句话说,目前在医疗与康复领域,虽然脑磁图 MEG 的时间分辨率较高但空间分辨率低、fMRI 和 PET 的空间定位较准确但它们的时间分辨率较差,因此如何在空间与时间上都达到较高的分辨率仍是科技工作者努力的方向。谈一下你对实时准确定位病灶位置问题的一些想法。

5.18 目前,许多先进航空强国都很重视高速无人机的研制,而且十分重视在这类无人机上装"智慧脑",谈一下设计"智慧脑"将会涉及到哪些方面(例如除了需要自动控制理论、脑科学、人工智能原理等基础知识之外,还可能涉及哪些)基础知识;从这个问题上,是否感受到了多学科融合的必要性?

第 6 章 复杂人机系统中性能预测的几种高效算法及其应用

本章主要讨论人与机器系统中神经网络的几种高效基础算法,并用于性能的预测。这些算法在工程技术领域里应用面很广,而且易于与其他算法杂交形成高效、智能的优化方法,在本书的第 10 章中将讨论本章部分算法与 Pareto 算法杂交融合成新型智能高效方法的详细过程。以下给出五类神经网络基础算法,它们是人机系统中使用广泛的机器学习方法(又称机器学习理论),也是能够模拟人与生物神经元工作原理的优秀模型和好算法。

6.1 小波神经网络算法及小波函数的选择

6.1.1 小波神经网络的一种基本结构模型

自 1943 年美国心理学家 W. S. McCulloch 与数学家 W. H. Pitts 提出人工神经元的 M-P 模型以来,人工神经网络的研究已有近 80 年的历史,其发展过程曲折起伏。20 世纪 80 年代神经网络的研究迎来了新高潮,这里有两个主要标志:一是 1982 年美国加州理工学院物理学家 J. J. Hopfield 教授提出了 Hopfield 神经网络模型,他将网络作为一个动态系统,引入 Lyapunov 能量函数去训练该系统,给出了网络的稳定性判据;另一个是美国认知心理学家 D. E. Rumelhart 提出的多层神经网络学习的误差反向传播算法(简称 BP 算法)。在 BP 算法中网络所使用的神经元是可微分的非线性神经元或者 Sigmoid 函数神经元,正因如此,BP 算法很快就在神经网络中占据了主导地位。应该看到,BP 算法的主要缺点是常不收敛或收敛于局部极小,这使得 BP 算法只能解决小规模的问题。为了克服上述缺陷,20 世纪 90 年代以来,神经网络在纵深发展的同时,也注意了与遗传算法、模糊技术、进化计算等智能方法相结合,本节侧重讨论小波分析理论与神经网络技术间的结合,以及小波神经网络与 Pareto 遗传算法间的结合。

小波分析是近 30 年来迅速发展起来的一门新兴学科,它是由法国数学家 Y. Meyer、信号处理专家 S. Mallat、法国理论物理学家 A. Grossmann 以及比利时籍女数学家 I. Daubechies 等人的奠基性工作而发展与完善的。小波理论是调和分析发展史上里程碑式的进展,是对傅里叶分析的重要补充和发展。小波神经网络是近年来神经网络研究中的一个新分支,是结合小波变换理论与人工神经网络的思想而设计与构造的一类新的神经网络模型[146],它结合了小波变换良好的时频局域里性质以及神经网络的自学习功能,所以具有较强的逼近能力与容错能力,具有很好的泛化功能。本节主要以输入层、隐含层和输出层所组成的三层网络模型为例,在隐含层用 Morlet 小波母函数取代了 BP 神经网络中常用的 Sigmoid 激励函数,并以此为基础将 WNN 与 Pareto 遗传算法相结合完成了内流数值优化中的几个典型算例,表明了这里给出算法的有效性和可行性。

图 6.1 给出了本节要讨论的小波神经网络的一种基本结构模型。该模型由输入层、隐含层和输出层所组成。

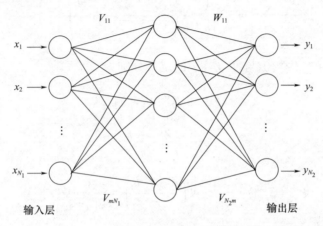

图 6.1 小波神经网络的一种基本结构

设网络的输入层与输出层分别有 N_1 与 N_2 个神经元,隐含层有 m 个神经元;令 X 与 Y 分别表示输入层的输入矢量与输出层的输出矢量,其表达式分别为

$$X = \begin{bmatrix} x_1 & x_2 & \cdots & x_{N_1} \end{bmatrix}^T \tag{6.1a}$$

$$Y = \begin{bmatrix} y_1 & y_2 & \cdots & y_{N_2} \end{bmatrix}^T \tag{6.1b}$$

令 V_{ji} 为输入层中第 i 个输入神经元与隐含层中第 j 个神经元间的连接权重,V 为由 V_{ji} 组成的权值矩阵,即

$$V = \begin{bmatrix} V_{11} & V_{12} & \cdots & V_{1N_1} \\ V_{21} & V_{22} & \cdots & V_{2N_1} \\ \vdots & \vdots & & \vdots \\ V_{m1} & V_{m2} & \cdots & V_{mN_1} \end{bmatrix} \equiv \begin{bmatrix} V_{ji} \end{bmatrix} \tag{6.2}$$

令 W_{kj} 为隐含层中第 j 个神经元与输出层中第 k 个神经元间的连接权重,W 为由 W_{kj} 组成的权值矩阵,即

$$W = \begin{bmatrix} W_{11} & W_{12} & \cdots & W_{1m} \\ W_{21} & W_{22} & \cdots & W_{2m} \\ \vdots & \vdots & & \vdots \\ W_{N_21} & W_{N_22} & \cdots & W_{N_2m} \end{bmatrix} \equiv \begin{bmatrix} W_{kj} \end{bmatrix} \tag{6.3}$$

第 S 个样本的输入矢量为 $X^{(s)}$,其表达式为

$$X^{(s)} = [\, x_1^{(s)} \quad x_2^{(s)} \quad \cdots \quad x_{N_1}^{(s)} \,]^T \tag{6.4}$$

这里 $s = 1, 2, \cdots, S$；于是借助于图 6.1 所示的网络模型，则相对于第 s 个样本的在输出层第 k 个神经元的输出 $y_k^{(s)}$ 的表达式为

$$
\begin{aligned}
y_k^{(s)} &= \sum_{j=1}^{m} [\, W_{kj} \Psi_{aj,bj}(Z_j^{(s)}) \,] = \sum_{j=1}^{m} \left[\frac{W_{kj}}{\sqrt{|a_j|}} \Psi(\tilde{Z}_j^{(s)}) \right] \\
&= \sum_{j=1}^{m} \left[W_{kj} \frac{1}{\sqrt{|a_j|}} \Psi\left(\frac{\sum_{i=1}^{N_1}(V_{ji} x_i^{(s)}) - b_j}{a_j} \right) \right]
\end{aligned}
\tag{6.5}
$$

式中，$Z_j^{(s)}$，$\tilde{Z}_j^{(s)}$，$\Psi_{aj,bj}(Z_j^{(s)})$ 与 $\Psi(\tilde{Z}_j^{(s)})$ 的定义分别为

$$Z_j^{(s)} = \sum_{i=1}^{N_1}(V_{ji} x_i^{(s)}) \tag{6.6}$$

$$\tilde{Z}_j^{(s)} = \frac{Z_j^{(s)} - b_j}{a_j} \tag{6.7}$$

$$\Psi_{aj,bj}(Z_j^{(s)}) = \frac{1}{\sqrt{|a_j|}} \Psi\left(\frac{Z_j^{(s)} - b_j}{a_j}\right) = \frac{1}{\sqrt{|a_j|}} \Psi(\tilde{Z}_j^{(s)}) \tag{6.8}$$

式中，$\Psi(\cdot)$ 为小波母函数。

6.1.2 小波函数的选择

1975 年数学家 Kolmogorov 证明了任意一个定义在 $[0,1]^n$ 上的连续函数可以用一些一元函数复合表示。Kolmogorov 的工作初步奠定了多层前馈网络映射能力数学证明的理论基础。1989 年 Funahashi 进一步证明：三层前向网络具有以任意精度逼近定义在紧支集上的 n 维连续函数的能力。对此，1991 年 Kreinorich 做了更进一步的推广与补充。对于小波神经网络，1995 年 Walter 给出了网络的逼近定理，它要求网络要接近理想化，即要求其中的隐层单元数以及隐层单元的阈值都尽量大。而实际应用时，这两个数只能为有限值并且其值越小越节省计算时间。所以尽管理论上对于给定的信号可以构造出小波函数与之最佳匹配，但由于上述原因，而在实际中难以应用，因此在小波分析的实际应用中，通常是根据实际问题的背景及分析信号的一些特征，通过经验或实验的方法去确定小波函数。同样地，对于小波神经网络构造模型中的小波基函数的选择也需要根据实际情况，并借助于经验或实验手段去确定。通常，Morlet 小波多用于图像识别与特征的提取；高斯一阶导数小波 $-xe^{-x^2/2}$ 多用于函数的估计；Mexican 小帽（Marr）小波则多用于系统辨识；Shannon 小波多用于差分方程的求解。在本小节的计算中，选用了 Morlet 小波，其表达式为

$$\frac{1}{\sqrt{|a_j|}} \Psi(\tilde{Z}_j) = [\cos(\gamma \tilde{Z}_j)] \exp(-\tilde{Z}_j^2/2) \tag{6.9}$$

6.1.3 小波神经网络的能量函数以及网络训练算法

设相对于第 s 个样本的网络目标输出为 $\tilde{y}_k^{(s)}$，引进小波神经网络的能量函数 E，其表达式为

$$E = \frac{1}{2}\sum_{s=1}^{S}\sum_{k=1}^{N_2}(y_k^{(s)} - \tilde{y}_k^{(s)})^2 = \frac{1}{2}\sum_{s=1}^{S}\sum_{k=1}^{N_2}(q_k^{(s)})^2 \tag{6.10}$$

或者用能量函数 E 的平均值 E_{av} 来表示：

$$E_{av} = \frac{1}{2S}\sum_{s=1}^{S}\sum_{k=1}^{N_2}(y_k^{(s)} - \tilde{y}_k^{(s)})^2 = \frac{1}{2S}\sum_{s=1}^{S}\sum_{k=1}^{N_2}(q_k^{(s)})^2 \tag{6.11a}$$

式中

$$q_k^{(s)} = y_k^{(s)} - \tilde{y}_k^{(s)} \tag{6.11b}$$

于是 $\dfrac{\partial E}{\partial W_{kj}}$，$\dfrac{\partial E}{\partial V_{ji}}$，$\dfrac{\partial E}{\partial a_j}$，$\dfrac{\partial E}{\partial b_j}$ 与 $\dfrac{\mathrm{d}\Psi(\tilde{z}_j^{(s)})}{\mathrm{d}\tilde{z}_j^{(s)}}$ 的表达式分别为

$$\frac{\partial E}{\partial W_{kj}} = \sum_s \sum_k \left\{ q_k^{(s)} \sum_j \left[\frac{1}{\sqrt{|a_j|}} \Psi(\tilde{Z}) \right] \right\} \tag{6.12}$$

$$\frac{\partial E}{\partial V_{ji}} = \sum_s \sum_k \left\{ q_k^{(s)} \sum_j \left[\frac{W_{kj}}{\sqrt{|a_j|^3}} \frac{\mathrm{d}\Psi(\tilde{Z})}{\mathrm{d}\tilde{Z}} \sum_i x_i^{(s)} \right] \right\} \tag{6.13}$$

$$\frac{\partial E}{\partial a_j} = -\sum_s \sum_k \left\{ q_k^{(s)} \sum_j \left[\frac{W_{kj}}{\sqrt{|a_j|^3}} \left(\frac{1}{2}\Psi(\tilde{Z}) + \tilde{Z}\frac{\mathrm{d}\Psi(\tilde{Z})}{\mathrm{d}\tilde{Z}} \right) \right] \right\} \tag{6.14}$$

$$\frac{\partial E}{\partial b_j} = -\sum_s \sum_k \left\{ q_k^{(s)} \sum_j \left[\frac{W_{kj}}{\sqrt{|a_j|^3}} \frac{\mathrm{d}\Psi(\tilde{Z})}{\mathrm{d}\tilde{Z}} \right] \right\} \tag{6.15}$$

$$\frac{\mathrm{d}\Psi(\tilde{Z})}{\mathrm{d}\tilde{Z}} = -\sqrt{|a_j|}\,[\tilde{Z}\cos(\gamma\tilde{Z}) + \gamma\sin(\gamma\tilde{Z})]\exp\left(\frac{-\tilde{Z}^2}{2}\right) \tag{6.16}$$

注意式(6.12)~式(6.16)中 $\tilde{Z}$ 代表 $\tilde{Z}_j^{(s)}$。

本节仍采用误差反向传播训练的基本思想去完成小波神经网络(WNN)中小波函数的参数以及网络的连接权重值的调节[146]，由最速下降法修改小波神经网络各参数，其表达式为

$$V_{ji}^{(n+1)} = V_{ji}^{(n)} - \eta\,\frac{\partial E}{\partial V_{ji}^{(n)}} + \beta\Delta V_{ji}^{(n)} \tag{6.17}$$

$$W_{kj}^{(n+1)} = W_{kj}^{(n)} - \eta\,\frac{\partial E}{\partial W_{kj}^{(n)}} + \beta\Delta W_{kj}^{(n)} \tag{6.18}$$

$$a_j^{(n+1)} = a_j^{(n)} - \eta\,\frac{\partial E}{\partial a_j^{(n)}} + \beta\Delta a_j^{(n)} \tag{6.19}$$

$$b_j^{(n+1)} = b_j^{(n)} - \eta\,\frac{\partial E}{\partial b_j^{(n)}} + \beta\Delta b_j^{(n)} \tag{6.20}$$

式中，n 为网络训练学习过程的迭代次数；E 为能量函数(又称误差平方和函数)，其定义

由式(6.10)给出；η 与 β 分别为学习速率因子与惯性系数；$\Delta V_{ji}^{(n)}$，$\Delta W_{kj}^{(n)}$，$\Delta a_j^{(n)}$ 与 $\Delta b_j^{(n)}$ 的定义分别为

$$\Delta V_{ji}^{(n)} = V_{ji}^{(n)} - V_{ji}^{(n-1)} \tag{6.21}$$

$$\Delta W_{kj}^{(n)} = W_{kj}^{(n)} - W_{kj}^{(n-1)} \tag{6.22}$$

$$\Delta a_j^{(n)} = a_j^{(n)} - a_j^{(n-1)} \tag{6.23}$$

$$\Delta b_j^{(n)} = b_j^{(n)} - b_j^{(n-1)} \tag{6.24}$$

当误差函数 E 值小于预先给定的误差值时，则停止小波神经网络的训练学习过程。一旦网络的训练过程结束，则网络的连接权重值(即 V_{ji} 与 W_{kj})以及小波函数的参数值(即 a_j 与 b_j)便固定下来，注意在预测工作过程中它们是固定的。

6.1.4 用 WNN 对矿井作业进行安全评价

例 6.1 为了使用小波神经网络对矿井作安全评价与预测，我们这里选用了某矿井所提供的数据。影响该矿井安全管理系统的因素共有 23 个，它们分别是矿井质量标准达标率(x_1)，安全质量管理达标率(x_2)，安全合格班组建成率(x_3)，粉尘作业点合格率(x_4)，安全措施资金使用率(x_5)，安全措施项目完成率(x_6)，干部持证率(x_7)，新工人持证率(x_8)，特殊工种持证率(x_9)，身体素质状况(x_{10})，心理素质状况(x_{11})，瓦斯管理状况(x_{12})，火灾管理状况(x_{13})，水灾管理状况(x_{14})，冒顶管理状况(x_{15})，机械设备运行状况(x_{16})，通风管理状况(x_{17})，百万吨死亡率(x_{18})，千人重(轻)伤率(x_{19})，尘肺患病率(x_{20})，重大事故次数(x_{21})，影响时间(x_{22})，经济损失(x_{23})。小波神经网络的结构设计为 $23 \times 5 \times 1$，即输入层 23 个神经元，隐含层 5 个神经元，输出层 1 个神经元。训练学习用的样本集选用了具有同一类性质的 7 个矿井，其样本集如表 6.1 所示。

表 6.1 矿井评价的样本集

矿井 因素	1	2	3	4	5	6	7
x_1	0.89	0.82	0.88	0.86	0.95	0.63	0.68
x_2	0.93	0.87	0.86	0.72	0.86	0.56	0.83
x_3	0.87	0.78	0.76	0.63	0.84	0.65	0.70
x_4	0.95	0.90	0.81	0.86	0.95	0.53	0.71
x_5	0.94	0.84	0.76	0.64	0.90	0.64	0.68
x_6	0.98	0.83	0.71	0.67	0.93	0.60	0.72
x_7	0.96	0.84	0.84	0.70	0.87	0.63	0.75
x_8	0.82	0.84	0.73	0.67	0.86	0.52	0.71
x_9	0.84	0.85	0.81	0.68	0.83	0.80	0.64
x_{10}	0.96	0.89	0.82	0.61	0.80	0.61	0.65
x_{11}	0.78	0.77	0.72	0.81	0.94	0.57	0.67
x_{12}	0.91	0.76	0.75	0.82	0.99	0.68	0.75

续表

矿井 / 因素	1	2	3	4	5	6	7
x_{13}	0.92	0.89	0.76	0.67	0.92	0.51	0.73
x_{14}	0.95	0.82	0.79	0.83	0.83	0.63	0.68
x_{15}	0.89	0.86	0.81	0.64	0.89	0.50	0.72
x_{16}	0.99	0.84	0.84	0.68	0.82	0.73	0.69
x_{17}	0.87	0.77	0.78	0.62	0.76	0.59	0.63
x_{18}	0.94	0.79	0.67	0.64	0.90	0.70	0.81
x_{19}	0.89	0.86	0.78	0.83	0.81	0.61	0.66
x_{20}	0.97	0.86	0.80	0.72	0.92	0.63	0.69
x_{21}	1.00	0.82	0.91	0.70	0.89	0.59	0.78
x_{22}	0.98	0.83	0.94	0.68	0.82	0.54	0.73
x_{23}	0.93	0.84	0.87	0.63	0.85	0.60	0.91
$\tilde{y}$	0.92	0.82	0.75	0.66	0.87	0.58	0.71

训练小波神经网络时,学习速率因子 η 取为 0.35,惯性系数(又称动量因子) β 取为 0.3,目标误差取为 0.001,实际网络训练表明:当训练步数为 3600 时达到了目标要求的允差。这里必须指出的是,网络一旦训练好后,则网络的参数 V_{ji}、W_{kj}、a_j 与 b_j 便固定下来,在以后进行网络预测工作的过程中它们是固定不变的。

预测时,对网络的输入值即 $x_1 \sim x_{23}$ 的取值分别为 0.87,0.93,0.86,0.90,0.96,0.78,0.88,0.76,0.75,0.89,0.85,0.80,0.85,0.91,0.88,0.87,0.95,0.87,1.00,0.75,0.84,0.75,0.84。网络输出的预测值是 0.847;该矿的评价值是 0.85。显然,预测结果是令人满意的。应当指出的是,由于本节所使用的误差函数的表达式不同,因此相应地用梯度下降法所确定的求误差函数的导数的表达式也有所不同;另外,本节所选取的小波神经网络结构以及网络训练学习中所取的学习速率因子 η、惯性系数 β、目标误差的值都与其他文献有所不同。计算表明,隐含层中神经元的个数以及训练学习中 η、β 值的选取都会影响训练过程的迭代步数。图 6.2 给

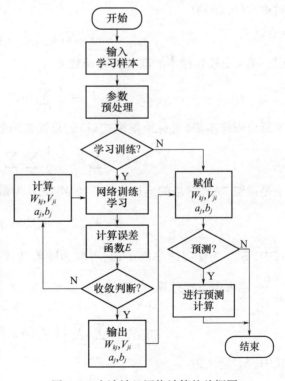

图 6.2 小波神经网络计算的总框图

出了本节所编制的小波神经网络计算框图,图中已明显地给出了该网络系统在学习训练与预测工作两大过程的计算流程。整个流程是用 MATLAB 语言在 MATLAB 平台上进行的。

6.2 模糊神经网络算法及连接权重矩阵的调整

模糊神经网络是建立在 L. A. Zadeh 提出的模糊集与隶属函数概念的基础上,将模糊数学与人工神经网络相融合便产生了模糊神经网络,这又是一大类新型的人工神经网络[96],这里仅讨论模糊联想记忆(fuzzy associative memory, FAM)网络。设 $\{X^{(S)}, \tilde{Y}^{(S)}\}_{s=1}^{S}$ 是一组给定的模糊样本集,又设作用于联想存储器 W,即

$$W = [w_{ki}]_{q \times m}, \quad w_{ki} \in [0,1] \tag{6.25a}$$

上的 n 维模糊输入矢量为 $X^{(S)}$,即

$$X^{(S)} = [x_1^{(s)}, x_2^{(s)}, \cdots, x_m^{(s)}]^T \tag{6.25b}$$

则联想存储器的输出响应可以由下式给出:

$$Y^{(S)} = W \circ X^{(S)} = [y_1^{(s)}, y_2^{(s)}, \cdots, y_q^{(s)}]^T \tag{6.26}$$

注意式(6.25b)与式(6.26)中,每个分量 $x_i^{(s)}$ 或 $y_k^{(s)}$ 是 $[0,1]$ 上的实数,表示隶属度。另外,在式(6.26)中的符号"。"表示模糊变量的极小极大合成运算,于是当 $k = 1,2,\cdots,q$ 时由式(6.26)有

$$y_k^{(s)} = \max_{1 \leq i \leq m} \min(w_{ki}, x_i^{(s)}) = \bigvee_{i=1}^{m}(w_{ki} \wedge x_i^{(s)}) \tag{6.27}$$

引进第 s 个模糊样本的联想误差函数 E_s:

$$E_s = \frac{1}{2} \sum_{k=1}^{q} (y_k^{(s)} - \tilde{y}_k^{(s)})^2 \tag{6.28}$$

全部模糊样本集(又称模糊模式对)的总误差函数便为

$$E = \sum_{s=1}^{S} E_s = \frac{1}{2} \sum_{s=1}^{S} \sum_{k=1}^{q} (y_k^{(s)} - \tilde{y}_k^{(s)})^2 \tag{6.29}$$

于是调整 FAM 网络的连接权重矩阵 W 使 E 为最小,这可借助于下面的式子实现:

$$W_{ki}^{(n+1)} = W_{ki}^{(n)} - \eta^{(n)} \frac{\partial E}{\partial W_{ki}^{(n)}} \tag{6.30}$$

式中,$\eta^{(n)}$ 为学习速率因子,它可取为随着迭代次数 n 递减的函数,并且 $0 < \eta^{(n)} \leq 1$;$\frac{\partial E}{\partial W_{ki}^{(n)}}$ 项可由下式计算:

$$\frac{\partial E}{\partial W_{ki}^{(n)}} = \sum_{s=1}^{S} \sum_{k=1}^{q} \{[\bigvee_{i=1}^{m}(w_{ki} \wedge x_i^{(s)}) - \tilde{y}_k^{(s)}] \delta_{ki}\} \tag{6.31}$$

式中,δ_{ki} 定义为

$$\delta_{ki} = \frac{\partial E}{\partial W_{ki}} \left[\bigvee_{i=1}^{m}(w_{ki} \wedge x_i^{(s)}) - \tilde{y}_k^{(s)} \right] \tag{6.32}$$

注意式(6.32)等号右端需要使用对模糊变量极大极小合成运算中的求导规则。显然，式(6.32)中的 δ_{ki} 要么取1，要么取0。

例6.2 采用模糊神经网络对某系统进行安全综合评价。

评价因素论域为 $X=\{x_1,x_2,\cdots,x_6\}$，评语论域(或安全等级论域)为 $Y=\{y_1,y_2\}$；选取具有同一类性质的6个样本组成样本集，如表6.2所示。采用具有模糊联想记忆(FAM)网络，经过45次迭代训练之后，误差函数 E 近似为0。此时，所获得的FAM网络的连接权重矩阵为

$$W=\begin{bmatrix} 0.2 & 0.8 & 0.5 & 0.7 & 0.6 & 0.6 \\ 0.6 & 0.5 & 0.5 & 0.4 & 0.5 & 0.5 \end{bmatrix} \tag{6.33}$$

利用这个权重，我们可以对如下一组输入作预测。输入数据 $x_1\sim x_6$ 分别为0.5、0.2、0.0、0.3、0.2、0.6。网络预测值 y_1，y_2 分别为0.39、0.51，而网络的期望值分别是0.40、0.50，可见，所得预测结果是令人满意的。

表6.2 对某系统进行安全评价的样本集

样本\神经元	x_1	x_2	x_3	x_4	x_5	x_6	$\tilde{y}_1$	$\tilde{y}_2$
1	0.1	0.9	0.5	0.4	0.5	0.6	0.8	0.5
2	0.3	0.2	0.4	0.3	0.6	0.4	0.6	0.4
3	0.9	0.2	0.2	0.1	0.3	0.0	0.3	0.6
4	0.4	0.0	0.4	0.7	0.4	0.7	0.4	0.7
5	0.8	0.2	0.2	0.1	0.0	0.2	0.2	0.6
6	0.4	0.1	0.5	0.3	0.2	0.9	0.5	0.7

数值计算的整个步骤如下：

第1步：输入模糊样本集，并进行规范化；

第2步：输入模糊神经网络的连接权重 w_{ki} 的初值；

第3步：利用式(6.27)完成模糊变量的极小极大合成运算；

第4步：利用式(6.26)完成模糊神经网络输出 $Y^{(S)}$ 的计算；

第5步：利用式(6.28)计算总的误差函数 E；

第6步：利用式(6.31)、式(6.32)以及式(6.30)完成模糊神经网络参数的更新与调节；

第7步：当误差函数 E 值小于预先设定的值时，则停止模糊神经网络的学习训练，否则返回第3步进行重新计算。

图6.3给出了模糊神经网络的计算框图。显然，图6.3与图6.2有些类似，所不同的是，模糊神经网络在学习训练的计算中计算连接权重，而小波神经网络不仅要计算连接权重，还要计算小波的伸缩因子与平移因子。应该指出：小波神经网络与模糊神经网络是两种完全不同的神经网络，前者在用于安全评价时适用于评价因素和评价指标的量化值是实数的情况，它们可以在实变空间完成所有的数值计算；而后者在用于安全评价时仅适用于评

价中所涉及的量属于模糊集合,属于模糊数学的范畴,也就是说评价因素论域(或输入论域)以及评语论域(或输出论域)可以进行模糊划分。在模糊神经网络的计算中主要需要完成模糊函数的合成运算,因此 Fuzzy 集(即模糊集)以及在模糊集上完成的相应计算是模糊神经网络中的两个最为关键的概念,关于这方面的内容可参阅文献[96]此处不作赘述。

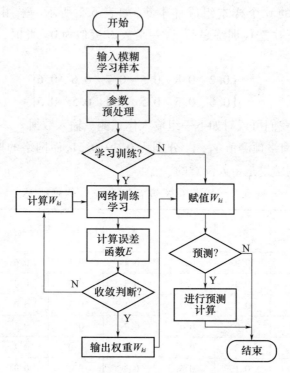

图 6.3　模糊神经网络计算的总框图

6.3　灰色系统性能建模与定量预测

在控制论中,常借助颜色来表示研究者对系统内部信息和对系统本身的了解及认知程度,例如"白色"表示信息完全充分;"黑色"表示信息完全缺乏;而"灰色"表示信息不完全,部分信息已知,部分信息未知。灰色系统理论将任何随机过程看作在一定时空区域内变化的灰色过程,将随机量看作是灰色量,认为无规则的离散时空数列是潜在的有规序列的一种表现,因此通过生成变换可以弱化原始数据列的随机性,将无规序列变成有规序列,故与一般建模方法采用原始数列直接建模不同,灰色模型是在生成数列的基础上建立的。灰色系统理论通过关联分析等措施提取建模所需的变量,并在研究离散函数性质的基础上,对离散数据建立微分方程的动态模型。

6.3.1　$GM(1,N)$ 灰色模型

考虑有 N 个变量的一阶微分方程模型,简记为 $GM(1,N)$。设有 N 个 n 维时间序列

数据,每个序列代表系统的一个因素变量的动态行为:

$$X_i^{(0)} = \{x_i^{(0)}\} = \{x_i^{(0)}(1), x_i^{(0)}(2), \cdots, x_i^{(0)}(n)\}, i = 1, 2, \cdots, N \tag{6.34}$$

引进 AGO(accumulated generating operation,累加生成)的概念,于是有

$$X_i^{(1)} = \text{AGO} X_i^{(0)} = \{x_i^{(1)}(1), x_i^{(1)}(2), \cdots, x_i^{(1)}(n)\} \tag{6.35}$$

$$x_i^{(1)}(k) \equiv x_i^{(0)}(k) + x_i^{(1)}(k-1) = \sum_{j=1}^{k} x_i^{(0)}(j) \tag{6.36}$$

类似的,$X_i^{(0)}$ 的 r 次 AGO 为 $X_i^{(r)}$,即

$$x_i^{(r)}(k) \equiv x_i^{(r-1)}(k) + x_i^{(r)}(k-1) = \sum_{j=1}^{k} x_i^{(r-1)}(j) \tag{6.37}$$

应当指出,对于一串原始数据,借助于 AGO 后可以生成新的数列,即累加生成数列,这种处理方式称为累加生成。如果原始数据都是非负的,则将其作一次 AGO 后将出现明显的几何规律,从而可以用近似的生成函数去描述之。一次 AGO 的明显特点是递增的近似指数规律呈上升的趋势,这就为以后灰色模型的建立奠定了理论基础。另外,引进 IAGO(Inverse AGO,累减生成)的概念,并用 $\alpha^{(m)}$ 表示 i 次 IAGO 符号,于是有

$$X_i^{(r-1)}(k) = X_i^{(r)}(k) - X_i^{(r)}(k-1) = \sum_{j=1}^{k} X_i^{(r-1)}(j) - \sum_{j=1}^{k-1} X_i^{(r-1)}(j) \tag{6.38}$$

注意到

$$\alpha^{(m)}(X_i^{(r)}(k)) = \alpha^{(m-1)}(X^{(r)}(k)) - \alpha^{(m-1)}(X^{(r)}(k-1)) = X_i^{(r-m)}(k) \tag{6.39}$$

这里 $\alpha^{(m)}(\cdot)$ 表示 m 次累减。应该指出,累减生成(IAGO)是累加生成(AGO)的还原(即逆运算)。显然有

$$\alpha^{(r)}(X^{(r)}(k)) = X^{(0)}(k) \tag{6.40}$$

考虑一阶 N 个变量白化形式的 $GM(1,N)$ 模型:

$$\frac{\mathrm{d}X_1^{(1)}}{\mathrm{d}t} + aX_1^{(1)} = \sum_{i=2}^{N} b_{i-1} X_i^{(1)}(k) \tag{6.41}$$

式中,a 为 $GM(1,N)$ 的发展系数,b_i 为 X_i 的协调系数。式(6.41)表明该模型是以生成数 $X_i^{(1)}$ 为基础的。现按灰色系统方法来求其中参数 a 和 b_i,假设采用等时距,即 $\Delta t = t_k - t_{k-1}$ 为常数,并取 $\Delta t = 1$,将上式中的微商用差商表示,即

$$\frac{\mathrm{d}X_1^{(1)}}{\mathrm{d}t} = \frac{\Delta X_1^{(1)}}{\Delta t} = \Delta X_1^{(1)} \tag{6.42}$$

注意到

$$\Delta X_1^{(1)} = \{x_1^{(1)}(k) - x_1^{(1)}(k-1) \mid k = 2, 3, \cdots, n\} = \alpha^{(1)}(X_1^{(1)}) \tag{6.43}$$

式中,$\alpha^{(1)}(\cdot)$ 为一次累减生成。故式(6.41)可变为

$$\alpha^{(1)}(X_1^{(1)}) + a \cdot \alpha^{(0)}(X_1^{(1)}) = b_1 X_2^{(1)} + \cdots + b_{N-1} X_N^{(1)} \tag{6.44}$$

并注意到取

$$\alpha^{(0)}(X_1^{(1)}) = \left\{ \frac{1}{2}(X_1^{(1)}(k) + X_1^{(1)}(k-1)) \mid k = 2, 3, \cdots, n \right\} \tag{6.45}$$

令 $k = 2, 3, \cdots, n$,将式(6.44)展开,则有

$$\begin{bmatrix} x_1^{(0)}(2) \\ x_1^{(0)}(3) \\ \vdots \\ x_1^{(0)}(n) \end{bmatrix} = a \begin{bmatrix} -\frac{1}{2}(x_1^{(1)}(2) + x_1^{(1)}(1)) \\ -\frac{1}{2}(x_1^{(1)}(3) + x_1^{(1)}(2)) \\ \vdots \\ -\frac{1}{2}(x_1^{(1)}(n) + x_1^{(1)}(n-1)) \end{bmatrix} +$$

$$b_1 \begin{bmatrix} x_2^{(1)}(2) \\ x_2^{(1)}(3) \\ \vdots \\ x_2^{(1)}(n) \end{bmatrix} + b_2 \begin{bmatrix} x_3^{(1)}(2) \\ x_3^{(1)}(3) \\ \vdots \\ x_3^{(1)}(n) \end{bmatrix} + \cdots + b_{N-1} \begin{bmatrix} x_N^{(1)}(2) \\ x_N^{(1)}(3) \\ \vdots \\ x_N^{(1)}(n) \end{bmatrix} \qquad (6.46)$$

将上式写为矩阵形式便为

$$\boldsymbol{Y}_N = \boldsymbol{B} \cdot \boldsymbol{\beta} \qquad (6.47)$$

式中

$$\boldsymbol{Y}_N = [x_1^{(0)}(2), x_1^{(0)}(3), \cdots, x_1^{(0)}(n)]^{\mathrm{T}} \qquad (6.48)$$

$$\boldsymbol{\beta} = [a, b_1, b_2, \cdots, b_{N-1}]^{\mathrm{T}} \qquad (6.49)$$

$$\boldsymbol{B} = \begin{bmatrix} -\frac{1}{2}(x_1^{(1)}(2) + x_1^{(1)}(1)) & x_2^{(1)}(2) & \cdots & x_N^{(1)}(2) \\ -\frac{1}{2}(x_1^{(1)}(3) + x_1^{(1)}(2)) & x_2^{(1)}(3) & \cdots & x_N^{(1)}(3) \\ \vdots & \vdots & & \vdots \\ -\frac{1}{2}(x_1^{(1)}(n) + x_1^{(1)}(n-1)) & x_2^{(1)}(n) & \cdots & x_N^{(1)}(n) \end{bmatrix} \qquad (6.50)$$

可以采用最小二乘法求出式(6.47)中 $\boldsymbol{\beta}$ 的估计值 $\hat{\boldsymbol{\beta}}$ 为

$$\hat{\boldsymbol{\beta}} = (\boldsymbol{B}^{\mathrm{T}} \cdot \boldsymbol{B})^{-1} \cdot (\boldsymbol{B}^{\mathrm{T}} \cdot \boldsymbol{Y}_N) \qquad (6.51)$$

在求出了 $\hat{\boldsymbol{\beta}}$ 后,就获得了具体的微分方程式(6.41),于是便可求其解。由一阶常微分方程的知识可知,方程

$$\frac{\mathrm{d}x}{\mathrm{d}t} = -ax + bu \qquad (6.52\mathrm{a})$$

的解为

$$x(t) = ce^{-at} + \frac{b}{a}u = \left[x(0) - \frac{b}{a}u\right]e^{-at} + \frac{b}{a}u \qquad (6.52\mathrm{b})$$

于是方程(6.41)的解(即时间响应函数),其离散形式为

$$\hat{x}_1^{(1)}(k) = \left[x_1^{(1)}(0) - \frac{1}{a}\sum_{i=2}^N b_{i-1}x_i^{(1)}(k)\right]e^{-a(k-1)} + \frac{1}{a}\sum_{i=2}^N b_{i-1}x_i^{(1)}(k) \qquad (6.53\mathrm{a})$$

并且取

$$x_1^{(1)}(0) = x_1^{(1)}(1) \qquad (6.53\mathrm{b})$$

然后再作累减生成运算,将 $\hat{\boldsymbol{X}}_1^{(1)}$ 还原成原始数列 $\hat{\boldsymbol{X}}_1^{(0)}$。

按上述方法所建的 GM 模型是否成功,需要进行下面三个方面的检验:①残差大小的检验;②关联度的检验;③后验差检验。关于这些检验与修正的内容将在下面的例题中进行介绍。图 6.4 给出了灰色建模的过程。显然,灰色理论所建立的系统模型是多因素的、关联的、整

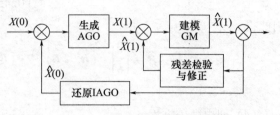

图 6.4 灰色建模的过程框图

体的,因为决定系统发展态势不是某个因素而是相关因素协调发展的结果。应该指出的是,上述灰色建模是一个处于逐步发展与进一步完善的新理论与新方法。对于"部分信息已知,部分信息未知"的"小样本"以及"贫信息"不确定性系统,使用该理论已取得了一些可喜的成果[115]。

6.3.2 典型算例以及关联度的计算

例 6.3 设有二数据序列 $X_1^{(0)} = \{2.874, 3.278, 3.307, 3.390, 3.679\}$ 和 $X_2^{(0)} = \{7.04, 7.645, 8.075, 8.53, 8.774\}$,试建立 $GM(1,2)$ 模型。

解:计算分如下七个方面进行:

(1) 作一次累加生成,得如下数据(可参阅表 6.3)

表 6.3 例 6.3 的计算结果(一)

k	1	2	3	4	5
$x_1^{(1)}(k)$	2.874	6.152	9.459	12.849	16.528
$x_2^{(1)}(k)$	7.040	14.685	22.750	31.290	40.064

(2) 计算数据矩阵

$$\boldsymbol{Y}_N = [x_1^{(0)}(2), x_1^{(0)}(3), \cdots, x_1^{(0)}(5)]^{\mathrm{T}} = [3.278, 3.307, 3.390, 3.679]^{\mathrm{T}}$$

$$\boldsymbol{B} = \begin{bmatrix} -\frac{1}{2}(x_1^{(1)}(2) + x_1^{(1)}(1)) & x_2^{(1)}(2) \\ -\frac{1}{2}(x_1^{(1)}(3) + x_1^{(1)}(2)) & x_2^{(1)}(3) \\ -\frac{1}{2}(x_1^{(1)}(4) + x_1^{(1)}(3)) & x_2^{(1)}(4) \\ -\frac{1}{2}(x_1^{(1)}(5) + x_1^{(1)}(4)) & x_2^{(1)}(5) \end{bmatrix} = \begin{bmatrix} -4.513 & 14.685 \\ -7.806 & 22.750 \\ -11.154 & 31.290 \\ -14.689 & 40.064 \end{bmatrix}$$

(3) 计算参数列 $\hat{\boldsymbol{\beta}}$

因为

$$\boldsymbol{B}^{\mathrm{T}} \cdot \boldsymbol{B} = \begin{bmatrix} 421.79 & -1181.447 \\ -1181.447 & 3317.855 \end{bmatrix}$$

$$(\boldsymbol{B}^{\mathrm{T}} \cdot \boldsymbol{B})^{-1} = \begin{bmatrix} 1.281 & 0.456 \\ 0.456 & 0.163 \end{bmatrix}$$

因此得

$$\hat{\boldsymbol{\beta}} = \begin{bmatrix} a \\ b \end{bmatrix} = (\boldsymbol{B}^{\mathrm{T}} \cdot \boldsymbol{B})^{-1} \cdot (\boldsymbol{B}^{\mathrm{T}} \cdot \boldsymbol{Y}_N) = \begin{bmatrix} 2.227 \\ 0.907 \end{bmatrix}$$

(4) 列出微分方程

$$\frac{\mathrm{d}X_1^{(1)}}{\mathrm{d}t} + 2.227 X_1^{(1)} = 0.907 X_2^{(1)}$$

(5) 求时间响应函数

$$\hat{x}_1^{(1)}(k) = \left[x_1^{(1)}(0) - \frac{b}{a} x_2^{(1)}(k) \right] \mathrm{e}^{-a(k-1)} + \frac{b}{a} x_2^{(1)}(k)$$

取

$$x_1^{(1)}(0) = x_1^{(0)}(1) = 2.874, b/a = 0.907/2.227 = 0.41$$

可得

$$\hat{x}_1^{(1)}(k) = [2.874 - 0.41 x_2^{(1)}(k)] \mathrm{e}^{-2.227(k-1)} + 0.41 x_2^{(1)}(k)$$

(6) 检验 $X_1^{(1)}$ 模型

取 $k = 1$ 时,

$$\hat{x}_1^{(1)}(1) = [2.874 - 0.41 \times x_2^{(1)}(1)] \mathrm{e}^{2.227 \times 0} + 0.41 x_2^{(1)}(1)$$
$$= (2.874 - 0.41 \times 7.04) \times 1 + 0.41 \times 7.04 = 2.874$$

按此类似地计算,结果如表 6.4 所示。

表 6.4 例 6.3 的计算结果(二)

模型计算值 $\hat{x}_1^{(1)}$	实际值 $X_1^{(1)}$	误差/%
$\hat{x}_1^{(1)}(1) = 2.874$	2.874	0
$\hat{x}_1^{(1)}(2) = 5.682$	6.152	7.6
$\hat{x}_1^{(1)}(3) = 9.256$	9.459	2.1
$\hat{x}_1^{(1)}(4) = 12.737$	12.849	0.9
$\hat{x}_1^{(1)}(5) = 16.389$	16.528	0.8

(7) 检验还原值 $X_1^{(0)}$

将 $X_1^{(1)}$ 作累减生成:

$$\hat{x}_1^{(0)}(1) = \hat{x}_1^{(1)}(1) = 2.874$$
$$\hat{x}_1^{(0)}(2) = \hat{x}_1^{(1)}(2) - \hat{x}_1^{(1)}(1) = 5.682 - 2.874 = 2.808$$
$$\hat{x}_1^{(0)}(3) = \hat{x}_1^{(1)}(3) - \hat{x}_1^{(1)}(2) = 9.256 - 5.682 = 3.574$$

仿此计算,结果如表 6.5 所示。

表6.5 例6.3的计算结果(三)

还原后模型计算值	实际值原始值	误差/%
$\hat{x}_1^{(0)}(1) = 2.874$	$x_1^{(0)}(1) = 2.874$	0
$\hat{x}_1^{(0)}(2) = 2.808$	$x_1^{(0)}(2) = 3.278$	14.3
$\hat{x}_1^{(0)}(3) = 3.574$	$x_1^{(0)}(3) = 3.307$	-8.1
$\hat{x}_1^{(0)}(4) = 3.481$	$x_1^{(0)}(4) = 3.390$	-2.7
$\hat{x}_1^{(0)}(5) = 3.652$	$x_1^{(0)}(5) = 3.679$	0.7

例6.4 设数列 $X^{(0)} = \{2.874, 3.278, 3.337, 3.390, 3.679\}$，试建立 $GM(1,1)$ 模型。

解：$GM(1,1)$ 为 $GM(1,N)$ 的特例(即 $N=1$)，其白化微分方程为

$$\frac{\mathrm{d}x^{(1)}}{\mathrm{d}t} + ax^{(1)} = b \tag{6.54a}$$

计算分8个方面进行。

(1) 作 AGO 生成

$$x^{(1)}(k) = \sum_{j=1}^{k} x^{(0)}(j) \tag{6.54b}$$

按上式,便可生成如下数列：

$$X^{(1)}(k) = \{2.874, 6.152, 9.489, 12.879, 16.558\}$$

(2) 由式(6.50)和式(6.48),确定数列矩阵 $\boldsymbol{B}$、$\boldsymbol{Y}_N$

$$\boldsymbol{B} = \begin{bmatrix} -\frac{1}{2}(x^{(1)}(1) + x^{(1)}(2)) & 1 \\ -\frac{1}{2}(x^{(1)}(2) + x^{(1)}(3)) & 1 \\ -\frac{1}{2}(x^{(1)}(3) + x^{(1)}(4)) & 1 \\ -\frac{1}{2}(x^{(1)}(4) + x^{(1)}(5)) & 1 \end{bmatrix} = \begin{bmatrix} -4.513 & 1 \\ -7.82 & 1 \\ -11.184 & 1 \\ -14.718 & 1 \end{bmatrix}$$

$$\boldsymbol{Y}_N = [x^{(0)}(2), x^{(0)}(3), x^{(0)}(4), x^{(0)}(5)]^\mathrm{T} = [3.278, 3.337, 3.39, 3.679]^\mathrm{T}$$

(3) 计算 $(\boldsymbol{B}^\mathrm{T} \cdot \boldsymbol{B})^{-1}$

$$(\boldsymbol{B}^\mathrm{T} \cdot \boldsymbol{B})^{-1} = \begin{bmatrix} 0.0134 & 0.1655 \\ 0.1655 & 1.8329 \end{bmatrix}$$

(4) 求参数列

$$\hat{\boldsymbol{\beta}} = \begin{bmatrix} a \\ b \end{bmatrix} = (\boldsymbol{B}^\mathrm{T} \cdot \boldsymbol{B})^{-1} \cdot (\boldsymbol{B}^\mathrm{T} \cdot \boldsymbol{Y}_N) = \begin{bmatrix} -0.0372 \\ 3.0653 \end{bmatrix}$$

(5) 确定模型

$$\frac{\mathrm{d}x^{(1)}}{\mathrm{d}t} - 0.0372 x^{(1)} = 3.0653$$

$$\hat{x}_1^{(1)}(k) = \left[x_1^{(1)}(0) - \frac{b}{a}\right] e^{-a(k-1)} + \frac{b}{a} \quad (6.55)$$

$$x_1^{(1)}(0) = 2.874, \, b/a = 3.0653/(-0.0372) = -82.3925$$

$$\hat{x}^{(1)}(k) = 85.2665 e^{-0.0372(k-1)} - 82.3925$$

(6) 精度检验之一——残差检验

表6.6与表6.7分别给出了残差检验的相关计算结果。

表6.6　例6.4的计算结果(一)

模型计算值	实际值
$\hat{x}^{(1)}(2) = 6.11$	$x^{(1)}(2) = 6.152$
$\hat{x}^{(1)}(3) = 9.46$	$x^{(1)}(3) = 9.489$
$\hat{x}^{(1)}(4) = 12.942$	$x^{(1)}(4) = 12.879$
$\hat{x}^{(1)}(5) = 16.555$	$x^{(1)}(5) = 16.558$

表6.7　例6.4的计算结果(二)

还原后模型计算值	实际数据	绝对误差	相对误差/%
$\hat{x}^{(0)}(2) = 3.236$	$\hat{x}^{(0)}(2) = 3.278$	$q(2) = 0.042$	1.402
$\hat{x}^{(0)}(3) = 3.354$	$\hat{x}^{(0)}(3) = 3.337$	$q(3) = -0.0175$	-0.525
$\hat{x}^{(0)}(4) = 3.481$	$\hat{x}^{(0)}(4) = 3.39$	$q(4) = -0.0917$	-2.705
$\hat{x}^{(0)}(5) = 3.613$	$\hat{x}^{(0)}(5) = 3.679$	$q(5) = 0.066$	1.775

(7) 精度检验之二——关联度检验

以 $\hat{x}_1^{(1)}(t)$ 的导数作为参考数列与 $x^{(0)}$ 作关联分析。

将式(6.55)求导数,代入这里的相应数据,然后离散便有

$$\hat{x}^{(0)}(k) = -3.1719 e^{-0.0372(k-1)}$$

$$k = 2, \hat{x}^{(0)}(2) = 3.056$$
$$k = 3, \hat{x}^{(0)}(3) = 2.944$$
$$k = 4, \hat{x}^{(0)}(4) = 2.836$$
$$k = 5, \hat{x}^{(0)}(5) = 2.733$$

按上述数据求出绝对差,即

$$\Delta(k) = |\hat{x}^{(0)}(k) - x^{(0)}(k)|$$
$$\Delta(2) = |\hat{x}^{(0)}(2) - x^{(0)}(2)| = |3.056 - 3.278| = 0.222$$
$$\Delta(3) = |\hat{x}^{(0)}(3) - x^{(0)}(3)| = |2.945 - 3.337| = 0.392$$
$$\Delta(4) = |\hat{x}^{(0)}(4) - x^{(0)}(4)| = |2.836 - 3.39| = 0.554$$
$$\Delta(5) = |\hat{x}^{(0)}(5) - x^{(0)}(5)| = |2.733 - 3.679| = 0.946$$

在未计算本例题中的关联度之前,我们先介绍一下更普通意义下关联度的计算。设系统行为序列为

$$\begin{cases} \boldsymbol{X}_0 = \{x_0(1), x_0(2), \cdots, x_0(n)\} \\ \boldsymbol{X}_1 = \{x_1(1), x_1(2), \cdots, x_1(n)\} \\ \quad\quad \vdots \\ \boldsymbol{X}_i = \{x_i(1), x_i(2), \cdots, x_i(n)\} \\ \quad\quad \vdots \\ \boldsymbol{X}_N = \{x_N(1), x_N(2), \cdots, x_N(n)\} \end{cases} \tag{6.56}$$

则 $\boldsymbol{X}_0$ 与 $\boldsymbol{X}_i$ 的灰色关联度为 $r(\boldsymbol{X}_0, \boldsymbol{X}_i)$，其表达式为

$$r(\boldsymbol{X}_0, \boldsymbol{X}_i) = \frac{1}{n} \sum_{j=1}^{n} [r(x_0(j), x_i(j))] \tag{6.57}$$

式中，$r(x_0(j), x_i(j))$ 定义为

$$r(x_0(j), x_i(j)) = \frac{\min\limits_{i}\min\limits_{j} |x_0(j) - x_i(j)| + \xi \max\limits_{i}\max\limits_{j} |x_0(j) - x_i(j)|}{|x_0(j) - x_i(j)| + \xi \max\limits_{i}\max\limits_{j} |x_0(j) - x_i(j)|} \tag{6.58}$$

这里 ξ 为分辨系数。另外，$i, j = 1, 2, \cdots, N$。

对于本例题，ξ 取为 0.5，则利用上面公式容易计算出这时关联度为 0.653。

(8) 精度检验之三——后验差检验

借助于原始数据 $\boldsymbol{X}^{(0)} = \{2.874, 3.278, 3.337, 3.390, 3.679\}$ 以及残差数据 $\boldsymbol{q} = \{0, 0.042, -0.0175, -0.0917, 0.066\}$，先计算出残差均值 $\bar{q}$ 为

$$\bar{q} = \frac{1}{4} \sum_{j=2}^{5} q(j) = \frac{1}{4}(0.042 - 0.0175 - 0.0917 + 0.066) = -0.00045$$

求残差的离差为

$$S_2^2 = \frac{1}{4} \sum_{j=2}^{5} (q(j) - \bar{q})^2 = 0.00368$$

求 $\boldsymbol{X}^{(0)}$ 的均值 $\bar{x}$ 为

$$\bar{x} = \frac{1}{5} \sum_{j=1}^{5} x^{(0)}(j) = \frac{1}{5}(2.874 + 3.278 + 3.337 + 3.39 + 3.679) = 3.3116$$

求 $\boldsymbol{X}^{(0)}$ 的离差（即数据方差）为

$$S_1^2 = \frac{1}{5} \sum_{j=1}^{5} (x^{(0)}(j) - \bar{x})^2 = 0.06574$$

于是后验差比为

$$C = \frac{S_2}{S_1} = \frac{\sqrt{0.00368}}{\sqrt{0.06574}} = 0.23657$$

由灰色理论知道，当概率 P 满足

$$P = P\{|q(j) - \bar{q}| < 0.6745 S_1\} \tag{6.59}$$

时为小误差概率。对于给定 $P_0 > 0$，当 $P < P_0$ 时称模型为小误差概率合格模型。预测等级示于表 6.8。由表可以看出，C 值越小越好，P 越大越好，P 值越大，表明残差与残差平均值之差小于给定值 $0.6745 S_1$ 的点数越多。

表 6.8 预测等级表

等级	P	C	等级	P	C
1级(好)	>0.95	<0.35	3级(勉强)	>0.70	<0.45
2级(合格)	>0.80	<0.50	4级(不合格)	≤0.70	≥0.65

6.3.3 灰色系统的预测

灰色系统预测是根据系统过去和现在的数据(信息)推测未来的状况。灰色系统预测从本质上讲也是一种建模,它多采用 $GM(1,1)$ 进行定量预测。灰色预测按其功能和特征可分为如下几种:①数列预测,即对系统行为特征值大小发展变化以及对某个事物发展变化的大小和时间所作的预测。数列预测是外推预测法的一种开拓。②灾变预测,是指预测系统行为特征量超出某个阈值的时刻,换句话说就是预测异常值何时再出现。灾变预测的任务并不是确定异常值的大小,而是确定异常值出现的时间。③拓扑预测(又称波形预测或整体预测),是对一段时间内行为特征数据波形的预测。拓扑预测不同于数列预测,数列预测是预测数列所对应的曲线在未来某时刻的值,拓扑预测是预测曲线(波形)本身。因此从本质上讲,拓扑预测是对一个变化不规则的行为数据列的整体发展所进行的预测。④系统综合预测,是预测系统所包含的多个变量(或因素)之间发展变化及其相互协调关系,其预测模型多采用 $GM(1,1)$ 与 $GM(1,N)$ 相结合的方式或者采用所谓多变量灰色模型 $MGM(1,N)$ 等。下面仅以讨论算例的方式,对相关的预测问题进行扼要的分析。

例 6.5 某企业的销售额数据见表 6.9,销售单位为万元。

表 6.9 某企业的销售额

年份	2000	2001	2002	2003	2004	2005
销售额	434.5	470.5	527.5	571.4	626.4	685.2

现建立 $GM(1,1)$ 预测模型并预测 2006 年与 2007 年的销售额。

解: 依题意,初始序列为

$$X^{(0)} = \{434.5, 470.5, 527.5, 571.4, 626.4, 685.2\}$$

第 1 步:求累加生成数列为

$$X^{(1)} = \{434.5, 905, 1432.6, 2004, 2630.4, 3315.6\}$$

第 2 步:借助于模型方程(6.54a)以及式(6.50)与式(6.48),计算出 B 和 Y_N,用最小二乘法求参数 $\hat{\boldsymbol{\beta}} = [a, b]^{\mathrm{T}}$:

$$B = \begin{bmatrix} -\frac{1}{2}(x^{(1)}(1) + x^{(1)}(2)) & 1 \\ -\frac{1}{2}(x^{(1)}(2) + x^{(1)}(3)) & 1 \\ -\frac{1}{2}(x^{(1)}(3) + x^{(1)}(4)) & 1 \\ -\frac{1}{2}(x^{(1)}(4) + x^{(1)}(5)) & 1 \end{bmatrix} = \begin{bmatrix} -2973.0 & 1 \\ -669.75 & 1 \\ -1168.8 & 1 \\ -1718.3 & 1 \\ -2717.2 & 1 \end{bmatrix}$$

$$Y_N = [470.5, 527.6, 571.4, 626.4, 685.2]^T$$

利用 B 与 Y_N 值,则可计算出 $\hat{\beta}$ 为

$$\hat{\beta} = (B^T \cdot B)^{-1} \cdot (B^T \cdot Y_N) = [-0.0916, 414.0736]^T$$

借助于式(6.55)得模型方程为

$$\hat{x}_1^{(1)}(k) = \left[x_1^{(1)}(0) - \frac{b}{a}\right] e^{-a(k-1)} + \frac{b}{a}$$

$$= 4953.04815 e^{0.0916(k-1)} - 4518.54815$$

第 3 步:模型检验。检验结果见表 6.10,由该表可知计算出的精度较高,该模型可用。

表 6.10 检验数据表

年份	$\hat{X}^{(1)}$	还原数据 $\hat{X}^{(u)}$	原始数据 $\hat{X}^{(0)}$	绝对误差	相对误差/%
2000	434.5	434.5	434.5	0	0
2001	909.8	475.3	470.5	-4.8	1.0
2002	1430.8	521.0	527.6	6.6	1.25
2003	2001.7	570.9	571.4	0.5	0.08
2004	2627.5	625.8	626.4	0.6	0.095
2005	3313.3	685.8	685.2	-0.6	0.087

第 4 步:进行区间预测。

为了确定预测值的上、下界,先讨论如下概念:

设 $X^{(0)} = \{x^{(0)}(1), x^{(0)}(2), \cdots, x^{(0)}(n)\}$ 为原始序列,其一次 AGO 序列为

$$X^{(1)} = \{x^{(1)}(1), x^{(1)}(2), \cdots, x^{(1)}(n)\}$$

令

$$\begin{cases} \sigma_{\max} = \max_{1 \leq j \leq n}\{x^{(0)}(j)\} \\ \sigma_{\min} = \min_{1 \leq j \leq n}\{x^{(0)}(j)\} \end{cases} \quad (6.60)$$

于是 $X^{(1)}$ 的下界函数 $f_u(n+j)$ 和上界函数 $f_s(n+j)$ 分别为

$$f_u(n+j) = x^{(1)}(n) + j\sigma_{\min} \quad (6.61)$$

$$f_s(n+j) = x^{(1)}(n) + j\sigma_{\max} \quad (6.62)$$

而基本预测值 $\hat{x}^{(0)}(n+j)$ 为

$$\hat{x}^{(0)}(n+j) = \frac{1}{2}[f_u(n+j) + f_s(n+j)] \quad (6.63)$$

在本算例中,$n=6$,而 $j=1$ 与 2 时分别对应于 2006 年与 2007 年。因此,借助于上面的几个式子可以完成区间预测。

第 5 步:预测 2006 年与 2007 年的销售额。

2006 年:$\hat{x}^{(1)}(7) = 4953.04815 \exp(0.0916 \times 6) - 4518.54815 = 4062.9$

$\hat{x}^{(0)}(7) = 4062.9 - 3313.3 = 749.6$

2007 年:$\hat{x}^{(1)}(8) = 4953.04815 \exp(0.0916 \times 7) - 4518.54815 = 4886.1$

$$\hat{x}^{(0)}(8) = 4886.1 - (3313.3 + 749.6) = 823.2$$

因此 2006 年与 2007 年的预测销售额分别为 749.6 万元与 823.2 万元。

6.4 反映神经细胞工作原理的 RNN 和 PCNN 模型

6.4.1 随机神经网络的概述

实验与观察中已发现:神经网络重复地接受相同的刺激,其响应并不相同,这意味着在生物神经网络中随机性起着重要的作用。早在 1989 年美国佛罗里达大学(UCF)的 Erol Gelenbe 教授提出了随机神经网络(rondom neural network,RNN)。该网络的重大意义在于,它是仿照实际生物的神经网络接收信号流激活而传导刺激的生理机制去定义网络的。对于实际的生物细胞来讲,它们能否发射信号是与它们自身存在的电势有关。Hodgkin 和 Huxley 很早就对细胞的动作电位产生的原因和膜电特性进行了详细的分析,提出了著名 Hodgkin-Hexley(简称 H-H)模型,并于 1963 年获诺贝尔奖。这个模型能够较好的描述无髓神经纤维中的兴奋传播问题,但是要描述有髓神经中的兴奋与传导问题还需对 H-H 模型进行修正。尽管如此,在 1989 年之前还没有一个独立数学模型能够准确地描述神经元发射信号的特征,而 Gelenbe 教授的 RNN 模型填补了这个空白,感兴趣者可参阅 Gelenbe 教授发表的相关文章。

6.4.2 脉冲耦合神经网络

1989 年,Reinhard Eckhorn 首次提出脉冲耦合神经网络(pulse-coupled neural network,PCNN)可以用来描述哺乳动物大脑皮层实验时出现的由于视觉特征刺激而引起的神经元同步兴奋现象,它更加接近哺乳动物视觉神经网络中神经细胞的工作原理,并且很适合图像分割、图像平滑、降噪等图像处理方面的应用。

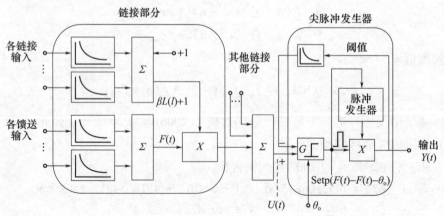

图 6.5 PCNN 的神经元模型

PCNN 的神经元模型由"链接部分"和"尖脉冲发生器"两部分构成,如图 6.5 所示。"链接部分"包含了若干个树突,每个树突又含若干个与视网膜神经元轴突连接的馈送输入突触。各链接输入信号和各馈送输入信号被调制耦合形成了神经元的内部行为。"尖脉冲发生器"由以时间常数 α_θ 对该神经元的输出进行漏电容积分的变阈值函数和硬限幅函数组成,它通过对内部行为和动态阈值进行不断比较来决定是否输出尖脉冲。PCNN 的神经元模型的数学描述为:

$$F_{ij}[n] = \exp(-\alpha_F) F_{ij}[n-1] + S_{ij} + V_F \sum_{k,l} m_{ijkl} Y_{kl}[n-1] \tag{6.64}$$

$$L_{ij}[n] = \exp(-\alpha_L) L_{ij}[n-1] + V_L \sum_{k,l} w_{ijkl} Y_{kl}[n-1] \tag{6.65}$$

$$U_{ij}[n] = F_{ij}[n] + \{1 + \beta L_{ij}[n]\} \tag{6.66}$$

$$Y_{ij}[n] = \begin{cases} 1 & U_{ij}[n] > \theta_{ij}[n] \\ 0 & 其他 \end{cases} \tag{6.67}$$

$$\theta_{ij}[n] = \exp(-\alpha_\theta) \theta_{ij}[n-1] + V_\theta Y_{ij}[n] \tag{6.68}$$

在上面几式中,S 为输入的刺激信号,F 为输入的馈送信号,L 为输入的链接信号,U 为神经元的内在活性函数,Y 为神经元输出的脉冲信号,θ 为阈值,β 为链接的强度,m 和 ω 为接受域中突触的权重。α_F、V_F、α_L、V_L、α_θ 和 V_θ 分别对应于 F、L 和 θ 的衰减常数与电压。i 和 j 代表当前神经元的位置,k 和 l 代表神经元 (i,j) 受其他神经元影响的范围。

PCNN 的神经元模型以及它的改进型,目前已广泛地用于图像处理的各个领域,它是个较好的神经元模型之一。

6.5 深度学习以及卷积神经网络技术

6.5.1 深度学习的定义及其一般特点

深度学习(deep learning)的概念是 Hinton G E 等人 2006 年提出,是机器学习研究的一个新方向,是人工神经网络的进一步发展。深度学习算法是一类基于生物学对人脑进一步认识,将神经-中枢-大脑的工作原理设计成一个不断迭代、不断抽象的过程,以便得到最优数据特征表示的机器学习算法;该算法从原始信号开始,先做低层抽象,然后逐渐向高层抽象迭代,由此组成深度学习算法的基本框架。

深度学习中的"深度"是相对于人工神经网络、支持向量机等所谓"浅层"学习算法而言的。浅层学习算法通常根据编程人员的个人经验事先提取样本特征,通过训练学习后得到分类判别标准,但这些方法相比于深度学习来讲缺乏层次结构,无法解决较为复杂的问题。而深度学习是直接对原始信号进行操作,通过多层次的样本特征变换、训练学习,自动获取多层次的特征表示,从而更利于形成判别性更好的分类标准。

深度学习的主要特点如下:

（1）使用多重非线性变换，对数据进行多层抽象。该类算法多采取级联式多层非线性单元来组织实施特征提取以及特征转换。在这种级联模型中，后继层的数据输入是由前一层的输出数据提供的。另外，按照学习类型，该类算法又可分为两类：一类为有监督学习（例如分类（classification）），另一类为无监督学习（例如模式分析（pattern analysis））。

（2）高层的特征值由低层特征值通过推演归纳得到，由此组成了一个层次分明的数据特征或者抽象概念的表示结构。在这种特征值的层次结构中，每一层的特征数据对应着相关整体知识或者概念在不同程度或层次上的抽象。

（3）深度学习算法的研究可以看做在概念表示的基础上，对更广泛的机器学习方法的研究。深度学习的一个很重要的应用是采用无监督的或者半监督的特征学习方法，加上层次性的特征提取策略，去替代过去手工方式的特征提取办法。

6.5.2 深度神经网络的分类

深度学习过程中所得到的多层网络便称为深度神经网络（deep neural network，DNN）。该网络由多个单层神经网络迭加而成，包含大量的神经元，每个神经元又与其他神经元相互连接，而且连接强度（即权重）也会在深度学习的过程中不断地调整以适应任务的需要。2006年多伦多大学Hinton提出了深度信念网络（deep belief network，DBN）的模型，它是非监督贪心逐层训练算法，是一个由贝叶斯概率生成的模型，由多层随机隐变量组，其结构如图6.6所示。深度信念网络可作为深度神经网络的预训练部分，并为网络提供初始权重。深度信念网络中的内部层都是典型的RBM（restricted boltzmann machine），可以使用高效的无监督逐层训练方法进行训练。当单层RBM被训练完后，另一层RBM可被堆迭在已经完成训练的RBM上，形成一个多层模型。每次堆迭时，原有的多层网络输入层被初始化为训练样本，权重为先前训练得到的权重，该网络的输出作为后续RBM的输入，新的RBM重复先前的单层训练过程，整个过程可持续进行，直到达到某个期望中的终止条件。此外，杨立昆（LeCun Y）等人1989年提出第一个真正多层结构学习的卷积神经网络，它利用空间相对关系减少参数数目以便提高训练性能。

自从2006年DBN提出后，深度学习有了较大的迅速发展，目前常见的深度神经网络可以分为三类：

（1）监督学习（supervised learning）方向，其中包括卷积神经网络（convolutional neural network，CNN）、递归神经网络（Recurrent Neural Networks，RNN）等。

（2）非监督学习（unsupervised learning）方向，其中包括深度信念网络（deep belief networks，DBN）、生成对抗网络（generative adver-

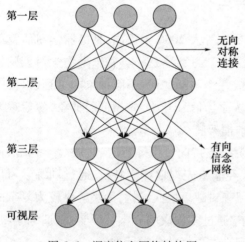

图6.6 深度信念网络结构图

sarial networks,GAN)等。

(3)强化学习(reinforcement learning)方向,其中包括深度 Q 学习(deep Q-learning,DQL)、深度确定性策略梯度(deep deterministic policy gradient,DDPG)等。

下面对卷积神经网络技术作简明讨论。

6.5.3 卷积神经网络技术

卷积神经网络是一种多阶段、全局可训练的人工神经网络模型,该模型可以从经过少量预处理、甚至原始数据中学习到抽象的、本质的和高阶的特征。通常卷积神经网络的基本结构包括两层,即特征提取层和特征映射层。特征提取层中,每个神经元的输入与前一层的局部接受域相连,并提取该局部的特征。一旦该局部特征被提取后,它与其他特征间的位置关系也就确定下来;每一个特征提取后都紧跟着一个计算层,对局部特征求加权平均值与二次提取,这种特有的两次特征提取结构使网络对平移、比例缩放、或者其他形式的变形具有高度不变性。计算层(也称激活层)由多个特征映射组成,每一个特征映射是一个平面,平面上采用权值共享技术,大大减少了网络的训练参数。另外,特征映射采用Sigmoid 函数作为卷积网络的激活函数,使得特征映射具有位移不变性。典型卷积神经网络的结构图如图 6.7 所示。除了都应有的输入层,还应包括图 6.7 所给出的卷积层、激活层、池化层、平坦层和全连接层,在下文中分别进行一些简明讨论。

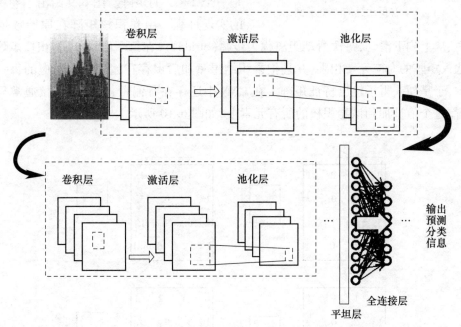

图 6.7 典型卷积神经网络的结构图

1. 卷积层以及卷积运算

卷积层是卷积神经网络的核心,通过卷积运算并利用"局部感知"和"参数共享"实现降维处理和提取特征的目的。

在高等数学中,卷积的定义式为

$$h(x) = \int_{-\infty}^{+\infty} f(t)g(x-t)\,\mathrm{d}t \qquad (6.69\text{a})$$

或简记为

$$h(x) = (f*g)(x) = \sum_{t=-\infty}^{+\infty} f(t)g(x-t) \qquad (6.69\text{b})$$

上面两式中,通常称函数 f 为输入函数,函数 g 为卷积核或者称为滤波器,t 为积分变量。另外在(6.69b)式中,星号 $*$ 表示卷积。对于离散信号,式(6.69b)变为:

$$h(i) = (f*g)(i) = \sum_{t=-\infty}^{+\infty} f(t)g(i-t) \qquad (6.70)$$

对于离散的二维卷积,则有

$$h(i,j) = (f*g)(i,j) = \sum_{m}\sum_{n} f(m,n)g(i-m,j-n) \qquad (6.71)$$

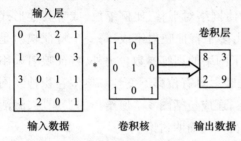

图 6.8 卷积运算的一个示例

通常,卷积运算相当于图像处理中的滤波器运算,卷积核就是滤波器。在 CNN 中,有时也将卷积层的输入数据称为输入特征图,将输出数据称为输出特征图。为了说明卷积运算的过程,图 6.8 给出一个示例,图中输入数据为 4×4 的矩阵,卷积核为一个 3×3 的矩阵,输出是一个 2×2 的矩阵。图 6.9 给出了卷积运算的实现过程。用卷积核矩阵在原始数据上从左到右、从上到下滑动,每次滑动距离称为步幅(Stride)。在每个位置上,卷积核矩阵的元素和输入矩阵的对应元素相乘,并且把乘积结果累加后保存在输出矩阵对应的每一个单元格中,于是便获得了输出特征矩阵。在 CNN 中还存在有偏置,一个卷积核通常只有一个偏置,这个值被加到该卷积核的所有元素上,如图 6.10 所示。

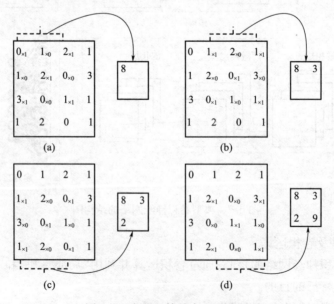

图 6.9 卷积运算的实现过程图

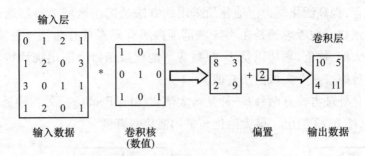

图 6.10 卷积运算时偏置的处理

为了比较 CNN 与全连接神经网络的参数个数问题,这里列举一幅像素为 28×28 的图像为例:如果采取全连接的神经网络,每个像素为一个节点,输入层共有 $28 \times 28 = 784$ 个节点;如果与输入层相连的隐藏层有 30 个神经元,那么输入层与这个隐藏层之间总共有 784×30 个权值,再加每个神经元的偏置,于是共有 $784 \times 30 + 30 = 23550$ 个参数。对于上述为 28×28 的图像,如果采用 CNN 用于识别,假定卷积极的大小为 5×5 的矩阵,每个卷积核需要 $5 \times 5 = 25$ 个权值,加上一个共享的偏置,于是每个特征映射需要 26 个参数。如果采用 20 个不同的卷积核去提取不同的特征,那么从输入层到第一个卷积层总共仅需要 $26 \times 20 = 520$ 个参数,因此 CNN 与全连接神经网络相比,大大降低了参数个数,而且由于同一特征映射上的权值相同,易于实现并行学习。在卷积操作前,还有一个操作是填充(Padding)。所谓填充是指填充输入数据的边界,如图 6.11 所示,在这四周区域都要填上 0 值,以保证输入的尺寸一致。

综上所述,卷积层的参数主要应包括卷积核的数量、卷积核的大小、步幅以及填充的方式这四大方面。

2. 激活层以及 ReLU 函数

在 CNN 中,激活层类似于 BP 神经网络中神经元使用激活函数所起的作用。它将前一卷积层中的输出,通过非线性的激活函数转换,用以模拟任意函数,以增强网络的表征能力。在 CNN 中,ReLU(Rectified Linear Unit,规划线性单元)函数常用作激活函数,它的表达式为

$$f(x) = \begin{cases} 0, x \leq 0 \\ x, x > 0 \end{cases} \quad (6.72)$$

ReLU 函数是属于分段线性函数,它把所有的非正值都转变为 0,而正值不变,如图 6.11 所示。因此,它属于单侧抑制的函数,也就是说在输入是非正值时,它输出 0,于是神经元此时就不会被激活,从而使得网络很稀疏,计算速度很快,其收敛速度远远快于 Sigmoid 函数。

3. 池化层以及二次特征提取

池化层(pooling layer),又称下采样层(subsampling layer),它的作用是降低下一层待处理的数据量,从而更

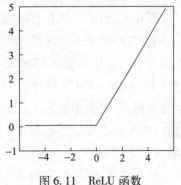

图 6.11 ReLU 函数

好地防止过拟合,提高泛化能力。池化所采用的方法是把小区域的特征通过整合得到新特征的过程。池化函数考虑的是在小区域范围内所有元素具有的某一种特性,常用的统计特性包括最大值、均值、累加以及 L_2 范数等。池化层函数力图用统计特性所反映出来的一个值去代替原来某个区域的所有值。

常用的池化处理方式有两种:一种是最大池化(Max Pooling),另一种是平均池化(Average Pooling),图 6.12 给出了最大池化与平均池化的算例。

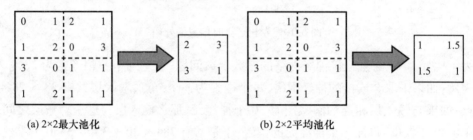

(a) 2×2最大池化　　　　　　　(b) 2×2平均池化

图 6.12　最大池化与平均池化的示例

池化层从本质上讲它是在卷积层的基础上又进行了一次特征的提取,这样做的最直接结果是降低了下一层待处理的数据量。由于池化的操作是按卷积层不同特征映射的结果独立进行的,因此池化层的深度与前一层的深度一致,没有发生变化。正是由于二次特征的提取,使得有更大的可能获取更为抽象的信息,减少了参数的数量,并且大大提高了泛化能力。

4. 全连接层以及实例说明各层可训参数数目

(1) 全连接层的拓扑结构特点。

CNN 的前面几层结构属于卷积层、激活层和池化层多轮交替转换,这些层中的数据通常是多维的,而全连接层就是传统的多层感知机,它的拓扑结构就是一个简单的 $n \times 1$ 的模式,因此前面的层在接入全连接层之前,就必须要先将多维张量拉平成一维数组。这个将多维数据变为一维的工作尽称为平坦层(Flatten Layer),然后这个平坦层作为全连接层的输入层,其后的网络拓扑就与一般的前馈神经网络一样,后面可以接若干个隐藏层和一个输出层。

(2) CNN 的典型实例。

图 6.13 给出了共有七层的卷积神经网络结构的示意图,即一个输入层,两个卷积层(C_1 和 C_2),两个子采样层(S_1 和 S_2)(或称池化层),以及两个全连接层(F_1 和 F_2)。输入层每个输入样本包含 $32 \times 32 = 1024$ 个像素。C_1 为卷积层,包含 6 个特征图,每个特征图包含 $28 \times 28 = 784$ 个神经元,C_1 上每个神经元通过 5×5 的卷积核与输入层相应的局部接受域相连,卷积步长为 1,因此 C_1 层共包含有 $784 \times 6 \times (5 \times 5 + 1) = 122304$ 个连接。另外,由于每个特征图包含 5×5 个权值和一个偏置,所以 C_1 层共包含 $6 \times (5 \times 5 + 1) = 156$ 个可训参数。

S_1 层为子采样层,它包含 6 个特征图,每个特征图包含 $14 \times 14 = 196$ 个神经元,S_1 层上特征图与 C_1 层上的特征图一一对立,子采样窗口为 2×2 的矩阵,子采样步长为 1,因此

S_1 层共包含 $196 \times 6 \times (2 \times 2 + 1) = 5880$ 个连接。S_1 层上的每个特征图会有一个权值和一个偏置,所以 S_1 层共有 12 个可训练参数。

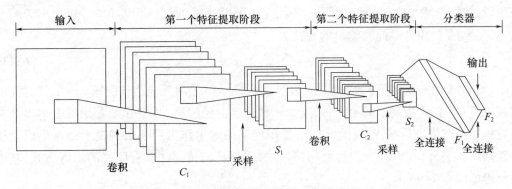

图 6.13　某卷积神经网络的结构示意图

C_2 层为卷积层,包含 16 个特征图,每个特征图包含 $10 \times 10 = 100$ 个神经元。C_2 层上每个神经元通过 K 个 5×5 的卷积核与 S_1 层上 K 个特征图中相应 5×5 的局部接受域相连,这里 $K \leq 6$,6 为 S_1 层上的特征图个数。如果采用全连接的方式时 $K = 6$,因此实现卷积神经网络时 C_2 层共包含 $100 \times 16 \times (5 \times 5 + 1) = 41600$ 个连接。每个特征图包含 $6 \times 5 \times 5 = 150$ 个权值和一个偏置,所以 C_2 层共包含 $160 \times (150 + 1) = 2416$ 个可训练参数。

S_2 层为子采样层,包含 16 个特征图,每个特征图包含 5×5 个神经元,S_2 层共包含 $16 \times (5 \times 5) = 400$ 个神经元。由于 S_2 层上的特征图与 C_2 层上的特征图一一对应,S_2 层上特征图的子采样窗口为 2×2,因此 S_2 层共包含 $16 \times 25 \times (2 \times 2 + 1) = 2000$ 个连接。又因 S_2 层上的每个特征图含有一个权值和一个偏置,所以 S_2 层共有 32 个可训练参数。

F_1 层为全连接层,包含 120 个神经元,每个神经元都与 S_2 层上 400 个神经元相连,因此 F_1 层包含的连接数与可训练参数都为 $120 \times (400 + 1) = 48120$;$F_2$ 层也为全连接层,也是输出层,包含 10 个神经元,有 $10 \times (120 + 1) = 1210$ 个连接和 1210 个可训练参数。

由图 6.13 可以看出,卷积层特征图数目逐层增加,这一方面是为补偿采样带来的特征损失,另一方面是由于卷积层特征图是由不同的卷积核与前层特征图卷积得到,即获取了不同的特征,增加了特征空间,并且使得提取的特征更加全面。

5. TensorFlow 中的重要概念以及 CNN 的训练流程

在 TensorFlow 计算框架中,Tensor 和 Flow 常被译为张量和数据量。在机器学习的应用以及卷积神经网络中,输入通常是高维数据数组,而且核也是由算法产生的高维参数数组,于是把这种高维数组叫作张量。在程序中,所有的数据都通过张量的形式来表示。在 TensorFlow 的运算中,Tensor 中并没有真正保存数字,而是保存如何得到这些数字的计算过程,也就是说,Tensor 在 TensorFlow 中的实现并不是直接采用数组的形式,它只是对运算结果的引用。虽然张量本身并没有存储数据,但是可以使用 Session 来得到计算结果,这里 Session 是 TensorFlow 的主要交互方式。在机器学习算法中,张量在数据流图中从前往后流动一遍就完成了一次前向计算,残差从后往前滚动一遍就完成了一次反向传播。

以卷积阶段为例,通过使用不同的卷积核提取信号的不同特征,实现对输入信号的特定模式观测。通常,卷积阶段的原始输入是一个 $m_1 \times m_2 \times m_3$ 大小由二维特征构成的三维矩阵,其中用 x_i 代表每一个二维特征;该阶段的输出是一个 $n_1 \times n_2 \times n_3$ 的三维矩阵。在该阶段,输入与输出之间的权值用 w_{ij} 表示,即可以通过训练得到卷积核,其大小为一个 $P_1 \times P_2 \times P_3$ 的矩阵。此时输出的特征为

$$y_i = \sum_j w_{ij} \times x_j + b_i \tag{6.73}$$

式中,x_i 代表前一层的第 j 个特征;w_{ij} 代表前一层第 j 个单元与当前层第 i 个单元之间的连接权重;b_i 代表当前层的第 i 个偏置;y_i 代表当前层的第 i 个输出。如果将上述多个单层卷积神经网络进行堆迭,以前面一层卷积网络的输出作为后一层的输入即可形成卷积神经网络。另外,在训练卷积神经网络时,常采用反向传播法和有监督的训练方式,其训练流程如图 6.14 所示。

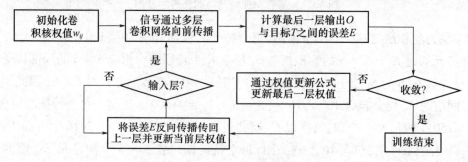

图 6.14 CNN 的训练流程

首先,初始化网络中所有卷积核的权值 w_{ij},有时可通过无监督训练的方式进行预训练获得,然后将原始样本数据送入网络,经过多层卷积神经网络处理后,将最后一层的输出 O 与目标 T 进行对比,如果误差 E 满足收敛条件,则结束训练过程;如不满足,则更新最后一层网络的权值 w_{ij},并将误差传回上一层网络,同时更新上一层网络,如此逐层向上传递直到回到输入层;再次通过卷积神经网络,循环上述过程,直到误差 E 满足最终的收敛条件。

6.6 WNN 算法在优化三维叶片与射流元件中的应用

6.6.1 用 WNN 算法数值优化三维叶片

如同文献[146]所指出的那样,为突出本节的重点,简化对叶型进行参数化时所带来的麻烦,并考虑到当前跨声速压气机叶型的一些特点,因此本节仅选取了双圆弧类叶型。其实,这类叶片在 20 世纪 80 年代的跨声速压气机设计时是广泛采用的。对这类叶型的参数化,只需要 6 个设计变量:叶型的前后缘的半径 r_1 与 r_2、叶弦角 γ、弦长 l、最大相对厚度 d 以及叶型弯角 θ。数学上可以证明:对于二维平面叶型,给定上述 6 个参数后,双圆弧类叶型的坐标便能够唯一确定了。

叶片积迭线的参数化,采用了非均匀有理3次B样条函数。应当指出,在采用B样条去描述叶片积迭线的过程中,积迭线的控制顶点沿叶高方向的分布是可以不均匀的。在控制顶点的布置上,通常是靠近叶根与靠近叶顶的区域,控制顶点分布的比较密集,而叶中区域则较稀疏。在本节的计算中,积迭线选择了7个控制顶点。

至此,三维叶片的构建便由沿叶高分布的10个二维叶型截面与沿叶高的一条叶片积迭线所组成。由此可以看到,即使对这样的一类较为特殊的叶片,其设计变量已有67个之多。面对如此多的设计变量所构成的空间,本节仍采用了Nash的系统分解策略,即将设计变量空间系统分解为两个子系统(又称子空间):一个对应于二维叶型;另一个对应于叶片积迭线。

本节算例选用了两个目标函数:一个是绝热效率 η_R;另一个是总压恢复系数。在本算例的计算中,只是为了尽量减少工作量,才给定了各个子目标函数的权重,因此仅在这种情况下才将多目标问题,转化为单目标函数的优化问题去求解。

图6.15给出了本算例采用的Nash-Pareto-WNN算法的总框图。小波神经网络的训练样本采集是按照如下办法生成的:首先要借助于均匀试验设计方法,在试验范围内获取一定的代表点,而后再构成相应的三维叶片并完成绕这些叶片的三维流场计算,由此便生成了样本数据库。作为一个初步结果,这里仅考虑25个设计变量时均匀试验设计表头的安排。这25个设计变量是由三个叶高(即沿叶高10%,50%,与90%处的)截面(共有3×6个设计变量)和一条叶片积迭线(含7个设计变量)的参数化变量所构成。

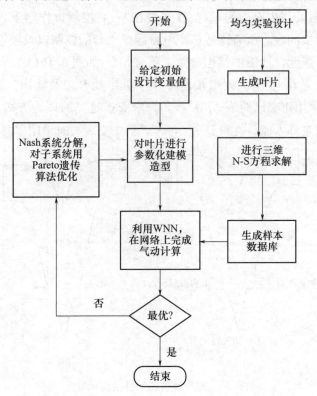

图6.15 Nash-Pareto-WNN算法总框图

本算例小波神经网络的结构设计为25×7×2,即输入层有25个神经元,隐含层有7个神经元,输出层的神经元有2个,训练网络时,学习速率因子 η 取为0.2,动量因子(又称惯性系数)β 取为0.3,目标误差取为0.001,实际网络训练表明:当训练步数为16000时达到了目标要求的允差;这里需要指出网络一旦训练好后,则网络的参数 V_{ji}、W_{kj}、a_j 与 b_j 便固定下来,在以后进行网络预测工作的过程中这些参数是固定不变的。

最后讨论一下流场的计算。这里绕叶片三维流场计算的进口条件选用了联帮德国宇航院(DFVLR)单级压气机转子进口的条件,即转子总压比为1.51,转速20260r/min,质量流量17.3kg/s,有28个叶片,轮毂比为0.5,叶片前缘顶部直径为339mm,叶尖相对马赫数在1.4左右,并且该转子有详细的实验数据。三维流场的计算,选取了叶轮机械中常用的相对旋转坐标系,数值求解的程序是王保国教授团队多年来不断完善与发展的以有限体积法为主的三维 N-S 方程高分辨率数值格式的源程序,本节使用这个程序完成了三维流场的气动计算。

6.6.2 用WNN算法数值优化导弹控制射流元件

在现代导弹控制系统中,超声速射流元件是常用的控制系统执行元件之一,其结构示意图如图6.16(a)所示。该元件的主要工作原理是:主射流自入口进入,通过喉部及扩张段加速为超声速流;而后在左(或者右)控制口射流的作用下,使出口气流由右(或者左)输出口喷出,以控制推力矢量方向和大小的变化。因此射流元件的内流场含复杂的激波系和涡系,存在着激波与边界层的干扰,存在着在左、右控制口作用下入射激波的往右与往左壁面方向的切换问题。所有这些都影响着导弹飞行的控制以及姿态的变化。

影响超声速射流元件性能的结构参数主要有5个,如图6.16(b)所示,它们分别是控制口距离喉部的距离 D、位差 S、附壁张角 α、劈尖处半径 R 以及输出口通道宽度 L。对于这5个参数,这里采用正交试验表 $L_8(4^1 \times 2^4)$ 来安排这里的试验方案,以便为小波神经网络的训练学习准备样本库。在设计 $L_8(4^1 \times 2^4)$ 正交表头时采用了参数"D"划分为4个

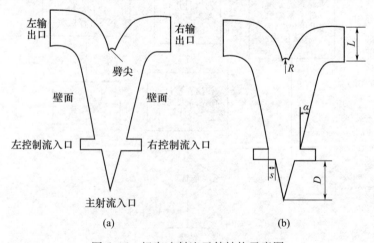

图6.16 超声速射流元件结构示意图

水平,其值为 0.016m,0.026m,0.036m 和 0.046m;参数"R""L""S""α"划分为 2 个水平,它们的取值分别为 0.004m,0.008m;0.0155m,0.0195m;0.003m,0.005m;12.5°,14.5°。

表 6.11 给出了本算例 $L_8(4^1 \times 2^4)$ 的具体试验安排,表中数字 1,2,3,4 分别表示所在列的因素在所在行的对应试验中所选取的水平数,例如表 6.11 中第 3 列第 8 行所对应的 1 是表示在进行第 8 个试验时输出通道宽度 L 的值选取第 1 水平,即取值为 0.0155m;显然,由表 6.11 所安排的 8 个试验的数据便可得到 8 个相应的超声速射流元件,于是便可以利用王保国教授团队所提供的源程序完成流场 N-S 方程的计算,得到表 6.12 所列的相应射流元件的合推力与压力差。

表 6.11 本算例的试验方案表
(按 $L_8(4^1 \times 2^4)$ 正交表安排)

列号 试验号	D	R	L	S	α
A	1	1	1	1	1
B	1	2	2	2	2
C	2	1	1	2	2
D	2	2	2	1	1
E	3	1	2	1	2
F	3	2	1	2	1
G	4	1	2	2	1
H	4	2	1	1	2

小波神经网络采用了 5×4×2 的结构,即输入层 5 个神经元,隐含层 4 个神经元,输出层的神经元数为 2;利用表 6.11 所列的 8 个试验所对应的各因素的取值以及表 6.12 所给出的计算结果便构成了小波神经网络训练时所需要的样本库,这里网络的两个输出量选用的是:一个是压力差,另一个是合推力。小波神经网络的实际训练学习表明:当目标误差取为 0.01 时,仅需要 1366 个训练步数便达到了所要求的允差。网络训练结束后,这时网络的所有参数便固定下来,在下面小波神经网络的预测工作中这些参数是不变的。

表 6.12 由流场计算出的推力与压差值

指标值 试验号	主射流左侧压力 p_1/Pa	主射流右侧压力 p_2/Pa	压力差 ($\Delta p = p_1 - p_2$/Pa)	左输出口 x 方向推力值 f_l/N	右输出口 x 方向推力值 f_r/N	合推力 F/N
A	136325	119693	16632	−65.9	5477.4	5411.5
B	155484	131223	24261	−5.7	4224.6	4218.9
C	147018	119447	27571	−318.7	3614.2	3295.5
D	142375	118726	23649	−71.6	5327.4	5255.8
E	145663	134587	11076	−205.1	1487.9	1282.8
F	159720	123171	36549	−128.3	3347.3	3219.0
G	142489	115257	27232	−283.4	5198.8	4915.4
H	126297	115273	11024	−1838.8	2860.1	1021.3

表 6.13　WNN 预测与流场计算的比较

	压力差/Pa	合推力/N
WNN 预测值	33409	5708.4
流场计算值	33393	5706.7

上面获得的样本库除了为小波神经网络的训练准备样本之外,它的另外一个用途就是为执行 Pareto 遗传算法提供样本。正如文献[16]所指出的:多目标优化问题得到的是一个 Pareto 最优解集,这种算法的详细框图不再赘述。

借助于上面遗传算法所获得的 Pareto 最优解集便得到新一轮迭代中超声速射流元件的结构参数,并以此作为小波神经网络的输入量,便可利用 WNN 进行预测工作。表 6.13 仅给出了优化后小波神经网络得到的一个预测结果,这时小波神经网络的输入参数是:$D=0.026m, R=0.008m, L=0.0195m, S=0.005m, \alpha=12.5°$;利用这组数据借助于某科研团队的源程序,对相应的超声速射流元件的流场进行 N-S 方程的数值计算,并将得到的压力差与合推力值列于表 6.13。显然,小波神经网络的预测值与流场计算值十分吻合,令人满意。图 6.17 给出了这时超声速射流元件流场计算所得到的密度等值线分布图。

从图 6.17 中可以清楚地看出这时流场的复杂的激波与涡系结构,这对深刻认识这类射流元件的控制机理是十分有益的。

现在对前面的方法进行小结,主要有 3 点结论。

(1) 本小节给出了小波神经网络一种基本结构模型下训练学习过程的一组数学表达式,利用这组表达式可以方便的确定出这类小波神经网络在训练与预测时的结构参数。

(2) 本节提出了一种基于小波神经网络(简称 WNN)与 Pareto 遗传算法相结合的优化方法,并用于内流的数值流场优化计算。小波神经网络由输入层、隐含层和输出层所组成。在隐含层用 Morlet 小波母函数取代了 BP 神经网络中常用的 Sigmoid 激励函数。Pareto 遗传算法具有很好的全局寻优能力和良好的优化效率,在通常情况下它总可以得到均匀分布的 Pareto 最优解集。典型算例表明:小波神经网络与响应面方法相比,它具有很好的自学习功能和容错能力,能够高精度的完成非线性函数的逼近与映射,而且其泛化能力很强。

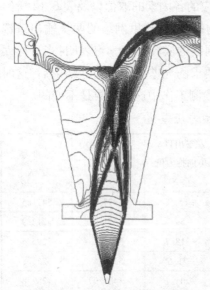

图 6.17　超声速射流元件流场的密度等值线分布

(3) 本小节给出的内流的两个典型算例初步表明:这里提出的这种将小波神经网络与 Pareto 遗传算法相结合的优化方法是可行的、有效的。

小波神经网络是一类新的神经网络模型。由于在网络的隐含层中用小波函数取代了 Sigmoid 激励函数,而使网络的非线性映射能力以及网络的泛化功能更强。另外,还将小波神经网络成功地用于人-

机-环系统中的安全评价,并已取得了满意的计算结果。

6.7 卷积神经网络在人机工程中的应用

6.7.1 4种重要的卷积神经网络

国际上著名的四种卷积神经网络是 AlexNet、VGGNet、Google Inception Net 和 ResNet,在网络的深度和复杂度方面上述四种 CNN 依次递增:AlexNet 有 8 层神经网络,VGGNet 有 19 层神经网络,Google Inception Net 有 22 层神经网络,ResNet 有 152 层神经网络。另外,这四大 CNN 在历年的著名的 ImageNet 大规模视觉识别国际挑战赛中分别荣获冠军或亚军,其中 AlexNet 是 2012 年的冠军,VGGNet 是 2014 年的亚军,Google Inception Net 是 2014 年的冠军,ResNet 是 2015 年的冠军。以 AlexNet 为例,整个网络包含 6 亿 3000 万个连接、6000 万个参数、65 万个神经元,包含 5 个卷积层,其中 3 个后面连接了最大池化层,最后还用了 3 个全连接层。AlexNet 的成功,推动了神经网络的再次崛起,确定了深度学习在计算机视觉领域的重要价值,同时也促进了深度学习在语音识别、自然语言处理等领域的应用。

6.7.2 CNN 在诸多工程领域中的应用

1. 计算机视觉

在计算机视觉领域的成功,也使 CNN 技术被应用于无人驾驶领域。2012 年谷歌无人驾驶汽车已获得美国首个自动驾驶许可证。此后通用、特斯拉等大量汽车公司均开始了无人驾驶汽车的研发。2014 年百度启动无人驾驶汽车计划,2016 年获得美国加州政府颁发的全球第 15 张无人车上路的测试牌照。

2. 语音识别

在语音识别方面,传统的隐马尔可夫模型和高斯混合模型为代表的语音识别系统正在被深度神经网络和卷积神经网络所替代。目前,以苹果 Siri、微软 Cortana 为代表的语音识别系统已经可以识别用户指令,并且能够辅助用户生活和工作。

对于中文,百度采用了自制的中文语音集(含训练样本 2000 例,测试样本 1882 例)进行测试,错误率为 7.93%。另外,随机选取 250 例样本,将机器与一名专业速记员的识别结果相比较,错误率分别为 5.7% 和 9.7%。总体来看,在高信噪比条件下,目前深度学习和卷积神经网络的语音识别能力已经接近甚至优于人工水平,但是在低信噪比语音的识别水平仍需提高。

3. 自然语言的处理

在自然语言处理(natural language processing,NLP)方面,深度学习和卷积神经网络系统已广泛地应用于机器翻译、语法分析、文本分类以及自然语言生成等诸多个方向。2016

年 Facebook 的 Conneau 等设计了一个极深的卷积神经网络(very deep convolutional networks,VD-CNN),它使用了 29 层卷积网络,以字符(character)取代单词(word)作为文本的最低表示单位。该团队曾使用了 8 种公开的数据集对 Conneau 等人的方法进行验证,最后错误率的比较结果表明 Conneau 等人的方法[151]显著较低。总之,上述实例再次展示了深度卷积神经网络方法在自然语言的处理方面能力很强、潜力很大。

4. AlphaGo 的人机围棋大战

AlphaGo 算法[152]主要可概括为如下 4 个部分:

(1) 策略网络(policy network),即给定当前局面,预测/采样下一步棋的走法。

(2) 快速走子(fast rollout),预测下一步的走棋位置,但在适当牺牲走棋质量的条件下,速度要比走棋网络快 1000 倍。

(3) 估值网络(value network),给定当前局面,估计围棋中到底白棋获胜还是黑棋获胜。

(4) 蒙特卡罗树搜索(Monte Carlo tree search,MCTS)

将上面几个部分联系起来,便形成了 AlphaGo 深度卷积神经网络的基本结构(如图 6.18 所示)。运行时 AlphaGo 通过"估值网络"评估出棋盘上的每一个位置的"估值",同时通过"策略网络"决定出最终落棋的位置。应当指出,程序中的深度卷积神经网络都是使用现存诸多选手棋局对决的有关资料,采用在有监督的模式下进行网络训练的,同时又是在大量的自我棋局对决中不断完善自己[152]。

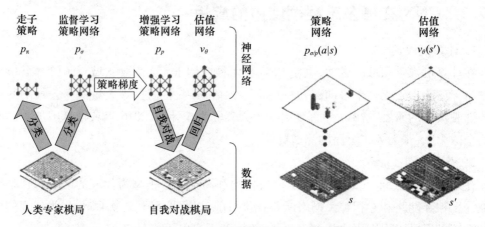

图 6.18 AlphaGo 的深度卷积神经网络架构

2016 年 3 月,AlphaGo 与围棋世界冠军、职业九段选手李世石进行围棋的人机大战,李世石以 1∶4 的成绩不敌 AlphaGo;2016 年末至 2017 年初,AlphaGo 与中、日、韩众多围棋高手进行快棋对决,连续 60 局无一败绩。另外,2017 年 5 月 AlphaGo 以 3∶0 战胜世界围棋排名第一的柯洁。总之,AlphaGo 以惊人的战绩向世人展示了人工智能在某一个领域所达到的耀眼高度。但与此同时也应看到:用 AlphaGo 下围棋每下一盘棋成本是十分昂贵的,例如对战李世石时,AlphaGo 使用了 1920 个 CPU(central processing unit)和 280 个 GPU(graphics processing unit),能耗较高,每下一盘棋成本高达 3000 美元。这从另一侧面也表明了尽管深度学习和卷积神经网络发展到今天在某些方面超过了人类,但在能量运用的效率上远远未达到人类大脑的能效(相关研究显示,人脑能耗水平才约10W左右),因此大力开展这方面的研究也应是人工智能技术必须要关注的关键问题之一。

习题与思考6

6.1 小波神经网络的拓扑结构主要包含哪些元素?这些元素所起的作用是什么?

6.2 输入层第i个神经元与隐含层第j个神经元间的连接权重V_{ji}在网络训练过程中是如何调整的?

6.3 隐含层中第j个神经元与输出层第k个神经元间的连接权重W_{kj}在网络训练过程中是如何调整的?

6.4 模糊神经网络的拓扑结构主要包含哪些元素?这些元素所起的作用是什么?

6.5 灰色建模的过程框图中主要包括哪些元素?这些元素所起的作用是什么?

6.6 表6.9分别给出了某企业在2000年—2005年的销售额数,试用灰色模型$GM(1,1)$预测2008年的销售额是多少。

6.7 PCNN模型的构成主要有哪几部分?各部分的作用是什么?

6.8 深度学习的主要特点是什么?它与普通人工神经网络、支持向量机相比,"深度"的含义是什么?

6.9 深度神经网络分几类?举例说明每类中包括哪些网络。

6.10 卷积神经网络的结构主要包括哪些层?各层的作用是什么?

6.11 国际上著名的4种卷积神经网络是什么?

6.12 离散信号的二维卷积表达式是什么?

6.13 在卷积神经网络中,权重与偏置是什么含义?

6.14 在CNN模型的激活层中,ReLU函数的表达是什么?它与sigmoid函数有什么区别?

6.15 有一个多层的卷积神经网络,它包含3个卷积层(即C_1层、C_2层和C_3层),每个卷积层含8个特征图,每个特征图有784个神经元,在C_1层上每个神经元通过5×5的卷积核与输入层的局部接受域相连接,如果卷积步长为1,试问在C_1层上共包含多少个连接?

6.16 在TensorFlow计算框架中,tensor和flow常译作张量和数据量。如何理解在TensorFow的运算中,tensor中并没有真正保存数字,而是保存如何得到这些数字的计算过程呢?

6.17 在航空发动机气动的设计中,压气机和涡轮是两大核心部件,而压气机转子三维叶片与涡轮转子三维叶片的气动设计又是直接影响着发动机性能的关键构件。以压气机三维叶片气动设计为例,试说明用小波神经网络方法连同其他设计方法一起数值优化三维叶片的总体框图。

6.18 在 AlphaGo 的人机围棋大战中,AlphaGo 曾使用了 1920 个 CPU 和 280 个 GPU,能耗较高,每下一盘棋成本高达 3000 美元。尽管由于深度学习和卷积神经网络发展到今天在某些方面(例如人机围棋大战方面)机器超过了人类,但在能量运用的效率上,机器远远未达到人类大脑的能效,因此必须要大力开展这方面人工智能的研究,试表述在这方面你对这个问题的理解与认识。

第7章 数据挖掘和知识发现在可靠性工程中的应用

7.1 知识发现和数据挖掘在多个领域中的应用

7.1.1 数据挖掘与知识发现的概述

所谓数据挖掘(date mining)就是从大量的、不完全的、有噪声的、模糊的或者随机的实际数据中,提取隐含在其中的、人们事先并不知道但又潜在有用的信息和知识的过程,它应该属于一种深层次的数据分析方法,其中包括人工智能、机器学习、模式识别、统计分析方法、数据库、可视化技术等。数据挖掘的目的是为了知识发现(knowledge discovery in database,KDD),这里所谓基于数据库的知识发现(KDD)是指从大量数据中提取有效的、新颖的、潜在有用的知识。知识发现的结果可以表示成各种形式,例如规则、法则、科学规律、方程或者概念等。知识发现的过程可以简要地概括为三个阶段:数据准备、数据挖掘以及结果的解释与评估(interpretation and evalution),如图7.1所示。在上述示意图中,数据挖掘是知识发现过程中的核心环节。下面扼要说明图7.1中知识发现的三个阶段:

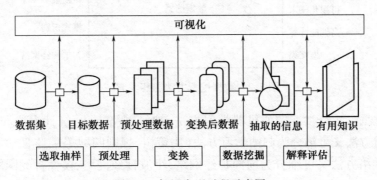

图7.1 知识发现过程示意图

1. 数据准备阶段

数据准备又可分为3个子步骤:数据选取(即从原始数据库中抽取一组数据)、数据预处理(通常包括消除噪声、推导计算缺失数据、清除重复记录等)、完成数据类型的转换(例如将连续值数据转换为离散型的数据,以便于符号归纳;或者把离散型的数据转换为连续值型的)。

2. 数据挖掘阶段

在进行数据挖掘之前,首先要确定进行挖掘工作的任务与目的,例如是为了进行数据总结、分类、聚类、关联规则发现或模式识别等。在确定了挖掘任务之后才去决定使用什么样的挖掘算法。这里要指出的是,尽管数据挖掘算法是知识发现的核心,但要获得一个好的挖掘效果,要求对所使用的算法有足够的了解,对所使用算法的假设与局限性有清晰的认知。

3. 结果解释和评估阶段

由于发现的知识,最终都要呈现给用户,因此要求最终的结果既要简明、又要准确。另外,还要对所发现的知识进行一致性的检查。此外,可视化技术在这个阶段也显得格外重要。

7.1.2 数据挖掘技术的分类

数据挖掘是 KDD 过程中的一个重要步骤,数据挖掘过程中所选用的算法也将会影响到整个 KDD 过程的相互效果与效率。尽管有的文献曾出现将 KDD 与数据挖掘混用的现象,但两者并不是同一个概念。数据挖掘与知识发现是相互交叉、相互渗透和相互协作的两个概念,图 7.2 粗略展示了数据挖掘方法与相关领域间的联系,其中与数据挖掘最为密切的是机器学习、模式识别,大数据分析等。以下仅从 3 个方面讨论数据挖掘技术的分类:

图 7.2 数据挖掘方法与相关领域

(1)按挖掘方法分类。例如机器学习方法、神经网络方法、统计方法和数据库方法等。机器学习方法又可细分为归纳学习方法(决策树、规则归纳等)、监督学习、无监督学习等。神经网络方法又可细分为前向神经网络、小波神经网络、模糊神经网络、自组织神经网络、深度神经网络等。统计方法又细分为回归分析(多元回归、自回归)、判别分析(贝叶斯判别、费希尔判别、非参数判别等)、聚类分析(系统聚类、动态聚类等)、探索性分析(主成分分析、相关分析等)等。数据库方法主要是多维数据分析和 OLAP(on-line analytical processing)技术。

综上所述,在数据挖掘领域,已经涌现出大量优秀的模型与算法,上面仅是从机器学习、神经网络、统计方法和数据库方法列举了相关的数据挖掘算法。2006 年底 IEEE International conference on Date Mining(ICDM)在众多算法中精选出 18 个候选算法,最终大会又评选出最具影响力的 10 个数据挖掘算法,如表 7.1 所示。

表 7.1 最具影响力的 10 个数据挖掘算法

算法名称	算法简介
C4.5	生成决策树的相关算法
k-Means	把数据集划分为 k 个簇的简单迭代算法
SVM	具有高鲁棒性和精度的分类算法
Apriori	最流行的关联规则发现算法
EM	为有限混合分布提供灵活的数学建模方法
PageRank	基于 Web 超链接的搜索结果排序算法
AdaBoost	最重要的串行集成学习算法之一
kNN	k 最近邻分类器
Naive Bayes	容易构造和解释的概率分类器
CART	分类回归树算法

(2) 按挖掘对象分类。例如关系数据库、面向对象数据库、时态数据库、空间数据库、多媒体数据库、文本数据库、异构数据库、数据仓库、演绎数据库、Web 数据库等。

(3) 按应用对象和领域分类。例如链分析、流数据挖掘、基于 Web 的广告、社会网络挖掘等。链分析的起源是防止恶劣链接影响引擎对查询结果做出正确判断,其中 PageRanK 算法较为著名。流数据挖掘的数据来源可以是传感器、监控摄像机、Internet 数据交换、Web 访问等;数据形式是流数据,并且到达速度快。对 Web 行为数据和交易数据的挖掘,常用 Online 算法和贪心匹配算法等。对于社会网络的挖掘,大都通过大规模数据的分析来进行,主要技术是图挖掘方法。

7.1.3 知识发现在不同领域中的习惯称法

通过上面讨论知识发现的过程以及数据挖掘的各类算法,可以发现:知识发现是一门受到各种不同领域的研究者关注的交叉性学科,因此导致了它在很多学术领域中有多个不同的术语名称。除了 KDD 外,主要还有如下若干种称法(称谓):数据挖掘(date mining)、知识抽取(information extraction)、信息发现(information discovery)、智能数据分析(intelligent date analysis)、探索式数据分析(exploratory date analysis)、信息收获(information harvesting)等。其中,最常用的术语是"知识发现"和"数据挖掘"。相对来讲,数据挖掘主要流行于统计界、数据分析、数据库和管理信息系统界,而知识发现则主要流行于人工智能和机器学习界。

从本质上来讲,知识发现是"数据挖掘"的一种更广义的说法。综合 KDD 在各领域的应用,它的功能可概括为预测、特征提取、模式识别和规则发现、异常情况探测以及建模等。另外,知识发现的分类方法有很多种,例如按被挖掘对象可分为有基于关系的数据库、多媒体数据库;按挖掘的方法分有数据驱动型、查询驱动型和交互型;按知识类型可分为关联规则、特征挖掘、分类、聚类、偏差分析、文本挖掘等;此外,按知识发现技术来分有基于算法的方法和基于可视化的方法。可以看到,大多数基于知识发现的方法都是在人工智能、信息检索、数据库、统计学、模糊集和粗糙集理论等领域中逐渐发展与完善起来的,因此知识发现主要流行于人工智能等领域的说法便显得十分自然。

7.2 关联规则的挖掘及其设备的故障诊断

7.2.1 大数据分析与FMEA技术的不断发展

产品的可靠性贯穿于整个产品全寿命的周期内,包括设计生产阶段、生产制造阶段、贮存阶段、使用阶段、报废阶段。在整个全寿命周期内,会产生大量的可靠性数据,并且可以很方便地得到产品的基本维修性指标,例如平均故障间隔时间(MTBF)、平均修复时间(MTTR)、平均失效时间(MTTF)等[115-116]。这些数据贯穿于整个寿命周期,构成了对产品可靠性的评估。

对于产品质量的评价,除了上述几项评价可靠性的常用指标外,尽早地发现故障、分析故障的危害,进行产品的故障预测与系统健康管理(prognostics and system health management,PSHM)也极为重要。以产品的失效模式、机理和影响分析为例,FMEA(Failure Modes and Effects Analysis,失效模式和影响分析)作为一种正式方法是在20世纪50年代由Grumman航空公司研发的,当时是用于分析舰载飞机飞控系统的安全性。1998年左右对FMEA方法作了改进,提出了FMECA(Failure Modes,Effects and Criticality Analysis,失效模式、影响和危害性分析),该方法包含了评估潜在失效模式发生的概率和危害度的技术,这就加深了人们对产品安全评价的认知。另外,传统的FMEA和FMECA方法都没有解决在分析产品失效时失效机理这个关键问题。为了解决这一问题,FMMEA(Failure Modes,Mechanisms and Effects Analysis,失效模式、机理和影响分析)方法随之产生,它很好地利用了可靠性设计原理和知识并且融合了FMEA模板的体系属性,对产品的设计和安全使用十分有益。图7.3给出执行FMMEA方法主要步骤的框图,各步骤的详细内容这里不再赘述。

随着智能技术和数据科学的飞速发展,大数据时代已经到来,相应地,大数据的分析和数据挖掘技术也给产品的可靠性分析带来新机遇与应用。

当前各领域的数据在不断地产生,其数量级别已由Trillion byte级别跃升到Pet byte,甚至是Zetta byte。在大数据的环境下,这些数据的结构以非结构化和半结构化数据为主,而结构化数据为辅。所谓结构化数据通常指一般普通文本之类的数据,这些数据方便计算机的处理,常存储在数据库中,存在着明确的语义标签,可以被分割,单独使用。而非结构化数据则是指网页、视频之类的信息数据,它是以自由文本的形式,存在于数据库之外,在计算机内并没有固定的数据模式,其结构并不固定,所以处理起来很困难。

大数据为可靠性数据分析带来了分析信息方面的五个转变:①大数据时代要分析更

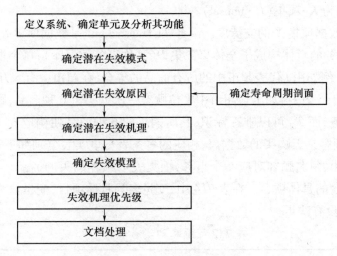

图 7.3 FMMEA 方法的框图

多的数据,甚至是某个事物的全集数据而不是关注随机抽样和多级抽样;②大数据时代,不再热衷于追求精神性,而是可以适当忽略微观层面的精确性而专注于宏观层面的洞察力;③大数据时代更加侧重于寻找事物之间的关联关系,这会让我们发现新的潜在价值,这正是大数据的关键;④大数据时代的简单算法比小数据时代的复杂算法更加有效,所以我们要寻找更为有效的简单算法;⑤数据的价值从基本用途转化为潜在用途,数据的价值不会随着它的使用而减少,而是可以不断地被处理和利用,并不断地产生价值。因此,将大数据分析中的数据挖掘方法以及关联规则的挖掘算法等融入到前面讲的故障分析中便可发挥极大的功能。

7.2.2 关联规则挖掘的基础算法

关联规则(association rules,AR)的挖掘是当今数据挖掘(DM)领域中的一个重要研究课题。关联规则反映了一个事物与其他事物之间的相互依存性和关联性。如果两个或者多个事物之间存在一定的关联关系,那么由其中的一个事物就能够通过其他事物预测到。关联规则发现的主要对象是事务数据库,其中应用的重要对象是售货数据,也简称为货篮数据(basket date,BD)。关联规则的概念最初由 R. Agrawal 等人提出,关联规则挖掘是一种相对简单但非常实用的数据挖掘方法。从本质上讲,AR 算法是一种对条件概率、联合概率方法的简化,并且在这个简化过程中特别注意了对数据库扫描次数和效率的改进,从而使 AR 算法更加实用化。

1. 关联分析的基本概念

(1) 数据项目与数据项集。设 $I = \{i_1, i_2, \cdots, i_m\}$ 是 m 个不同项目的集合,每个 $i_k(k=1,2,\cdots,m)$ 称为数据项目(item)、简称项目;由 I 中的部分或者全部项目所构成的集合称为数据项集(itemset),简称项集。另外,I 的任何子集都是项集,例如项集 X 与项集 Y,这里 $X \subseteq I, Y \subseteq I$;此外,如果 I 包含 m 个项目,则可产生 $2^m - 1$ 个不同的非空项集。

(2) K-项集。现象中元素的个数称为数据项集的长度。长度为 K 的数据项集称为 K

维数据项集,简称为 K-项集(K-itemset)。

(3) 事务与数据项集 X 的支持度。事务 T(Transaction)是数据项集 I 上的一个子集,即 $T \subseteq I$;不同事务的全体构成了全体事务集 D(又称事务数据库);每个事务都有一个唯一的标识符 T_{id}。例如用 I 代表超市中的所有商品的集合,在超市中有 5 万种商品,则 k 为 5 万,I 的长度等于 5 万;再如上述超市中一位顾客一次购买了 6 种商品,顾客的这次购买行为就是一个事务,而 T_{id} 可以唯一标识,其所购买的 6 种商品便构成 6-项集。例如,表 7.2 给出了 3 名顾客某天购买的数据表,相应的事务表与事实表分别如下表 7.3 和表 7.4 所示。在表 7.2 中,每名顾客对应一个事务,项集表示顾客购买的商品。在表 7.3 中,变量值为项集所包含的具体项目。在表 7.4 中,变量名为具体项目,变量值为 1 或 0,这里 1 代表购买,0 代表没有购买。

表 7.2 顾客购买数据表

TID	项集
001	牛奶、鸡蛋、面条
002	鸡蛋、面条、西红柿、辣椒酱
003	牛奶、西红柿

表 7.3 顾客购买数据事务表

TID	项集
001	牛奶
001	鸡蛋
001	面条
002	鸡蛋
002	面条
002	西红柿
002	辣椒酱
003	牛奶
003	西红柿

表 7.4 顾客购买数据事实表

TID	牛奶	鸡蛋	面条	西红柿	辣椒酱
001	1	1	1	0	0
002	0	1	1	1	1
003	1	0	0	1	0

设 X 为数据项集,并且有 $X \subseteq I$;如果 D 为事务集,令 B 为 D 中包含 X 的事务数量,A 为 D 中包含所有事物的数量时,则数据项集 X 的支持度(support)定义为

$$\text{support}(X) = \frac{B}{A} \tag{7.1}$$

(4) 频繁项集:如果项集 X 的支持度大于或者等于事先给定的阈值 $minsup$ 时,则称 X 为频繁项集,或称大项集。

(5) 关联规则的支持度:如果 $X \subset I$,$Y \subset I$,并且 $X \cap Y = \varnothing$,则关联规则(association rule,AR)$X \Rightarrow Y$ 的支持度是 $X \cup Y$ 在事务数据库 D 中出现的次数占 D 中总事务的百分比,即它是一个概率值 $P(X \cup Y)$,换句话说关联规则 $X \Rightarrow Y$ 的支持度为项集 X 和 Y 同时出现的概率。因为 $X \cup Y = Y \cup X$,于是有

$$\text{support}(X \Rightarrow Y) = \text{support}(Y \Rightarrow X) = P(X \cup Y) \tag{7.2}$$

(6) 关联规则的可信度:如果 $X \subset I$,$Y \subset I$,并且 $X \cap Y = \varnothing$,则 $X \Rightarrow Y$ 的置信度(confidence)为

$$\text{confidence}(X \Rightarrow Y) = \frac{\text{support}(X \cup Y)}{\text{support}(X)} = P(Y \mid X) \tag{7.3}$$

它是一个条件概率 $P(Y \mid X)$。综合上面(3)和(6)所述:关联规则的置信度描述了关联规则的可靠程度,而项集 X 的支持度描述了项集 X 的重要性。

(7) 关联规则的提升度:提升度(lift,简记为 L_{if})是一种简单便捷的相关性度量,设 X 为规则的前项,Y 为规则的后项,则 X 与 Y 间提升度的计算公式为

$$L_{if}(X \Rightarrow Y) = \frac{P(Y \mid X)}{P(Y)} \tag{7.4}$$

(8) 关联规则具有如下性质:①频繁项集的子集必为频繁项集;②非频繁项集的超集一定是非频繁的。

(9) 描述关联规则的 4 个参数:①支持度(support,简记为 Sup);②可信度(confidence,又称置信度,简称 Con);③期望可信度(expected confidence,简称 ECo);④提升度(lift,又称作用度,简称 L_{if})。表 7.5 给出了 4 个参数的计算公式。

表 7.5 4 个参数的计算公式

名称	描述	公式
可信度(confidence)	在物品集 A 出现的前提下,B 出现的概率	$P(B \mid A)$
支持度(support)	物品集 A,B 同时出现的概率	$P(A \cup B)$
期望可信度(expected confidence)	物品集 B 出现的概率	$P(B)$
作用度(lift)	可信度对期望可信度的比值	$P(B \mid A)/P(B)$

2. 关联挖掘的基本方法(Apriori 算法)

关联规则挖掘方法可以分为两个主要步骤:①指出所有频繁项集;②由频繁项集产生强关联规则。目前,大量的研究工作都集中在第一步所要解决的问题上,它是关联规则挖掘算法中最复杂的问题,也是关联规则挖掘算法的核心。

在目前涌现的许多串行算法中,以 Apriori 算法最为著名[153],其他大多数算法也都是以 Apriori 算法为核心的。这些算法的关键在于尽可能生成较小的候选项目集,它们都利用了这样一个基本性质:即一个频繁项目集的任一子集必定也是频繁项目集。

Apriori 算法是通过项目集元素数目不断增长来逐步完成频繁项目集发现的。首先产

生 1 阶频繁项集 L_1,然后是 2 阶频繁项集 L_2,直到不再能扩展频繁项集的元素数目而算法停止。在第 k 次循环中,过程先产生 k 阶候选项集的集合 C_k,然后通过扫描数据库生成支持度,并测试产生 k 阶频繁项集 L_k。也就是说,在第 $k(k>1)$ 次扫描时,对每条事务 t 找到它所包含的所有 $(k-1)$ 阶频繁项集 L_{k-1},根据 t 中出现的数据项,把它们按照约定的顺序向后分别扩展成 k 阶项集,加入到 k 阶候选项集的集合中,同时对候选项集的支持数进行累加。当完成一遍扫描后,就可以得到 k 阶候选项集的支持数,那些支持数不小于最小支持数的项集就是 k 阶频繁项集。然后,开始下一次扫描,直到候选项集为空时,算法停止。

Apriori 算法主要包括 3 个步骤

(1) 首先扫描数据库,得到一阶频繁项集;而后由频繁 $(k-1)$ 项集通过自连接产生长度为 k 的候选 k 阶项集 C_k;

(2) 对至少有一个非频繁子集的候选项进行剪枝;

(3) 扫描所有的事务来获得候选项集的支持度。

在此有两点要说明:① 为产生 L_k 必须先生成候选集 C_k;② C_k 是 L_k 的超集,可能有些元素不是频繁的,因此应该将 C_k 中不满足最小支持度的项集剔除,即要完成剪枝(prune)步,形成由频率 k 项集构成的集合 L_k。

3. FP-growth 算法

Apriori 算法要扫描 BD(basket data)多遍,第 k 遍计算 k 阶项集。如果顶层项集中元素个数最多的为 $\tilde{K}$,则该算法扫描 BD 至少要 $\tilde{K}$ 遍,也可能 $\tilde{K}+1$ 遍。对 Apriori 算法的改进已有许多种,例如 DHP(direct hashing and pruning)算法以及 FP-growth(frequent pattern growth,频繁模式增长)算法等。下面详细讨论 FP-growth 算法。

FP-growth 算法是 Han J. 等人提出的一种基于频繁模式树的频繁模式挖掘算法[154]。FP-tree 是一种具有高压缩比的存储结构,它保存了数据库的主要信息,挖掘过程完全是在内存中进行。FP-tree 实际上是一种带有相同项的节点链的树结构,并保存着一个指向第一个节点的项头表。树(tree)的构造是将每个事务的项集按顺序排列后,插入到一个以 null 为根的树中。FP-tree 的挖掘过程是由 FP-growth 算法完成的,该算法采用了一种分治的策略,将事务数据库压缩到一棵保持了项集间关联关系的频繁模式树上,然后在 FP-tree 上挖掘频繁模式。这个过程从每个长度为 1 的频繁模式开始,将它作为初始后缀模式,然后建造它的条件模式基。条件模式基是一个子数据集,由 FP-tree 中与后缀模式一起出现的前缀路径集组成子数据库。接下来,构造它的条件 FP-tree,并且递归地对该树进行挖掘。所谓的模式增长就是通过后缀和条件 FP-tree 产生的频繁模式连接实现模式增长。为方便树的遍历,可以创建一个项头表,通过一个结点链指向项(item)在树中出现的位置。

(1) 构建频繁模式树分为两步:

① 按 Apriori 算法,扫描事务数据库 D 一次,生成 1 阶频繁集,并把它们按支持度的大小降序排列,放入 L 表中;

② 创建频繁模式树的根节点,并以 null 标志。对于事务数据库中的每条素务 t 执行如下操作,即选择 t 中的频繁项按照 L 表中的次序排序后形成一个分支。接下来,数据库

频繁模式的挖掘就转换成对 FP-tree 挖掘的问题了。

（2）挖掘 FP-tree 的主要步骤：

① 从 FP-tree 的头表开始，按照每个频繁项的连接遍历，列出能够到达此项的所有前缀路经，得到条件模式基；

② 用条件模式基构造相应的条件 FP-tree；

③ 递归挖掘条件 FP-tree，直到 FP-tree 为空。

（3）FP-growth 算法：

该算法可概括为

① 输入：构造好的 FP-tree 以及最小支持度 minsup；

② 输出：所有的频繁模式以及支持度；

③ 方法：调用 FP-growth(FP-tree, null)。

4. FP-growth 算法与 Apriori 算法的比较

（1）FP-growth 算法将整个数据库的频繁模式信息压缩到一棵 FP-tree 上，于是节省了在接下来的挖掘过程中对数据库扫描的开销；

（2）FP-growth 算法采用了模式增长的策略，将发现长频模式的问题转换成递归地搜索一些短模式，然后连接后缀，消除了候选项目集生成和测试的开销；

（3）FP-growth 算法采用了划分与分治的方法和策略，大大减少了条件模式基和条件模式树的大小。

（4）FP-growth 算法要扫描实际事务数据库，因此开销很大；另外，该算法还要递归地创建和存储大量的 FP-tree，这将导致在时间和空间方面的要求都是很高的，尤其是当事务数据库很大时，该算法有时不能有效地工作。

（5）与 FP-growth 算法相比，Apriori 算法步骤比较清晰，编程实现的难度也小些。

总之 Apriori 算法和 FP-growth 算法是关联规则挖掘领域中最重要的两类方法，它们都有各自的优点，要根据具体的情况和条件去选择相应的算法。

7.2.3 故障诊断与数据挖掘技术

在工程技术领域，人们对设备故障诊断的认知是随着现代工业的迅速发展而不断加深与深化的。最初，机械设备都比较简单，因此那时维修人员可以借着自己的感觉器官、简单仪表以及个人的工作经验就可以完成故障的诊断和维修工作。但随着现代工业的迅速发展，生产设备大型化、自动化、智能化，同时设备元器件的老化、系统应用环境的变化以及日常维护的不足以及操作人员的失误等都会影响大型设备的正常运转，这就使得人们对故障诊断越来越重视起来。

1. 设备状态的划分以及设备故障的分类

设备的基本状态通常划分为 3 类：① 正常状态；② 异常状态；③ 故障状态。正常状态是指设备没有任何缺陷或者设备虽有缺陷但是缺陷在允许的限度范围之内。异常状态是指设备有缺陷，并且缺陷已有一定程度的扩展，使得设备状态的信号发生变化、设备性能劣化,但仍能维持工作。故障状态是指设备性能指标严重降低,已经无法维持正常工作。设备故障是指设备的运行处于不正常状态(劣化状态),并可导致设备相应的功能失调,即导致设备相应的行为超过允许范围,使设备的功能低于规定水平。

故障分类多种多样,按故障发生的快慢可分为突发性故障与渐发性故障。按故障发生的后果可分为功能性故障与参数性故障。功能性故障是指设备不能继续完成自己规定功能的故障。这类故障往往是由于个别零件损坏造成的,例如发动机的油泵不能供油。参数性故障是指设备的工作参数不能保持在允许范围内的故障。这类故障属于渐发性的,一般不妨碍设备的运转,但会影响产品的加工质量。

2. 数据挖掘、关联规则分析在故障诊断中的应用

随着大数据分析以及数据挖掘方法的不断发展,故障诊断技术也从中获得了巨大发展,尤其是大数据分析、机器学习、关联规则分析技术等已广泛用于故障诊断的各个领域。所谓机器学习(machine learning)以及关联规则挖掘都是获取新知识的重要途径,目前已将知识发现技术成功地运用在故障诊断的专家系统中。

7.3 确信可靠性方法的理论基础及指标间的转化关系

在工程技术科学领域,通常把不确定性(uncertainty)问题分为3类:一类是随机不确定性,这时可引进随机变量,并且用概率论的数学理论加以描述;一类是认知不确定性,这时可以引进不确定变量,并且用不确定性理论[155-156]加以描述;另一类是既存在随机不确定性、又存在认知不确定性的问题。这时可以引进不确定随机变量,并且用机会理论[157]加以描述。本小节仅讨论确信可靠性方法(belief reliability methodology, BRM)的理论基础以及确信可靠性四类指标与确信可靠性函数之间的转化关系。

7.3.1 不确定分布、正则不确定分布和逆不确定分布

对于任意给定的实数 x,设 ξ 是一个不确定变量,则函数

$$\Phi(x) = \mathcal{M}\{\xi \leq x\} \tag{7.5a}$$

称为 ξ 的不确定分布,$\mathcal{M}$ 代表不确定测度。在不确定理论中,是通过不确定变量的不确定分布来描述对于不确定现象的确信程度(又称可信程度)。

如果不确定分布函数 $\Phi(x)$ 是连续并且严格单调增的函数,同时满足

$$\lim_{x \to -\infty} \Phi(x) = 0, \lim_{x \to +\infty} \Phi(x) = 1 \tag{7.5b}$$

并且对于任意 x,有 $0 < \Phi(x) < 1$,则称这样的 $\Phi(x)$ 为正则不确定分布。

如果 ξ 为一个只有正态不确定分布 $\Phi(x)$ 的不确定变量,则将 $\Phi(x)$ 的反函数 $\Phi^{-1}(x)$ 称作 ξ 的逆不确定分布。图7.4和图7.5分别给出了线性不确定分布和线性不确定量的逆不确定分布。图7.6和图7.7分别给出了正态不确定分布和正态型不确定变量的逆不确定分布。图7.8和图7.9分别给出对数正态不确定分布和对数正态型不确定变量的逆不确定分布。

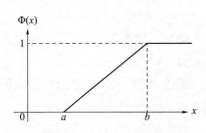
图 7.4　线性不确定分布

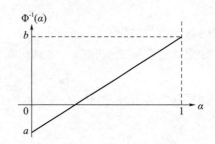
图 7.5　线性不确定变量的逆不确定分布

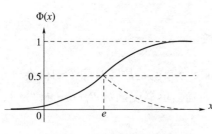
图 7.6　正态不确定分布

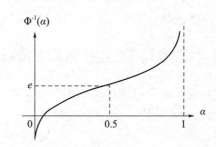
图 7.7　正态型不确定变量的逆不确定分布

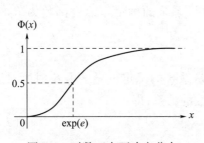
图 7.8　对数正态不确定分布

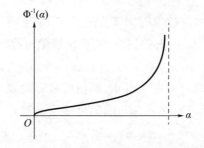
图 7.9　对数正态型不确定变量的逆不确定分布

7.3.2　机会分布函数

设 ξ 是一个不确定随机变量,则函数

$$\Phi(x) = \mathrm{Ch}\{\xi \leqslant x\} \tag{7.6}$$

称为 ξ 的机会分布[157]。由于随机变量和不确定变量都是不确定随机变量的特例,因此概率分布和不确定分布也都是机会分布的一种特例。令 η 和 τ 分别为随机变量和不确定变量,于是机会分布分别为

$$\Phi(x) = \mathrm{Ch}\{\eta \leqslant x\} = P_r\{\eta \leqslant x\} \tag{7.7a}$$

$$\Phi(x) = \mathrm{Ch}\{\tau \leqslant x\} = \mathcal{M}\{\tau \leqslant x\} \tag{7.7b}$$

7.3.3　确信可靠度和确信可靠度函数

设系统的状态变量 ξ 是一个不确定随机变量,其可行域为 Ω,那么系统的确信可靠度 R_B 便可定义为状态变量处于可行域中的机会,即[158-159]

$$R_B = \text{Ch}\{\xi \in \Omega\} \tag{7.8}$$

今讨论如下两种特例:

(1) 如果状态变量 ξ 退化为一个随机系统,那么确信可靠度 R_B 就是一个概率,即

$$R_B = R_B^{(P)} = P_r\{\xi \in \Omega\} \tag{7.9}$$

(2) 如果状态变量 ξ 退化为一个不确定变量,那么确信可靠度 R_B 就是一个信度 $R_B^{(U)}$,即

$$R_B = R_B^{(U)} = \mathcal{M}\{\xi \in \Omega\} \tag{7.10}$$

这里要说明的是,系统的确信可靠度通常是时间 t 的函数,可用 $R_B(t)$ 来表示,并称为确信可靠度函数。

7.3.4 确信可靠性指标间的转化关系

(1) 当状态变量为系统故障时间 T 时,确信可靠分布就是故障时间 T 的机会分布,表示为 $\Phi(T) = \text{Ch}\{T \leq t\}$。在这种情况下,$\Phi(t)$ 和确信可靠度函数 $R_B(t)$ 的和为 1,即

$$\Phi(t) + R_B(t) = 1 \tag{7.11}$$

(2) 当状态变量为系统性能裕量 m 时,确信可靠分布就是性能裕量 m 的机会分布,即

$$\Phi(x) = \text{Ch}\{m \leq x\} \tag{7.12}$$

(3) 设系统故障时间 T 是一个不确定随机变量,系统的确信可靠度函数为 $R_B(t)$。令 α 为区间 $(0,1)$ 内的实数,则系统确信可靠寿命定义为

$$T(\alpha) = \sup\{t \mid R_B(t) \geq \alpha\} \tag{7.13}$$

由确信可靠寿命的定义可知,确信可靠寿命表征的是系统的确定可靠度为 α 时所对应的时间,因此确信可靠寿命与确信可靠度函数是反函数的关系,即

$$R_B(T_\alpha) = \alpha \tag{7.14}$$

于是便有

$$\Phi(T_\alpha) = 1 - R_B(T_\alpha) = 1 - \alpha \tag{7.15}$$

(4) 设系统的故障时间 T 是一个不确定随机变量,系统的确信可靠度函数为 $R_B(t)$,于是 MTTF(Mean Time to Failure,平均故障前时间) 定义为

$$\text{MTTF} = E[T] = \int_0^\infty \text{Ch}\{T > t\} \, dt = \int_0^\infty R_B(t) \, dt \tag{7.16}$$

如果系统的确信可靠寿命为 $T(\alpha)$,可以证明 MTTF 又可表示为

$$\text{MTTF} = \int_0^1 T(\alpha) \, d\alpha \tag{7.17}$$

(5) 故障时间方差 VFT(variance of failure time) 的定义为

$$\text{VFT} = V[T] = E[(T - \text{MTTF})^2] \tag{7.18}$$

可以证明式(7.18)可以利用确信可靠度函数 $R_B(t)$ 表示为

$$\text{VFT} = \int_0^{+\infty} (R_B(\text{MTTF} + \sqrt{t}) + 1 - R_B(\text{MTTF} - \sqrt{t})) \, dt \tag{7.19}$$

此外，式(7.19)又可变为

$$\text{VFT} = -\int_0^\infty (x - \text{MTTF})^2 \text{d}R_B(x) \tag{7.20}$$

令 $\alpha = R_B(x)$，则 $x = T(\alpha)$，由变量代换后得

$$\text{VFT} = \int_0^1 (T(\alpha) - \text{MTTF})^2 \text{d}\alpha \tag{7.21}$$

图 7.10 给出了确信可靠分布、确信可靠寿命、平均故障前时间以及故障时间方差四类指标与确信可靠度函数之间的转化关系。

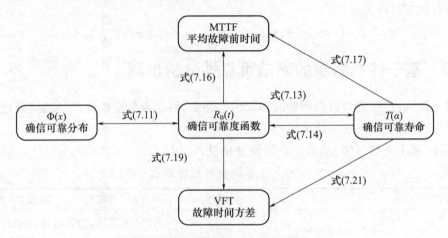

图 7.10　确信可靠性各指标间的转化关系

7.4　考虑认知不确定的性能裕量模型以及 BRA 技术

7.4.1　确信可靠度的内涵以及两种情况间的关联

在可靠性工程中，状态变量 ξ 具有十分明显的物理意义，也对应着不同的可行域。例如性能裕量 m 和故障时间 T，它们是两个常用的状态变量，下面分两种情况讨论：

情况 1——性能裕量 m，它能够描述系统的功能行为，因为 m 描述的是一个性能参数到其故障阈值间的距离，因此当 $m < 0$ 时，功能将丧失；当 $m = 0$ 时，系统处于不稳定的临界状态。所以可行域置为 $(0, +\infty)$，性能裕量的确信可靠度函数可以写为

$$R_B = \text{Ch}\{m > 0\} \tag{7.22}$$

如果考虑系统整个寿命周期过程中性能裕量的退化过程，则状态变量变为时间 t 的函数 $m(t)$，此时系统的确信可靠度函数为

$$R_B(t) = \text{Ch}\{T > 0\} \tag{7.23}$$

情况 2——状态变量表示故障时间 T，即描述系统的故障行为。如果故障时间 T 大于 t，那么系统在 t 时刻是可靠的，所以通常将故障时间 T 的可行域置为 $(t, +\infty)$，即可行域是时

间 t 的函数,可以得到系统在 t 时刻的确信可靠度。关于故障时间的确信可靠度函数可写为

$$R_B(t) = \text{Ch}\{T > t\} \quad (7.24)$$

这里应说明,故障时间 T 是性能裕量 m 退化到 0 时所对应的时间,所以考虑时间的影响在系统的寿命周期内,系统的功能行为(它由 m 描述)最终会转化为系统的故障行为(它由 T 描述)。由上述情况 1 知,$m(t)$ 实际上是一个不确定随机过程(即随时间变化的不确定随机变量)。如果这个过程的阈值设置为 0,则 $m(t)$ 的 FHT(first hitting time,首达时)为

$$t_0 = \inf\{t \geq 0 \mid m(t) = 0\} \quad (7.25)$$

这个 FHT 本质上就是系统的故障时间 T。如果 FHT 的机会分布为 $Y(t)$,则两种情况之间有如下转换关系:

$$R_B(t) = \text{Ch}\{T > t\} = 1 - Y(t) = \text{Ch}\{m(t) > t\} \quad (7.26)$$

7.4.2 基于性能裕量的确信可靠性分析步骤

第一步:确定性能参数与明确故障阈值。通常,性能参数应根据产品的物理过程或物理机理去选取,表 7.6 仅是给出了一个例子。

另外,利用文献[160]的办法获得设计裕量 m_d 值。

表 7.6 性能参数与故障阈值示例

参数类别	产品	性能参数	示例故障阈值	故障发生的条件
与功能实现情况直接相关的参数	功率输出轴	扭矩	满足功能要求的扭矩范围	实际输出的扭矩不满足功能要求
	电液伺服阀	频率响应衰减量	满足功能要求的频率响应衰减量	频率响应衰减量不满足功能要求

第二步:建立描述性能裕量的确定性模型,其一般形式为

$$m = g_m(\boldsymbol{x}; t) \quad (7.27)$$

式中 $g_m(\cdot)$ 代表性能裕量模型;$\boldsymbol{x}$ 为模型输入参数构成的矢量;t 代表时间。目前,学术界对于性能裕量建模的文献较多,例如文献[161]等,可供参考。

第三步:在这一步要考虑性能裕量受到的各种不确定性因素所产生的影响。首先考虑随机不确定性。在经典的概率可靠性分析中,通常仅考虑参数 $\boldsymbol{x}$ 的随机不确定性,并通过概率密度函数获取可靠度 R_P。这里 R 的下脚 P 是为了与考虑认知不确定性的确信可靠度相区分而特加的。R_P 的表达式可写为:

$$R_P(t) = P_r\{m > 0\} = P_r\{g_m(\mathbf{x}) > 0\} \quad (7.28)$$

下面从 3 个方面进一步完善了各种不确定因素所产生的影响。

(1) 随机不确定性因子(aleatory uncertainty factor,AUF) σ_m 的计算,其表达式为

$$\sigma_m = \frac{m_d}{Z_{RP}} \quad (7.29)$$

式中:m_d 为设计裕量;Z_{RP} 为标准概率正态分布的累积分布逆函数在 R_P 处的取值,即

$$Z_{RP} = \Phi_N^{-1}(R_P) \quad (7.30)$$

这里 $\Phi_N(\cdot)$ 为标准概率正态分布的累积分布函数;$\Phi_N^{-1}(\cdot)$ 为标准概率正态分布累积分布函数的逆函数;令等价的性能裕量 m_E 为

$$m_E = m_d + \varepsilon_m \tag{7.31}$$

式中 $\varepsilon_m \sim N(0, \sigma_m^2)$,这里 ε_m 为随机误差;$N(0, *)$ 为正态分布,$*$ 为方差;于是容易得到 $m_E \sim N(m_d, \sigma_m^2)$,并且有 $R_p = p_r\{m_E > 0\}$。

(2) 认知不确定性因子(epistemic uncertainty factor,EUF),用符号 σ_e 表示。另外,用 ε_e 代表裕量调整因子,它与认知不确定性的大小有关,并且 $\varepsilon_e \sim N(0, \sigma_e^2)$,也就是说,裕量调整因子 ε_e 的标准差就是认知不确定因子 σ_e。所以,为了考虑认知不确定性对模型的影响,还应该在式(7.31)的右边加上裕量调整因子 ε_e,并且 $\varepsilon_e \sim N(0, \sigma_e^2)$,于是描述认知不确定作用下性能裕量模型偏差为

$$m_E = m_d + \varepsilon_m + \varepsilon_e \tag{7.32}$$

(3) 如果某单元的设计裕量为 m_d,随机不确定性因子为 σ_m,认知不确定性因子为 σ_e 时,则该单元的确信可靠度便为

$$R_B = \Phi_N\left(\frac{m_d}{\sqrt{\sigma_m^2 + \sigma_e^2}}\right) \tag{7.33}$$

式中:$\Phi_N(\cdot)$ 为标准概率正态分布的累积分布函数。

在计算单元的确信可靠性指标时,首先要分别计算出设计裕量 m_d、随机不确定性因子 σ_m 和认知不确定性因子 σ_e 这三个参数的取值,于是由式(7.33)便可获得单元的确信可靠度,图 7.11 给出了基于性能裕量的单元确信可靠性分析的流程图。

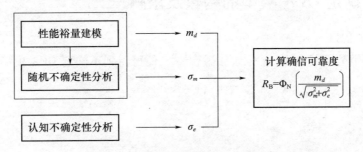

图 7.11 基于性能裕量的单元确信可靠性分析流程图

7.5 不确定理论与 DEA 融合技术及其应用

7.5.1 数据包络分析方法

1978 年,文献[162]提出了数据包络分析(date envelopment analysis,DEA)方法,该方法不需要预先估计参数,能够避免一些主观因素、简化了运算、减少了误差,被广泛地应用于社会管理学、经济学等诸多领域,并且已成为运筹学的一个新分支[16]。DEA 方法是以相对效率概念为基础,采用数学规划模型评价具有多投入多产出的相同类型决策单元相

对有效性的一种非参数统计方法。理论上可以证明，DEA 有效性与相应的多目标规划问题的 Pareto 有效解（或非支配解）是等价的。在社会、经济和管理领域中，常需要对具有相同类型的部门、企业等的相对效率进行评价，这些部门、企业等称为决策单元（decision making units，DMU），亦称为评价单元。从生产函数的角度上看，用 C^2R 模型[163,164]去评价多投入多产出的 DMU 问题有效性是十分理想且有效的方法。该方法是借助于一组输入与输出的观察值来估计有效生产前沿面。在经济学和计量经济学中，估计有效生产前沿面，如果采用通常统计回归或者其他一些统计方法，这时所估计出的生产函数并没有表现出实际的前沿面，而采用 DEA 方法时则不然，它不仅可以用线性规划来判断决策单元对应的点是否在有效生产前沿面上，而且还能得到许多有用的管理决策信息，因此 DEA 方法比其他一些方法有更大的优越性，而获得广泛应用。

7.5.2 不确定理论和 DEA 方法融合思想的提出

虽然 DEA 模型在各领域应用十分广泛，但它也有一个显著的局限性，即对数据非常敏感，一个微小的扰动都将给结果产生非常大的影响，甚至还可能得出截然相反的评价结果。因此，数据的准确测量便成了 DEA 方法的关键。但是在实际评价过程中，由于生产过程复杂等原因，通常很难获得精确的输出和输入数据。针对这种情况，文献[165]提出了将不确定理论与 DEA 方法相结合的思想，该方法用不确定变量刻画单元的输入与输出，因此对于输入与输出数据的精确性要求较低，于是解决了 DEA 方法对数据敏感的局限性。

7.5.3 不确定 DEA 模型的构建及求解

1. 不确定 DEA 模型

如果将不确定理论与 DEA 方法相融合[165]，便可得到不确定 DEA 模型：

$$\begin{cases} \max\left(\sum_{i=1}^{p} s_i^- + \sum_{j=1}^{q} s_j^+\right) \\ s.t. \\ \quad \mathcal{M}\left\{\sum_{k=1}^{n} \lambda_k \tilde{x}_{ki} \leqslant \tilde{x}_{0i} - s_i^-\right\} \geqslant \alpha \quad (i = 1, 2, \cdots, p) \\ \quad \mathcal{M}\left\{\sum_{k=1}^{n} \lambda_k \tilde{y}_{kj} \geqslant \tilde{y}_{0j} + s_j^+\right\} \geqslant \alpha \quad (j = 1, 2, \cdots, q) \\ \quad \sum_{k=1}^{n} \lambda_k = 1 \\ \quad \lambda_k \geqslant 0 \quad (k = 1, 2, \cdots, n) \\ \quad s_i^- \geqslant 0 \quad (i = 1, 2, \cdots, p) \\ \quad s_j^+ \geqslant 0 \quad (j = 1, 2, \cdots, q) \end{cases} \quad (7.34)$$

上述式中要涉及目标决策单元 DMU。第 i 个决策单元 DMU$_i$、不确定测度 $\mathcal{M}\{\cdot\}$ 以及不确定分布 Φ_{0i} 和 Φ_{ki}、不确定分布 Ψ_{kj} 和不确定分布 Ψ_{0j} 等所包含的一些确定变量。另

第7章 数据挖掘和知识发现在可靠性工程中的应用

外在(7.34)式中,λ_k 代表权重。

2. 目标决策单元、决策单元、不确定分布及其相关的变量

在式(7.34)中,令 $\tilde{\mathbf{x}}_k \equiv [\tilde{x}_{k1}, \tilde{x}_{k2}, \cdots, \tilde{x}_{kp}]^T$,它是第 k 个输入决策单元 DMU_k 的不确定输入列向量,这里 $k = 1, 2, \cdots, n$;令符号 $\Phi_{ki}(\tilde{x}_{ki})$ 表示不确定量 $\tilde{x}_{ki}$ 的不确定分布函数,并且令 $\mathbf{\Phi}_k(\tilde{\mathbf{x}}_k) \equiv [\Phi_{k1}(\tilde{x}_{k1}), \Phi_{k2}(\tilde{x}_{k2}), \cdots, \Phi_{kp}(\tilde{x}_{kp})]$ 表示关于不确定向量 $\tilde{\mathbf{x}}_k$ 的不确定分布函数的向量表达形式;因此输入决策单元 DMU_k 涉及不确定输入的 $\tilde{x}_{ki}$ 变量,这里 $i = 1, 2, \cdots, p$;在式(7.34)中,输入 DMU_k 为不确定输入向量 $\tilde{\mathbf{x}}_k$ 所对应的第 k 个输入决策单元。

令 $\tilde{\mathbf{x}}_0 \equiv [\tilde{x}_{01}, \tilde{x}_{02}, \cdots, \tilde{x}_{0p}]^T$,它是决策单元 DMU_0 的不确定输入列向量。相应地符号 $\Phi_{0i}(\tilde{x}_{0i})$ 代表不确定量 $\tilde{x}_{0i}$ 的不确定分布函数,$\mathbf{\Phi}_0(\tilde{\mathbf{x}}_0) \equiv [\Phi_{01}(\tilde{x}_{01}), \Phi_{02}(\tilde{x}_{02}), \cdots, \Phi_{0p}(\tilde{x}_{0p})]$ 表示 $\tilde{\mathbf{x}}_0$ 的不确定分布函数的向量表达形式;因此输入决策单元 DMU_0 涉及不确定输入的 $\tilde{x}_{0i}$ 变量,这里 $i = 1, 2, \cdots, p$;在式(7.34)中,输入 DMU_0 涉及不确定量 $\tilde{x}_{0i}$。

相类似地,令 $\tilde{\mathbf{y}}_k \equiv [\tilde{y}_{k1}, \tilde{y}_{k2}, \cdots, \tilde{y}_{kq}]^T$,它是第 k 个输出决策单元 DMU_k 的不确定输出列向量,这里 $k = 1, 2, \cdots, n$;令符号 $\Psi_{kj}(\tilde{y}_{kj})$ 表示不确定量 $\tilde{y}_{kj}$ 的不确定分布函数,并且令 $\mathbf{\Psi}_k(\tilde{\mathbf{y}}_k) \equiv [\Psi_{k1}(\tilde{y}_{k1}), \Psi_{k2}(\tilde{y}_{k2}), \cdots, \Psi_{kq}(\tilde{y}_{kq})]$ 表示关于不确定向量 $\tilde{\mathbf{y}}_k$ 的不确定分布函数的向量表达形式;因此输出决策单元 DMU_k 涉及不确定输出的 $\tilde{y}_{kj}$ 变量,这里 $j = 1, 2, \cdots, q$;在式(7.34)中,输出 DMU_k 为不确定输出向量 $\tilde{\mathbf{y}}_k$ 所对应的第 k 个输出决策单元。

令 $\tilde{\mathbf{y}}_0 \equiv [\tilde{y}_{01}, \tilde{y}_{02}, \cdots, \tilde{y}_{0q}]^T$,它是输出决策单元 DMU_0 的不确定输出列向量。相应地符号 $\Psi_{0j}(\tilde{y}_{0j})$ 代表不确定量 $\tilde{y}_{0j}$ 的不确定分布函数,并且令 $\mathbf{\Psi}_0(\tilde{\mathbf{y}}_0) \equiv [\Psi_{01}(\tilde{y}_{01}), \Psi_{02}(\tilde{y}_{02}), \cdots, \Psi_{0q}(\tilde{y}_{0q})]$ 表示 $\tilde{\mathbf{y}}_0$ 的不确定分布函数的向量表达形式;因此输出决策单元 DMU_0 涉及不确定输出的 $\tilde{y}_{0j}$ 变量,这里 $j = 1, 2, \cdots, q$;在式(7.34)中,输出 DMU_0 为不确定量 $\tilde{\mathbf{y}}_0$ 所对应的输出决策单元。另外还要说明,DMU_0 是 α-有效的当且仅当对所有的 i,j 满足 $s_i^- = 0, s_j^+ = 0 (i = 1, 2, \cdots, p; j = 1, 2, \cdots, q)$,其中 s_i^- 和 s_j^+ 是式(7.34)的最优解。

3. 模型方程的等价转化及其求解

设 $\tilde{x}_{1i}, \tilde{x}_{2i}, \cdots, \tilde{x}_{ni}$ 是相互独立的不确定变量,相应的不确定分布函数是 $\Phi_{1i}, \Phi_{2i}, \cdots, \Phi_{ni}$ ($i = 1, 2, \cdots, p$);并且 $\tilde{y}_{1i}, \tilde{y}_{2i}, \cdots, \tilde{y}_{ni}$ 是相互独立的不确定变量,相应的不确定分布函数为 $\Psi_{1j}, \Psi_{2j}, \cdots, \Psi_{nj}$ ($j = 1, 2, \cdots, q$)。于是可得到

$$\begin{cases} \mathcal{M}\left\{\sum_{k=1}^{n} \lambda_k \tilde{x}_{ki} \leq \tilde{x}_{0i} - s_i^-\right\} \geq \alpha & (i = 1, 2, \cdots, p) \\ \mathcal{M}\left\{\sum_{k=1}^{n} \lambda_k \tilde{y}_{kj} \geq \tilde{y}_{0j} + s_j^+\right\} \geq \alpha & (j = 1, 2, \cdots, q) \end{cases} \quad (7.35)$$

上式等价于

$$\begin{cases} \sum_{k=1}^{n} \lambda_k \Phi_{ki}^{-1}(\alpha) + \lambda_0 \Phi_{0i}^{-1}(1-\alpha) \leq \Phi_{0i}^{-1}(1-\alpha) - s_i^- & (i = 1, 2, \cdots, p) \\ \sum_{k=1}^{n} \lambda_k \Psi_{kj}^{-1}(1-\alpha) + \lambda_0 \Psi_{0j}^{-1}(\alpha) \geq \Psi_{0j}^{-1}(\alpha) + s_j^+ & (j = 1, 2, \cdots, q) \end{cases} \quad (7.36)$$

其中 Φ_{ki}^{-1} 为 Φ_{ki} 的逆分布函数,Φ_{0i}^{-1} 为 Φ_{0i} 的逆分布函数,Ψ_{kj}^{-1} 和 Ψ_{0j}^{-1} 分别为 Ψ_{kj} 和 Ψ_{0j} 的

逆分布函数。

借助于式(7.36)后,则式(7.34)转化为如下形式的等价模型:

$$\begin{cases} \max\left(\sum_{i=1}^{p} s_i^- + \sum_{j=1}^{q} s_j^+\right) \\ s.t. \\ \sum_{k=1}^{n} \lambda_k \Phi_{ki}^{-1}(\alpha) + \lambda_0 \Phi_{0i}^{-1}(1-\alpha) \leq \Phi_{0i}^{-1}(1-\alpha) - s_i^- \quad (i=1,2,\cdots,p) \\ \sum_{k=1}^{n} \lambda_k \Psi_{kj}^{-1}(1-\alpha) + \lambda_0 \Psi_{0j}^{-1}(\alpha) \geq \Psi_{0j}^{-1}(\alpha) + s_j^+ \quad (j=1,2,\cdots,q) \\ \sum_{k=1}^{n} \lambda_k = 1 \\ \lambda_k \geq 0 \quad (k=1,2,\cdots,n) \\ s_i^- \geq 0 \quad (i=1,2,\cdots,p) \\ s_j^+ \geq 0 \quad (j=1,2,\cdots,q) \end{cases} \quad (7.37)$$

上述模型方程属于线性规划模型。对于这类方程,目前已有许多经典的求解方法,这里不再赘述。

7.5.4 不确定理论与DEA融合技术的典型应用

以武器装备为例,备件库存保障系统作为供应保障单位,其宗旨在于为各站点武器装备提供备件的更换与维修。当装备发生故障时,发生故障的武器装备部件将由仓库中的备件进行更换,所以备件库存的水平在很大程度上影响着各种供应保障系统的效能,进而影响到装备系统的作战效能。另外,如果备件库存水平过高同样也会增加保障资源费用的负担,造成备件购置、贮存维护等方面所产生的人力、物力、财力等各种资源的浪费。所以如何权衡备件供应保障费用与供应保障系统的保障效能两大目标便成为关键问题,也就是说要确保达到要求的供应保障效能以便达到应有的装备作战效能,同时还应该将相关的保障费用降到最低。

文献[166]给出了一种用不确定理论与DEA技术相融合的方法,去科学地解决前者装备备件库存数量的优化问题。该文献以武器备件保障度作为目标函数,以费用、各备件库站点的备件保障度约束等为约束,综合权衡备件供应保障费用与供应保障系统的保障效能这两个目标,从而实现了备件资源的合理配置。

这是一个成功地使用不确定性数学理论与数据包络分析方法相结合解决仓库中备件数量具有不确定性的问题成功范例。另外,在实际应用的工程中,由于所面临的问题是只有小样本数据库或者没有观测数据,并且也无法通过收集现场数据、工程试验以及物理模型等去获得不确定变量的不确定分布函数,也就是说这时还可能存在着认知的不确定性,因此将不确定度测度或者针对不确定随机变量问题的机会测度的概念引入到优化模型中还是非常需要的。

7.6 PSF 与 TSA 融合的人因可靠性智能方法及应用

7.6.1 人因可靠性分析方法的发展历程

人因可靠性分析(human reliability analysis,HRA)方法自 20 世纪 60 年代提出[167],经历了半个多世纪的发展已经出现了数十种 HRA 方法,如果按时间划分可分为第一代、第二代和第三代 HRA 方法。

1. 第一代 HRA 方法

通常,将 20 世纪 60 年代到 80 年代中后期所构造的人因可靠性分析方法,称为第一代 HRA 方法,其代表性的例如人因失误率预测(technique for human error rate prediction,THERP)方法、成功似然指数法(success likelihood index method,SLIM)、人的认知可靠性(human cognitive reliability,HCR)、操纵员动作树(operator action tree,OAT)、人因失误评价与简化技术(human error assessment and reduction technique,HEART)以及事故序列评价-人因可靠性分析(accident sequence evaluation program - human reliability analysis,ASEP-HRA)等。其中以 1983 年 Swain 提出的 THERP 和 1984 年 Hannaman 创建的 HCR 模型最具代表性。

THERP 方法创造了 HRA 事件树和行为形成因子(performance shaping factor,PSF)的概念,将操作者(又称作业者)的行为方法分解为一系列为子任务、建立 HRA 事件树,并对每个子任务赋予经专家判断或者统计分析得到的名义人因失误概率(nominal human error probability,NHEP)。另外,还使用 PSF(包含人-机界面、人的内因、作业特性、组织管理、心理应激、生理应激等几大类)。THERP 方法于 20 世纪 70 年代初首次用于美国两座核电厂的安全评价,在经过十余年的应用与多次修正后,于 1983 年正式公布。之后 Swain 对其又进一步进行了简化,于 1987 年又公布了 ASEP-HRA 方法。该方法以时间可靠性相关(time-reliability correlation,TRC)为基础来计算人因失误概率(human error probability,HEP)的方法。

HCR 方法属于整体的 HRA 方法,该方法采取技能-规则-知识(skill-rule-knowledge,SRK)三级行为模型作为认知模型的框架,认为操作人员在规定的任务时间内没有对事故征兆进行响应的概率(又简称为不响应概率)服从三参数威布尔(Weibull)分布,即

$$f(x) = \begin{cases} \dfrac{\beta}{\alpha}(x-\gamma)^{\beta-1}\exp\left[\dfrac{-(x-\gamma)^{\beta}}{\alpha}\right], & (x \geq \gamma) \\ 0, & (x < \gamma) \end{cases} \quad (7.38a)$$

$$F(x) = P(X \leq x) = 1 - \exp\left[\dfrac{-(x-\gamma)^{\beta}}{\alpha}\right], (\gamma \leq x < \infty) \quad (7.38b)$$

式中 $f(x)$ 与 $F(x)$ 分别是随机变化的概率密度函数与累积概率分布函数;在数学上,$\beta > 0$ 称为形状参数;$\alpha > 0$、称为尺度参数;γ 为位置参数。在 SRK 三级行为模型,将人

的行为划分为技能型、规则型及知识型三种类别,它代表了人的三种不同的认知水平。技能型行为(skill-based behavior)是指在信息输入与人的响应之间存在非常密切的耦合关系,它不完全取决于给定任务的复杂性,而只依赖于人员的实践水平和完成该项任务的经验。如果操纵员有很好的培训经历,有完成任务的动机,清楚地了解任务并具有完成任务的经验,这类行为可以划归为技能型。疏忽大意是技能型失误的主要表现形式。规则型行为(rule-based behavior)包括诊断或者操纵员要根据规程的要求实施某种操作或行动。规则型失误的主要原因是对情景的误判或不正确的选择规则。知识型行为(knowledge-based behavior)是指遇到新的情景,没有现成可用的规程,操作人员必须依靠自己的知识和经验进行分析诊断及处理。由于知识的局限性和不完整性,该水平上的失误很难避免,其结果往往也很严重,这类行为应划归为知识型。基于 SRK 模型,将人的失误划分为技能级偏离(slip)规则级疏忽(lapse),知识级错误(mistake),表7.7 给出了3种失误类型的特征。

表7.7 3种失误类型的特征

	技能级偏离	规则级弄错	知识级弄错
行为类型	常规行动	解决问题	解决问题
操作模式	按照熟知的例行方案 无意识地自动处理	依据选配模型 半自动处理	资源制约性的 系列意识处理
注意焦点	现在的工作以外	与问题相关联的事项	与问题相关联的事项
失误形式	在行动中	在应用规则中 错误强烈	多种多样
失误自己检出	快速	困难 需他人帮助	困难 需他人帮助

2. 第二代 HRA 方法

第二代 HRA 方法主要是关注在复杂事故的演化动态过程中,去研究人的可靠性。也就是说,从操作人员所处的情境环境的角度出发去分析人因可靠性问题,代表了第二代 HRA 方法的发展方向。在第二代 HRA 方法中,ATHEANA(A Technique for Human Error Analysis,人因失误分析技术)、CREAM(cognitive reliability and error analysis method,认知可靠性和失误分析方法)、HDT(Holistic Decision Tree,整体决策树)方法,以及 SPAR-HRA(standardized plant analysis risk-human reliability analysis,标准化电厂风险分析-人因可靠性分析)[168]等具有代表性。

CREAM 采用情景控制模型(contextual control model,CCM)作为认知模型基础[169],将认知功能分为观察、揭示、计划和执行,并且将认知控制模式分为混乱型、机会型、战术型和战略型,每一类控制模式对应一个认知失效概率(cognitive failure probability,CFP)区。另外,CREAM 提供了9类可能对人因失误概率产生影响的通用行为条件(common performance condition,CPC):组织的充分性、工作环境、人-机界面和操作支持的充分性、程序可用性、同期目标的数量、可用时间、当日时间、培训和准备的充分性、班组协作质量。

总之,第二代 HRA 方法特别关注对认知失误的研究,通过分析情境环境因素对认知流程各阶段的影响进而获得人因失误的概念。而第一代 HRA 方法主要强调的是任务的重要性,因此第二代 HRA 方法较第一代 HRA 方法相比有了较大的改进与完善。

3. 第三代 HRA 方法

第三代 HRA 方法主要侧重于动态仿真,属于动态建模领域。传统的第一代和第二代 HRA 方法是以运行事件的静态任务分析作为绩效建模的基础,并依靠实证和专家判断获得的数据进行绩效估计。而第三代 HRA 方法则是利用虚拟场景、虚拟环境以及虚拟人来模拟实际环境中人的绩效,提供一个人的可靠性分析建模和量化的动态分析的基础框架。第三代 HRA 方法例如认知仿真模型(cognitive simulation model,COSIMO)[170]、班组运行下信息、决策和执行(information,decision,and action in crew context,IDAC)模型以及人机一体化设计与分析系统(man-machine integration design and analysis system,MIDAS)等模型为典型代表。

IDAC 模型[171,172]是美国马里兰大学风险与可靠性研究中心在信息处理、决策、执行(information,decision,and action,IDA)模型的基础上发展起来的基于仿真的 HRA 方法[173,174,175]。该方法能够模拟在事故情境下主控室操作班组的可靠性问题,这里操纵员的行为响应包括认知(cognitive)、情感(emotional)、物理行为(physical activities)。另外,IDAC 模型是一个包括三类操纵员(即决策者、执行者和咨询者)的班组模型。在班组情境环境中,该方法能够模拟班组中每个操纵员的行为响应,并且建立了基于离散动态事件树(discrete dynamic event tree,DDET)。ADS-IDAC 将行为影响因子(performance influencing factors,PIF)分为静态和动态两大类。静态影响因子主要是与组织相关的因素,例如规程质量,培训水平等在事故进行中不会变化。动态影响因子则在事故进行中依情景的变化而变化,例如主控室环境、激发的警报等。此外 ADS-IDAC 模型将认知模型、决策引擎(Decision Making Engine)、PSF 以及 ADS(Accident Dynamics Simulator,事故动态模拟器)相结合,用于模拟与分析班组的可靠性问题[176]。

7.6.2 主控室人机界面的发展及数字化集成技术的实施

1. 第一代与第二代主控制室人机界面

以核电厂主控制室的人机界面为例,20 世纪 60~70 年代建造的核电厂,其主控制室所使用的都是硬接线的记录仪,指针式仪表、旋转式开关、按钮式开关等。为了使操纵员获得更多的信息,主控制室的控制盘台长达 20 多米。控制盘台上装有各种监视用的模拟仪表、报警信号灯以及光字牌等。当处于事故状态时,操纵员在极大的心理压力下,需要移动较长的身体距离去监视和操纵相关的仪表。1975 年美国完成了 WASH-1400 报告[177],将 THERP(即第一代 HRA 方法)成功地应用于商用的核电站系统,这是世界上第一个关于核电厂的 PSA(probabilistic safety assessment)报告,这时针对的主控室人机界面应属于第一代。

1979年,美国发生三哩岛核电站堆芯熔化事故,三哩岛事故至少给人们两点启发:①人们认识到电厂运行中人与系统的交互作用对于事故的缓解或恶化起着至关重要的作用,因而促使人们对HRA方法进行改进,其核心思想是将人放到事故情景环境中去探究人的失误机理,而不是采取割裂的分解赋值方式,因此在这种思想的促进下,第二代HRA方法(又称动态的人可靠性分析模型)便逐渐形成;②三哩岛事故发生的原因之一就是维修人员造成的阀门潜在失误而引起的。人们已意识到主控制室中大量的信息会给操纵员造成混乱,因此必须要选择一组数量很少但又能评价核电厂安全状态的参数。另外,20世纪80年代,阴极射线管(cathode-ray tube,CRT)和计算机技术被广泛地用在主控制室人机界面中,因此采用CRT进行辅助信息显示的第二代主控制室集中式布局的人机界面设计,便有效地减轻了操纵员的相关负担。

2. 第三代半数字化主控制室人机界面

随着计算机技术的发展,核电厂主控制室大量地采用了数字集成技术,其目的是减轻操纵员负担、提高其绩效。第三代主控制室依然保留了传统的控制盘台,但增设了电厂显示系统(plant display system,PDS)以及更多地使用CRT显示。第三代核电厂主控室采取模拟主控盘台与数字化控制室系统相结合的方式对电厂实施控制,也称为混合式主控或称半数字化主控人机界面。目前,在HRA方法中,THERP、HCR以及SPAR-HRA研究的对象都是传统的盘台式控制室。

加拿大的CANDU6型重水堆商用核电厂主控室人机界面是典型的第三代半数字化人机界面,该界面一方面保留了传统控制盘台的报警单元、模拟显示单元和手动控制单元,另一方两又增加了电厂显示系统(plant display system,PDS)。CANDUS的"最终安全分析报告"表明,PDS不是电厂控制界面的替代(原有的控制显示界面依然是主要的人机界面),而是对现有的电厂信息系统质量的提升,这样操纵员在进行电厂状态判断时便具有冗余的和支持性的选择,从而提高了电厂的安全。

3. 第四代全数字化主控制室人机界面

核电厂第四代控制室,全部采用了数字化的仪控系统代替了传统的模拟仪控盘台系统。全数字化系统包括反应堆保护驱动系统和专设安全设施逻辑系统。这时操纵员只要使用前置的大屏幕显示系统和视频显示终端(video display unit,VDU)便可以获取相关的信息,并且使用计算机软控制对电厂实施控制运行。我国正在运行的田湾和岭东核电厂的主控室界面都应属于全数字化人机界面,在这类新颖界面下,需要认真考虑所带来的人因可靠性问题。

7.6.3 全数字化控制系统中人因可靠性智能分析

1. 全数字化对人因失误产生的影响

传统的主控室进行数字化改造之后,操纵员所处情境环境(context)发生了变化,改变了操纵员在系统中的角色和功能以及人机交互的方式,从而影响了操纵员的心理认知以及行为特征。虽然数字化控制系统具有很多的优点,但是数字化技术在先进的主控制室中应用时,使得在技术系统、人机界面、规程、任务以及班组等情境环境因素方面发生了变化,而这些变化的特征会给人因失误带来一些不利因素,其主要表现在:①信息过负荷;②会产生锁孔效应(keyhole effect);③导致复杂的界面管理任务。信息过负荷容易使操纵员产生信息搜索时的失误;锁孔效应容易使操纵员丧失情境意识(Situation awareness,SA);界面管理任务复杂容易干扰操纵员对一类任务(即主要的认知行为)的完成。因篇幅所限,这里对上述三点不利因素不展开讨论,下面仅对锁孔效应问题略作说明。

操纵员从有限宽度的显示屏或视频显示单元上来获取信息,会产生锁孔效应[178],即从一个门的锁孔中去观察外面的世界,只能看到很少的一部分。由于计算机的界面区域很小,显示与任务相关的信息也较少,许多信息被隐藏,操纵员要获得较多的信息,便要反复导航与检索,因此过多画面的导航和信息的检察便会影响操纵员对整个任务和电厂状态的认知。在紧急情况下,当操纵员要执行多个程序更显得错锁孔效应尤为突出。所以,基于 VDU 显示的数字化控制系统对于同时观察多个规程,以及同时观察与任务相关的诸多电厂数据来讲,较传统的模拟控制系统并不具有太多的优势。

2. 数字化系统中操纵员的认知活动

数字化控制系统中,操纵员的角色就是监视控制,这里主要涉及两类任务,即主任务(又称第一类任务)和界面管理任务(又称第二类任务)。其中,主任务包括四种主要的认知任务,即:①监视与察觉;②状态评估;③响应计划;④响应执行。操纵员必须执行界面管理任务,即进行计算机画面配置、搜索信息、布置信息等方面的管理。

在数字化主控室中,操纵员是通过生理因素(即视觉因素和听觉因素)获取外界信息,通过认知因素(即注意力和记忆力)进行信息加工,并且以计算机屏幕显示和控制人机界面的方式执行任务,满足电厂功能的需求。

正是由于数字化主控室人机界面的改变,改变了操纵人员通过传统感知系统感知信息和加工信息的方式,操纵员的角色转变为监视性控制,并由上述四个阶段完成认知,通过数字化人机界面来监视和控制系统。当系统状态处于异常时,系统将通过报警提示并通过传感器将异常情况在显示器中显示出来。操纵员可通过人机界面获取系统的状态信息并依次去评估系统当前的状态。而后依据评估与诊断的结果确定系统是否为异常状态,进而选择操作程序和路径,最后执行控制响应任务。应该特别说明的是,在上述所讨论的各个阶段都有可能出现各种认知失误和行为失误。

3. 数字化系统中操纵员认知的行为模型

在数字化主控系统中,操纵员的认知行为包括监视、状态评估、响应计划和响应执行,相应地便可构建操纵员认知行为模型,其中包括监视模型、状态评估模型、响应计划模型和响应执行模型。另外,也可以构建监视过程的马尔可夫模型。图 7.12 给出了带条件的隐式马尔可夫模型。图中,$S_j(t)$ 为时刻 t 第 j 种系统状态;$H_i(t)$ 为时刻 t 人因处于第 i 种状态;$A_k(t)$ 为时刻 t 报警处于第 k 种状态。此外,对于状态评估由于它作为一种内在的思维过程,具有复杂性、内隐性、动态性等特征,具有典型的不确定性。为此,建立了基于叶贝斯网络状态评估模型和基于模糊认知图的状态评估模型。此外,还可以建立响应计划贝叶斯网络模型。

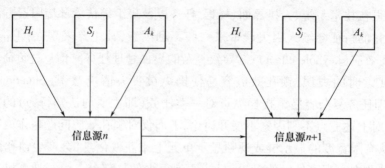

图 7.12　带条件的隐式马尔可夫模型

4. 数字化人机界面监视单元布局的智能优化算法

人机界面布局和设计特征,对操纵员获取界面的信息有很大影响。目前界面优化的方法有许多,例如图论法、搜索法、模糊法、列举法等。这里因篇幅所限,仅简要讨论一下遗传算法与贝叶斯方法相结合的布局优化方法。图7.13给出了人机界面布局优化的改进遗传算法。

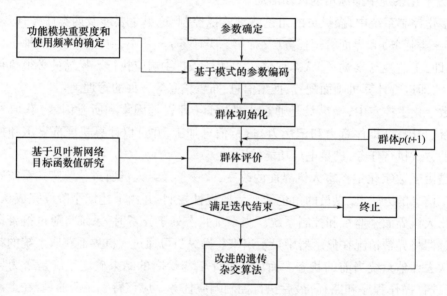

图 7.13　人机界面布局优化的改进遗传算法

遗传算法是目前在函数优化、组合优化、机器学习、图像处理等方面广泛采用的方法,对于它的一般步骤这里不予赘述。下面想简单讨论一下用贝叶斯网络来解决数字化人机界面布局中人因可靠性的定量化问题。由于传统的故障树(fault tree,FAT)的二值状态,不适应人因可靠性分析过程的多态性。另外,FAT缺乏推理的直观性以及同层节点的关联性,因此许多学者开始把FAT转换为贝叶斯网络(bayesian network,BN)[179]。此外,在建立基于贝叶斯监视过程人因可靠性分析模型时,既要考虑各因素之间的依赖关系,也要考虑各因素内在的联系;既要考虑整体背景,还要考虑不同特定情景时进行监视的可靠性分析,图7.14给出了人机界面布局下人的失误对可靠性的影响。文献[180]给出了采用动态贝叶斯网络(dynamic bayesian network,DBN)方法时监视过程人因可靠性失误概率的计算过程。总之,在数字化人机界面下,人因失误概率的计算正朝着精细化和智能化的方向发展。

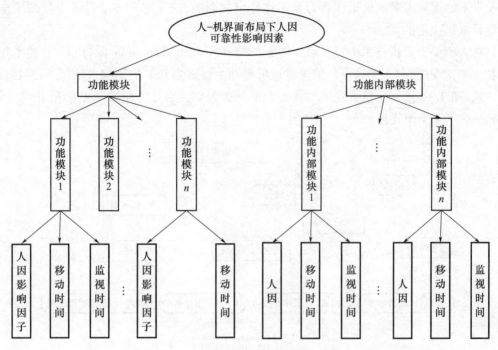

图 7.14 人机界面布局下人的失误对可靠性的影响

5. 班组情景意识可靠性智能评价

班组情景意识(team situation awareness,TSA)是指两个或两个以上的班组成员在某时刻对当前系统或者环境中发生的事件、事件的含义及其未来状态,通过共享各自观点以便达到对事物一致的看法和共同的理解。因此,TSA 可以看作班组成员共同的认知,换句话说,TSA 对于高风险系统中班组任务的成功执行十分重要,因为在复杂工业系统中的系统运行状态监控和异常状态的处理,绝不可能由个人完成,它需要不同专业知识、技能的人一起共同来完成。国内外研究表明:像核电厂(nuclear power plant,NPP)和空中交通管制这类复杂动态系统,其系统安全绩效更多地取决于班组绩效而不是个人绩效。研究还表明,班组绩效与 TSA 呈正相关关系。以核电厂(NPP)数字化主控制室的运行班组为例,当核电厂出现异常情况时,班组成员要收集和分析信集,识别 NPP 发生的问题。当收集到信息之后,班组成员需对信息进行认识、理解和评估,这就需要个体的知识和经验,班组成员的知识和经验水平会影响个体的 SA 水平,从而会影响 TSA 水平[181~183]。由于班组知识和经验水平主要受培训水平和班组交流合作水平的影响;由于自动化水平的提高,使系统变得更为复杂,于是任务的高风险后果给个体和班组带来压力。因此压力会影响 TSA 的认知行为。另外,班组压力主要受任务的复杂性、可用时间以及班组知识和经验水平的影响。任务的复杂性决定了班组成员需要进行交流与合作才可能完成任务;而交流与合作的充分性又会影响班组的知识和经验水平,从而影响 TSA 水平。班组为识别系状态,需收集大量信息,因此信息的显示质量会影响 TSA 水平,影响信息显示质量的因素主要有数字化规程和人机界面质量。此外,人因事件分析表明,注意力和安全态度是影响 TSA 水平的重要因素。这里注意力受工作环境的影响,安全态度主要是由电厂的安全文化建设水平决定的。

在人因失误分析技术中,行为形成因子(performance shaping factor,PSF)分类不是完全独立和正交的,由于操纵员的情景意识可靠性受到诸多 PSF 的影响,它们之间存在相互的影响,图 7.15 描述了情景意识与各个 PSF 间的因果关系。为便于下文分析,图 7.15 将 PSF 分成了 4 个模式:

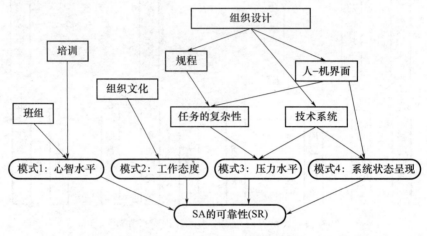

图 7.15 情景意识的因果概念模型

(1) 在模式 1(即操纵员的心智水平)中:涉及的因素包括操纵员的素质和能力,培训水平、班组交流与合作水平。显然,培训不良和班组交流与合作不充分则会影响操纵员的心智水平。

(2) 在模式 2(即操纵员的工作态度)中,仅有安全文化一个 PSF,如果安全文化不良,会影响操纵员的工作态度,容易产生情景意识失误(error of situation awareness,ESA)。

(3) 在模式 3(即操纵员的压力水平)中,涉及的 PSF 包括组织设计、规程、技术系统(例如技术设计系统的复杂性、处置事故的可用时间、人机界面、任务复杂性等)等,显然这些因素都会给操纵员带来压力,影响操纵员的压力水平。

(4) 在模式 4(即系统状态的呈现水平)中,涉及组织设计、技术系统、人机界面等因素。

综上所述,最有可能发生的情景意识失误可由上述 4 个方面予以概括。但是,为了更好地收集实验数据,对操纵员的情景意识因果模型进行了简化,图 7.16 给出了简化后的操纵员情景意识因果贝叶斯网络模型图。

在图 7.16 中,影响情景意识的几个因素包括如下 6 个方面:如班组合作与交流、培训、规程、人机界面、可用时间以及系统自动化水平等。表 7.8 和表 7.9 分别给出了根节点和中间节点(或中间变量)影响因素的等级水平以及划分的准则,两个表中每个影响因子划分为三个等级。

第7章 数据挖掘和知识发现在可靠性工程中的应用

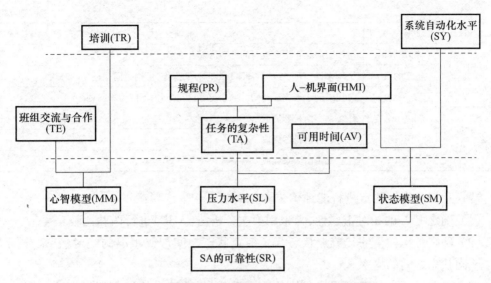

图7.16 操纵员的情景意识因果贝叶斯网络模型

表7.8 影响因素等级水平划分准则(根节点)

变量	状态等级	准则/描述
1. 班组合作与交流(TE)	充分的(a)	除按规定的要求进行交流之外,就质疑的问题进行交流和询问,且得到有益的结果
	可接受的(b)	操纵员之间按规定的要求进行交流,并且得到有益的结果
	不充分(c)	操纵员之间很少进行交流,或者交流了,但没有得到有益的结果,或者错误的结果
2. 培训(TR)	好(a)	事故处置非常有经验,在很广泛的范围接受过培训和具有多年的事故处置经验
	中(b)	超过6个月的事故培训,提供了大量的正式的培训和事故处置的培训,具有一定的事故处置经验
	差(c)	低于6个月的数字化事故处置的技能培训。进行必要的技能、知识和事故处置培训的次数很少,没有提供充分的事故处置培训实践和各种事故处置实践
3. 规程(PR)	好(a)	规程可用且是状态导向的规程,能提供保持关键安全功能的手段,不需要精确诊断发生的事件而能使电厂保持在安全的状态,需要做的只是缓解事件。如果关键的安全功能得到保持,则不会带来灾难性后果(如堆熔)。满足人因工程设计要求,能有效地完成任务
	中(b)	规程可用且基本满足人因工程设计要求,能完成任务
	差(c)	规程不可用或者不完整,没有包含必要的信息或没有满足人因工程设计要求,难以完成任务
4. 人-机界面(HMI)	好(a)	界面的设计能提供所需的信息和能以一种简单且少失误的方式执行任务,能提高人员绩效。满足人因工程设计要求,有利于操纵员的监视、状态评估、响应计划和动作执行,能又快又好地完成任务
	中(b)	界面的设计能支持正确的行为,但不能提高人员绩效或使任务执行的更容易,满足人因工程设计要求,能基本完成任务
	差(c)	需要的信息没有支持诊断或者会产生误导,界面设计没有满足人因工程设计要求(如错误的标识),影响任务绩效,难以完成任务

续表

变量	状态等级	准则/描述
5. 可用时间(AV)	充分的(a)	可用时间是正常完成时间的2倍或者更多以上
	正常的(b)	平均来说,有足够的时间来诊断问题和操作,可用时间超过完成时间
	不充分的(c)	可用时间小于完成时间,操纵员在可用时间内不能诊断问题
6. 系统自动化水平(SY)	高(a)	任务基本由机器完成
	中(b)	部分任务由机器完成
	低(c)	任务基本由人来完成

情景意识可靠性的定量智能评价主要包括如下4个步骤:

(1) 确定PSF的相对重要性,常采用层次分析法(AHP)进行两两比较获得。

(2) 确定考虑权重的父节点状态与子节点状态之间加权距离的绝对值,来分配PSF处于不同状态之间的概率。

(3) 确定子节点处于不同状态的条件概率分布,计算中使用模拟机实验数据去计算情景意识可靠性模型中的PSF条件概率分布,这就使得计算结果更加客观可靠。

(4) 在特定情境下计算操纵员情景意识可靠性(又称因果推理)。

表7.9 影响因素等级水平的划分以及准则(中间节点或中间变量)

变量	状态等级	准则/描述
1. 任务复杂性(TA)	简单(a)	在此任务情境下,操纵员的诊断和执行相当简单。有明显的线索来支持任务的诊断和执行,因此,将很难发生误诊断和错误的操作。几乎不占用认知资源,也不需要太多的专业知识
	一般(b)	在此任务情景下,任务的诊断和操作可能面对一些困难。在诊断和操作过程中,需要对一些信息进行加工处理,有可能存在一些必需的且模糊的信息,或者若干个变量包含在任务诊断和执行中。存在若干操作步骤,稍显复杂的逻辑等,需要一些认知努力或领域知识来进行诊断与操作
	复杂(c)	任务执行相当困难。在任务的诊断与执行过程中,存在大量的信息需要处理;有许多模糊的地方;包括诸多变量,需同时处理和执行;存在许多任务步骤,逻辑关系复杂等;在此情况下,任务需要大量的认知努力,消耗大量的认知资源,并且需要丰富的专业知识和经验来进行诊断和执行
2. 心智模型(MM)	好(a)	心智模型是通过正式的教育、培训和实践经验建立起来。一个好的心智模型意味着操纵员能在给定的时间和给定的任务情境下,能完全懂得系统的特性、状态和运行功能特性,并且基于他们的知识和经验能精确预测系统或电厂的未来发展状态
	中(b)	一个中等的心智模型意味着操纵员不一定能在给定的时间和给定的任务情境下,能较明确地懂得系统的特性、状态和运行功能特性,并且基于他们的知识和经验也难以精确预测系统或电厂的未来发展状态
	差(c)	一个差的心智模型意味着操纵员几乎不能在给定的时间和给定的任务情境下,能懂得系统的特性、状态和运行功能特性,并且基于他们有限的知识和经验不能精确地预测系统或电厂的未来发展状态

续表

变量	状态等级	准则/描述
3. 压力水平(SL)	低(a)	由于任务相当简单并且可用时间是充分的,在此情况下,操纵员的压力处于低水平。但是,低压力水平的操纵员不一定就有好的绩效,有可能由于压力水平低,他们容易因自身的疏忽、不注意或单调的工作引起人因失误
	中(b)	中等水平的压力有益于产生好的绩效。在此情况下,操纵员在一定的认知和身体负荷下,能提升他们的注意力,并且能懂得系统状态,更能有效地执行他们的任务
	高(c)	由于严重的失效或后果、同时有多个非期望的报警、大的持续的环境噪声、不充分的信息显示、复杂的任务、有限的可用时间等,都可能导致操纵员处于高的压力水平
4. 状态(呈现)模型(SM)	好(a)	如果界面的设计能提供必要的、精确的信息以及信息之间的关联性很好,有利于状态模型的理解与构建;或者系统的自动化设计能精确地反映出系统或电厂的状态等。在此情况下,操纵员更能精确地懂得系统或电厂的真实状态,那么认为状态模型处于"好"的水平
	中(b)	如果界面的设计能提供必要的、精确的信息,但信息之间的关联性不是很好,难以直接懂得系统的状态;或者系统的自动化设计不能直接或精确地反映出系统或电厂的状态等。在此情况下,操纵员能精确地懂得系统或电厂的真实状态存在一些困难,那么我们认为状态模型处于"中"的水平
	差(c)	如果界面的设计未能提供必要的、精确的信息以及信息之间的关联性不好,很难构建状态模型以及很难懂得系统的状态;或者系统的自动化设计不能反映出系统或电厂的状态等。在此情况下,操纵员非常难理解系统或电厂的真实状态,那么我们认为状态模型处于"差"的水平

在上述4步的计算中,第一步用层次分析法(AHP)决定相对重要性,从而避免了由专家经验主观取值带来的不确定性和主观性;另外,在人因可靠性分析模型中,节点变量的先验和条件概率采用了模糊方法进行处理,减少了专家的主观判断,使人因失误概率的量化更加符合实际,更加智能化。此外,在构建班组情景意识可靠性评价方法时,结合模糊贝叶斯网络建立考虑情境环境因果关系的人因可靠性贝叶斯推理模型,进行人的可靠性计算和原因重要性的识别,克服了传统HRA方法中由于PSF非完全独立和非正交而导致重复计算的局限性。综上所述,这里讨论的方法与传统的可靠性方法相比不仅分析与计算的精度高,而且在算法的处理上具有智能的特征。

上面扼要讨论的班组情景意识可靠性评价方法,是目前数字化核电厂进行TSA失误分析中常用的方法之一。对此,文献[184]中作了详细的讨论。这里要说明的是,班组情景意识可靠性评价是一个动态过程,因此需要进一步收集与建立动态数据与数据库,建立动态的贝叶斯网络、发展动态模型[185,186]来评价TSA的可靠性,它应该是今后进一步研究的发展趋势与方向。

习题与思考 7

7.1 你如何理解数据挖掘这个概念?

7.2 数据挖掘是如何分类的?举例说明之。

7.3 如何理解知识发现这个概念?它与数据挖掘有何不同?

7.4 描述关联规则的四个参数是什么?

7.5 Apriori 算法的基本步骤是什么?

7.6 正则不确定分布在数学上是如何定义的?

7.7 分别写出正态不确定分布函数与它的逆不确定分布函数的数学表达式,并画出它们的曲线。

7.8 图 7.10 给出了确信可靠性各指标间的转化关系,能否谈一下对该图相关指标间转化的理解与认识?

7.9 确信可靠性函数 $R_B(t)$ 是如何定义的?它描述了哪类变量的变化?

7.10 举例说明数据包络分析(DEA)方法的应用。在管理决策领域,它较常规的统计回归方法有何优点?另外,如果把 DEA 的前两个字母变下排列秩序就变成了 EDA。在不同的研究领域 EDA 具有不同的含义,例如在芯片设计与加工领域,EDA 称为电子设计自动化,它是软件,是芯片 IC 设计中经常要遇到的重要基础工具。从光刻机、到光刻胶、再到芯片研发,EDA 软件不可缺少。你能否通过查阅相关 EDA 软件资料,谈一下对 EDA 重要性的认识?此外,EDA 是由哪些英文单词的缩写?

7.11 人因可靠性分析(HRA)方法目前分哪几代?能否举例说明各代的著名算法?

7.12 人机界面的设计目前共分哪几代?举例说明各代人机界面的特点。

7.13 在复杂工业系统中,主控制室的人机界面正向着全数字化方向发展。举例说明数字化人机界面与老式模拟仪表控制盘台界面,在人因可靠性分析方法上到底有何差别。

7.14 为什么说在现代全数字化主控制室人机界面分析中,界面的布局与人因可靠性的关联十分密切?

7.15 在全数字化人机界面中,为什么一旦发生紧急情况,锁孔效应会对操纵员的认知产生一定的障碍。因此从这个角度来讲,"这种界面并不比传统的模拟系统具有太多的优势。"你对此有何看法?

7.16 比较传统的 FAT(fault tree)与目前流行的 DBN(dynamic bayesian networks)各具什么特点?为什么将遗传算法与贝叶斯方法相结合是一种智能优化的好策略?

7.17 在现代数字化核电厂中,为什么说班组情景意识(TSA)的水平是影响班组可靠性的重要原因?

7.18 在复杂人机系统中,事故发展的动态描述已成为人机安全和人因可靠性分析领域的热点问题时之一。你能否结合本书中列出的相关文献,举例说明人因可靠性分析(HRA)方法在动态描述时数学上处理的办法?

第8章 数据挖掘和知识发现在文本与互联网挖掘的应用

随着网络(network)和互联网(internet)时代的到来,用户可获得的信息很广泛,其中包含从技术资料、商业信息到新闻报道、娱乐资讯等多种类别和形式的文档中获取信息,于是这些信息便构成了一个异常庞大的、具有异构性和开放性等特点的分布式数据库。而这些数据库中存放的一般都是非结构化的文本数据。另外,还有一些如图形、图像、声音、视频、动画等多媒体信息数据,其中原始视频应属于非结构化的流,它由若干分镜头组成。如何处理文本数据和多媒体信息数据并挖掘数据中所隐含的意义与知识,这对决策层进行政策指导、对企业的精准营销,以及对机构的风险防范等都具有很高的指导与实用价值。此外,从数值方法的角度来看,文本挖掘和多媒体信息数据的挖掘应该是数据挖掘和知识发现的重要应用领域,同时也是许多智能算法应用的广阔空间。事实上,文本挖掘正是利用智能算法,例如神经网络、基于案例的推理、可能性推理等,并结合文字处理技术,分析大量的非结构化文本源(如文档、电子表格、客户电子邮件、问题查询、网页等),抽取或标记关键字概念、文字间的关系,并按照内容对文档进行分类,并且获取有用的知识和信息。同样地,在 Web 信息资源挖掘和视频挖掘以及视频分析中,数据挖掘中的一些智能算法也起了关键的作用,例如在视频分析中,近年来常常把机器学习和人机交互技术结合起来,针对不同的视频对象来了解对象行为并且针对语义概念建模。常常使用隐性的马尔可夫模型(Hidden Markov Model,HMM)融合视频、音频、字幕信息,给多媒体对象做语义标签,然后将这些多媒体对象进一步组合并作为贝叶斯框架下的多媒体网络。毫无疑问,在文本挖掘与多媒体视频信息挖掘中,数据挖掘和智能算法起到了不可替代的关键作用。

为便于叙述,将 Web 网页、Web 网站和 Web 网络简称为 Web。另外,Web 与互联网是两个不同的概念,互联网是基础,Web 是应用。此外,考虑到网络数据挖掘是网络信息计量学的核心问题之一,而且目前无论在互联网金融,还是在电子政务上对网络信息计量的各种要求都在与日俱增,因此本章除重点讨论文本挖掘以及视频挖掘与视频分析之外,还对互联网金融数据挖掘以及互联网信息流时间序列挖掘的相关问题分了两小节进行单独讨论。

8.1 非结构化文本与多媒体信息的知识表示

8.1.1 半结构化数据与非结构化数据的特征

随着互联网的大规模普及和企业信息化程度的提高,互联网使得我们淹没在海量的、广泛分布的、互相连接的、丰富的、动态的超文本信息当中。在这些数据信息中，表格、曲线、几何图形、有限规则集、程序等属于结构化数据；而文本由于语义的不确定性，是属于非结构化数据；图像、视频等由于视觉感知的主观依赖性与歧义性，也属于非结构化数据。网页、电子邮件都是半结构化数据，当然它也属于一种非结构化数据。

半结构数据具有一定的结构，但它的结构没有明显的结构模式定义。例如万维网的网页使用超文本标记语言（hyper teak markup language,HTML）文件，它的标签使得文档具有一定的结构，但由于标签和数据混在一起，便形成了一种隐性结构，即结构模式与数据间的界限相互混淆。

随着传感技术、网络技术以及计算机技术的迅猛发展，异构分布传感与互联网技术已得到广泛应用，因此从外部世界获取非结构化的数据已变得非常便捷与普遍。无论是信息的获取手段，还是信息的存储方式都使得非结构化数据普遍存在。从视频摄像机到光谱成像设备，从脑电阵列设备到相位控制电子扫描阵列雷达，从单传感器到分布式传感网络，从个人电脑到互联网及万维网，人类所面对的是一幅复杂纷呈的非结构化数据海洋。这些非结构化数据常表现出如下共同的特征：①形式上的高维、异构与动态；②内容上的不完整、不确定、无序与歧义；③表达上难以用有限规则刻画；④解释与应用上依赖于信息并且要利用主体的感知和理解。

8.1.2 OEM 以及半结构化数据的知识表示

Web 是 Web 网页、Web 网站和 Web 网络的简称，它的半结构化数据分布在网页、网站和网络之中，而且在 Web 服务器上，包含于 HTML 格式等文件中。要从这样的文件中抽取和描述半结构化数据，就必须提取一种说明文件，建立一种知识表示与抽取模型，用于指导程序自动识别所需抽取的值，并加上标记信息。另外，由于半结构化数据语义结构信息不够完整，所以在进行 Web 挖掘时首先要解决异构数据的集成与查询问题，这就需要构造半结构化数据知识表达与抽取模型。

对象交换模型（object exchange model,OEM）是专为表示半结构化数据而设计的一种自描述对象模型，对于异构数据源的集成应用非常有用。由于 OEM 简洁、灵活，因此可以表示关系数据、HTML 和 XML（extensible markup language）格式的电子文档等。OEM 可以描述半结构化数据的整体结构，通过数据模型表示数据，以便从中找到公共结构、形成模式，使不同结构的数据源之间能够方便地进行数据交换或转换。

8.1.3 多媒体信息的知识表示

多媒体数据库存储着音频数据、视频数据、图像数据、文本数据以及超文本数据等，该数据库与关系数据库中的数据相比，多媒体数据具有如下特点：

（1）多媒体数据复杂。从非结构化或半结构化的多媒体数据中抽取隐藏的知识或其他非显形储存的模式比较困难。

（2）多媒体信息语义关联性强。

(3) 多媒体信息具有时空相关性。多媒体信息都有时间敏感性、空间相关性等特点，对信息特征的提取比较困难。

(4) 知识的表达和解释比较困难。

多媒体数据包含了大量的语义和视听特征，提取这些特征并且进行规范化的表示已成为多媒体信息处理的基础。通常，对于图像数据可用颜色、纹理、形状和运动向量等表示图像的基本特征。视频是由一系列图像帧组成的，由于视频还具有时空特性，因此简单地将图像内容分析和特征提取的技术形式化地搬到视频分析中去是不够的。对于视频来讲还应进行如下几个方面的处理和特征提取：即视频的结构特征以及运动特征等。对于音频数据主要提取声强、频率、谐波结构、音调、音色与音量等特征。对于文本数据主要提取描述特征（例如本文的名称、日期、大小、类型等）和语义特征（如文成的作者、机构、标题、内容等）。通常，描述特征易于获取，而语义特征则较难得到。近年来，万维网联盟（World Wide Web Consortium，W3C）指定 XML、RDF（resource description framework）等规范提供了对 Web 文档资源进行描述的语言和框架。在此基础上，可以从半结构化的 Web 文档中提取作者、机构等特征。文本的内容特征提取的方法主要是基于词频和位置，利用文本数据的特征表示，可以将其转化为结构化数据。

8.2 文本挖掘的常用方法以及基本框架

8.2.1 文本挖掘与传统数据挖掘的根本区别

文本挖掘是一个交叉的研究领域，它涉及数据挖掘、信息检索、自然语言处理和机器学习等多个学科的内容，涉及文本理解、信息抽取、聚类、分类、可视化以及数据库技术等。文本挖掘是从传统数据挖掘发展而来的，因此其定义与熟知的数据挖掘定义相类似，但是与传统的数据挖掘相比，文本挖掘有许多不同之处，例如：其文档本身是半结构化或非结构化的，无确定形式并且缺乏机器可理解的语义。通常，传统的数据挖掘方法主要是针对数据库中的结构化数据，并利用关系表等存储结构来发现知识。这就使得有些传统的数据挖掘技术并不适用于文本挖掘，即使可以用，也需要对文本集进行必要的预处理。在文本挖掘的过程中，文本的特征表示是整个挖掘过程的基础，而关联分析、文本分类、文本聚类是三种最重要最基本的挖掘方法与技术。

8.2.2 文本的特征表示以及常用的方法

传统的数据挖掘所处理的数据是结构化的，其特征通常不会超过几百个；而非结构化或者半结构化的文本数据转换成特征向量后，特征数可能高达几万甚至几十万个。因此，文本挖掘面临的首要问题是如何合理地表示文本的特征，这就涉及文本特征的抽取和选择问题。文本的特征是指文本的元数据特征，可分为描述特征和语义性特征。对于文内容的特征表示主要有布尔模型、向量空间模型、概率模型以及基于知识的表示模型。由于布尔模型和向量空间模型易于理解，并且计算复杂度较低，因此常选为文本表示的主要模型与方法。

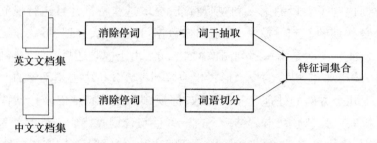

图 8.1　文本特征抽取的一般过程

因为中文文档中的词与词不像英文文档那样具有分隔符，所以中文与英文文档内容特征的提取步骤便有所不同，图 8.1 给出了文本特征抽取的一般过程，方框中停词是指停词表或者禁用词表(stop word list)，在特征抽取过程中要删去停词表中出现的特征词。

8.2.3　文本分类的常用方法以及分类的主要步骤

目前，本文分类的研究已获得了多种文本分类方法，其中分类方法较好的如 k-最近邻分类(k-nearest neighbor,kNN)、SVM(support vector machine)分类以及朴素贝叶斯(naive bayes,NB)分类等。另外，文本分类通常分为四个步骤：

（1）获取训练文本集：训练文本集由一组经过预处理的文本特征向量组成，每个训练文本(又称训练样本)有一个类别标号；

（2）选择分类方法、获取训练分类模型。在对分类样本进行分类前，要根据所选择的分类分法，利用训练集进行训练并且获得分类模型；

（3）用导出的分类模型对其他待分类文本进行分类；

（4）根据分类结果评估分类模型。

文本分类从根本上来讲，是一个映射过程，而且评估文本分类质量的指标除了通常采用能够反映出映射的准确程度和映射的速度即查准率(precision，简记为 p_r)与查全率(recall，简记为 r_e)之外，还有一个 F 值。这三个指标的定义式分别为

$$p_r = \frac{\text{分类的正确样例数}}{\text{实际分类的样例数}} \tag{8.1}$$

$$r_e = \frac{\text{分类的正确样例数}}{\text{应有的样例数}} \tag{8.2}$$

$$F = \frac{2 \times p_r \times r_e}{p_r + r_e} \tag{8.3}$$

另外，还经常引入一个估计模型质量相对重要性的参数 β 来刻画，于是 F 变为 F_β，其表达式为

$$F_\beta = \frac{1}{\dfrac{\beta}{p_r} + \dfrac{1-\beta}{r_e}} \tag{8.4}$$

其中β的取值范围为$[0,1]$。当$\beta=0$时，F_β即为查全率，$\beta=1$时，F_β即为查准率；当β的取值逐渐变大时，则查准率所占的比重将会被逐渐加大。

8.2.4　文本聚类的常用方法以及聚类的主要步骤

聚类分析(clustering analysis, CA)是将一组研究对象分为相对同质的群组的统计分析技术。聚类是将样本划分为若干互不相交的子集，即样本簇，并且同一簇的样本尽可能彼此同似，不同簇的样本尽可能不同。也就是说，聚类的结果是簇内相似度高，簇间相似度低。传统的聚类可分为5类：①划分方法(partitioning method, PAM)，其中包括k-均值(k-means)、模糊C-均值(Fuzzy C-means, FCM)等；②层次方法(Hierarchicai Method, HM)，其中包括(Clustering using representatives, CURE)方法；③基于密度的方法；④基于网格的方法；⑤基于模型的方法等。这里要说明的是，上述聚类方法应用于文本数据并不一定全都适用，传统的聚类方法在处理高维和海量文本数据时的效率并不很理想，原因是：①传统的聚类方法对样本空间的搜索具有一定的盲目性；②在高维时，是很难找到适宜的相似度度量标准。虽然许多聚类方法用于文本的海量数据时存在着不足，但与文本分类相比，一些聚类方法可以直接用于不带类标号的文本集，避免了为获得训练文本的类标号所花费的代价。另外，大量的实践表明：非结构或半结构化的文本数据有3种较为有效的聚类算法：①约束k-均值算法；②约束球形k-均值算法；③约束smoka类型算法。利用这些算法和distance-like函数，可以将成对约束聚类(pairwise constrained clustering, PCC)的问题转变成为仅有"不能链接"约束的聚类问题。此外，使用惩罚函数代替"不能链接"约束，并在提出的聚类算法中利用惩罚函数来处理聚类问题。相关的研究表明：上述三种聚类算法对于文本数据的处理较为有效[187]。

文本聚类方法的主要步骤如下：

(1) 获取结构化的文本集，而结构化的文本集是通过一组经过预处理的文本特征向量组成的。从文本集中所选取的特征好坏，将直接影响着聚类的质量。对于文本聚类来讲，合理的特征选择策略应该是使同类文本在特征空间中相距较近，而异类文本相距较远。

(2) 执行聚类算法，获得聚类谱系图。聚类算法的目的是获取能够反映特征空间样本点之间的"抱团"性质。

(3) 选取合适的聚类阈值。在获得了聚类谱系图之后，根据领域专家凭借经验并且结合具体应用的场所确定阈值。阈值确定后，便可以直接由谱系图获得聚类结果。

8.2.5　文本挖掘框架的主要步骤

学界通常都认为，文本挖掘是在大量文本集合或语料库上，去发现其中隐含的、有用的模式和知识的过程。并不是能够用于数据库中知识发现的方法（例如依赖关系分析、分类、聚类、偏差检测等技术)都能够用于文本挖掘。这是因为文本数据库中存储的都是一些高度非结构化或者半结构化的数据,这就给文本的挖掘带来了很大困难。虽然文本挖掘充分利用了智能算法,例如神经网络、蚁群算法、遗传进化方法以及基于案例的推理、可能性推理等,并结合文字处理技术,分析大量的非结构化文本源(例如文档、电子表格、网页),抽取文本特征或标记关键词等,并按照内容对文档进行分类,获取了许多有用的知识和信息。但是,总的来说文本挖掘技术并不十分成熟,许多方面仍需要进一步研究与发展。因此对于文本挖掘的框架,这里只能给出大致的主要步骤如下:

(1) 信息检索:它的主要对象是文档(document)资源,文本仅是文档的一种典型形式,文档的内容包括文本、图像、视频和音频等多种媒体。用户可以通过自然语言或关键词(key word)表达检索需求,信息检索的主要目标为检索与任务相关的文档集合;

(2) 信息抽取:文本特征指的是关于文本的元数据,从选择的文档集合中利用各种智能的方法抽取文本信息特征形成数据库;

(3) 信息挖掘:采用相关的智能挖掘方法或者标准数据挖掘技术从数据库中发现模式、发现有用的知识和信息;

(4) 解释:对在挖掘阶段所发现的模式进行解释,其解释方式可以采取自然语言的格式进行。

8.2.6 文本挖掘应用范例:基于聚类的文档摘要生成技术

随着信息技术的飞速发展,为提高效率、节省阅读时间,对文档进行自动摘要的需求日益迫切。所谓自动摘要就是利用计算机自动地从原始文献中抽取出文摘,即能够全面反映文献中心内容的简洁短文。

下面给出一种基于语句聚类的摘要生成算法:

输入:①一篇待提取摘要的文档;②关联词表;③最终生成的摘要的长度 K;④需生成的语句类(子主题)数量 C($C > K$);⑤语句重要性评估规则;⑥各项规则的权重。

输出:原文的摘要

该算法的主要步骤如下:

(1) 采用改进的 N-gram 分词算法进行中文分词切分和属性选择。中文处理与英文处理的最大区别之一是中文分词的处理非常复杂。如何利用计算机把汉语的一个句子、一篇文章中的单词逐一地切分出来,是书面汉语文献自动表注和书面汉语自然语言理解等研究工作的基础和前提。采用改进的 N-gram 算法并利用停用词和分隔符,将原文分割成一些短的字串,避免了连续分割较长语句的过程,同时也避免了切出过多的无用词语,所以既提高了分词的效率,又提高了分词的准确性。总之,利用改进的 N-gram 分词算法可以获得有意义词的词表 U;

(2) 用词表 U 中的词语生成向量空间;

(3) 将原文中的所有词句影射到向量空间,同时记录各条语句在原文中的位置;

(4) 对原文采用 k-means 聚类算法(这里 k 取为 C,即子主题数),得到 C 个子主题的

语句类;

(5) 针对 C 个子主题语句类,选出每类距离类中心最近的语句作为该类的代表句 S_i ($1 \leqslant i \leqslant C$);然后利用语句重要性评估规则对 C 条代表语句进行重要性评分[187-189],并且选出评分较高的 $\tilde{k}$ 个分值(注意这里 $C > \tilde{k}$ 并且 $\tilde{k} < K$);

(6) 将与选出的 $\tilde{k}$ 个分值相对应的 $\tilde{k}$ 个代表句,按照其在原文中的顺序输出,便得到初级摘要;

(7) 利用摘要润饰规则和关联词表,对初级摘要进行润饰,于是便得到了原文的摘要。

8.3 视频文本检测与内容检索的智能方法

在我们接收的信息中,大约有70%来自视觉。在文本、图形、图像、声音、视频、动画等多媒体信息的表现形式中,视频信息直观、生动备受大家青睐,视频所携带的信息远远大于语音和文字。视频信息是由一帧帧图像数据构成的,对视频数据进行有效地组织、表达、管理、查询与检索已成为视频检索研究领域里的热点问题之一,面对如此关注的领域新知识新技术不断涌现,想要使用极小篇幅归纳和抽取一些相关专著书中所探讨的内容无疑是一场挑战。本节仅选取了智能方法在视频文本检测与视频内容检索两个侧面中的应用,期望能够反映视频挖掘领域的部分新成果。

8.3.1 视频内容检索的概述

基于内容的视频检索通常包括四个主要的过程:①视频内容的分析;②视频结构的分解;③原始视频的摘要(summarization);④视频索引。其通常的做法是,首先通过检测视频内容的变化,将视频分割成一系列的镜头;然后从每个镜头中提取一个或几个关键帧,用关键帧来代表一个镜头;继而再把关键帧或者镜头组织成场景或者故事情节;然后由原始的视频中提取一个子集,例如关键帧或者精彩部分(highlights)作为镜头、场景或故事的词目,为视频建立可视化的目录,或者进行视频聚类,建立视频索引。

8.3.2 基于小波-神经网络的视频文本检测

正如文献[146]所指出的,小波多分辨分析技术具有良好的时频域局部特性和变尺度特性,它可以有效地提取图像中的尺度-空域特征,并且经过神经网络分类器分类之后,自动检测视频数据中的文本区域。将小波与神经网络结合起来,便可以得到视频文本检测的原理框图如图8.2所示。

1. 特征抽取和特征显著性分析

由小波多分辨分析理论可知,小波可提供图像的近似表达和边缘检测,低通滤波器产生图像的近似表达,高通滤波器产生特征的相关细节信号。取 16×16 的子窗口对整幅图进行扫描,由于小波的局部特征,小波系数大的地方总是出现在图像的边缘部分。对视频

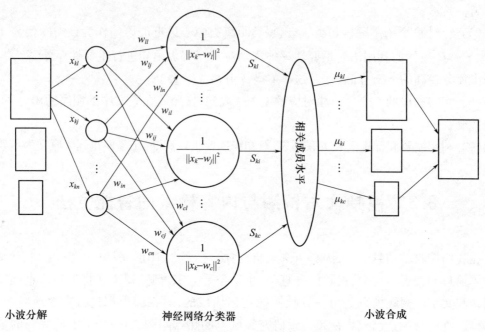

图 8.2 小波与神经网络结合的视频文本检测原理框图

帧进行三级小波分解(见图 8.2"小波分解"的位置),将特征建立在分解后的子波图像中。选用子波图像的均方 $M(I)$、二阶中心距 $\mu_2(I)$ 和三阶中心距 $\mu_3(I)$ 作为其特征。对于一个 N×N 子块 I,计算 I 的 $M(I)$、$\mu_2(I)$ 和 $\mu_3(I)$ 分别为

$$M(I) = \frac{1}{N^2} \sum_{i=0}^{N-1} \sum_{j=0}^{N-1} I(i,j) \tag{8.5a}$$

$$\mu_2(I) = \frac{1}{N^2} \sum_{i=0}^{N-1} \sum_{j=0}^{N-1} (I(i,j) - M(I))^2 \tag{8.5b}$$

$$\mu_3(I) = \frac{1}{N^2} \sum_{i=0}^{N-1} \sum_{j=0}^{N-1} (I(i,j) - M(I))^3 \tag{8.5c}$$

对于每个子窗口相应地有 36 个(3×4×3)特征值。为了减少特征集,这里使用了特征显著性分析(feature saliency analysis,FSA)方法,以贝叶斯误差作为依据,取具有最低贝叶斯误差率的 8 个特征值。

2. 神经网络分类器或模糊聚类型神经网络分类器

选取了特征之后,便开始训练该神经网络。由于自组织神经网络是以一种无监督的方式进行网络训练的,网络通过自身训练,自动对输入模式进行分类,这样可以减少人工干预,更有利于开发一个完全自动的系统,因此选择自组织的神经网络作为分类器。此外,由于不同的特征之间并没有一个明显的分界线,因此可以考虑用模糊聚类神经网络(fuzzy clustering neural network,FCNN)分类器代替图 8.2 中的神经网络分类器。

设有 N 个 n 维的样本,这时可表示为 $\boldsymbol{X} = [\boldsymbol{x}_1, \boldsymbol{x}_2, \cdots, \boldsymbol{x}_n]$,这里 $\boldsymbol{x}_1, \boldsymbol{x}_2, \cdots, \boldsymbol{x}_n$ 为 N 维的列向量。设 c 为隐含层(又称竞争层)的结点数(这里又称聚类数)。输入层直接连到隐

含层,设输入层到某个结点的连接权重为 $w_i = [w_{i1}, w_{i2}, \cdots, w_{in}]$ 是 n 维的行向量($1 \leqslant i \leqslant c$);另外,对于输入矢量 $X_k = [x_{k1}, x_{k2}, \cdots, x_{kn}]$ 和稳含层上的结点 i($1 \leqslant i \leqslant c$)而言,$S_{ki}$ 为相似度,即

$$S_{ki} = \frac{1}{\|X_k - w_i\|^2} = \frac{1}{\sum_{j=1}^{n}(x_{kj} - w_{ij})^2} \tag{8.6}$$

输入矢量 X_k 与模糊类别 i 结点的隶属度 μ_{ki} 为

$$\mu_{ki} = \frac{S_{ki}}{\sum_{j=1}^{c} S_{kj}} = \frac{1}{\sum_{j=1}^{c}\left(\frac{\|X_k - w_i\|}{\|X_k - w_j\|}\right)^2} \tag{8.7}$$

这里 $\mu_{ki} \in [0,1]$,$\sum_{i=1}^{c}\mu_{ki} = 1$;

为了训练 FCNN,定义能量函数 Q 为

$$Q = \frac{1}{2}\sum_{k=1}^{N}Q_k = \frac{1}{2}\sum_{k=1}^{N}\sum_{i=1}^{c}(\mu_{ki} \cdot \|X_k - w_i\|)^2 \tag{8.8}$$

当权重矢量接近样本矢量时,则能量函数最小。为了使能量函数最小。可利用梯度下降法调整权重[16]。对于给定的训练样本,能量函数的梯度表达式为

$$\frac{\partial}{\partial w_i}Q = -(\mu_{ki})^2(X_k - w_i) \tag{8.9}$$

因为能量函数 Q 负的梯度指向最速下降的方向,因此权重的修正表达式为

$$w_i^{(t)} = w_i^{(t-1)} + \alpha_t(\mu_{ki}^{t-1})^2(X_k - w_i^{(t-1)}) \tag{8.10}$$

这里为 α_t 修正因子,为避免解的发散,修正量应该逐渐减少。作为例子,α_t 可以取为

$$\alpha_t = \alpha_0\left(1 - \frac{t}{T}\right) \tag{8.11}$$

式中 α_0 为学习参数的初始值,T 为迭代的最大次数;t 为当前的迭代数。训练时,将所有的训练样本一次性全部输入;当迭代权重修正小于某一个预设值时,训练终止。

当神经网络训练好后,则可将神经网络视为一个映射函数,将特征值映射为 0~1 之间的一个实值。取阈值为 0.5,如果大于此值则为文本,否则为非文本。另外,每次将窗口移动 3 个像素位置,可在精度和速度之间实现折中。

在小波合成阶段(是图 8.2 的"小波合成"位置),如果某阶的某个窗口被判为文本,那么映射到原图像,该窗口中的所有像素就被标记为文本,否则为非文本。最后,去除不符合文本几何限制的某些孤立区域(例如可采用连通分量分析方法等进行处置),便得到了最终视频文本的检测结果。

8.4 互联网金融爬虫的智能搜索

金融网络"爬虫"即金融网络 crawler(又称蜘蛛或称作机器人),它是一个功能很强的

程序包,也可以看作一个金融网络的智能搜索代理(agent),它会定期根据预先设定的种子地址去查看对应的网页。如果网页发生变化则重新获取该网页,否则根据该网页中的链接继续进行访问。互联网金融爬虫搜索访问页面的过程是对网上信息遍历的过程,在遍历过程中不断地记录网中的新链接,直到访问完所有的链接。爬虫遍历网页时,收集每个网页的信息,例如抽取关键字并保存索引表中;爬虫一般用来为搜索引擎建立索引,使索引在无人工干预的情况下保持最新。

8.4.1 URL 的处理流程与主要步骤

通常,建立金融爬虫搜索引擎的目标是构造一个用于互联网的高效而准确地收集金融相关信息的系统,这个系统可以不断更新以便供大家使用。这种爬虫属于"增量爬虫",它能够有选择地搜索网页并且增量地更新索引。所以,金融爬虫搜索引擎需要一个相关度判断模块来判断搜索过程中碰到的统一资源的定位器(uniform resource locator,URL)是否与金融相关,进而控制爬虫的搜索策略。在本系统中,URL 具有三种状态:等待处理状态、处理成功状态和处理失败状态;并且用三个队列来保存这三种状态的 URL,如图 8.3 所示。

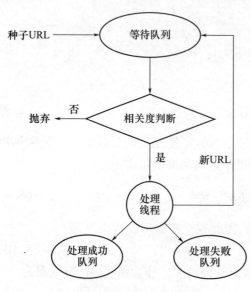

图 8.3 URL 处理的流程框图

URL 处理的主要步骤为:

(1) 把一个初始的种子 URL 放入等待队列;

(2) 从等待队列中取出一个待处理 URL,调用相关度判断模块判断 URL 是否与金融相关,如不相关则抛弃;

(3) 通过互联网以及"爬虫"爬取 URL 所代表的 Web 页,调用页面处理模块处理页面;

(4) 抽取页面中的 URL 放入等待队列;

(5) 把处理成功的 URL 放入处理成功队列,把处理失败的 URL 放入处理失败队列;

(6) 返回(2)。

8.4.2 排队论中的 M/M/c 问题以及爬虫引擎的任务分配

在排队论,有典型的 M/M/c 问题,其中第 1 个位置的 M 代表网站名单到达过程是一个泊松过程;第 2 个位置的 M 代表爬虫引擎工作时间负指数分布,且各网站的收割时间相互独立;第 3 个位置的 c 代表 c 台爬虫引擎。

设网站到达规律服从参数为 λ 的泊松过程,爬虫引擎对网站的收割时间服从参数为

μ 的负指数分布。

（1）M/M/1 情形下，网站的平均等待时间用 $W_{q,1}$ 表示，其表达式为

$$W_{q,1} = \frac{\lambda}{\mu(\mu-\lambda)} \tag{8.12}$$

（2）M/M/c 情形下，网站的平均等待时间用 $W_{q,c}$ 表示，其表达式为

$$W_{q,c} = \frac{\left(c\frac{\lambda}{\mu}\right)^c}{\mu c!\left(1-\frac{\lambda}{\mu}\right)^2\left[\sum_{k=1}^{c-1}\frac{1}{k!}\left(\frac{\lambda}{\mu}\right)^k + \frac{1}{c!}\frac{\mu}{\mu-\lambda}\left(\frac{\lambda}{\mu}\right)^c\right]} \tag{8.13}$$

理论上可以证明[190]，对于式（8.12）和式（8.13），当 $c>1$ 时，便有 $W_{q,c} > W_{q,1}$。由此可知，采用多收割线程和单个收割清单的任务分配方法要比采用多爬虫线程和每个爬虫引擎各有一个收割清单的任务分配方法好。这样的任务分配所导致的网站的平均等待时间前者比后者少得多。

8.5 时序金融信息流概述及其智能挖掘

金融信息以离散的形式随时间到达金融市场，认真分析与挖掘金融信息流时间序列的变化规律，对于深入挖掘时间序列里所蕴藏的有用知识是件非常有价值的事。令 W 和 R 分别表示金融信息流强度和股市收益率，并用 $W_t - R_t$ 关系代表关于时间 t 的金融信息流强度对股价影响的关联式，于是 W–R 的逆问题即 R–W 的研究便是一个金融管理问题（这是为表达上的简捷，省略了 W_t 与 R_t 的下注脚）。它的研究可以为国家宏观决策机构提供有用的信息，可以调控股市的波动，也就是说国家宏观决策机构可以利用股价对股市信息的关系，反过来调控股价、防止股市出现大的波动。换句话说，决策者需要知道多大的金融信息流强度和方向的股市信息 W，才可以遏制那些不想发生那的金融市场起伏；或者使用适当强度和方向 W，去鼓励金融市场的平稳发展。因此，从这个角度来看，R–W 的研究便给国家宏观调控和管理股市市场提供了理论上的支撑。

8.5.1 时间序列金融信息流研究模型与方法概述

金融信息流的知识发现与数据挖掘是一个较新的而且是重要的研究分支，这个领域的基础是市场价格与交易的关系问题。显然这是一个长期以来一直被人们关注的课题，尤其是互联网之后。本小节针对金融信息流的概述问题，主要讨论两方面的问题：①互联网创建以前成交量与股价方面的研究；②互联网搭建之后信息流强度与股市收益率方面的研究以及各类时序模型与方法，其中包括经典统计模型以及以知识发现为目标的新时序方法的研究等。为便于下文讨论，分三点表述如下：

1. 互联网搭建前

在互联网没有搭建之前，金融信息方面研究主要聚焦在价格波动与成交量方面，其中

典型的工作是 1973 年 P. K. Clak 提出混合分布假说、1976 年 T. E. Copeland 提出的信息序贯到达(sequential arrival of information,SAI)模型,以及 1987 年 J. M. Karpoff 提出的卖空限制(short sales constraint,SSC)理论[191]等。上述这些假说、模型和理论给出了如下结论:日价格变动近似正态分布,其方差与信息事件数量成比例。因此,日价格变动的条件方差可以认为是到达市场的新信息流的单调增函数。正是由于成交量和价格的分布都服从于信息事件数的随机分布,所以成交量和价格的波动是由市场信息流联合决定的。对股价常常随着股市交易量的变化而变化的规律,中外学者们对股市交易量和股价的关系进行了很多实证的研究[192-193]。

2. 互联网搭建后

互联网搭建后,使得直接检测金融信息流成为可能。利用计算机对自然语言处理的成果,便可以使计算机能够理解互联网上的超文本文件的内容,区分不同语言的文档,进而从金融市场的角度计算出各个文档的金融信息强度。在获得了各文档的金融信息强度后,去研究文档的强度与金融市场的关系就方便了。而在互联网出现之前,很难做到这点,因那时计算机去处理报纸上的股市信息或者处理电视上的股市新闻,首先需要处理以图像形态存在的文字识别或者进行语音识别,因此就很不方便。互联网出现后,文字是以内码方式存在并且在网上传输的。另外,借助自然语言处理领域已有的研究成果,通过文字编码,计算机可方便地识别互联网股市文字信息的的含义,从而利用计算机便可十分方便地处理海量的互联网上股市的信息。正是因为如此的缘故,使得金融信息与股市关联的研究在互联网出现后有了长足的发展,对于这方面的研究我们会在本小节"各类时序模型与方法的研究"以及"互联网金融信息流强度的智能挖掘"中作详细讨论,这里不作赘述。

3. 各类时序模型与方法研究

(1) 经典统计模型。

时间序列模型属于趋势预测模型,主要用于对未来进行预测。对时间序列数据进行分析与挖掘就是为了揭示所研究对象内在的动态发展规律,提高决策及解决问题能力的科学性。多年来,统计学家对时间序列分析方法开展了深入的研究并获得了许多统计模型,其中以 ARMA 模型、ARCH 模型和 GARCH 模型最具有代表性。这里 ARMA(autoregression moving average,自回归滑动平均)模型,常写为 ARMA(p,q),其中 p 和 q 分别为自回归系数 $\alpha_1,\alpha_2,\cdots,\alpha_p$ 和滑动平均参数 $\theta_1,\theta_2,\cdots,\theta_q$ 的个数;该模型是时间序列统计模型中最基本并且应用很广泛的时序模型;对于自回归条件异方差(autoregressive conditional hoteroskedasticity,ARCH)模型,即 ARCH(k),这里 k 代表 k 阶自回归条件异方差。对于一个 ARCH(k)模型,如果将收益序列 X_t 表示为

$$X_t = \sigma_t \varepsilon_t \tag{8.14}$$

其中 $\varepsilon_t \sim N(0,1)$,且独立同分布,$\sigma_t$ 满足

$$\sigma_t^2 = \alpha_0 + \sum_{i=1}^{k} (\alpha_i X_{t-i}^2) \tag{8.15}$$

这里 $N(0,1)$ 为标准正态分布。符号 $\varepsilon_t \sim N(0,1)$ 表示 ε_t 服从于标准的正态分布。

对于广义自回归条件异方差(general autoregressive conditional heteroskedasticity,

GARCH)模型,即 GARCH(p,q)模型。具体地讲,GARCH(p,q)模型可表示为:
$$X_t = \sigma_t \varepsilon_t \tag{8.16}$$
其中 $\varepsilon_t \sim N(0,1)$,且独立同分布,$\sigma_t$ 满足
$$\sigma_t^2 = \alpha_0 + \sum_{i=1}^{p}(\beta_i \sigma_{t-i}^2) + \sum_{j=1}^{q}(\alpha_j X_{t-j}^2) \tag{8.17}$$

(2) 以知识发现为目标的几种时序方法研究。

对于时序建模,除了经典的统计模型之外,随着互联网和计算机技术的飞速发展,以知识发现为目标的时间序列建模方法的研究也得到了很大的发展,涌现了许多新方法、新模型,例如趋势分析法、相似搜索和匹配方法、序列模式挖掘法、与快速傅里叶变换相结合的序列数据周期性挖掘法、与聚类分析技术相结合的序列数据周期性挖掘法以及基于神经网络、遗传算法、机器学习的时间序列挖掘预测方法等。这些新近出现的时序方法都有两个显著的特点:一是与大数据分析、机器学习等方法为基础,结合金融市场的信息流构建新模型与新方法;二是以知识发现为目标,充分结合金融股市中的技术分析开展时间序列的建模研究。以下对相似搜索与股市中的技术分析相融合技术作一些讨论。其他方法可参考相关国内外文献例如文献[190,194]等。

目前在许多领域中都涉及到时间序列相似性搜索的问题,例如生命科学中的 DNA 分析以及人工智能信息理论的语言分析、视频流的关键帧提取等多媒体信息处理与查询等。由于被比较的序列可能来自不同的采样频率、处在不同的观测环境,因此很难保证不同观测者所得到的时序观测值是相同的。给定一个时间数据序列,搜索问题就是去发现所有与要查询序列相似的数据序列。和一般的数据库检索不同,时间序列的搜索一般是近似搜索,它不要求序列之间完全匹配,只需序列之间有较大的相似性。

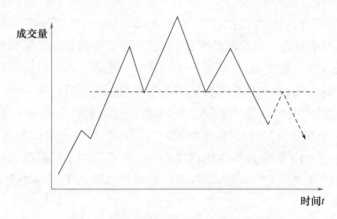

图 8.4 股市中技术分析里的头肩顶形态

相似搜索匹配时,常与股市中的技术分析相结合。在证券市场中,人们提出了各种不同的图形模式去预测股市的走势。证券市场的技术分析常用到一些图形形态,它们是由于股价经过一段时间的盘档后在图上形成的一种特殊形态,可作为股价走势的基本模式,例如图 8.4 给出了股市技术分析中头肩顶的模式形态。因为潜伏顶的出现与高交易量相关联,头肩顶反映了多空双方的激烈争夺情况,是一个长期性趋势的转向形态,通常在牛

市的尽头出现。实际上,当最近的一个高点的成交量较前一个高点低时,就暗示头肩顶出现的可能性很大;当第三次回升估价无法升抵上次的高点,而成交继续下降时,有经验的投资者就会把握机会沽出。当头肩顶颈线击破时,就是一个真正的沽出信号,虽然股价和最高点比较,已回落了相当的幅度,但跌势只是刚刚开始,未出货的投资者继续沽出。股价跌破颈线后会有短时反弹行情,在颈线附近受到压力后转向继续下跌。在某一段时间内的股市指数走势形成了与其相对应的图表形态,例如头肩顶走势形态,可以划分为以下不同的部分:左肩部分、头部、右肩部分、突破。初时,看好的力量不断推动股价上升,市场投资情绪高涨,出现大量成交,经过一次短期的回落调整后,那些错过上次升势的人在调整期间买进,股价继续上升,而且攀越过上次的高点,表面看来市场仍然健康和乐观,但成交已大不如前,反映出买方的力量在减弱中。那些对前景没有信心和错过了上次高点获利回吐的人,或是在回落低点买进作短线投机的人纷纷沽出,于是股价再次回落。第三次的上升,为那些后知后觉错过上次上升机会的投资者提供了机会,但股价无力升越上次的高点,而成交量进一步下降时,未来的市场将表现得疲弱无力,一次大幅的下跌即将来临。

时间序列的相似性搜索包含如下几点相关的技术:

(1) 数据的转换:在进行时间序列的相似性搜索时,通常都要进行数据转换,这其中包括标准化和降维等。常用的数据转换方法有两种:一种是离散傅利叶转换,另一种是小波分析中的 Harr 小波转换。当利用欧式距离来度量时间序列之间的相似性时,利用转换后数据较少维度的特点便可以近似地计算出原始时间序列的相似距离。

(2) 相似度量:通常选取欧几里得距离作为相似性判别函数,除此之外还有其他度量方法,包括动态时间变化等。因篇幅所限,对相似度量的更多讨论不再给出,感兴趣的读者可参阅参考文献[195]等。

(3) 用于时间序列周期性挖掘的 FFT 与 Apriori 方法:所谓挖掘周期性模式,本质上就是在时序数据库中搜索重复出现的模式,它是一种重要的数据挖掘类型,并且具有很广泛的应用。挖掘周期性模式问题,通常分为 3 类,一类是挖掘所有周期性的模式,一类是挖掘部分周期性的模式,另一类是挖掘循环关联规则。大量的研究表明:对于完全周期性分析方法,尤其在信号分析和统计学领域中,采用快速傅利叶变换(fast Fourier transformation,FFT)方法十分有效,它可以方便地将时域数据转换到频域中以便进行这类分析。但与此也发现,大多数用于完全周期性的模式与方法并不适用于挖掘部分周期性问题,因为计算处理所花费的开销巨大。目前,挖掘部分周期性和循环关联规则大都采用 Apriori 挖掘方法。

8.5.2　互联网金融信息流强度的挖掘技术

令 W_t 与 R_t 分别代表金融信息流强度和股市收益率(关于 t 的时间变量),图 8.5 给出几种可能有的 W_t 与 R_t 的关系曲线。如果进一步使用 ARMA(p,q) 和 GARCH(p,q) 模型将更易描述 W_t 与 R_t 的运动规律。具体实施的方法可参阅文献[196],不过该文献是讨论 W_t-V_t 的关系,V_t 代表交易量。另外,如果将 R_t-W_t 看作 W_t-R_t 的逆问题,于是从系统控制理论的角度上看：如果把 W_t-R_t 当成被控制系统，于是 R_t-W_t 可看成反馈控制，因此便形成一个闭环的金融宏观控制系统，在此基础上便可以探索一系列时域和频域的线性和非线性控制以及最优控制和智能控制问题。在发展这些智能控制算法以及完成数据挖掘和机器学习理论的过程中，数据挖掘和知识发现不是为了替代传统的统计分析技术和数值分析的数学理论，而恰恰相反，它们是统计分析方法和数值分析基础理论的延伸与扩展。因此，从这个意义上讲，在进行互联网金融信息流强度与股市收益率问题的研究中，数据科学尤其是回归分析、方差分析、关联分析、聚类分析、贝叶斯分析等基础数学工具所起的作用是不可替代的，也是非常重要的。基础数学才是数据挖掘与知识发现的基础，同时也是互联网金融信息流时间序列研究的基础。

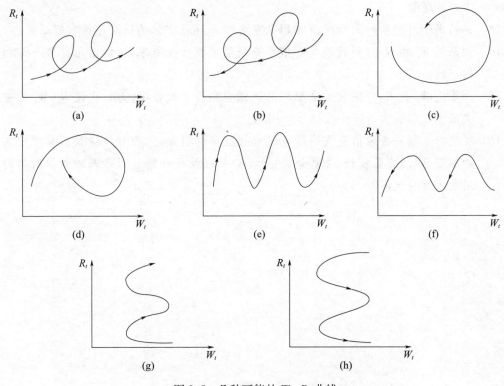

图 8.5　几种可能的 W_t-R_t 曲线

习题与思考 8

8.1　文本数据属于非结构化数据，试说明非结构化的主要特征是什么。

8.2　多媒体数据具有什么特点？多媒体信息的知识如何表述？

8.3　文本的分类挖掘主要有哪几种方法？分类挖掘的主要步骤是什么？

8.4　文本的聚类挖掘主要有哪些方法？聚类挖掘的主要步骤是什么？

8.5　视频检测的主要步骤是什么？能否概述一下基于小波-神经网络的视频文本检测

框架?

8.6 在神经网络进行样本训练中,连接权重是如何变化的?权重变化的表达式如何?

8.7 如何理解金融网络"爬虫"?谈一下对这个概念的理解。

8.8 URL 代表什么含义?URL 的处理流程是什么?

8.9 在 ARMA(p,q) 模型中,p 与 q 代表什么含义?

8.10 在 GARCH(p,q) 模型中,p 与 q 各代表什么含义?

8.11 针对书中图 8.4 所给出的股市头肩顶形态图,试分析股市的走势曲线变化情况,并且说明投资者何时沽出,何时买进。

8.12 举例说明以知识发现为目标的时间序列研究方法,并谈一下你对相似搜索和匹配方法的理解。

8.13 说明用于时间序列周期挖掘的 FFT 方法和 Apriori 方法的适用范围有何不同?

8.14 如果用 W_t 和 R_t 分别代表金融信息流强度和股市收益率,试给出几种 W_t-R_t 曲线的形状。

8.15 如果用 W_t 和 R_t 分别代表金融缩息流强度和股市收益率,为什么说 R_t-W_t 的关联式研究可以认为是一个金融管理问题?

8.16 在进行互联网金融信息流强度与股市收益率的研究时,为什么说数据科学中常用的回归分析、方差分析、关联分析、聚类分析以及贝叶斯分析等基础数学所起的作用是不可替代的?

第 9 章　复杂决策问题的建模与系统智能评价方法

9.1　复杂系统的概念以及决策问题的分类

9.1.1　复杂系统的基本特征

按照钱学森先生系统工程的观点,系统如按规模可分为小系统、大系统和巨系统;如按系统结构的复杂程度,可分为简单系统和复杂系统;另外,钱学森先生还很重视系统开放性,按照系统与外界环境的联系情况可分为孤立系统和开放系统,开放系统与环境之间不断进行物质、能量和信息的交换,这种交换使系统可能从外界环境输入负熵,从而使系统的总熵减少,结果是增加了系统的有序性。全国规模的社会经济系统是一个开放的复杂巨系统,互联网也是开放的复杂巨系统。当然,系统分类还有其他许多方法,例如按照系统的变化是否连续,可分为连续系统和离散系统;按照变量之间的关系,可分为线性系统与非线性系统,等等。为叙述上的简洁,本章采用圣塔菲研究所(Senta Fa Institute,SFI)于 1984 年给出的复杂系统概念为基础[197],讨论本章中所涉及的复杂系统和复杂决策任务的相关内容。

与简单系统相比,复杂系统具有显著的特点是开放性、复杂性和层次性,同时具有突变性、不稳定性、非线性、不确定性、不可预测性等特征。

9.1.2　决策问题的特征要素以及决策任务分类

决策问题(又称决策任务)是指决策者或者决策群体在一定条件下为达到某种目的,寻求适当的执行者和途径的所有工作总称。面对复杂的系统,决策任务往往是多样性的,解决方案也是多样性的。另外,结果与方案之间冲突性以及不确定性都普遍存在着。根据现代决策理论,决策的实质就是选择,也就是从多个决策方案通过比较去选取最优的。

决策任务的特征要素包括基本要素和附加要素。基本要素包括决策主体、行为主体、决策目标、决策问题以及约束条件;附加要素包括备选方案、准则、资源和行动。图 9.1 给出了决策问题的组成要素图。这里决策问题的复杂性体现在任务构成的复杂性、协调的复杂性、动态的复杂性以及不确定性。

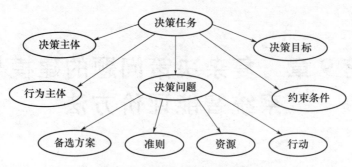

图9.1 决策问题的组成要素

对于决策问题的分类,可以有多种分类方法,一是按容易区分的因素划分:若以决策人数可分为单人决策和多人决策;若以决策的目标个数,可分为单目标决策和多目标决策;若按决策问题的求解步骤,可分为单步决策(即一次性求得问题的解)和多步决策(即根据前次求解的结果再做一次决策);若按决策时掌握信息的完备程度,可分为确定性决策、风险性决策、模糊决策等。二是按决策问题所要解决问题的性质,可分为战略决策、战术决策(或者是管理决策)与业务决策。三是按决策问题的结构化程度划分为结构化问题、半结构化问题和非结构化问题。这里决策问题的结构化程度是指对某一过程的环境和规律,能否用明确的语言(如数学的或逻辑学的,形式的或者非形式的)予以清晰的描述(如定量的或者推理的)。

图9.2给出了管理决策的三个层次简图。通常,决策过程由三个基本过程组成,即确定目标、设计方案以及评价方案。结构化决策问题(例如图9.2中的业务决策层)是指能够描述清楚的问题,也就是说在决策过程的三个基本阶段都能够使用确定的算法或决策规则。非结构化决策问题(例如图9.2中的战略决策层)是指不能描述清楚,而只能凭直觉或者经验作出判断的问题,也就是说这时决策过程的三个基本阶段都不能使用确定的算法或者决策规则。对于战略决策层这样高层的管理,由于决策环境的动态多变,而且决策目标更多是模糊和不确定,因此这时的决策者往往是采取定性分析、定性推理来抽象系统的特征、把握事情的发展方向,决策者往往对细节信息了解不多。当然,如果决策者对某些关键的因素十分感兴趣,则需要细化并建立数量模型进行详细分析。半结

图9.2 管理决策的3个层次简图

构化决策问题(例如图 9.2 中的战术决策层)是介于结构化问题与非结构化问题之间的问题,在决策过程的三个基本阶段中一个或两个阶段能够使用确定的算法或者决策规则。

9.2 结构化与半结构化决策问题求解方法

9.2.1 使用决策数学的方法求解决策问题

决策问题如按结构化程度的不同可分为结构化决策问题、半结构化决策问题和非结构化决策问题。随着科学技术的不断发展,决策任务的建模和求解的方法也一直在不断地发展中。二战之后,运筹学的决策数学模型已用于决策任务许多求解领域。例如传统的线性规划、非线性规划、动态规划、图论、排队论、库存理论以及马尔可夫(Markov)链等已用于单人单目标模型。而多准则决策、目标规划、多目标决策中所涉及的模型属于单人多目标决策模型。重大问题的决策需要由一群体来完成,因此群体单目标决策的一些方法在单目标决策任务中获得了应用。另外,系统学的一些基础算法与模型,例如用于简单系统的动力学模型、大系统模型以及系统辨识方法等都已经用于决策分析与计算中;此外,控制论中的许多方法,例如极大值原理和随机最优控制等技术也在决策问题领域中获得应用。

9.2.2 使用智能决策的方法求解决策问题

在进行决策问题的过程中,智能决策支持系统(intelligent decision support system, IDSS)是常用的重要工具,其中机器学习(例如著名的 ID3(iterative dichotomizer 3,即迭代二分器 3)决策树类型的算法、决策树分类与回归类型的分类与回归树(classification and regression trees,CART)算法以及神经网络、模糊逻辑、遗传算法、粗糙集理论等、软件计算方法(例如概率推理、信任网络、混沌系统以及模糊逻辑、神经网络、遗传等法等)、数据挖掘(例如利用人工神经网络、决策树以及机器学习等方法,发现已知的和未知的知识,并把这些知识放入知识库中用于推理)、人工智能(例如定性推理(qualitative reasoning)、基于案例推理(case-based reasoning,CBR)、粗糙集(rough set)理论、模糊集(fuzzy sets)理论、D-S 证据理论(Dempster-Shafer evidence theory)等也不同程度地用到 IDSS 中。

9.2.3 使用 IDSS 求解决策问题

通常 DSS(decision support system,决策支持系统)是由数据库、方法库和模型库组成,这类系统能够处理具有良好数据结构的问题,进行定量分析与求解。但对于非良好数据结构的决策问题,DSS 常会遇到困难。

因为 IDSS 是人工智能(AI)和决策支持系统(DSS)相结合的产物,它将决策者的知识、经验也都纳入了系统,并且还利用知识进行推理和定性分析,因此使得拥有定性分析和定量分析相结合的 IDSS 具有更强劲的解决系统决策问题的能力并成为求解结构化与半结构化决策问题的重要工具之一。

9.3 贝叶斯网络方法的基本原理

9.3.1 与贝叶斯概率相关的数学基础

1. 乘法定理:设 $A_1, A_2, \cdots, A_n$ 为任意的非零事件,则 n 个事件乘积的概率为

$$p(A_1 A_2 \cdots A_n) = p(A_1) p(A_2 | A_1) p(A_3 | A_1 A_2) \cdots p(A_n | A_1 A_2 \cdots A_{n-1}) \tag{9.1}$$

当 n 等于 2 时,则(9.1)式变为

$$p(A_1 A_2) = p(A_1) p(A_2 | A_1) = p(A_2) p(A_1 | A_2) \tag{9.2}$$

当事件相互独立时,则(9.1)式变为

$$p(A_1 A_2 \cdots A_n) = p(A_1) p(A_2) \cdots p(A_n) \tag{9.3}$$

2. 全概率公式:如果影响事件 A 的所有因素 $B_1, B_2, \cdots, B_n$ 且满足 $B_i \cdot B_j = \phi (i \neq j)$,$p(B_i) > 0$,则

$$p(A) = \sum_{i=1}^{n} p(B_i) p(A | B_i) \tag{9.4}$$

3. 贝叶斯公式:当 $B_1, B_2, \cdots, B_n$ 是两两互斥的事件,且 $B_1 + B_2 + \cdots + B_n$ 是必然事件时,有:

$$p(B_i | A_j) = \frac{p(B_i) p(A_j | B_i)}{\sum_{k=1}^{n} p(B_k) p(A_j | B_k)} \tag{9.5}$$

4. 联合概率:设 A, B 为两个事件,且 $p(A) > 0$,则它们的联合概率为

$$p(AB) = p(A) p(B | A) \tag{9.6}$$

这里联合概率也称为乘法公式,或称为交事件的概率。

9.3.2 贝叶斯定理以及序贯方法

1. 贝叶斯定理

令 D 表示观测数据集合,即 $D = \{X_1 = x_1, X_2 = x_2, \cdots, X_n = x_n\}$;$p(X = x | A)$ 表示在给定知识 A 的情况下事件 $X = x$ 出现的条件概率,它同时也是 X 的分布密度;如果 θ 是一个参数,$p(\theta | A)$ 表示在给定 A 的前提下 θ 的分布密度。另外,用 $p(\theta | D, A)$ 表示在给定 A 和数据 D 时,参数 θ 的分布,其中 $p(\theta | A)$ 表示在知识 A 下的先验密度分布,而 $p(\theta | D, A)$ 表示参数 θ 的后验密度分布,即它是在已知知识 A 和数据 D 的前提下,对参数 θ 的分布密度的估计。为了简单起见,在下文的分布密度表达中省略 A。

由贝叶斯法则,有

$$p(\theta|D)p(D) = p(\theta,D) = p(\theta)p(D|\theta) \tag{9.7}$$

由先验和观测数据集 D,计算出后验的贝叶斯定理

$$p(\theta|D) = \frac{p(\theta)p(D|\theta)}{p(D)} \tag{9.8}$$

式中

$$p(D) = \int p(D|\theta)p(\theta)\mathrm{d}\theta = \int p(\theta)p(x_1, x_2, \cdots, x_n|\theta)\mathrm{d}\theta \tag{9.9}$$

上式中的 $p(\theta|D)$ 常被称作 $l(\theta|D)$ 表示,因此贝叶斯定理常常可表达为

$$p(\theta|D) \propto l(\theta|D)p(\theta) \tag{9.10}$$

2. 不断更新后验分布的序贯方法

贝叶斯定理给出了一种根据新数据不断更新后验分布的序贯方法。如果获得了新的数据集合 D^*,则在获得数据 D 和 D^* 后,参数 θ 的后验分布可按下式得到

$$p(\theta|D^*, D) = \frac{p(\theta|D)p(D^*|\theta)}{p(D^*)} \tag{9.11}$$

同样地,有

$$p(\theta|D^*, D) \propto l(\theta|D, D^*)p(\theta|D) \tag{9.12}$$

因为 $p(\theta|D)$ 在获取数据 D^* 之前就已知,在这里它是先验分布密度;而 $p(\theta|D^*, D)$ 则是作为后验分布密度出现的。由上述讨论可以看出,先验和后验是相对的,这一更新过程可以重复进行。只要有新的数据信息,便可以根据贝叶斯定理对先验分布密度进行更新,而后便得相应的后验分布密度。

9.3.3 两种描述参数 θ 的概率分布方法

下面给出参数 θ 的两种分布密度的方法:一种是针对两值随机变量的 β 分布,另一种是针对多值随机变量的迪利赫里(Dirichlet)分布(在下文中将该分布称作 Dir 分布)。

1. 参数 θ 的概率 β 分布

通常,一个两值随机变量 X 可以用好或坏、成功或者失败来描述。设该变量取肯定值的概率为 θ,则如果 X 服从于二项分布,即表达为 $X \sim B(n, \theta)$。可以用来描述 n 次独立的实验中成功次数的分布。其中,θ 是该分布的参数,这里 B 是 binomial 的简写;给定 θ 时,则 X 取 x 的条件概率为

$$p(x|\theta) = C_n^x \theta^x (1-\theta)^{n-x} \propto \theta^x (1-\theta)^{n-x}, x = 0, 1, \cdots, n \tag{9.13}$$

这里把 θ 看成随机变量,用 β 分布描述参数 θ 的先验分布。β 分布是连续随机变量分布,它具有如下形式:

$$p(\theta) = \frac{\Gamma(\alpha+\beta')}{\Gamma(\alpha)\Gamma(\beta')}\theta^{\alpha-1}(1-\theta)^{\beta'-1} \propto \theta^{\alpha-1}(1-\theta)^{\beta'-1}, 0 \leq \theta \leq 1 \tag{9.14}$$

式中 $\alpha, \beta' > 0$;$\Gamma(\cdot)$ 是 Gamma 函数;θ 服从 β 分布,并简记为 $\theta \sim \beta(\alpha, \beta')$。如果认为 $\theta \sim \beta(\alpha, \beta')$,而观测到的数据为 n 次实验中有 x 次成功时,则二项分布参数的后验分布

便为

$$p(\theta|x) \propto \theta^{\alpha+x-1}(1-\theta)^{\beta'+n-x-1} \quad (9.15)$$

即 $\theta|x \sim \beta(\alpha+x, \beta'+n-x)$。

2. 参数 θ 的概率 Dir 分布

如果变量不只是两值的,而是取多个值(例如 k 个值)则常用迪利赫里分布(下文简记为 Dir 分布)来描述参数的先验分布。对于有 k 个取值的多项分布(其 k 个参数 $\theta = (\theta_1, \theta_2, \cdots, \theta_k)$)这时 k 维的迪利赫里分布为

$$p(\theta) = \frac{\Gamma(\alpha_1 + \alpha_2 + \cdots + \alpha_k)}{\Gamma(\alpha_1)\Gamma(\alpha_2)\cdots\Gamma(\alpha_k)} \theta_1^{\alpha_1-1} \theta_2^{\alpha_2-1} \cdots \theta_k^{\alpha_k-1} \quad (9.16)$$

且满足 $\theta_1, \cdots, \theta_k > 0$, $\sum_{j=1}^{k} \theta_j = 1$。于是 θ 服从 Dir 分布便可记为 $\theta \sim \text{Dir}(\alpha_1, \alpha_2, \cdots, \alpha_k)$。

如果 k 项概率分布的参数 θ 服从 $\text{Dir}(\alpha_1, \alpha_2, \cdots, \alpha_k)$,那么如果 N 次独立实验中随机变量取值次数分别为 $N_1, N_2, \cdots, N_k$ 并且 $\sum_{j=1}^{k} N_j = N$ 时,则多项分布参数 $\theta = (\theta_1, \theta_2, \cdots, \theta_k)$ 的后验分布服从于

$$\theta \sim \text{Dir}(\alpha_1 + N_1, \alpha_2 + N_2, \cdots, \alpha_k + N_k) \quad (9.17)$$

9.3.4 网络的表示方法以及建网流程

1. Bayes 网络的表示方法

Bayes 网络 S 由结构图和条件概率表(conditional probability table,CPT)两部分构成,其中结构图 S 是由一个有向无环图(directed acyclic graph,DAG),结点分别对应于随机变量集 $X = \{X_1, X_2, \cdots, X_n\}$ 中的随机变量 $X_1, X_2, \cdots, X_n$,每条弧代表一个函数依赖关系。如果有一条由变量 Y 到 X 的弧,则 Y 是 X 的父节点(parent),而 X 则是 Y 的子节点(child)。X_i 的所有父节点变量用集合 $p_a(X_i)$ 表示,X_i 的所有子节点变量用 $\text{Child}(X_i)$ 表示,并且用 p 代表 $X = \{X_1, X_2, \cdots, X_n\}$ 的联合分布。另外,令变量集 X 的每个变量 X_i 具有 r_i 个不同的取值;$p_a(X_i)$ 表示 X_i 的父节点变量集合并且令 $p_a(X_i)$ 共有 q_i 个不同的取值,为便于下文讨论,变量 X_i 的 r_i 个取值分别用 $x_i^1, x_i^2, \cdots, x_i^{r_i}$ 表示;$p_a(X_i)$ 的 q_i 个取值分别用 $p_a^1(X_i)$、$p_a^2(X_i)$、$\cdots$、$p_a^{q_i}(X_i)$ 表示,在下文中又常将这里的 q_i 值简单记为 $p_{a_i}^1$、$p_{a_i}^2$、$\cdots$、$p_{a_i}^{q_i}$;此外,用 D 代表观测数据集合(又称样本集),即

$$D = \{X_1 = x_1, X_2 = x_2, \cdots, X_N = x_N\} \quad (9.18)$$

令 G 代表 Bayes 网络,并且定义为

$$G = \langle S, p \rangle \quad (9.19\text{a})$$

或者

$$G = \langle S, \theta_s \rangle \quad (9.19\text{b})$$

式中,S 代表一个有向无环图,顶点分别对应于随机变量集 $X = \{X_1, X_2, \cdots, X_n\}$ 中的随机变量 $X_1, X_2, \cdots, X_n$,每条弧线代表一个函数依赖关系。p 代表 X 的联合分布,即

$$p(X_1,X_2,\cdots,X_n) = \prod_{i=1}^{n} p(X_i|pa(X_i)) \quad (9.20)$$

θ_s 代表模型参数。另外，变量 X_i 的参数用 θ_i 表示，则

$$\theta_s = (\theta_1,\theta_2,\cdots,\theta_n) \quad (9.21)$$

X 的任何取值的联合分布可以分解为

$$p(x|\theta_s) = \prod_{i=1}^{n} p(x_i|p_{ai},\theta_i) \quad (9.22)$$

这里 x_i 代表 X_i 的取值。如果变量 x_i 有 r_i 个取值，分别以 $x_i^1, x_i^2, \cdots, x_i^{r_i}$ 表示，即

$$x_i = \{x_i^1, x_i^2, \cdots, x_i^{r_i}\} \quad (9.23)$$

并且 x_i 的父节点集合 p_{ai} 有 q_j 个取值，分别以 $p_a^1(x_i)$、$p_a^2(x_i) \cdots p_a^{q_i}(x_i)$ 表示，下文简记为 $p_{a_i}^1$、$p_{a_i}^2$、$\cdots$、$p_{a_i}^{q_i}$ 表示，即

$$p_{ai} = \{p_{a_i}^1, p_{a_i}^2, \cdots, p_{a_i}^{q_i}\} \quad (9.24)$$

另外，相应的 x_i 的参数 θ_i 也有 q_j 个取值，也表示为

$$\theta_i = \{\theta_{i1},\theta_{i2},\cdots,\theta_{ij},\cdots,\theta_{iq_i}\} \quad (9.25)$$

令 $x_{a_i}^k$ 在 $p_{a_i}^j$ 以及 θ_i 条件下的条件概率记作 θ_{ijk}，即

$$\theta_{ijk} = p(x_i^k|p_{a_i}^j,\theta_i) > 0 \quad (9.26)$$

此外，θ_{ij} 的定义为

$$\theta_{ij} = \{\theta_{ij1},\theta_{ij2},\cdots,\theta_{ijr_i}\} \quad (9.27)$$

相应地，$p(\theta_s)$ 和 $p(\theta_s|D)$ 的表达式分别为

$$p(\theta_s) = \prod_{i=1}^{n} \prod_{j=1}^{qi} p(\theta_{ij}) \quad (9.28)$$

$$p(\theta_s|D) = \prod_{i=1}^{n} \prod_{j=1}^{qi} p(\theta_{ij}|D) \quad (9.29)$$

如果假设 θ_{ij} 的先验分布服从迪利赫里分布 $\text{Dir}(\theta_{ij}|\alpha_{ij1}+N_{ij1},\alpha_{ij2}+N_{ij2},\cdots,\alpha_{ijr_i}+N_{ijr_i})$，其中 N_{ijk} 表示样本集数据 D 中满足 $X_i = x_i^k$ 以及 $p_{ai} = p_{a_i}^j$ 的样本数量；并且还有

$$\alpha_{ij} = \sum_{k=1}^{r_i} \alpha_{ijk}, \quad N_{ij} = \sum_{k=1}^{r_i} N_{ijk} \quad (9.30)$$

2. 贝叶斯网建模流程

贝叶斯网的建模流程如图 9.3 所示，图中 KBMC 表示基于知识的建模（knowledge based model construction）方法。采用结构化系统的建模方法，将复杂 Bayes 网建模流程分为 3 个阶段：①问题分析阶段；②模型设计阶段；③模型测试阶段。关于 Bayes 方法建网的详细过程，这里不作赘述，可参见文献[198-199]等。

9.3.5 贝叶斯网络的参数学习和结构学习

1. 网络参数的学习

贝叶斯网络参数学习的问题，有如下几种不同的情况：①完全观测且网络结构已知时

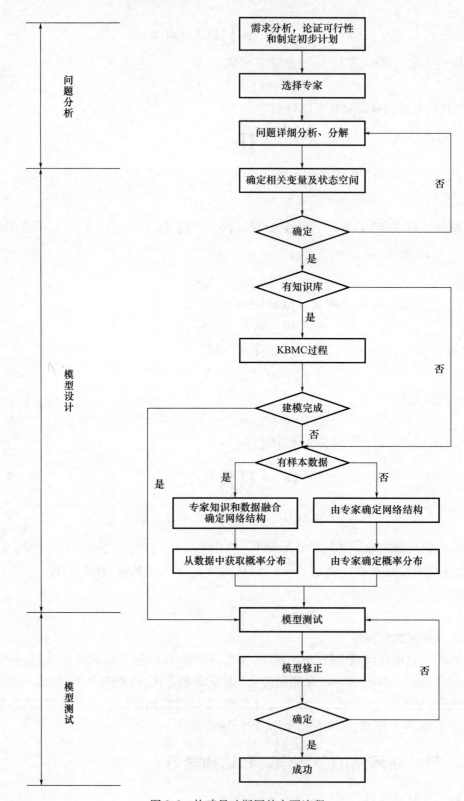

图 9.3 构建贝叶斯网的主要流程

参数的学习;②完全观测但网络结构未知时参数的学习;③不完全观测但网络结构已知的参数学习;④不完全观测并且网络结构也未知的参数学习等。本节仅讨论第一种情况,即完全观测(即数据完备)且网络结构 S^h 已知时参数 θ 在学习中如何确定。

设贝叶斯网络模型由式(9.19b)表达,变量 X_i 的参数 θ_i($i=1,2,\cdots,s$)满足式(9.21)给出的形式。假定 $X_i = x_i$ 时有 r_i 个取值,而且 x_i 的父节点集合有 q_i 个取值时,于是当 x_i 取 x_i^k 时,且在 $p_{a_i}^j$ 下,这时的 θ_{ijk} 应为式(9.26),而 θ_{ij} 和 θ_s 分别为

$$\theta_{ij} = \bigcup_{k=1}^{r_i} \{\theta_{ijk}\} \tag{9.31}$$

$$\theta_s = \bigcup_{i=1}^{n} \bigcup_{j=1}^{q_i} \{\theta_{ij}\} \tag{9.32}$$

在网络结构 S^h 和先验知识(又称先验分布)ξ 均已知时,满足上述约束的条件下,便有 $p(\theta_{ij}|S^h,\xi)$ 是迪利赫里分布,也就是说存在指数 α_{ijk} 满足

$$p(\theta_{ij}|S^h,\xi) = c \prod_{k=1}^{r_i} \theta_{ijk}^{\alpha_{ijk}-1},\ c\ \text{为常数} \tag{9.33}$$

如果 x_i 在不同的网络结构 S_1 和 S_2 中具有相同的父节点,则对 $j=1,2,\cdots,q_i$,有

$$p(\theta_{ij}|S_1^h,\xi) = p(\theta_{ij}|S_2^h,\xi) \tag{9.34}$$

如果再考虑到数据 D 的完备,于是便有

$$p(\theta_{ij}|D,S^h,\xi) = c \prod_{k=1}^{r_i} \theta_{ijk}^{\alpha_{ijk}+N_{ijk}-1} \tag{9.35}$$

式中 N_{ijk} 代表 D 中变量 x_i 取 x_i^k,$p_{a_i}^j(x_i)$ 的数据数目。另外,α_{ij} 与 α_{ijk} 以及 N_{ij} 与 N_{ijk} 间的关系服从式(9.30)。显然,这里式(9.34)与式(9.35)便是通常贝叶斯网络文献中所讲的后验概率。

2. 网络结构的学习

设给定网络结构 S^h,所包含的变量 $X = \{X_1, X_2, \cdots, X_n\}$,每个变量 X_i 具有 r_i 个不同的取值;$p_a(X_i)$ 为 X_i 的父节点集,它有 q_i 个不同的取值。另外,用 D 与 ξ 分别代表样本数据集与先验知识(也称先验概率)。图9.4给出了贝叶斯网络学习系统框图。

为了优化网络结构,需要给出评分函数,这里取评分函数为后验概率 $p(S^h|D)$,即

$$\text{Score}(S^h, D) = p(S^h|D) \tag{9.36}$$

由贝叶斯定理知

$$\text{Score}(S^h, D) = p(S^h|D) = \frac{p(D|S^h)p(S^h)}{p(D)} \tag{9.37}$$

为了使评分函数最大化,就要使分子最大化。又假定对所有网络结构而言 $p(S^h)$ 是相同的,那么就是使 $p(D|S^h)$ 最大。文献[200]指出,在 $p(S^h)$ 是统一的,则 $p(D|S^h)$ 可用如下方法计算:

$$p(D|S^h) = \prod_{i=1}^{n} \prod_{j=1}^{q_i} \frac{(r_i-1)!}{(N_{ij}+r_i-1)!} \prod_{k=1}^{r_i} N_{ijk}! \tag{9.38}$$

式中,N_{ijk} 的含义同式(9.35);N_{ij} 满足下式:

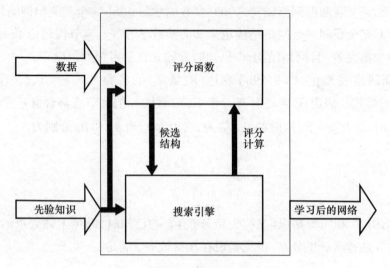

图9.4 贝叶斯网络学习系统框图

$$N_{ij} = \sum_{k=1}^{r_i} N_{ijk} \tag{9.39}$$

对于网络参数满足BD(Bayesian dirichlet)分布时,则平分函数可为:

$$p(D|S^h) = \prod_{i=1}^{n}\prod_{j=1}^{q_i}\frac{\Gamma(\alpha_{ij})}{\Gamma(\alpha_{ij}+N_{ij})}\prod_{k=1}^{r_i}\frac{\Gamma(\alpha_{ijk}+N_{ijk})}{\Gamma(\alpha_{ijk})} \tag{9.40}$$

式中:N_{ij}与α_{ij}的定义同式(9.30);$\Gamma(\cdot)$为Gamma分布函数。这里要说明的是,随着节点的增加,网络结构的数量上升很快,因此对每一个结构都去计算评分,从中搜索出最好的一个是不可行的。通常,解决的办法是采用智能优化搜索算法,例如采用模拟退火法、遗传算法等来达到快速收敛的目的。

9.4 基于多Agent分布式智能决策方法及其应用

9.4.1 采用MSBN时的一些基础概念

(1) 根-Agent、叶-Agent和客-Agent:以根结点标识的Agent称作根-Agent;以叶标识的称作叶-Agent;以非根、非叶标识的称作客-Agent。

(2) DT(decision table,决策表):它由论域和属性集组成,这里属性集包括条件属性和决策属性。复杂的决策任务是由一系列与之相关的属性集组成,于是决策任务便可以转变为一个用决策表描述的决策系统。DT是一个三元组,即DT=(U,A,d),这里U为个体全域,A为条件属性集,d为决策属性。

(3) 决策Agent:是指把描述决策表的Agent。决策Agent具有一般Agent的特性,其特殊性表现在对目标为决策表的任务规范进行规划与决策。决策Agent为一个六元组,

即 $(Ag, ag_A, In, CM, IP, Out)$。其中，$Ag$ 为 Agent 名；ag_A 表示由属性集 A 的决策表 DT 所组成的任务规范；In 为感应器，它反映了决策 Agent 对环境或其他 Agent 信息的感知行为；CM 为通信机制，用来实现多 Agent 之间的消息传递；IP 为信息处理器，目标表中的任务规范是通过 IP 进行规划、决策的；Out 为效应器，当 IP 对任务规范规划、决策之后，形成一系列的动作，是通过效应器对环境或其他 Agent 发生作用。

(4) 广义决策函数(generalized decision function, GDF)：它能对多属性、多论域的决策表进行分解，生成不同的子系统，而且在分解的过程中不产生全局信息的丢失。

(5) 贝叶斯网络(Bayesian networks, BN)：它是一个三元组，即 $BN = (N, G, P)$。这里 N 为变量集；G 为有向无环图，即 $G = (V, E)$，V 为结点集，E 为有向边集。

(6) 多模块贝叶斯网络(multiply sectioned Bayesian networks, MSBN)：它是一个三元组，即 $MSBN = (N, G, P)$，式中 $N = \cup N_i$，是由若干个变量子集 N_i 的并集组成；$G = (V, E) = \cup G_i$，它是由若干个有向无环图 G_i 的合并而成，每个 $G_i = (V_i, E_i)$ 的结点集 V_i 中的元素 v_i 用变量子集 N_i 中的元素标识；p 为联合概率，设 x 为一个变量，其父亲为 $p_a(x)$，x 的条件概率为 $p(x|p_a(x))$，联合概率 $p = \prod_{i=1}^{n} p_{G_i}$，其中 p_{G_i} 是有向无环子图 G_i 中结点的概率分布。

(7) SBN_i：它是一个三元组，$SBN_i = (N, G_i, P_{G_i})$ 表示用 i 标记的贝叶斯子网络，而 MSBN 是由 n 个贝叶斯子网(sub-Bayesian network, SBN)合并，即

$$MSBN = \bigcup_{i=1}^{n} SBN_i = (\bigcup_{i=1}^{n} N_i, \bigcup_{i=1}^{n} G_i, \prod_{i=1}^{n} P_{G_i}) \tag{9.41}$$

这里称 MSBN 被分解为 n 个 SBN_i；另外这里要说明的是 MSBN 分解的关键是对 MSBN 中的有向无环图 G 的分解。

(8) 道义图 G^M：即 moral graph，它是无向图，把 BN 道义化便得到道义图 G^M。如果令 E' 代表有向无环图 $G = (V, E)$ 中 E 去掉方向的边，令 M 为 BN 道义化过程中增加的边，则

$$G^M = (V, E' \cup M) \tag{9.42}$$

这里 V 为结点集。

(9) 弦化图 G^T：即 chordal graph，它也是无向图，将道义图 G^M 弦化便可得到弦化图 G^T。令 T 为弦化过程中增加的边，则

$$G^T = (V, E' \cup M \cup T) \tag{9.43}$$

这里 V, E' 和 M 的含义同式(9.42)。

(10) JT：即联结树(junction tree)，它是一个二元组，其表达式为

$$JT = (C, S) \tag{9.44}$$

其中 C 为 BN 弦化过程中产生的 Hamilton 圈集；S 为 JT 中的边集。

(11) SS：即二次结构(secondary structure)，它是一个二元组，其表达式为

$$SS = (JT, BP) \tag{9.45}$$

其中 JT 的含义同式(9.44)；BP 代表信念势(belief potential)。

(12) Ag 模型：对于多 Agent 系统模型来讲，Ag 模型是一个 9 元组，即

$$Ag = (ag, Bel, Des, Goal, Int, PL, Act, p, \mu) \qquad (9.46)$$

其中,ag 代表 Agent 的名,不同的 Agent 用符号 $ag_1, ag_2, \cdots, ag_n$ 表示;Bel、Des、Goal 和 Int 分别代表 Agent 的信念、愿望、目标和意图等心智状态算子;PL 代表系统中 Agent 所完成目标的规划集合;Act 代表系统中各 Agent 行为集合;p 和 μ 分别代表系统中 Agent 的概率算子和效用算子。

(13) BDI 模型:Agent 是一个智能体,基于 BDI(即 belief、desire 和 intention)的 Agent 系统用信念、愿望和意图这三类意识去刻画 Agent 的机构,并且最终通过规划库来研究 BDI 模型的抽象性质和推理过程,图 9.5 给出了描述 BDI 模型要素的示意图,图 9.6 给出了思考型(Deliberative)Agent 基本结构的示意图。

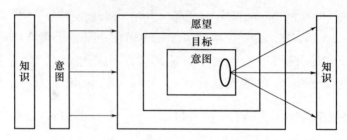

图 9.5　BDI 模型要素示意图

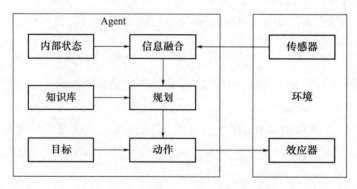

图 9.6　思考型 Agent 基本结构示意图

(14) 多 Agent 系统(multi-agent systems,MAS)模型:MAS 模型是一个 13 元组,即
$$M_{MAS} = (W, AG, T, \text{M-BEL}, \text{J-DES}, \text{J-GOAL}, \text{J-INT}, \text{J-COMM}, \text{S-PL}, \pi, \tau, \mu, p) \qquad (9.47)$$

其中 W 代表状态集组成,即 $W = \{s_1, s_2, \cdots, s_n\}$;AG 代表系统中 Agent 的集合,即 AG = $(Ag_1, Ag_2, \cdots, Ag_n)$;$T$ 代表时间点集合,即 $T = \{t_1, t_2, \cdots, t_n\}$;M-BEL、J-DES、J-GOAL、J-INT、J-COMM 和 S-PL 分别表示在多 Agent 环境下共同信念(mutual-belief)、联合愿望(joint desire)、联合目标(joint goal)、联合意图(joint intention)、联合承诺(joint commitment)和联合规划(shared plan)等联合心智状态算子;π 代表赋值函数;τ 代表状态转移函数;μ 代表系统中各 Agent 的效用集合;p 代表给定一个离散状态变量集合 $\omega = \{\omega_1, \omega_2, \cdots, \omega_n\}$ 上联合概率分布 $p(\omega)$。另外,文献[201-202]还认为 Agent 模型、Agent 组织(organization)和 Agent 交互是研究 MAS 的三个最重要的要素。

（15）DIDSS：即分布式智能决策支持系统(distributed intelligence decision support system)。决策支持系统经历了结构化的决策支持系统(DSS)、分布式决策支持系统(DDSS)、智能决策支持系统(IDSS)、群体决策支持系统(GDSS)以及 DIDSS 等几个阶段[203-204]。通常，DIDSS 是由若干个 IDSS 由网络连结起来，对于复杂任务的求解决策时，不仅需要 IDSS 运用知识进行推理，而且还需要多个 IDSS 对任务的协作。另外，早在 20 世纪 80~90 年代间，文献[205-206]便分别对 DDSS 和 GDSS 进行了研究，目前这方面技术已十分成熟。此外，将分布式的概念用于 IDSS 中的研究也一直在国内外人工智能领域普遍重视并日趋成熟。

（16）多 Agent 之间的协作模型：即 MACM(multi-agents cooperation model)，它是一个五元组，即

$$MACM = (Ag, G, S, R, U) \tag{9.48}$$

其中，Ag 代表求解任务的 Agent 全体集合，$Ag = \{ag_1, ag_2, \cdots, ag_n\}$；G 代表协作目标，$G = \{g_1, g_2, \cdots, g_m\}$；S 代表协作策略。对于一个给定的任务，$ag_i$ 的行动集为

$$A_i = \{a_{i1}, a_{i2}, \cdots, a_{im}\} \tag{9.49}$$

对应的策略集为

$$S_i = \{s_{i1}, s_{i2}, \cdots, s_{im}\} \tag{9.50}$$

另外，R 代表协作资源；U 代表协作效用。

（17）影响图：即 ID(influence diagrams)，它是一个三元组，其表达式为

$$ID = (N, G, VS) \tag{9.51}$$

其中，N 为变量集，其中包括随机变量、决策变量与效用变量；G 为有向无环图，即 $G = (V, E)$，其中 V 为结点集，E 为有向边集；VS 代表 ID 中结点 V 的随机结点 N_n、决策结点 D_n 与效用结点 P_n 处的赋值集，它分别对应于概率分布、决策行动空间的大小与效用的大小。

（18）多 Agents 博弈树：即 MAGT(multi-agents game tree)，它是一个三元组，即

$$MAGT = (Ag, T, Val) \tag{9.52}$$

其中，$Ag = \{ag_i\}$，即参与协作的 Agent 集合；$T = (V, B_r)$，这里 V 为树(tree)中结点集；B_r 为 T 中的边，称为树枝；Val 为结点的赋值，即

$$Val = (AS, U, p) \tag{9.53}$$

这里，AS 代表决策结点处的决策变量的行动空间；U 代表支付结点处的效用；p 代表自然结点的概率分布。

（19）多 Agent 影响图：即 MAID(multi-agent influence diagrams)，它是一个三元组，即

$$MAID = (Ag, T, ID) \tag{9.54}$$

其中，Ag 为与协作任务相关的多 Agent 集合；T 为待协作的任务集；ID 代表与协作任务相关的影响图。

9.4.2 BN 的分解及其分解过程的优化

贝叶斯网络作为不确定性情况下的知识表示和推理的重要工具，近些年来获得了长

足的发展,并且成为人工智能领域中处理不确定性问题的关键技术之一。它是利用复杂的联合概率分布的方式表达变量之间的概率依赖关系。在 BN 上执行的最通常的任务是计算所有给定证据集情况下的后验概率分布。然而,在 BN 上直接的精确和近似推理的复杂性都被证明是一个 NP(即 non-deterministic polynominal 被缩写为 NP)完全问题[207],直接在 BN 上推理算法比在联合树推理算法具有更大的时间和空间的复杂性。对于复杂的贝叶斯网络,为实现概率推理目前最为可行的方法是将 BN 转变为一个二次结构——JT(junction tree)结构[208],基于 BN 上的推理也就是基于二次结构上的消息传递方式实现推理。从 BN 到 JT 的转变过程如下:

(1) 把贝叶斯网络道义化,得到道义图 G^M,它是无向图;

(2) 弦化 G^M,得到弦化图 G^T;

(3) G^M 的弦化过程会产生弦化图 G^T 和对应的 Hamilton(哈密顿)圈(cliques)。

这里应特别说明的是:弦化图的求解过程是与道义图 G^M 的结点删除排序有关。一旦 G^M 图中的结点删除排序确定,则弦化图 G^T 也就确定了。因此,求解 BN 的 G^T 问题也就变成求解 BN 道义图 G^M 的结点删除排序问题[209]。对于同一个 G^M 来讲,当结点删除排序不同时所得到弦化图 G^T 和哈密顿圈是不同的,所以求解 BN 最优弦化图 G^T 问题等价于寻找一个 BN 的道义图 G^M 的结点删除排序优化问题,而 BN 的分解问题也就等价于一个道义图 G^M 的结点删除排序优化问题。

9.4.3 基于 Agent 的 DIDSS 及其结构模型

为便于下文讨论,将基于 Agent 组织(organization)的 DIDSS 简称为 AODI,下面讨论 AODI 的体系结构和 AODI 的分布式模型。

1. AODI 的体系结构

AODI 是由若干个不同物理位置主机上的 AODI 组成,主机之间通过互联网(Internet)/内部网(Intranet)连接起来。为了有效地完成决策任务,AODI 中至少包括四种类型的 Agent,即:I_{Agent}、F_{Agent}、R_{Agent} 和 Facilitator,四个 Agent 承担四个相应的角色,即接口 Agent、功能 Agent、资源 Agent 和管理 Agent,如图 9.7 所示。

2. AODI 的分布式模型

AODI 是基于 Agent 的 DIDSS,由若干个不同网络结点的 DIDSS 通过网络联结而成,如图 9.8 所示。另外,AODI 采用"Agent-Region"方式来管理在 Internet/Intranet 上的 Agent。由图 9.8 可知,在 AODI 的不同"Agent-Region"中只有一个"Agent-Region"对应主机上的 Facilitator 配置为 Agentserver。Facilitator 负责管理与协调一个"Agent-Region"内的 Agent,而 Agentserver 除具有 Facilitator 的功能

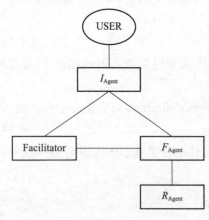

图 9.7 AODI 中的体系结构

外,还协调"Agent-Region"之间多 Agent 的通信和协作。

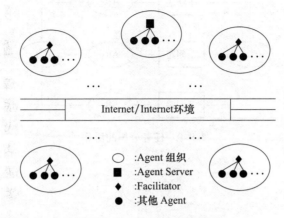

图 9.8　AODI 的分布式模型

9.4.4　AR 的任务分担与结果共享

1. 任务分担的协作

多 Agents 之间的任务分担协作是指决策的问题可分解为一系列相对独立的子问题,各"Agent-Region"通过分担子问题的求解工作而使 Agents 相互协作。在 DIDSS 中,通常是由若干个"Agent-Region"组成。一般来讲"Agent-Region"所具有的知识包括领域知识(KD)和交互知识(KI)。令"Agent-Region"中的一个为 AR_i,AR_i 的领域知识产生的专业知识 KE_i 定义为

$$KE_i = (e_{i1}, e_{i2}, \cdots, e_{ik}) = (e_{ij}) \quad j=1,2,\cdots,k \tag{9.55}$$

其中,e_{ij} 代表 AR_i 利用其专业知识产生的各类结论、信息或求解的问题。设

$$AR = (AR_1, AR_2, \cdots, AR_n) \tag{9.56}$$

代表 DIDSS 环境中"Agent-Region"的集合,在 AR 中包括的领域知识为 $KD_A = \bigcup_i KD_i$,专业知识为 $KE_A = \bigcup_i KE_i$。设待求解的决策问题 P 所需要的专业知识集合为 KE_P

$$KE_P = (ep_1, ep_2, \cdots, ep_s) \tag{9.57}$$

另外,在"Agent-Region"内的 Agent 之间的分配、协作和求解,可参阅图 9.7、图 9.8 和图 9.9 所示。

图 9.9 和图 9.10 分别给出了任务分担协作和结果共享协作的示意图,其中,图 9.9 中的 CN 即 contract net(合同网络);图 9.10 中的 PGP 代表部分全局规划(partial global plans);图 9.11 给出了合同网结点的结构示意图,该结构包括了通信处理器、任务处理器、本地数据库和合同处理器。通信处理器通过网络和"Agent-Region"内的 Agent 进行通信、发送与接收消息。本地数据库包括与"Agent-Region"内 Agents 有关的知识库等;合同处理器发送应用和完成合同等相关消息,执行"Agent-Region"之间的协调;任务处理器对分配的任务进行处理与求解,从合同处理者接受所要求解的任务,利用本地数据库连行求解,并把结果送到合同处理器。

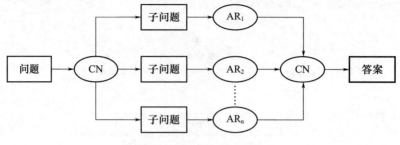

图 9.9 任务分担的协作

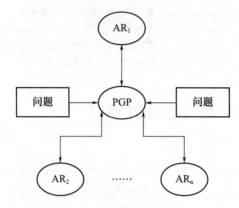

图 9.10 结果共享的协作

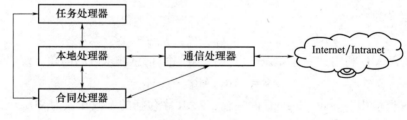

图 9.11 合同网结点结构

2. 结果共享的协作

多 Agents 之间结果共享的协作是指当任务不能分解为一系列子任务时,各"Agent-Region"通过共享不同的观点所得出的整体问题的部分结果相互协作。所谓 PGP(partial global plans,部分全局规划)方法主要是为实现"Agent-Region"的 Agent 之间结果共享的协作。PGP 包括目标信息、规划活动图,求解结果构造图与状态信息。目标信息包括 PGP 的基本信息,涉及存在的理由、最终目标、与其他规划比较的优先等级等;规划活动图包括其他 Agent 的任务,它们的当前状态、详细计划、期望的结果等;求解结果结构图包括 Agents 之间怎样进行信息通信与协作、Agent 发送规划的大小与时间;状态信息包括报告 PGP 全部重要信息,例如其他 Agent 所接受的规划.接受的时间标志等。

结果共享的协作适合总体问题不能分解为相对独立子问题的领域,而且这时每个"Agent-Region"的 Agents 不具备独立求解整个问题的能力,只能获得整个问题的部分结果,而且各"Agent-Region"获得的部分结果相互影响与互相约束,因此只有在共享部分结果的情况下才能得到整个问题的正确解。

3. 基于协作的决策问题求解基本框架

在分布环境下,不同"Agent-Region"的 Agent 协作求解整体任务的基本框架用下面三个小方面表述如下:

- 在 DIDSS 中,单个 Agent 行为的控制流程如下:

(1) 由人机交互界面感知的信息或者由通信模块传递的消息形成事件集。

(2) 控制器根据知识库中相关知识对事件进行解释和分类,并根据事件激活 Agent 的信息空间的功能模块。

(3) 反应器依据感知的事件,以实时方式处理一些简单而紧急的事件。

(4) 对于复杂的任务,协调器对控制器解释的任务进行分解和分配,通过管理一个合同集/PGP 实现对多 Agent 之间进行任务的分配等。

(a) 如果待决策的问题可以分解为一系列的相对独立的子问题时,各"Agent-Region"通过分担问题的求解工作而使 Agents 之间互相协作。

(b) 如果任务不能分解,则各"Agent-Region"通过 PGP 共享不同"Agent-Region"的 Agents 得到整个问题的部分结果而相互协作。

(5) 利用控制器被激活的功能模块,调用问题求解所需的知识库知识,完成相关的推理与动作等。

(6) 控制器把 Agent 的处理结果通过环境界面的效应器或者通信模块输出,而后控制器修改 Agent 的信息空间的状态。

- 一个"Agent-Region"执行子任务的运行过程如下:

(1) I_{Agent} 为接口 Agent,它接受了用户的决策任务,对任务进行解释、分类并将相应结果发送给 F_{Agent}(即功能 Agent)。

(2) F_{Agent} 首先对要决策的意向进行分析、推理得到相应的决策问题,形成意向问题的描述框架。

(3) F_{Agent} 根据 I_{Agent} 发送的信息,激活控制器的相应功能模块,调用 R_{Agent}(即资源 Agent)的知识进行推理,并且应用 R_{Agent} 的模型和数据进行问题的求解。在求解的过程中,通过通信模块发送消息实现多 Agent 之间以及用户和 Agent 间的交互和协作。

(4) F_{Agent} 把决策结果通过 I_{Agent} 提供给用户,并且传递到总决策"Agent-Region"。

- 多"Agent-Region"执行整体任务的运行过程如下:

(1) 位于总决策位置的"Agent-Region"接口 Agent 接受总决策者的任务后,对任务进行解释、分类和分解,形成适合不同位置"Agent-Region"决策子任务,并以消息形式把各子任务发到不同网络位置"Agent-Region"处。

(2) 各"Agent-Region"接到任务后,其对应的 I_{Agent} 对子任务重新解释、分类与分解,而后对子任务进行决策并得到子任务的答案。

(3) 各"Agent-Region"之间在决策子任务时根据需要可利用通信模块依据合同网/PGP 方式实现问题决策的协作工作。

(4) 各"Agent-Region"把子任务的决策结果通过通信模块以消息的形式发送给总决策"Agent-Region"。最后,总决策"Agent-Region"对各"Agent-Region"发送的子任务决策结果进行综合,并通过 I_{Agent} 把决策结果提交给总决策者。

9.4.5 基于 MAID 的纳什均衡解法

1. 四种纳什(Nash)均衡概念

博弈论(Game Theory)以冯·诺依曼(von Neumann)的效用理论为基础,博弈论的理论包括完全信息静态博弈、完全信息动态博弈、不完全信息静态博弈和不完全信息动态博弈四种[210]。上述四种不同类型的博弈分别对应四种纳什均衡概念,即纳什均衡(Nash equilibrium)、子博弈完美纳什均衡(sub-game perfect Nash equilibrium)、贝叶斯-纳什均衡(Bayes-Nash equilibrium)和完美贝叶斯-纳什均衡(perfect Bayes-Nash equilibrium)。

纳什均衡又称平衡态势,是在信息完全静态情况下决策任务的一个全局均衡解。另外,在不完全信息情况下,混合平衡态势仅是混合策略下一个纳什平衡点处的期望效用。此外,贝叶斯-纳什均衡的概念是指在几个 Agent 不完全信息处于动态情况下,因为各 Agent 之间的协作动作具有时间上的先后顺序,因此期望效用函数的计算并不容易,于是引入了 $\text{argmax}(\bullet)$ 的概念。这里 $\text{argmax} f(x)$ 表示当 $f(x)$ 取最大值时 x 的取值。

对于完美 Bayes-Nash 均衡的概念,也类似于贝叶斯-纳什均衡的思想,也引入了一个类似的 $\text{argmax}(\bullet)$ 想法。最后这里要强调的是,利用博弈论对多 Agent 进行协作建模在实质就是求解不完全信息动态情况下的纳什均衡解。数学上已经证实,求解混合策略的纳什均衡解是一个 NP 完全难题,因此在本节下文讨论中采用了用 MAID(即多 Agent 影响图)的方法去表示基于博弈论的多 Agent 协作问题,通过求解 MAID 的相关图,把一个复杂的协作问题分解为由若干个相关图表示的子问题,去求解这时的均衡解,使协作推理的复杂性大大降低。

2. 构建 MAID 的相关图

MAID 的相关图(correlative graph,CG)是一个有向图,图中结点就是 MAID 的决策结点。为了构建 MAID 的 CG,对于每个决策结点 D,采用 Bayes-bell 算法[211]求出对应于 D 点的 s-可达的结点集 D'。重复该算法便可得到 MAID 的相关图 CG。

3. 基于相关图的全局均衡求解方法

相关图反映了决策结点之间的依赖关系。①当相关图是有向无环图时,这时可利用启发式搜索可对图中结点进行排序,按此排序依次求解对应的均衡策略。②对于一般的相关图(例如有环图),利用信息集求解均衡策略具有较高的系统复杂性把相关图分解为一系列的强连通图(strongly connected graph,SCG),首先求解 SCG 的均衡解,然后综合成全局的均衡策略,于是大大降低了系统的复杂性。SCG 是个有向无环图,对它可采用标准序列的博弈均衡解的求解方法完成求解任务。另外,所有的子均衡解便组合成了全局均衡解。

9.4.6 基于多 Agent 的分布式智能决策方法的应用

在现代企业、电子商务、供应链管理,虚拟企业以及并行工程中,都会遇到复杂的系统工程问题,遇到大规模非结构化、定量与定性相结合的复杂决策问题。对于这些实际的系统工程问题,过去经典与传统的决策理论(例如[212-213]等)是无能为力的。

以互联网处理金融信息问题为例,20 世纪 60 年代决策支持系统(DSS)就诞生了,到了 70 年代 DSS 的理论得到了长足发展,到 80 年代实现了群体决策支持系统(group DSS,GDSS)和智能决策支持系统(Intelligent DSS,IDSS)。20 世纪 90 年代,出现了联机分析处理(OLAP)以及基于互联网的 DSS(Web-based DSS,WDSS)。由于基于互联网,就必然容易实现系统的协作以及共享决策支持,进而支撑和扩大群体的行为,使更多的投资者可以互相通讯、共享信息,协调决策行为,实现多个投资决策参与者在不同地理位置的思想和信息的交流,因此上述现象很像群体决策支持系统(GDSS),所以从这个意义上可以认为 WDSS 也是 GDSS 的一种变种,认为是一种从物理空间上更加一般化的 GDSS。

1. 在知识经济环境下 DSS 的不断完善

Agent 可以看成一个具有自主能力、有心智态度的拟人化的对象,其内部的行为之间具有天然的并发性,是一种类似于进程的,并发执行的实体。Agent 内部行为的这种并发性是经典逻辑和非经典逻辑都难以刻划的。对 Agent 形式化的模型主要涉及到信念(belief,简记为 Bel)、愿望(desire,简记为 Des)、目标(goal,简记为 G)、意图(intention,简记为 Int)、规划(plan,简记为 PL)等描述心智状态的一些特征[214]。

在复杂环境中,借鉴现代组织理论,从 Agent 组织(organization)的角度研究多 Agent 系统(MAS)已成为未来 Agent 理论与技术发展的重要方向[215]。从结构上看,Agent 组织通过任务分解与合作采取协调的联合行动,实现对目标的求解。Agent 组织利用协商合同网协议方式[216],基于依赖关系的社会推理方式或对策论的联盟形成方式[217]进行推理或在 Agent 之间形成联盟。

2. 多 Agent 协作下 DDSS 的进步拓展

通常,多 Agent 之间的协作大体上分为两大类:一类是将博弈论用到多 Agent 的协作,另一类是从 Agent 的目标、意图、规划等心智状态研究多 Agent 之间的协作[218]。另外,在 DAI(分布式人工智能)研究中,合同网以及 CDPS(cooperative distributed problem solving,分布式合作问题求解)模型被认为是二种完全精确/几乎自洽的协作求解模型[219,220]。

DDSS(分布式决策支持系统)和 GDSS(群组决策支持系统)早在 20 世纪 80 年代就在国外学术界采纳了,90 年代又将其用到 Internet/Intranet 上[221]。在国内,文献[222-223]等也在分布式智能决策支持系统方面做出了开发与探索性的工作。

此外,随着不确定性数学理论(例如证据理论、贝叶斯网、模糊集和粗糙集理论等)和人工智能技术的发展,贝叶斯网络技术获得了长足的发展[224,225],将 Bayes 网络应用于数据挖掘和知识发现领域,便使得分布式智能决策技术有了更大的应用空间。

9.5 复杂系统广义智能评价的几种方法

本节主要从主观赋权法、客观赋权法、动态多指标决策法以及组合智能评价等几个侧面去研究系统的智能评价问题。对于一般系统或系统复杂性(complexity)较低的那些复杂系统来讲,这些方法实用、简洁,便于工程应用。

9.5.1 系统评价的关键问题以及迭代过程

1. 基础概念:七个基本函数

构建具体的系统评价方法,首先要解决如下 7 个函数的确定问题:

(1) 评价对象生成函数 $f_1(\cdot)$。这是对评价对象的采样问题。评价对象是建立评价模型的重要信息来源,对评价对象进行分类排序是系统评价的最终目的。

(2) 评价指标生成函数 $f_2(\cdot)$。评价指标体系既是判断评价对象价值标准的方式,也是表达系统总目标及实现总目标的具体途径。目前常用的方法有专家咨询法、决策树生成法、基于多元统计的指标筛选法等。

(3) 指标测度函数 $f_3(\cdot)$。评价指标的涵义界定了评价对象不同方面的价值标准,据此便可以定量或者半定量地测度评价指标值的差异程度。如果指标本身是一个实数变量,可以直接用其观测值或实验值作为该指标的测度;如果指标是随机变量,可以用估计均值、标准差、相关系数等作为该指标的测度。

(4) 定性指标定量化函数 $f_4(\cdot)$。定性指标往往是具有模糊性、未确知性、随机性、粗糙性、灰色性、混沌性等不确性。定性指标定量化的一般思路是首先明确所定义的各个评价指标,再根据指标定义和实际评价情况,给出指标赋值,例如采用模糊集方法、层次分析法、灰色系统方法等。由于定性指标定量化问题的复杂性,因此至今无有统一的处理办法,在实际应用中常采用综合应用多种方法。

(5) 指标一致无量纲化函数 $f_5(\cdot)$。各个指标值对评价结果的作用都有方向性,例如正向型指标、负向型指标、偏离型指标等。评价对象在各指标值的量纲和数量级方面的差异,是综合评价存在不可公度性的主要原因,指标一致无量纲化是目前处理不可公度性的主要方法之一。

(6) 指标权重函数 $f_6(\cdot)$。指标权重一方面表达了指标属性更要性之间差异,另一方面也是评价对象整体价值之间差异程度和评价指标在各评价对象观测值之间差异程度的体现。属性差异的定量刻画反映了决策者或者专家主观偏好的程度,指标值差异的定量描述也反映了评价指标样本数据集的客观差异。所以要合理地确定指标权重,这个过程其中也蕴涵了各种丰富的客观信息和主观信息被充分挖掘的过程。确定指标权重是影响系统评价结果是否合理的核心问题之一,也是目前系统评价研究的难点。

(7) 综合评价指标权重函数 $f_7(\cdot)$。综合评价指标其实质问题就是对各单项指标的多样性、差异性和不相容性进行合理平衡的问题。另外,复杂系统的评价问题常常会表现出递阶层次结构,这时系统的整体综合评价指标函数就需要逐步综合各层次的综合评价结果。如何综合,这始终是需要认真研究的课题。

2. 确定七个基本函数的一些方法

目前尚无严格确定上述七个基本函数的方法,因此主要采用定性方法与定量方法相结合、客观信息与主观信息相融合的各种系统工程方法[226],下面从系统工程评价的视角给出上述七个基本函数的一些表述方法

(1) 根据系统评价的总目标a。按照一定方法去确定评价对象集$\{a_i|i=1\sim m\}$:

$$a_i = f_1(a_0^{(i)}) \quad i = 1 \sim m \tag{9.58}$$

式中,$f_1(\cdot)$为评价对象生成函数,m为评价对象的数目。$a_0^{(i)}$为对应于i的生成函数的自变量。如果把评价对象看作行动方案,则可以用多目标规划法所获得的非劣解集作为评价对象集[227],应该讲这是一种获取评价对象集的一种方法。

(2) 把系统评价目标按总目标、准则层、指标层逐步展开为各级子目标,得到具有递阶层次结构的评价指标体系,各级子目标统称为评价指标。用这些指标去刻画系统所具有的某种特征大小的度量,为了便于下面的讨论,这里假定总目标可直接分解为评价指标集$\{b_j|j=1\sim n\}$:

$$b_j = f_2(a_0^{(j)}) \quad j = 1 \sim n \tag{9.59}$$

式中,$f_2(\cdot)$为评价指标生成函数,n为评价指标的数目。目前,得到评价指标的方法较多,例如主成分分析方法,用它常去筛选和简化指标体系;再如最小均方差法,就是删除样本标准差接近于零的那些评价指标,因为这些指标对评价结果并不起太大的作用[228]。再如极小极大离差法,该方法先求各指标b_j的最大离差

$$r_j = \max_{1 \leq i, k \leq m} \{|x_{ij} - x_{kj}|\} \tag{9.60}$$

再求$\{r_j\}$的最小值,即

$$r_0 = \min_{1 \leq j \leq n} \{r_j\} \tag{9.61}$$

当r_0接近于零时,可删除与r_0对应的指标。其中x_{ij}便为评价对象a_i关于指标b_j的样本值,$i=1\sim m,j=1\sim n$。

(3) 指标的测度,需要根据系统指标本身的特点与属性来定,对于复杂的系统还常常采用定量或半定量测度的方法。另外,也常常用式(9.58)的a_i和式(9.59)的b_j去得到评价指标的样本集$\{c_{ij}|i=1\sim m,j=1\sim n\}$,其中

$$c_{ij} = f_3(a_i, b_j) \tag{9.62}$$

式中,$f_3(\cdot)$为指标测度函数。对评价对象a_i而言,$\{c_{ij}|j=1\sim n\}$就是在评价指标集空间上的一个采样点。对于如何给出指标的测度值,目前已有许多方法,例如专家评分法,就是取各位专家对同一指标的打分值的平均值作为该指标的测度值;再如采用两两比较法得到测度的定义[229],即就某个指标对m个评价对象两两之间的优劣程度进行比较,定义a_{ij}分别取1.0、0.5和0.0,分别表示对象i比对象j无比优越、同等优越和极端不优越。另外,a_{ij}可以在这三档中加细。此外,还有$a_{ji}=1-a_{ij}$,于是对象i的测度可定义为

$$c_i = \frac{\sum_{j=1}^{m} a_{ij}}{\sum_{i=1}^{m} \sum_{j=1}^{m} a_{ij}} \quad (i = 1 \sim m) \tag{9.63}$$

(4) 如果评价系统中有定性指标 b_j 时，则要进行定量化处理：

$$x_{ij} = \begin{cases} f_4(c_{ij}), & b_j \text{ 为定性指标} \\ c_{ij}, & b_j \text{ 为定量指标} \end{cases} \tag{9.64}$$

式中，符号 c_{ij} 的含义同式(9.62)；符号 $f_4(\cdot)$ 为定性指标定量化函数。由式(9.64)便获得评价指标样本集 $\{x_{ij}\}$，这里 $i = 1 \sim m, j = 1 \sim n$。

目前，可以有许多办法获取 $f_4(\cdot)$ 函数，例如文献[228]曾给出一些通过数学、物理、逻辑或者经验等变换方法，将定性指标转化为定量指标，使得指标的性态达到一致。另外，文献[229]给出的两两比较法，文献[230-233]给出了模糊集方法，文献[234-235]分别给出了层次分析法和灰色系统方法，文献[236]给出了常用的一些综合方法。上面所列举的相关文献，为 $f_4(\cdot)$ 函数的构建提供了一些基本的思路与方法。

(5) 由前面讨论可以看出，由于各指标的含义和测度方法不尽相同，导致了指标的量纲、数量级变化以及对评价结果的作用方向也不尽相同。如何使得处理后各指标值对评价结果的作用方向一致化正是这里要解决的难题。换句话说，指标一致无量纲化的目的就是试图用统一的价值形式解决指标值的不可公度问题，以便对评价对象集进行分类或排序。

由于实际系统的复杂性，虽然已有许多处理具体情况的办法，但目前尚无统一构建 $f_5(\cdot)$ 的方法，这里仅给出一个针对区间型指标(即取值越接近某区间时对评价目标越优)的一致无量纲化函数问题，讨论如下：

设评价指标样本值 x_{ij} 的最佳区间为 $[a_j, b_j]$ 对该区间型指标的一致化无量纲处理，可以分两步进行：

① 先作无量纲化处理

$$x_{ij}^* = \frac{x_{ij}}{x_{\max,j}} \quad (i = 1 \sim m, j = 1 \sim n) \tag{9.65}$$

$$a_j^* = \frac{a_j}{x_{\max,j}} \quad (j = 1 \sim n) \tag{9.66}$$

$$b_j^* = \frac{b_j}{x_{\max,j}} \quad (j = 1 \sim n) \tag{9.67}$$

在式(9.65)~式(9.67)中，$x_{\max,j}$ 为评价对象集中第 j 个指标的最大值，即

$$x_{\max,j} = \max_i \{x_{ij}, b_j\} \tag{9.68}$$

② 再计算各无量纲化样本值 x_{ij}^* 与无量纲化理想区间 $[a_j^*, b_j^*]$ 的距离 d_{ij}：

$$d_{ij} = \begin{cases} a_j^* - x_{ij}^*, & x_{ij}^* < a_j^* \\ 0, & x_{ij}^* \in [a_j^*, b_j^*] \\ x_{ij}^* - b_j^*, & x_{ij}^* > b_j^* \end{cases} \tag{9.69}$$

如果把该距离 d_{ij} 定义为 y_{ij}，显然这里 y_{ij} 越小则越优。因此区间型指标的一致无量纲化函数 $f_5(\cdot)$ 可取为

$$y_{ij} = \begin{cases} 1 - \dfrac{a_j - x_{ij}}{\max\{a_j - \min\limits_{i} x_{ij}, \max\limits_{i} x_{ij} - b_j\}}, & x_{ij} < a_j \\ 1, & x_{ij}^* \in [a_j^*, b_j^*] \\ 1 - \dfrac{x_{ij} - b_j}{\max\{a_j - \min\limits_{i} x_{ij}, \max\limits_{i} x_{ij} - b_j\}}, & x_{ij} > b_j \end{cases} \quad (9.70)$$

显然，式(9.70)中的 y_{ij} 越大越优。

(6) 权重是系统评价的重要信息，目前确定权重的方法大体上可分成四类：①客观赋权法（例如文献[228]给出的标准差赋权法或者极差赋权法等）；②主观赋权法（例如文献[234]和文献[231]讨论的层次分析法(Analytic Hierarchy Process, AHP)）；③组合赋权法（例如文献[228]给出的两类主客观结合的加法集成法以及乘法集成法等）；④变权重法。特别是对于动态评价问题，不同时刻权重的取值常常是不同的。作为例子，这里给出采用标准差赋权法时，不同时刻 t_k 的权重表达式（即 $f_6(\cdot)$ 的一种形式）：

设 y_{ijk} 为评价对象 a_i 指标 b_j 在时刻的 t_k 的单指标评价值，用文献[228]给出的标准差赋权法可得到指标 b_j 在时刻 t_k 的权重为

$$w_{jk} = \frac{s_{jk}}{\sum\limits_{j=1}^{n} s_{jk}} \quad (9.71)$$

式中

$$s_{jk} = \left[\sum_{i=1}^{m} (y_{ijk} - \bar{y}_{jk})^2 / m \right]^{0.5} \quad (9.72)$$

$$\bar{y}_{jk} = \sum_{i=1}^{m} y_{ijk} / m \quad (9.73)$$

在式(9.71)~式(9.73)中，$i = 1 \sim m, j = 1 \sim n, k = 1 \sim L$（时段数目）。

(7) 综合评价指标函数 $f_7(\cdot)$，至今也未找到一个统一的构建方法。表面上由综合各单指标评价值及其权重，可以得到各评价对象 a_i 的评价结果为

$$z_i = f_7(y_{ij}, w_{ij}), \quad z_i \in R \quad (9.74)$$

式中 $f_7(\cdot)$ 为综合评价指标函数，它是从单指标目标空间到综合评价指标目标空间的一维实数值函数；z_i 为评价对象 a_i 的综合评价指标值。根据综合评价指标值 z_i 的大小就可对各评价对象进行分类排序，从而为系统决策提供理论支撑。另外，y_{ij} 与 w_{ij} 已由 $f_5(\cdot)$ 与 $f_6(\cdot)$ 所决定，因此理论上由多次复合的隐式函数便可以获得 z_i 值。但由于各子系统之间关联形式的复杂性，而且在结构上存在着各种各样的非线性关系，并且还具有物质、能量或信息上的密切关联。这些关系和关联往往都具有非线性、时变性、不完全性、未确知性、随机性、模糊性等诸多不确定性复杂特征，常常无法获得精确的数学模型[227]，因此就给 $f_7(\cdot)$ 的构建埋下了阴影。尽管如此，对于一些复杂性较低的系统，目前还是有许多确定综合评价指标函数的方法，例如加法加权综合方法[228]、乘法加权综合方法[228]、加

法-乘法加权综合方法[228]、增益型线性加权综合方法[228]、组合评价方法[237]、分层系列方法[238]以及相关的综合方法[239]等。上述这些方法已广泛地应用于一些系统评价。

3. 系统评价的七个基本函数以及循环迭代框图

图 9.12 给出了系统评价的七个基本函数以及循环迭代框图,系统的输入为评价总目标 a_0,$f_1(\cdot) \sim f_7(\cdot)$ 为七个基本函数,系统的输出为综合评价指标 $\{z_i\}$。该图所示的系统评价过程反映了一个循环迭代,其主要步骤如下:

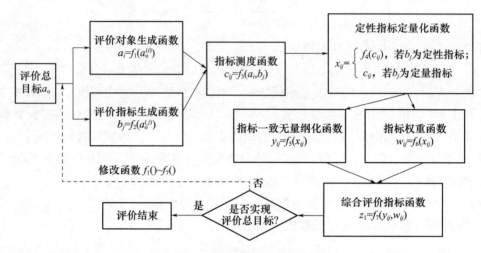

图 9.12　系统评价的循环迭代框图

(1) 首先由系统评价目标 a_0 扩展为评价指标样本集 $\{c_{ij} | i = 1 \sim m, j = 1 \sim n\}$。

(2) 通过评价指标样本集 $\{c_{ij} | i = 1 \sim m, j = 1 \sim n\}$ 压缩到综合评价指标 $\{z_i | i = 1 \sim m\}$ 以实现度量样本点符合系统评价目标的排序要求。

(3) 如果评价系统的评价总目标不满意,则转(1)并且修改函数 $f_1(\cdot) \sim f_7(\cdot)$。如此反复,直到满足迭代收敛条件。

9.5.2　主观赋权的智能评价方法:基于遗传算法的 AHP 智能评价

自 20 世纪 80 年代初 Saaty 提出层次分析法[234](analytic hierarchy process, AHP)以来,该方法已广泛用于工程技术、经济管理和社会生活中,它应该属于主观赋权的评价方法。该方法将人们对复杂系统的思维过程数学化,将人的主观定性判断进行量化,将各种要素之间的判断差异数值化,并且帮助人们保持思维过程的一致性,为复杂系统的分析、预测、评价、决策、控制和管理提供定量依据。AHP 在实际应用中遇到的主要问题是如何使判断矩阵能满足一致性问题。以下分 4 个步骤简单介绍 AGA-AHP 算法。

1. 一致性指标函数 CIF(·) 的优化问题

为便于下文叙述,这里作如下约定:层次结构模型由上到下分别为总目标层 A、评价子系统层 B(设有 n_b 个子系统)和评价指标层 C(设有 n_c 个评价指标)组成。层次结构模型各层中的总目标、评价子系统(即 $B_1, B_2, \cdots, B_{n_b}$)和评价指标(即 $C_1, C_2, \cdots, C_{n_c}$)统称为系统的要素。

(a) 步骤一。

对 B 层和 C 层的要素,分别以各自上一级层次的要素为准则,进行两两比较,通常采用 1~9 级及其倒数的判断尺度来刻画人们认识各要素的相对重要性,得到 B 层的判断矩阵 $\boldsymbol{A} = (a_{ij})_{n_b \times n_b}$,这里元素 a_{ij} 表示从判断准则 A 的角度考虑要素 B_i 对要素 B_j 的相对重要性,同理,从 B 层要素 B_k 的角度考虑要素 C_i 对要素 C_j 的相对重要性记为 b_{ij}^k,C 层的判断矩阵 $\boldsymbol{B}_k = \{b_{ij}^k | i,j = 1 \sim n_c\}$,这里 $k = 1 \sim n_b$;

(b) 步骤二。

进行层次各要素的单排序及其一致性检验(即检验各判断矩阵的一致性)。这里以判断矩阵 $\boldsymbol{A} = (a_{ij})_{n_b \times n_b}$ 为例进行分析。令 B 层各要素的单排序权值为 $w_k, k = 1 \sim n_b$,并且满足 $w_k > 0$ 和 $\sum_{k=1}^{n_b} w_k = 1$。由判断矩阵 $\boldsymbol{A}$ 的定义,有

$$a_{ij} = \frac{w_i}{w_j}, \quad (i,j = 1 \sim n_b) \tag{9.75}$$

$$a_{ji} = \frac{w_j}{w_i} = \frac{1}{a_{ij}} \tag{9.76}$$

$$a_{ii} = \frac{w_i}{w_i} = 1 \tag{9.77}$$

$$a_{ij} a_{jk} = \frac{w_i}{w_j} \frac{w_j}{w_k} = \frac{w_i}{w_k} = a_{ik} \tag{9.78}$$

式(9.76)显示了倒数性,式(9.77)显示了判断矩阵的单位性,式(9.78)显示了判断矩阵的一致性。如果判断矩阵满足式(9.75),并且决策者能够度量 $a_{ij} = w_i/w_j$,于是 A 具有完全的一致性,便有

$$\sum_{k=1}^{n_b} a_{ik} w_k = n_b w_i, (i = 1 \sim n_b) \tag{9.79}$$

$$\sum_{i=1}^{n_b} \left| \sum_{k=1}^{n_b} (a_{ik} w_k - n_b w_i) \right| = 0 \tag{9.80}$$

式中,$|\cdot|$ 为取绝对值。令一致性指标函数(consistency index function,CIF)为 CIF($\cdot$),

$$\text{CIF}(n_b) = \sum_{i=1}^{n_b} \left| \sum_{k=1}^{n_b} (a_{ik} w_k) - n_b w_i \right| / n_b \tag{9.81}$$

$$\min \text{CIF}(n_b) \tag{9.82a}$$

$$\text{s.t.} \quad w_k > 0, \quad (k = 1 \sim n_b) \tag{9.82b}$$

$$\sum_{k=1}^{n_b} w_k = 1 \tag{9.82c}$$

在式(9.82a)~式(9.82c)中,CIF($\cdot$) 为一致性指标函数;另外,单排序权值 $w_k (k = 1 \sim n_b)$ 为优化变量。当判断矩阵 A 具有完全的一致性时,式(9.75)成立,从而式(9.82a)取全局最小值,即 CIF(n_b) = 0。式(9.82a)~式(9.82c)是一个非线性优化问题,我们可以用遗传算法获取全局最优解。

2. 改进的遗传算法-AGA

这里讨论文献[240,241]发展的加速遗传算法(accelerating genetic algorithm, AGA)。AGA 是在标准遗传算法(Standard genetic algorithm, SGA)的基础上[242]改进的。不失一般性,令模型的参数优化问题为

$$\begin{cases} \min f = \sum_{i=1}^{m} \| F(C, X_i) - Y_i \|^q \\ \text{s.t.} \quad a_j \leqslant c_j \leqslant b_j, \quad (j = 1, 2, \cdots, p) \end{cases} \quad (9.83)$$

式中,$C = \{c_j\}$ 为模型的 p 个优化变量,$[a_j, b_j]$ 为 c_j 的初始变化区间(即搜索区间);X 为模型的 n 维输入矢量;Y 为模型的 m 维输出矢量;F 为一般非线性模型,即

$$F: R^n \to R^m \quad (9.84)$$

$\{(X_i, Y_i) | i = 1, 2, \cdots, m\}$ 为模型输入、输出 m 对观测数据,$\| \cdot \|$ 为取范数,例如取 $q = 2$ 时,为最小二乘准则,等等。f 为优化准则函数。SGA 有四个控制参数,即二进制编码长度 e、父代个体数目 n、变异率 p_m(或者杂交概率 p_c)和进化迭代次数 n_i。

SGA 是从 $(2^e)^p$ 种优化变量取值状态中寻找最优的,因为 SGA 控制参数的设置技术复杂,目前尚无统一有效的指导准则,这里给出参数的经验选取范围:

$$e = 10, p_m = 1.0, p_c = 1.0, \quad (9.85)$$

群体规模 n 与优秀个体数目 s 存在如下经验关系式:

$$\frac{s}{n} > n/(e \times 2^e) \quad (9.86)$$

(c) 步骤三。

层次总排序及其一致性检验,即确定同一层次各要素对于最高层要素的排序权值并检验各判断矩阵的一致性。这一过程是从最高层到最底层逐层进行的。这里 B 层各要素的单排序权值 $w_k (k = 1 \sim n_b)$ 和一致性指标函数 $\text{CIF}(n_b)$,就是 B 层总排序权值和总排序一致性指标函数。C 层各要素的总排序权值 $w_{c_i}^A$ 为:

$$w_{c_i}^A = \sum_{k=1}^{n_b} w_k w_{c_i}^k \quad (i = 1 \sim n_c) \quad (9.87)$$

总排序一致性指标函数 $\text{CIF}^A(\cdot)$ 为:

$$\text{CIF}^A(n_c) = \sum_{k=1}^{n_b} w_k \text{CIF}^k(n_c) \quad (9.88)$$

另外,在式(9.87)中的 $w_{c_i}^k$ 和式(9.88)中的 $\text{CIF}^k(n_c)$ 具有如下含义:由 C 层的判断矩阵 $\{b_{ij}^k\}_{n_c \times n_c}$,可以确定 C 层各要素 i 对于 B 层 k 要素的单排序权值 $w_{c_i}^k (i = 1 \sim n_c)$ 以及相应的一致性指标函数 $\text{CIF}^k(n_c) (k = 1 \sim n_b)$。当 $\text{CIF}^k(n_c)$ 值小于某一标准值时,便可认为判断矩阵 $\{b_{ij}^k\}_{n_c \times n_c}$ 具有满意的一致性。此外,对式(9.88),当 $\text{CIF}^A(n_c)$ 值小于某一标准值时,可以认为 C 层总排序结果具有满意的一致性,据此计算的各要素的总排序权值 $w_{c_i}^A$ 是可以接受的;否则就需要反复调整有关判断矩阵,直到具有满意的一致性位置。

(d) 步骤四。

如果把 C 层各要素的总排序权值 $w_{c_i}^A (i = 1 \sim n_c)$ 作为系统评价指标的权重,他们与相应评价指标的标准化值相乘并且累加,便可作为系统评价的最终结果。

9.5.3 客观赋权的智能评价方法:基于 RAGA 的聚类智能评价

在给定某指标下在各评价对象之间存在的指标值差异,称为指标的局部差异,常称作信息量权重;在所有指标都参与的情况下各评价对象之间存在的指标值差异,称为指标的整体差异,常称作系统效应权重。定量描述指标的局部差异就可得到指标局部差异权重,定量描述指标的整体差异就可得到指标整体差异权重。显然,这两类权重都是客观权重。目前客观赋权法主要有主成分分析法、因子分析法、熵值法、复相关系数法、变异系数法等,其特点是直接利用评价指标样本值求得。本节主要讨论利用遗传算法的投影寻踪(projection pursuit, PP)技术去确定指标整体差异的权重,并且可以用遗传算法的层次分析技术去确定指标局部差异的权重,因此上述这种获取整体差异权重与局部差异权重的方法应属于典型的基于客观赋权的智能评价方法。

聚类评价方法(clustering evaluation method, CEM)是在没有或者不用系统评价标准的情况下,依据评价指标样本值之间的相似性与差异性对各评价对象进行分类的方法。该方法的数学依据就是统计计算、模糊数学、运筹学以及数据分析技术等。聚类分析早在20世纪70年代初就提出了,80年代时国际统计界又提出了直接利用样本数据驱动的数据分析 PP 技术[243],并进行了分类,即产生了 PPCE(projection pursuit clustering evaluation)方法。该方法是把高维数据通过某种组合投影到低维子空间上,然后根据投影值(即综合评价指标值)的分布特征来分析原评价对象高维数据的分类结构特征。其中,投影指标函数(即目标函数)的构造及其优化是应用 PPCE 方法能否成功的关键。由于传统的 PPCE 方法在寻找最佳投影方向上会导致较大的计算量,这就在一定程度上便限制了PPCE 方法的广泛应用。

文献[244]将基于实数编码的加速遗传算法(real coding based accelerating genetic algorithm, RAGA)与 PPCE 相融合,产生了一种新的智能算法,这里称作 RAGA-PPCE 方法。该方法使得计算量减小、收敛速度加快并且全局优化的性能得到改善,下面就分四步阐述这个方法。

步骤 1:建立评价指标体系,对数据进行一致无量纲化处理。根据评价对象的实际情况,建立相应地评价指标体系。

步骤 2:构造投影指标函数。PP 分类方法就是把 p 维数据 $\{y(j,i) | j = 1 \sim p\}$ 综合成以 $\boldsymbol{a} = [a(1), a(2), \cdots, a(p)]$ 为投影方向的一维投影值 $z(i)$:

$$z(i) = \sum_{j=1}^{p} a(j) y(j,i) \tag{9.89}$$

然后根据 $z(i)$ 的一维散布图进行分类。在式(9.89)中,$a(j) > 0$,并且

$$\sum_{i=1}^{p} a(j) = 1 \tag{9.90}$$

因此，$a(j)$ 实际上就是指标 j 的客观权重。对于投影指标函数的构造，至今仍未完善（即仍是经验性的），这里给出文献[245]推荐的如下方法：

$$Q(\mathbf{a}) = S_z D_z \qquad (9.91)$$

式中：S_z 为投影值 $z(i)$ 的标准差；D_z 为投影值 $z(i)$ 的局部密度。其表达式分别为

$$S_z = \left[\sum_{i=1}^{n} (z(i) - \bar{z})^2 / (n-1) \right]^{0.5} \qquad (9.92\text{a})$$

$$D_z = \sum_{i=1}^{n} \sum_{j=1}^{n} (R - r_{ij}) u(R - r_{ij}) \qquad (9.92\text{b})$$

这里 $\bar{z}$ 为序列 $\{z(i) | i = 1 \sim n\}$ 的均值；R 为求局部密度的窗口半径。目前，R 的设置仍是经验的，例如可取 R 为 $0.1 S_z$；距离 $r_{ij} = |z(i) - z(j)|$；$u(t)$ 为单位阶跃函数，当 $t<0$ 时，则 $u(t)$ 为 0，否则 $u(t)$ 为 1。

步骤 3：优化投影指标函数。令 $Q(\mathbf{a})$ 为投影指标函数，当给定评价对象的评价指标样本数据时，投影指标函数 $Q(\mathbf{a})$ 只随着投影方向矢量 $\mathbf{a}$ 的变化而变化。不同的投影方向反映不同的数据结构特征，最佳投影方向可最大可能地暴露高维样本数据的聚类特征结构。所以可通过求解投影指标函数最大化问题来估算最佳的投影方向矢量，即

$$\max Q(\mathbf{a}) = S_z D_z \qquad (9.93\text{a})$$

$$\text{s.t.} \quad a(j) > 0, \sum_{j=1}^{p} a(j) = 1 \qquad (9.93\text{b})$$

上式是以 $\{a(j) | j = 1 \sim p\}$ 为优化变量的非线性优化问题，用常规方法求解较困难，用遗传算法，尤其是 RAGA 方法[246]较方便。

步骤 4：由式(9.93a)和式(9.93b)求得最佳投影方向矢量 $\mathbf{a}^*$，并代入式(9.89)，得到各评价对象的投影值 $z^*(i)$。这里 $z^*(i)$ 值反映了各评价对象的综合特征，通过比较 $z^*(i)$ 值的大小，便可对各评价对象进行分类。

9.5.4 动态多指标决策的智能评价方法

目前处理动态多指标决策(dynamic multiple attribute decision making, DMADM)问题，较为成熟的方法是由静态方法发展到动态但这类方法的主要不足是确定时间权重和指标权重比较困难。为此，文献[247]发展了一个 PP-IPM 模型，相关的数值计算已初步显示了这种方法的有效性，这里 IPM(ideal point method)又称作理想点法，而 PP 仍代表投影寻踪，即(projection pursuit)，以下分成 6 步讨论这个模型。

步骤 1：建立决策矩阵。对于 DMADM 问题，令时段为 T_i，指标为 P_j，拟定的决策方案为 S_k，并且假定决策方案 S_k 对应于时段 T_i、指标 P_j 的属性为 a_{kij}，这里 i、j、k 分别为

$$i = 1 \sim n_i, j = 1 \sim n_j, k = 1 \sim n_k \qquad (9.94)$$

式中，n_i、n_j 和 n_k 分别对应于时段、指标和方案的数目。另外，对应于第 k 个决策方案的决策矩阵为 $(a_{kij})_{n_i \times n_j}$。

步骤 2：决策矩阵的规范化。对于决策矩阵 $\{a_{kij}\}_{n_i \times n_j}$ 进行规范化处理为

$$b_{kij} = \frac{a_{kij}}{\left[\sum_{k=1}^{n_k}\sum_{i=1}^{n_i} a_{kij}^2/n_k\right]^{0.5}} \quad (i=1\sim n_i, j=1\sim n_j, k=1\sim n_k) \tag{9.95}$$

步骤3：确定理想决策矩阵和负理想决策矩阵[248,249]。由规范化的决策矩阵$(b_{kij})_{n_i \times n_j}$可由下式分别求出相应的理想决策矩阵$B^+$和负理想决策矩阵$B^-$：

$$B^+ = (b_{ij}^+)_{n_i \times n_j} \tag{9.96}$$

$$B^- = (b_{ij}^-)_{n_i \times n_j} \tag{9.97}$$

式中，矩阵B^+和B^-的元素分别为

$$b_{ij}^+ = \max_k \{b_{kij}\} \tag{9.98}$$

$$b_{ij}^- = \min_k \{b_{kij}\} \tag{9.99}$$

步骤4：构造投影指标函数。投影寻踪（PP）就是把三维决策数据$(b_{kij}|i=1\sim n_i, j=1\sim n_j, k=1\sim n_k)$综合成为$a$，即

$$a = (w_1, w_2, \cdots, w_{n_j}, \lambda_1, \lambda_2, \cdots, \lambda_{n_i}) \tag{9.100}$$

为投影方向的一维投影值$z(k)$：

$$z(k) = \frac{\left\{\sum_{i=1}^{n_i}\lambda_i \left[\sum_{j=1}^{n_j} w_j(b_{kij}-b_{ij}^-)^2\right]\right\}^{0.5}}{\left\{\sum_{i=1}^{n_i}\lambda_i \left[\sum_{j=1}^{n_j} w_j(b_{kij}-b_{ij}^+)^2\right]\right\}^{0.5} + \left\{\sum_{i=1}^{n_i}\lambda_i \left[\sum_{j=1}^{n_j} w_j(b_{kij}-b_{ij}^-)^2\right]\right\}^{0.5}} \tag{9.101}$$

式中，w_j为第j个指标的权重；λ_i为第i个时段的权重；$z(k)$为决策方案Sk距离理想决策方案B^+和负理想决策方案B^-的加权相对接近度。

综合投影值时，为了使投影值$z(k)$尽可能散开，以便决策，投影指标函数$Q(a)$可构造为

$$Q(a) = S_z \tag{9.102}$$

$$S_z = \left[\sum_{k=1}^{n_k}(z(k)-\bar{z})^2/n_k\right]^{0.5} \tag{9.103}$$

式中：$\bar{z}$为序列$\{z(i)|i=1\sim n\}$的均值；S_z为投影值$z(k)$的标准差。

步骤5：优化投影指标函数。当给定决策矩阵数据样本时，投影指标函数$Q(a)$只随投影方向a的变化而变化。不同的投影方向反映不同的数据结构特征，最佳投影方向可以最大可能地暴露高维决策矩阵样本数据的某决策结构特征。因此，可以通过求下式，即

$$\max Q(a) = S_z \tag{9.104a}$$

$$\text{s.t.} \quad w_j > 0, \sum_{j=1}^{n_j} w_j = 1, \lambda_i > 0, \sum_{i=1}^{n_i}\lambda_i = 1 \tag{9.104b}$$

来得到最佳投影方向a。式(9.104a)和式(9.104b)是以权重$\{w_1, w_2, \cdots, w_{n_j}, \lambda_1, \lambda_2, \cdots, \lambda_{n_i}\}$为变量的非线性优化问题，如用常规方法求解极难处理，因此这里采用RAGA来求解较为方便。

步骤6：决策方案排序。由上面步骤5求得最佳投影方向a代入到式(9.101)，即得

到各决策方案的最佳投影值 $z^*(k)$。换句话说，如果 $z^*(k)$ 值从大到小的排列顺序时，就可得到相应决策方案的由优到劣的次序。

9.5.5 基于组合理论的群体决策智能评价方法

对于一个复杂系统，涉及各项评价指标，而评价中往往会发现各单项指标评价结果之间的不相容问题，而且每种方法都有其特点和适用性，因此如何合理的确定各项评价指标的权重就显得非常重要。文献[250,251]在群体决策(group decision, GD)的基础上，通过构建群体判断矩阵的 Hadamard 凸组合去获取各项指标的权重，以消除各单个专家主观偏见的影响。另外，文献[252,253]还推出了理想区间法(ideal interval method, IIM)、文献[254]将 GD 与 IIM 相融合提出了 GD-IIM 组合评价法，有效地提高了评价结果的精度，以下就分 5 步简要讨论这种方法。

设一个复杂系统的评价标准为 $\{([a^*(i,j),b^*(i,j)],i)|i=1\sim n_i,j=1\sim n_j\}$，其中 $a^*(i,j)$ 和 $b^*(i,j)$ 分别为第 i 级第 j 个评价指标变化区间（即理想区间）的下限值和上限值；i 为第 i 级的标准等级值；n_i 和 n_j 分别为评价标准的等级数目和评价指标数目。本节约定：等级值越小，则表示性能越高。完整的 GD-IIM 过程包括五个主要步骤：

步骤 1：评价标准样本系列的随机生成及其无量纲化处理。利用均匀随机数在各级指标变化区间 $[a^*(i,j),b^*(i,j)]$ 内随机产生 n_k 个指标样本值 $x^*(k,j)$，相应的标准等级值为

$$y(k) = i \tag{9.105}$$

为了充分反映评价标准中各指标边界值的信息，取各指标的边界值各一次，对应的标准等级值取与该边界值有关的两个标准等级值的算术平均值，于是便得到了标准样本系列

$$\{(x^*(k,j),y(k))|k=1\sim n_k,j=1\sim n_j\} \tag{9.106}$$

其中，n_k 为样本容量。为了消除各指标的量纲效应，使 GD-IIM 具有通用性，因此对该标准样本系列作如下一致无量纲化处理：

$$x(k,j) = x^*(k,j)/x_{\max}(j) \quad (k=1\sim n_k, j=1\sim n_j) \tag{9.107}$$

$$a(i,j) = a^*(i,j)/x_{\max}(j) \quad (i=1\sim n_i, j=1\sim n_j) \tag{9.108}$$

$$b(i,j) = b^*(i,j)/x_{\max}(j) \quad (i=1\sim n_i, j=1\sim n_j) \tag{9.109}$$

式中，$x_{\max}(j)$ 为评价标准中第 j 个评价指标的最大值，即

$$x_{\max}(j) = \max_i\{b^*(i,j)\} \tag{9.110}$$

步骤 2：计算各标准样本 $x(k,j)$ 与标准等级理想区间 $[a(i,j),b(i,j)]$ 的距离为 $D(k,i)$：

$$D(k,i) = \sum_{j=1}^{n_j} w_j d(k,i,j) \tag{9.111}$$

$$d(k,i,j) = \begin{cases} a(i,j) - x(k,j), & x(k,j) < a(i,j) \\ 0, & x(k,j) \in [a(i,j),b(i,j)] \\ x(k,j) - b(i,j), & x(k,j) > b(i,j) \end{cases} \tag{9.112}$$

式中，w_j 为第 j 个指标的权重,可由步骤 3 得到；$i = 1 \sim n_i, j = 1 \sim n_j, k = 1 \sim n_k$。

步骤 3：用群体判断矩阵计算各指标的权重。设有 m 个专家,因此便有比较各指标重要性的 m 个判断矩阵 $A_1, A_2, \cdots, A_m$,令凸组合系数为 $\lambda_1, \lambda_2, \cdots, \lambda_m$,于是它们的 Hadamard 凸组合矩阵为 B,其表达式为：

$$b_{ij} = \prod_{k=1}^{m} a_{k,ij}^{\lambda_k} \quad (i = 1 \sim n_j, j = 1 \sim n_j) \tag{9.113}$$

也是一个判断矩阵。在式(9.113)中,$A_k = (a_{k,ij})_{n_j \times n_j}$；$B = (b_{ij})_{n_j \times n_j}$；凸组合系数 $\lambda_k \in [0,1)$ 且 $\sum_{k=1}^{m} \lambda_k = 1; k = 1, 2, \cdots, m$；可以证明,用式(9.113)的凸组合形式,可以保持或改善判断矩阵的一致性。另外,由下式的优化问题：

$$\begin{cases} \min f(\lambda_1, \lambda_2, \cdots, \lambda_m) = \sum_{k=1}^{m} \sum_{1 \leq i \leq j \leq n_j} \frac{|b_{ij} - a_{k,ij}|}{n_j(n_j - 1)m} \\ \text{s.t.} \quad \lambda_k > 0, \sum_{k=1}^{m} \lambda_k = 1 \end{cases} \tag{9.114}$$

得到凸组合系数 λ_k 的值。

现在由凸组合判断矩阵 B 计算各指标的权重 w_j。根据判断矩阵的定义,理论上应有

$$b_{ij} = \frac{w_i}{w_j} \quad (i, j = 1, 2, \cdots, n_j) \tag{9.115}$$

如果 B 满足式(9.115),并且决策者能精确度量 $b_{ij} = w_i/w_j$,则

$$\sum_{i=1}^{n_j} \sum_{j=1}^{n_j} |b_{ij} w_j - w_i| = 0 \tag{9.116}$$

式中,$|\cdot|$ 为取绝对值。由于实际系统的复杂性以及人们认知的多样性和主观上的片面性、不稳定性,因此在实际应用中 B 的一致性条件不满足是客观存在的,是无法完全消除的。如果 B 不具有满意的一致性,于是要修正 B。设 B 的修正判断矩阵为 C,即

$$C = (c_{ij})_{n_j \times n_j} \tag{9.117}$$

如果 C 的各要素的权重仍记为 $\{w_j | j = 1, 2, \cdots, n_j\}$,则使下式即(9.118a)式最小时的 C 矩阵,便为 B 的最优一致性判断矩阵[255]：

$$\min CIC(n_j) = \sum_{i=1}^{n_j} \sum_{j=1}^{n_j} |c_{ij} - b_{ij}|/n_j^2 + \sum_{i=1}^{n_j} \sum_{j=1}^{n_j} |c_{ij} w_j - w_i|/n_j^2 \tag{9.118a}$$

$$\text{s.t.} \begin{cases} c_{ii} = 1, (i = 1, 2, \cdots, n_j) \\ \frac{1}{c_{ji}} = c_{ij} \in [b_{ij} - gb_{ij}, b_{ij} + gb_{ij}] \cap [1/9, 9], (i = 1, 2, \cdots, n_j - 1; j = i + 1, i + 2, \cdots, n_j) \\ w_j > 0, (j = 1, 2, \cdots, n_j) \\ \sum_{j=1}^{n_j} w_j = 1 \end{cases}$$

$$\tag{9.118b}$$

式中,目标函数 $CIC(n_j)$ 为一致性指标系数(consistency index cofficient, CIC)；符号 g 为非

负参数,它是个经验数,通常在$[0,0.5]$内选择;另外,为便于下文讨论,将式(9.118a)与式(9.118b)合称为式(9.118)。因式(9.118)是典型的非线性优化问题,可以用 AGA 方法求解该式,其中权重 $w_j(j=1 \sim n_j)$ 以及修正判断矩阵 $C=(c_{ij})_{n_j \times n_j}$ 的上三角矩阵元素为优化变量,对 n_j 阶凸组合矩阵 B 共有 $n_j(n_j+1)/2$ 个独立的优化变量。显然,式(9.118a)左端的 $CIC(n_j)$ 值越小,则表明判断矩阵 B 的一致性程度就越高;当取全局最小值 $CIC(n_j)=0$ 时,则 C=B,于是式(9.115)或式(9.116)成立,此时判断矩阵 B 具有完全的一致性。计算经验表明,当 $CIC(n_j) \leqslant 0.10$ 时,便可认为判断矩阵 B 具有满意的一致性,也就是说计算出的各要素权重值是可以接受的;否则就需要提高式(9.118b)中参数 g,直到一致性得到满足为止。

步骤 4:计算各标准样本 $x(k,j)$ 对第 i 标准等级理想区间的相对隶属度值 $r(k,i)$:

$$r(k,i) = \frac{\exp(-hD(k,i))}{\sum_{i=1}^{n_i} \exp(-hD(k,i))} \quad (9.119)$$

式中,h 为待定参数,可由下文优化式(9.121)得到,一般为大于 1 的常数;h 取值越大,标准样本 $x(k,j)$ 越倾向于隶属度小的 $D(k,i)$ 值所对应的标准等级。为避免应用最大隶属度原则进行判断所可能造成的失真,这里采用相对等级值[256],即

$$q(k) = \sum_{i=1}^{n_i} r(k,i) i \quad (9.120)$$

作为标准样本 $\{x(k,j) | j=1,2,\cdots,n_j\}$ 所对应的标准等级的计算值。因此,可利用标准样本系列,通过采用 AGA 求解如下优化问题来优化识别参数 h:

$$\min f(h) = \sum_{k=1}^{n_k} |q(k) - y(k)| \quad (9.121)$$

式中,$y(k)$ 由式(9.105)定义。

步骤 5:进行等级综合评价。设评价对象各评价指标值 $\{z^*(k,j) | k=1 \sim n_z, j=1 \sim n_j\}$,这里 n_z 为需要评价的样本数目。把 $x^*(k,j)$ 换成 $z^*(k,j)$ 代入到式(9.107),并根据式(9.108)~式(9.120),即可计算出对应于评价样本 $\{z^*(k,j) | j=1 \sim n_j\}$ 的相对等级值 $q(k),k=1 \sim n_z$。

习题与思考 9

9.1 在决策任务的分类中,如何理解决策问题的结构化、半结构化和非结构化?
9.2 贝叶斯网络建模的流程分哪几个阶段?
9.3 能否描述一下贝叶斯网络的参数学习和结构学习的大致过程?
9.4 多 Agent 系统模型是由多少个组元组成的,能否简述一下所包含的组元与功能?
9.5 能否简单介绍一下多 Agent 分布式决策支持系统的基本概念与大致框架?
9.6 一般系统评价中,常使用七个基本函数,试说明这些基本函数的概念。

9.7 为什么说层次分析法属于主观赋权评价方法?

9.8 结合书中给出的文献资料,试说明SAG(标准遗传算法)与AGA(加速遗传算法)有什么本质上的区别。

9.9 什么叫客观赋权评价方法?基于遗传算法的投影寻踪聚类评价方法中,最佳投影方向是如何获得的?

9.10 将静态多指标决策方法拓展到动态决策时所面临的主要困难有哪些?

9.11 在层次分析法中,群体决策与单人决策有什么不同?判断矩阵的个数与群体决策的人数之间有何关系?

9.12 在群体决策层次分析方法中,判断矩阵是一个非常重要的概念,试说明判断矩阵的主要性质有哪些?判断矩阵的一致性条件是什么?

9.13 戴汝为先生20世纪50年代师从钱学森先生,从事"工程控制论"和"最优控制"方面的研究并获取了这个研究领域的精髓。1980年戴先生赴美国普渡大学跟随世界模式识别大师傅京孙(K. S. Fu)先生学习模式识别和人工智能技术。另外,20世纪90年代初,在钱学森先生的直接指导下,他跨入对"开放的复杂巨系统及其方法"的研究。他提出了"人-机结合"的"智能科学"、创建了"社会智能科学",并将"综合集成方法论"进行了发扬与拓广,因此戴汝为先生1991年当选为中国科学院学部委员(后改称院士)。1995年戴院士出版了《智能系统的综合集成》,2007年版了《社会智能科学》,2013年出版了《社会智能与综合集成系统》。试结合学习戴院士的这3本书,举例阐述在复杂系统中面对复杂的决策问题,应该如何应用综合集成的策略与方法?

第10章 人机系统高维多目标智能优化技术

在多目标优化问题中,经常涉及两个空间:一个是目标空间,一个是决策空间。通常对于具有 m 个目标的多目标优化问题,当 m 大于 3 时则称为高维多目标优化问题;当 m 小于或等于 3 时则称低维多目标优化问题。另外,在度量多目标优化的指标问题时,通常多考虑目标空间的情况作为评价标准。此外,对于一个多目标优化问题,其决策变量间的关联也会增加问题的难度,但是目前主流的多目标测试问题都忽略了这点。在优化中,如何兼顾目标空间和决策空间,迄今为止仍然鲜有相关的研究,并且少有的这方面研究成果也未从根本上解决这类复杂的问题。在复杂的人机系统研究中,工程里大量遇到的优化大都属于高维多目标的优化问题。因此本章讨论的重点是关注高维多目标智能进化方法的研究与进展,应该讲这些内容在通常人机工程教材中是很少涉及的,但这些内容在人机系统的研究中又是十分重要的基础内容,为此本书给予了充分关注。

10.1 多目标进化方法

在实际工程问题中,多目标优化问题(multi-objective optimization problem,MOP)是指同时优化多个目标,因此更具有实际应用价值。对于一个具有 m 个目标的最小化多目标优化问题:

$$\begin{cases} \min y = F(x) = (f_1(x), f_2(x), \cdots, f_m(x)) \\ \text{s.t.} \quad x \in \Omega \end{cases} \tag{10.1}$$

式中,$x = (x_1, x_2, \cdots, x_n)^T$,$x$ 是 n 维决策变量;$F(x)$ 为目标函数,这里目标矢量空间的维度为 m;如果 $x_1, x_2 \in \Omega$,并且 $f_1(x) \leq f_2(x)$,$F(x_1) \neq F(x_2)$($i \in 1, 2, \cdots, m$),则称 x_1 支配 x_2,记作 $x_1 \succ x_2$,这里 x、x_1 和 x_2 均为决策空间 Ω 里的 n 维决策变量。对于 $x^* \in \Omega$,在 Ω 中如果没有任何一个 x 可以支配 x^*,则称 x^* 是帕累托(Pareto)最优解(或非支配解)。另外,所有帕累托最优解组成的集合称为帕累托最优解集(Pareto set, PS),将 PS 按照函数 F 映射到目标空间所得到的集合称为帕累托前沿(Pareto front, PF)。

求解多目标优化问题的古典方法有两种:一种是加权法,另一种是约束法。前者分配不同权重于各个目标,通过加权将多目标优化问题转化为单目标优化问题。后者仅选取一个目标作为优化目标,其他目标作为约束条件求解带约束的单目标优化问题。这两种方法的缺点一是权重和约束参数难以设定与调节,二是不易获得整个帕累托最优解集。

20世纪80年代提出了进化算法(evolutionary algorithm,EA)[257-258],这类算法是以种群的自然进化为模拟或学习的对象去获取多目标优化问题的最优解。进化算法的一般范式如下:随机初始化种群,在每一次迭代的过程中以父代种群生产子代种群,再通过适应度函数筛选优秀个体作为下一代父代种群,直至终止条件。正是由于EA在包括不连续和多重约束等困难特征的高维探索空间中具有识别高质量解的能力,结合进化算法利用种群优化技术可以发现和保存具有多样性良好解的能力,因此EA技术被广泛用于优化计算。另外,进化算法还采用了全局性的搜索策略,因此已经成为解决多目标优化问题的重要工具。目前已有的多目标进化算法大致可分为三类[259-260]:①基于帕累托的多目标进化算法;②基于指标的多目标进化算法;③基于分解多目标进化算法。以下简单地讨论这三类算法。

10.1.1 基于帕累托的多目标进化算法

帕累托算法是当前多目标进化算法(multi-objective evolutionary algorithm,MOEA)领域中最主流的方法[261],它的核心思想是以Pareto占优筛选个体[262],并且结合了不同类型的进化算法。与此同时,粒子群算法(particle swarm optimization,PSO)、协同进化算法(co-evolutionary algorithm)和人工免疫系统(artificial immune system,AIS)和免疫学计算(immunological computation,IC)等也获得长足的发展。由于多目标优化问题的特殊性,经常存在着两个解相互不支配的情况,因此帕累托的多目标进化算法便得到普遍的重视。至今,基于非支配排序的多目标进化算法(例如nondominated sorting in genetic algorithms,NSGA)已发展到第三代,下文还要专门讨论。

在多目标优化中,多样性和收敛性问题也非常重要。一方面多样性好的解集能够为决策者提供丰富的信息,另一方面也可以在进化搜索中促进种群收敛。采用多样性的策略旨在尽可能保存不相似的个体,例如在NPGA(niched Pareto genetic algorithm)中的小生境技术(niched technology)利用分享函数(sharing function)描述种群分布情况,并筛选个体来保持多样性。另外,在基于等度规映射的ε支配中以牺牲严格意义上的帕累托支配关系来获取更好的多样性。总之,在MOEA技术中保持种群的多样性的策略一直深受关注。

10.1.2 基于指标的多目标进化算法

基于指标的多目标进化算法(indicator-based evolutionary algorithms,IBEA)[263]常涉及两个指标即$I_{\varepsilon+}$和I_H,前者为收敛性的指标,后者是超体积(hypervolume)指标。文献[264]指出,基于$I_{\varepsilon+}$的IBEA过于强调了收敛性,因此在帕累托前沿上的多样性并不太好。由于基于超体积指标的多目标进化算法同时兼顾了收敛性和多样性,因此这类算法得到了较大的发展[265]。

10.1.3 基于分解的多目标进化算法

基于分解的多目标进化算法 MOEA/D(multiobjective evolutionary algorithm based on decomposition)[266],是通过一组权重矢量将多目标优化问题转化成多个单目标子优化问题,并且利用子问题的合作从而一次性输出整个解集。聚合函数(aggregation function)可以将多目标优化问题转化为多个单目标子优化问题[267],因此如何选择合适的聚合函数已成为这类分解算法研究领域的重要问题之一,并相继发展出自适应聚合函数方法和广义分解方法等[268]。

10.1.4 几种智能优化方法的比较

前面讨论了三大类多目标进化算法,这里抽取其中的五种对它们在解决多维多目标问题的能力方面作简单比较。这五种算法分别是:①基于等度规映射 ε 支配机制的多目标优化方法[269];②基于帕累托占优的多目标优化方法 NSGA-II[270];③基于角解优先的高维多目标非支配排序方法[271];④多目标优化中的 DE-EDA 混合搜索方法;⑤基于 Two-Archive 的高维多目标进化算法[272]。

由于传统帕累托支配的计算复杂性和非支配解数量随着目标空间的维数快速增长,因此非帕累托支配和松弛形式的帕累托支配受到研究者的重视,正是基于这一背景,ε 支配机制便产生了。ε 支配是一种松弛形式的帕累托支配机制,它不仅使传统算法(例如 NSGA-II)较快地收敛到最优帕累托前沿,而且具有相对较好的估计解集均匀性保持能力。此外,它可以动态地调节估计解集的分布粒度大小。但这种方法有明显的缺点,ε 支配可能丢失许多有效解和部分极端解(例如在帕累托前沿分布接近垂直或水平的方向上),从而弱化了帕累托前沿的多样性保持能力。针对这一缺点,提出了利用等度规映射方法把当前代的 Pareto 非支配解映射到低级子流空间,在该空间进行 ε 支配的个体删减操作,通过每一代种群的进化,来不断更新外部个体种群,提高了其多样性的保持能力。数值计算的实践表明:基于等规度映射的 ε 支配优化对于低维目标数目的优化问题可取得满意的效果,但它无法扩展到高维目标优化的问题。

基于帕累托的多目标进化算法是最广泛应用的一类方法,它以帕累托占优筛选个体并可以与许多进化算法相融合在工程实践中获得很好的应用,其中以 NSGA-II 尤为突出。NSGA-II 以快速非支配排序(fast non-dominated sort),然而快速非支配排序并非是目前最快的排序方法,目前已有许多降低其复杂度的方法,例如非支配等级排序(non-dominated rank sort)和演绎排序(deductive sort)等。另外,计算中发现:对于目标数量增加到 12 个以后,种群全是非支配解,换句话说,这时以帕累托占优筛选个体的算法其选择机制失败。

由于高维多目标优化时,采取非支配排序使得求解遇到困难,其主要原因是解集中被支配的解很少。为此,基于角解(corner sort)优先的非支配排序方法,下文简称角排序便产生了,其目的为节约基于帕累托多目标进化算法的计算量。角排序以较少的比较次数获得非支配解,同时该方法也忽略其他解与那些被支配解的比较,而且角解优先被选择为非支配解。数值计算的实践表明:该方法在求解低维多目标优化问题时效果不佳。

差分进化算法也是一种基于种群的进化算法,也包含变异、交叉和选择操作。差分进化算法的最大特色是在变异算子的设计上。分布估计算法没有传统的交叉、变异等遗传操作,取而代之的是概率分布模型的学习和采样。该方法的基本思想是通过统计学习的手段是建立解空间中优秀个体的分布概率模型,找出全局的最优解。而将分布估计算法与差分进行算法相结合,以实现广度搜索与深度搜索相结合是一种减少计算代价、实现高效优化的新思想与新想法。但有一点说明:这种混合算法前期是执行 EDA、后期是执行 ED,如果所求解的优化问题在没有任何先验知识的黑箱优化,无法利用问题的结构特点和领域知识来降低问题和优化难度和复杂性时,面对优化问题的复杂结构和庞大的搜索空间去实施前期的 EDA 仍不是件容易的事。

最后,再简单讨论一下 Two-Archive 的高维多目标进化方法。它是一个混合型多目标进化算法,该方法将非支配解集分成两个 Archive,一个保证收敛性,一个保证多样性。数值计算的实践表明:当优化目标数目为 15~20 时,对 DTLZ1~DTLZ4 这四个典型算例使用 NSGA-Ⅲ 和 Two-Archive 进化方法均能够满意地完成计算,而且随着优化目标数目的增多,在大部分算例上(除 15 个目标计算 DTLZ2 外)Two-Archive 进化方法所获得的结果均优于 NSGA-Ⅲ。

10.2　多目标进化算法中的三代 NSGA 技术

在多目标进化算法中,基于帕累托的多目标进化算法不仅研究较深入,而且应用也十分广泛[270~275],目前已分别提出了 NSGA-Ⅰ[273]、NSGA-Ⅱ[270] 和 NSGA-Ⅲ[275] 三代算法。文献[273]最早提出使用非支配排序筛选个体,即将种群分层排序,同层个体互不支配,非支配解排在最优先层,优先级高层的个体支配优先级低层内个体。基于非支配排序的多目标进化算法中最著名的算法是 NSGA-Ⅱ,该算法中采用了快速非支配排序(fast nondominated sort),它将原本 $o(mN^3)$ 复杂度的非支配排序降为 $o(mN^2)$,这里 m 为目标个数,N 为种群大小,因而 NSGA-Ⅱ 在实际问题中获得广泛应用。文献[276]指出,目前基于帕累托的多目标进化算法在解决高维多目标的优化问题时会遇到一些麻烦,例如当目标数量增加到 12 时,种群会出现全是非支配解的现象,所以这对于以帕累托占优来筛选个体的算法来讲,其选择机制就失效了。因此,对于 NSGA-Ⅱ 算法必须要进行修改,于是 2014 年提出了 NSGA-Ⅲ 算法。NSGA-Ⅲ 主要是为解决高维多目标优化问题来设计的,采用了一组参考点来保持多样性,即根据这些参考点的最小垂直距离来选择个体。换言之,NSGA-Ⅲ 需要在算法运行前分配一组均匀分布的参考点。数值计算的结果表明,在通常情况下采用 NSGA-Ⅲ 求解高维多目标优化问题,还是可以同时获得较好的收敛性和多样性。对于高维多目标优化问题,由于其目标函数之间的关系往往是十分复杂的[274],虽然 NSGA-Ⅲ 较 NSGA-Ⅱ 大有改进,但由于该方法要求预先输入在目标空间均匀分布的参考点集,因此就给该方法的广泛应用造成了不便。迄今为止,高维多目标优化问题并没有彻底解决,它仍是学术界需要继续深入研究的热点方向之一。

10.3 多目标优化中的 DE-EDA 混合搜索算法

考虑下面形式的多目标极小化问题:

$$\min Y = f(x) = \{f_1(x), f_2(x), \cdots, f_n(x)\} \tag{10.2}$$

$$\text{s. t.} \quad \Gamma(x) = \{\Gamma_1(x), \Gamma_2(x), \cdots, \Gamma_l(x)\} \leqslant 0 \tag{10.3}$$

$$\rho(x) = \{\rho_1(x), \rho_2(x), \cdots, \rho_p(x)\} = 0 \tag{10.4}$$

式中, $x = (x_1, x_2, \cdots, x_D)$ 为 D 维决策变量, Y 为 n 维目标函数向量, $\Gamma(x)$ 和 $\rho(x)$ 分别为不等式和等式约束条件。

10.3.1 多目标优化的 DE-EDA 混合算法步骤

为简化起见,这里仅讨论式(10.2)不考虑约束的多目标极小值问题。为了提高算法的收敛速度和改善解的分布性,这是采用多目标优化的 DE-EDA 混合算法。符号 DE 代表差分进化(即 differential evolution)算法;EDA 代表分布估计算法(estimation of distribution algorithm)。

多目标优化的 DE-EDA 混合搜索算法,其本质上是搜索前期采用广度优先(breadth-first),以 EDA 为主导的搜索策略、采用概率建模-采样-概率建模-采样的方式,以增加全局搜索能力;搜索后期采取深度优先(depth-first),以 DE 为主导、以 DE/rand/1/bin 或者 DE/best/2/bin 的典型差分进化形式、进行一种新形式的变异操作,以增强局部区域的深度挖掘能力。毫无疑问,如何全面、合理地权衡 EDA 与 DE 的融合技术便是这种混合搜索策略的关键。这里符号"DE/a/b/c"的含义是,符号"a"指变异操作中,基矢量的选取方式(例如随机选取或选取当前最优个体,即"rand"或"best");符号"b"用于定义扰动矢量的差分矢量的个数;符号"c"是所采用的交叉操作策略方式,例如"exp"为指数交叉,而"bin"则表示这时变异矢量元素的交叉方式服从二项式分布。下面便简述 DE-EDA 混合算法的主要步骤:

• 步骤1:种群初始化。令 NP 为种群规模, G 为进化代数, $G_{\max}$ 为最大进化代数, D 为空间维数。考虑到初始种群的多样性,在解空间中随机产生 NP 个独立的决策矢量作为初始种群,并使其均匀分布于解空间,如

$$x_{j,G} = (x_{j1,G}, x_{j2,G}, \cdots, x_{ji,G}, \cdots, x_{jD,G}) \quad j=1,2,\cdots,\text{NP}; i=1,2,\cdots,D; G=1,2,\cdots,G_{\max} \tag{10.5}$$

染色体采用实验编码方法,每个初始染色体段由(10.6)式生成

$$x_{ji} = \text{low}_{ji} + \text{rand} \times (\text{high}_{ji} - \text{low}_{ji}) \tag{10.6}$$

式中, low_{ji} 为每个染色体段的下限值, high_{ji} 为每个染色体段的上限值, rand 为在 $[0,1]$ 区

间内随机数的取值。
- 步骤2:对初始种群的各个个体进行评价比较,并按照文献[274]中的方法进行非劣排序和适应度等级选择,选择其中的非劣个体组成一个非劣解集。
- 步骤3:对这个非劣解集进行统计学习,建立概率模型。
- 步骤4:令 $0 \leqslant p_r \leqslant 1$,当 rand $< p_r$ 时,则采用 EDA 产生新样本,即利用概率模型进行随机采样生成新个体;当 rand $> p_r$ 时,则按 DE 算法产生新个体,即对父代样本进行变异、交叉等操作生成新样本。其中 rand 是[0,1]之间的随机数;p_r 为尺度因子,其目的是控制 EDA 和 DE 在子代生成操作中的贡献率,也就是用以平衡全局与局部信息的利用率。当 $p_r = 1$ 时,子种群中的个体完全由 EDA 所构建的概率模型并通过采样生成;当 $p_r = 0$ 时,子种群中的个体则完全按 DE 算法生成。在进化的初期,为了保证能够对解空间进行有效的探索(即 exploration),这时 EDA 应该起主导作用,由 EDA 引导搜索向帕累托前沿发展,此时在进行 EDA 时需选择较大的尺度因子。然后在进化的过程中应逐渐降低 p_r,使得 DE 逐渐占据主导作用,以确保精确收敛到帕累托前沿。p_r 的选择方式可由式(10.7)决定:

$$\begin{cases} p_r^0 = p_r^{\max} \\ p_r^{G+1} = p_r^{\min} + \beta(p_r^G - p_r^{\min}) \end{cases} \quad (10.7)$$

式中 $p_r^{\max}$ 和 $p_r^{\min}$ 为设定尺度因子的上、下限;另外,$0 \leqslant \beta \leqslant 1$ 为退火因子。
- 步骤5:当生成的新个体有超越实际的取值范围的染色体时,可由下式进行修正:

$$x_{ji}' = \begin{cases} x_{ji} + \text{rand} \times (\text{high}_{ji} - x_{ji}), & x_{ji} > \text{high}_{ji} \\ x_{ji} - \text{rand} \times (x_{ji} - \text{low}_{ji}), & x_{ji} < \text{low}_{ji} \end{cases} \quad (10.8)$$

- 步骤6:将新种群与父代种群合并,组成一个规模为 $2 \times NP$ 的种群。而后,对合并后的种群各个体进行评价,并采用文献[274]中方法进行非劣排序和适应度等级选择,以便产生子种群和非劣解集。
- 步骤7:检查是否满足终止进化条件,若满足则停止迭代,否则转步骤3。常用的终止条件是设定最大进化的代数,当迭代达到最大进化代数时就停止进化,否则进化继续。

10.3.2 多目标优化的 EDA 子代生成策略

分布估计算法是一种全新的进化模式。在传统的遗传算法中,用种群表示优化问题的一组候选解,种群中的每个个体都有相应的适应值,然后进行选择、交叉和变异等模拟自然进化的操作。反复进行迭代,对问题进行求解。而在分布估计算法中,没有传统的交叉、变异等遗传操作,取而代之的是概率分布模型的学习和采样。分布估计算法的基本思想是使用概率的方法描述和表示每一代种群。在一个优化问题中,每个自变量 x_i 均可看作一个随机变量(也可以编码为遗传算法中的一个基因)所有的随机变量构成一个随机矢量 $x = (x_1, x_2, \cdots, x_n)$(相应地,认为是遗传算法中的基因串)。这里一个个体就是该随机矢量的一个取值,而一个种群就对应于该随机矢量的一个分布。随机矢量的分布就是种群性能的一个指标,利用这个指标便可以宏观地表示该种群。分布中包含了随机矢量之间的依赖关系,这种关系也反应了一种基因之间的关系,因此学习随机变量的分布就等于是学习基因之间的关系。另外,在一个概率分布上进行采样的过程可以生成更有价值的种群和个体。于是分布估计算法利用每一代的个体,从中学习到了随机矢量的分布,而后根据学习到的分布生成下一代的种群,如此反复进行直到满足停止准则,图 10.1 给出了 EDA 的流程图,该算法的基本框架如下:

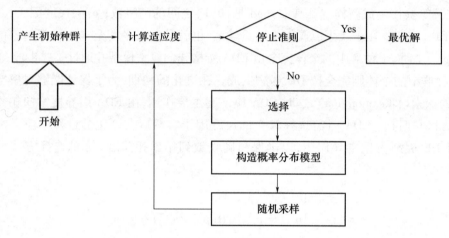

图 10.1 EDA 的流程图

- 步骤 1:初始化种群,并对每个个体估值。
- 步骤 2:从种群中选取部分较优的个体,并根据所选的这部分较优个体,采用统计学习等手段构建一个描述当前解集的概率分布模型。
- 步骤 3:根据分布模型随机抽样出下一代个体,并对每一个新个体估值。
- 步骤 4:如满足停止准则,则算法停止;否则,返回步骤 2。

10.3.3 多目标优化的 DE 子代生成策略

DE 是一种基于群体进化的优化算法,它包括差分变异、交叉和选择三种算子,在优化过程中通过三种算子作用于每个个体,并通过迭代搜索获得最优解。DE 有三个控制参数:收缩因子(F)、交叉概率(C_r)和种群规模(NP)。NP 一般取为 2D~20D(这里 D 为搜索空间的维数),且满足 $NP > 4$。另外,G 为进化代数,F 与 C_r 一般为 $0 < F < 1$,$0 < C_r < 1$。下面简单讨论一下 DE/rand/1/bin 的主要步骤:

- 步骤 1:设置参数 F、C_r,令 $G = 0$,随机生成初始种群:$\{\mathbf{x}_i(0), i = 1, 2, \cdots, NP\}$;
- 步骤 2:若满足停止规则,则退出;否则执行如下步骤:

(1) 差分变异:对于种群 $\{\mathbf{x}_i(0), i = 1, 2, \cdots, NP\}$ 中每个个体 $\mathbf{x}_i(G)$ 从标记集合 $\{1, 2, \cdots, NP\}$ 中随机选取三个不同于 i 且互不相同的元素 r_1、r_2 和 r_3,按(10.9)式生成与 $\mathbf{x}_i(G)$ 对应的矢量

$$Z_i = x_{r_1} + F(x_{r_2} - x_{r_3}) \tag{10.9}$$

式中：x_{r1} 为基矢量；Z_i 为变异矢量。

(2) 交叉：对应于每个 $x_i(G)$，按(10.10)式生成一个试探矢量 u_i

$$u_i^j = \begin{cases} z_i^j, & \text{或 } rand(j) \leq C_r \text{ 或 } j = rn(i) \\ x_i^j, & \text{其他} \end{cases} \quad (10.10)$$

式中，$i = 1 \sim NP$；$j = 1 \sim D$；$rand(j)$ 是 $[0,1]$ 内均匀分布的随机数；$rn(i)$ 是从标记集合 $\{1,2,\cdots,D\}$ 中随机选出的标记。

(3) 选择：按式(10.11)执行贪婪选择操作

$$x_i(G+1) = \begin{cases} u_i, & \text{若 } f(u_i) \leq f(x_i(G)) \\ x_i(G), & \text{其他} \end{cases} \quad (10.11)$$

- 步骤3：令 $G:= G+1$，转至步骤2。

因篇幅所限，对于 DE/best/2/bin 的相关步骤，这里就不再赘述。

10.4 改进的 Two-Archive 高维多目标进化算法

高维多目标优化问题一直是多目标优化的关注方向之一，2014 年 NSGA-Ⅲ 被提出后优化目标数量已经突破了 12 个限制，用它去计算 15~20 个目标的 DTLZ 问题[277]仍能获得满意的数值结果。这里要说明的是，为了解决高维多目标优化问题 NSGA-Ⅲ 采用了一组参考点的措施去保持多样性，即根据到这些参考点的最小垂直距离来选择个体的办法。换言之，NSGA-Ⅲ 需要在算法运行前分配一组均匀分布的参考点，而这些参考点的分布直接影响最终算法的输出。

10.4.1 改进的 Two-Archive 算法以及相似度的评价

1. 原型与改进的 Two-Archive 高维 MOEA 框架

在高维多目标进化算法中，收敛性、多样性和计算的复杂性是三项评价算法性能的重要指标，目前在大多数 MOEA(multiobjective evolutionary algorithms)中只能在收敛性、多样性和复杂性之一有较好的表现。本节讨论一种求解高维多目标优化问题同时具有较好的收敛性和多样性的算法，并且不需要任何人工预置，即 Two-Archive(又称双档案或者双-Arch，这里 Arch 是 Archive 的简化)高维多目标进化算法[272]，它是一种低复杂性的算法。Two-Archive 算法是第一个将非支配解集分成两个 Archive：一个为 CA(即 convergence archive)，是面向收敛的归档，它是推动种群向 Pareto 前沿推进的动力；另一个为 DA(即 diversity archive)，是面向多样性的归档，它有力地提升了种群的分布性。从算法上来讲，CA 和 DA 采取了不同的选择机制：CA 是基于指标的，用于保存收敛性的解；DA 是基于帕累托的，用于保存多样性的解。图 10.2 给出了 Two-Archive 算法的流程框图，文献[272]是首次将收敛性和多样性在物理上分开的算法，CA 针对收敛性，DA 针对多样性，其核心思想非常简洁清晰，而且并没有增加额外的计算复杂度。但是，对于一个基于帕累托的多目标进化算法,原来的 Two-Archive 算法仍然无法求解高维多目标优化问题,而且它存在着在 CA 中没有任何多样性维持策略,在 CA 中解的数量到达上限并且均收敛到真实的帕累托前沿时,CA 无法更新等缺点。而分配到 DA 中的新解尽管改善多样性也无法添加到 CA 中,因此最终输出结果是多样性较差的 CA。

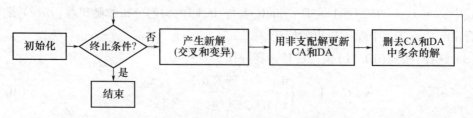

图 10.2 Two-Archive 算法的流程框图

对于高维多目标优化问题,仅仅采用帕累托支配关系是不够的。在 IBEA 中[263] I 指标能够促进高维多目标优化问题收敛,而帕累托支配关系能促进多样性,改进的 Two-Archive 高维 MOEA 正是建立在以上两个基础上,如图 10.3 所示,它是一种混合优化方法。在这种改进的 Two-Archive 方法中,CA 用于指导整个种群以最快的速度收敛至真实的帕累托前沿,而 DA 用于给高维目标空间增加多样性,这正是改进算法中将 CA 和 DA 间交叉而仅对 CA 变异的原因。此外,CA 和 DA 各拥有容量上限,并且 CA 和 DA 的选择过程也是相互独立的。由于 CA 的多样性较差,因此改进的方法以 DA 作为最终输出,显然这与 Two-Archive 原理输出 CA 和 DA 并集不同。

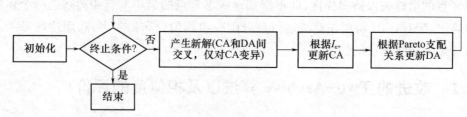

图 10.3 改进的 Two-Archive 高维 MOEA 流程框图

2. CA 的选择方法

考虑到帕累托支配关系在高维多目标优化问题失效的原因,改进的算法选择用 $I_{\varepsilon+}$ 指标作为 CA 的更新准则。$I_{\varepsilon+}$ 代表一个解支配另一个解在目标空间所需的最小距离,如下式:

$$I_{\varepsilon+}(x_1, x_2) = \min(f_i(x_1) - \varepsilon \leq f_i(x_2), 1 \leq i \leq m) \quad (10.12)$$

式中,m 为目标个数。根据该指标 $I_{\varepsilon+}$ 进行适应度值分配,因此 $\tilde{F}(x_1)$ 的表达式为:

$$\tilde{F}(x_1) = \sum_{x_2} -\exp(-I_{\varepsilon+}(x_2, x_1)/0.05) \quad (10.13)$$

在更新 CA 时,所有子代新解都添加到 CA 中,根据适应度值删除多余解。在每次迭代过程中,删除具有最小 $I_{\varepsilon+}$ 的解,并且更新其他解的适应度值,直到达到 CA 容量的上限。

3. DA 的选择方法

多样性具有两层意义:一方面解集应该分布在整个高维目标空间内,尽可能提供足够多的关于帕累托前沿信息;另一方面,在低维子空间中两个解之间的投影距离也要尽量长。在改进的方法中,DA 的更新是基于帕累托的,即只有非支配解可加入 DA 中,多余的解根据相似性来删除,这是一般基于帕累托的多目标进化算法的思路。改进方法利用这种思路的反方向来选择解,即首先将边界点选择到 DA 中,然后进入迭代过程,每次迭代过程选择和已选解最不同的解添加到 DA,直至 DA 达到容量上限。在改进方法中采用距离来评价相似度,由于传统的基于 l_1 和 l_2 范数距离的多样性保持策略在高维多目标优化问题上均已失效[278],其原因是没有采用合适的距离,因此在改进方法中选择 l_p 范数距离 ($p < 1$) 计算相似性。

l 范数距离在高维空间中的定性意义不大[279]。l_2 范数在高维空间内的相似性检索功能减弱,相比之下 l_1 范数和 l_p 范数($p < 1$) 效果更佳。当样本维数不断增加,样本集中最优与最近样本距离差 $d_{\max} - d_{\min}$(不同 l_p 范数) 随维数(即目标个数)的变化,曲线如图 10.4 所示。l_2 范数下,该曲线变化较平缓。令 d^* 为:

$$d^* = d_{\max} - d_{\min} \tag{10.14}$$

可以证明:d^* 与距离的 $1/(p - 1/2)$ 次方相关。也就是说,一个较小的 p 值可引起样本距离的较大差异性,因此,这里在改进的 Two-Archive 方法中便采用了 $l_{1/m}$ 范数距离来计算相似度。

10.4.2 典型算例验证与结果分析

典型算例取自文献[277],并选用了 DTLZ(它是四位作者名的首字母命名)著名问题进行验证。为了挑战算法的极限,将改进的 Two-Archive 高维多目标进化算法(简记作 Two-Arch2)和 NSGA-Ⅲ 在 15~20 个目标(或称维)的 DTLZ 问题上作比较,计算结果如表 10.1 所示。

表 10.1 两种算法在 15 和 20 维时求解 DTLZ 问题的 IGD 测度值

DTLZ	目标个数	Two_Arch2	NSGA-Ⅲ	p-值
DTLZ1	15	0.3453±0.0184	0.3940±0.0464	0
	20	0.3994±0.0154	0.5352±0.3195	0.005
DTLZ2	15	0.6393±0.0072	0.6288±0.0004	0
	20	0.7730±0.0101	0.8056±0.0046	0
DTLZ3	15	0.7142±0.0305	0.7729±0.4121	0.0039
	20	0.8274±0.0363	1.3846±0.5941	0.0001
DTLZ4	15	0.6154±0.0058	0.6284±0.0001	0
	20	0.7430±0.0096	0.7965±0.0079	0

表 10.1 中,IGD(即 inverted generational distance 的缩写)测度值是一个常用于评价算法的收敛性和多样性的重要指标(即 IGD 的测度值越小则越好),从表 10.1 上给出的数据可以看出:改进的 Two-Archive 方法在大部分问题上(除 15 个目标的 DTLZ 2 之外)优于 NSGA-Ⅲ。由于改进的 Two-Archive 方法利用了 $I_{\varepsilon+}$ 和 $l_{1/m}$(这里 m 为目标的个数)范数距离,因此在收敛性和多样性上产生了很好的效果,这是该算法在性能上优于 NSGA-

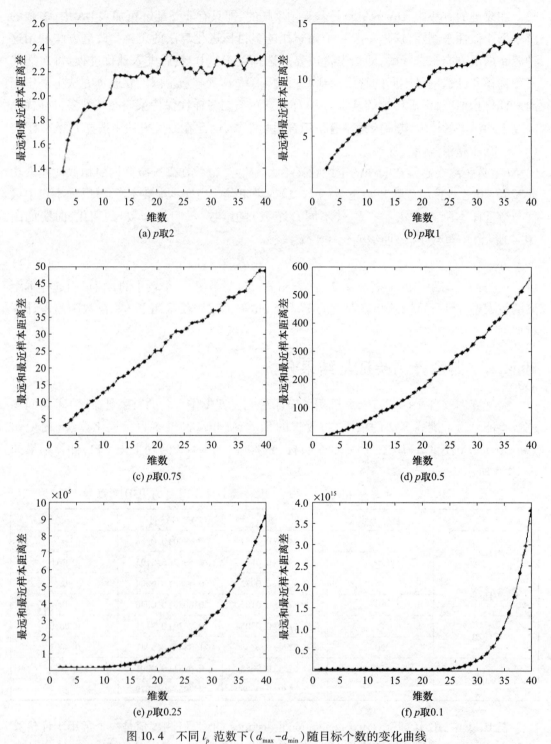

图 10.4 不同 l_p 范数下 ($d_{max}-d_{min}$) 随目标个数的变化曲线

III 的最根本原因。另外,选用 Two-Arch2 算法并针对 2~10 目标的 DTLZ1 问题,分析了不同 p 的取值(例如 p 分别取 $1/m,2/m,2,1,0.75,0.5,0.25,0.1$ 和 0.05)时,采用 l_p 范数距离多样性维持策略来删除 DA 中的多余个体,效果明显好于 l_2 范数距离。毫无疑问,在复杂的人机系统中,改进的 Two-Archive 高维多目标进化算法和 NSGA-Ⅲ 是迄今为止真正能够完成高维多目标智能优化计算的两类最重要和最流行的优化方法。

习题与思考 10

10.1 什么叫高维多目标优化?什么叫低维多目标优化?能否结合人机系统问题,举例阐述这两个重要概念?

10.2 什么叫目标空间?什么叫决策空间?试举例说明。

10.3 x_1 支配 x_2 的数学含义是什么?试利用非支配解的概念谈一下对 Pareto 最优解的理解?

10.4 如何理解帕累托最优解集和帕累托前沿的概念?

10.5 多目标进化算法共分哪几类?举例说明各类算法?

10.6 NSGA 是多目标优化中最流行的方法,请分别简要阐述 NSGA-Ⅰ、NSGA-Ⅱ、NSGA-Ⅲ 产生的大致背景。

10.7 在多目标混合优化方法中,DE-EDA 混合搜索算法深受学术界的重视。简要阐述一下前期执行 EDA(即进行广度搜索)、后期执行 DE(即进行深度挖掘与搜索)的有关过程。

10.8 分别简述一下 EDA 和 DE 子代生成的主要步骤?

10.9 在不同领域中,EDA 的含义是不同的。例如在本书第 7 章习题与思考 7 中的题 7.10,对于半导体和芯片设计等高端科技领域,尤其是芯片设计问题,EDA 专指电子设计自动化软件;而在本书第 10 章多目标优化问题中,EDA 代表分布估计算法。因此,学习科学知识绝不能表面化与形式化,请谈一下多目标数值优化领域中你对 EDA 含义的理解与认识。

10.10 在 Two-Archive 高维多目标进化算法中,符号 CA 和 DA 各代表什么具体的含义?你如何理解 CA 和 DA 所涵盖的具体内容呢?

10.11 在评价优化算法的收敛性和多样性的性能时,常采用 IGD 指标,请阐述一下 IGD 是哪些英文单词的缩写;它涵盖了什么物理含义?

10.12 在改进的 Two-Archive 进化方法(这里简记为 Two-Arch2)中,利用 $I_{\varepsilon+}$ 指标和 $l_{1/m}$ 范数距离来计算相似度时,这里 m 代表什么?

10.13 在高维多目标进化算法中,最流行的方法有哪两类?你能否以 DTLZ 2 为例分别采用 NSGA-Ⅲ 和改进的 Two-Archive 进化方法计算一下这时 IGD 测度值是多少?

10.14 在人机系统优化问题中,为什么要发展高维多目标的优化问题,请谈一下你对这个问题的看法。

10.15 你认为在人机系统高维多目标优化方法中还有哪些好的方法应该推荐?请列出所推荐方法的相关文献。

第三篇 未来人机系统：信息科学与智能技术融合策略

第 11 章 基于人工智能与认知计算的现代人机系统及其展望

11.1 全信息的描述及其度量方法：信息科学基础

11.1.1 全信息的概念及其描述方法

1. 全信息的基本概念及其分类

全信息（comprehensive information, CI），它与物质和能量在性质上存在着原则的区别[280]：自然界的物质和能量都存在于认知主体的主观世界之外，也就是说，物质与能量的运动规律都不依赖于主观意志为转移；而信息却不仅存在于外部世界也存在于认识主体的主观世界；另外，更为重要的是，完整的信息运动规律还深深的植根于客体信息与主体信息之间的交互作用过程中。

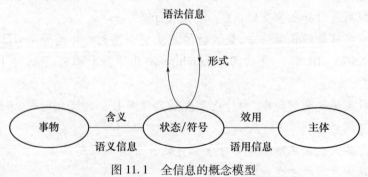

图 11.1 全信息的概念模型

为了对全信息概念有一个直观形象的了解,图 11.1 给出了一个全信息构成的概念模型,图中特别注明了语法信息、语义信息以及语用信息,这里语法信息和语义信息分别是指主体所表述的事物运动状态及其变化方式的外在形式和内在含义;另外,语用信息是指主体所表述的事物运动状态及其变化方式对于主题目标而言的效用价值。上述给出的全信息概念与香农(Shannon)信息、模糊信息以及偶发信息的概念是相通的,并且是它们的进一步拓展。1948 年香农创立的《通信的数学理论》主要立足于研究通信系统的信息度量和信息传递规律,因此香农信息属于统计型的语法信息。由于事物运动状态及其变化的方式在形式上可能是统计型的,也可能是非统计型的。而非统计型的语法信息又可分为模糊型语法信息和偶发型语法信息,因此这里给出的全信息概念要较为广泛,图 11.2 给出了全信息的大致分类图。

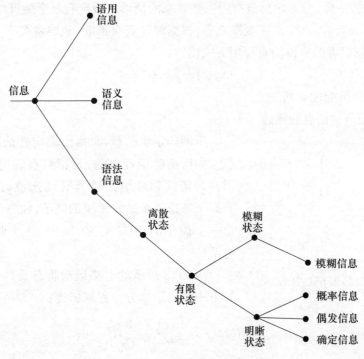

图 11.2 全信息的分类

2. 全信息的描述方法

首先考虑语法信息的描述方法,而后在这个基础上进一步考虑语义信息和语用信息的描述,最后完成全信息的描述方法[281]。

1) 概率型语法信息的描述

在实际应用中,常用这样的符号体系:X 代表一个试验,$X = (x_i | i = 1, \cdots, n)$ 代表这个试验所有可能状态的集合,而符号 $P = (p_i | i = 1, \cdots, n)$ 代表这些可能状态出现概率的分布,符号 $(X, P) = (x_i, p_i | i = 1, \cdots, n)$ 称为这一试验的概率空间。另外,在概率空间 (X, P) 中的各个元素 (x_i, p_i) ($i = 1 \sim n$) 正好描述了事物的运动状态和状态变化的方式。于是采用概率空间便是描述概率信息的基本方法。

假定有一个随机试验 X，它有 n 种可能的试验结果（又称运动状态）分别为 x_1, $x_2, \cdots x_n$。在观察这一试验之前，观察者已经先验地知道这些状态出现的概率分别是 p_1, $p_2, \cdots p_n$；这些概率称为先验概率。但在观察试验之后发现，这 n 个可能状态出现的概率却是 $p_1^*, p_2^*, \cdots p_n^*$，这个概率称为后验概率。于是观察前后概率空间的变换可记作：

$$\{x_i, p_i \mid i = 1, 2, \cdots, n\} \Rightarrow \{x_i, p_i^* \mid i = 1, 2, \cdots, n\} \tag{11.1}$$

或者

$$[X, P] \Rightarrow [X, P^*] \tag{11.2}$$

上式中，箭头左边是试验的先验概率空间，箭头右边是后验概率空间。由贝叶斯公式：

$$后验概率 = 标准似然度 \times 先验概率 \tag{11.3}$$

这里标准似然度的英文表达即 standardized likelihood。

2）偶发信息的描述

与随机试验一样，只考虑离散有限明晰状态的情形。假定有某个随机试验 X，它有 N 个可能的状态：$x_1, x_2, \cdots x_N$。在观察之前，根据种种资料推断，观察者关于 X 的先验可能度为 Q，于是观察者的实得信息可用下式描述：

$$[X, Q] \Rightarrow [X, Q^*] \tag{11.4}$$

这里 Q^* 为后验可能度空间。

3）确定型语法信息的描述

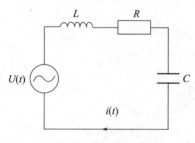

图 11.3 简化 RLC 电路

所谓确定型信息，是指由确定性试验所提供的信息。而所谓确定性试验，是指具有确定的试验机构，但初始条件和环境条件具有动态或时变性的试验。我们来考虑一个这类试验的例子，如图 11.3 所示。它是一个简单的 RLC 电路，其中 $U(t)$ 是电源的激励电源。

图 11.3 所示的电路运动状态及其变化方式可由如下一个二阶微分方程来描述：

$$U(t) = Ri(t) + L\frac{di(t)}{dt} + \frac{1}{C}\int_0^i i(\tau) d\tau \tag{11.5}$$

在式(11.5)中，

$$q(0) = 0, \quad i(t) = \frac{dq(t)}{dt} = \frac{dq}{dt} \tag{11.6}$$

式中 q 为电荷。借助于式(11.6)，则式(11.5)可变为：

$$U(t) = L\frac{d^2q}{dt^2} + R\frac{dq}{dt} + \frac{1}{C}q \tag{11.7}$$

令

$$\begin{cases} q = x_1 \\ \dot{q} = \dfrac{dq}{dt} = \dot{x}_1 = x_2 \end{cases} \tag{11.8}$$

则式(11.7)可变为

$$\dot{x}_2 = \frac{1}{L}U(t) - \frac{R}{L}x_2 - \frac{1}{LC}x_1 \tag{11.9}$$

将式(11.8)和式(11.9)写为矩阵形式,则变为:

$$\begin{bmatrix} \dot{x}_1 \\ \dot{x}_2 \end{bmatrix} = \begin{bmatrix} 0 & 1 \\ -\frac{1}{LC} & -\frac{R}{L} \end{bmatrix} \begin{bmatrix} x_1 \\ x_2 \end{bmatrix} + \begin{bmatrix} 0 \\ \frac{1}{L} \end{bmatrix} U(t) \tag{11.10}$$

由式(11.10)可以看出,这个电路的状态完全由 x_1 和 x_2 这两个变量所确定,因此这里 x_1 和 x_2 为这个试验系统的状态变量,式(11.10)称为该系统的状态方程。

如果把图 11.3 所示的简单 RLC 电路系统推广到一般情形,即通常可以用如下 n 阶的常数系数线性微分方程来描述它们的行为:

$$\frac{\mathrm{d}^n}{\mathrm{d}t^n}y + a_{n-1}\frac{\mathrm{d}^{n-1}}{\mathrm{d}t^{n-1}}y + \cdots + a_1\frac{\mathrm{d}}{\mathrm{d}t}y + a_0 y = U(t) \tag{11.11}$$

式中 $y(t)$ 是系统的输出,$U(t)$ 是系统的输入。与上面所讲的系统类似,可以把式(11.11)中的 n 个变量,即 $y, \frac{\mathrm{d}y}{\mathrm{d}t}, \frac{\mathrm{d}^2 y}{\mathrm{d}t^2}, \cdots, \frac{\mathrm{d}^{n-1}y}{\mathrm{d}t^{n-1}}$ 称为该系统的状态变量。如果令

$$\begin{cases} x_1(t) = y(t) \\ x_2(t) = \dot{x}_1(t) = \frac{\mathrm{d}}{\mathrm{d}t}y \\ \vdots \\ x_n(t) = \dot{x}_{n-1}(t) = \frac{\mathrm{d}^{n-1}}{\mathrm{d}t^{n-1}}y \end{cases} \tag{11.12}$$

那么 $x_1(t), x_2(t), \cdots, x_n(t)$ 也就是这个系统的一组状态变量,因此式(11.11)可写为如下矩阵形式:

$$\dot{\boldsymbol{X}} = \boldsymbol{A} \cdot \boldsymbol{X} + \boldsymbol{B}U \tag{11.13}$$

式中

$$\dot{\boldsymbol{X}} = \begin{bmatrix} \dot{x}_1 \\ \dot{x}_2 \\ \vdots \\ \dot{x}_n \end{bmatrix}, \boldsymbol{B} = \begin{bmatrix} 0 \\ 0 \\ \vdots \\ 1 \end{bmatrix}, \boldsymbol{X} = \begin{bmatrix} x_1 \\ x_2 \\ \vdots \\ x_n \end{bmatrix} \tag{11.14a}$$

$$\boldsymbol{A} = \begin{bmatrix} 0 & 1 & 0 & \cdots & 0 \\ 0 & 0 & 1 & \cdots & 0 \\ \vdots & \vdots & \vdots & & \vdots \\ 0 & 0 & 0 & \cdots & 1 \\ -a_0 & -a_1 & -a_2 & \cdots & -a_{n-1} \end{bmatrix} \tag{11.14b}$$

在式(11.13)中,$\boldsymbol{X}$ 为状态变量,$\boldsymbol{B}U$ 为输入变量。因此,有了状态方程式(11.13),只要知道系统的一个现实状态变量和输入情况,就可以由式(11.13)预测出这个系统未来的变化行为。

4) 模糊语法信息的描述

图 11.2 所给出的全信息分类中,有的信息标有模糊信息,该信息在工程与人们生活中是普遍存在的,而描述这类信息必然会涉及到模糊集合和隶属度这两个重要概念,对此曾在本书 3.4 节和 6.2 节讨论过。与概率空间的概念相类似,因此将模糊试验 X 和它的隶属度分布 F 所构成的序对 (X,F) 称为模糊试验的隶属度空间。相应的也有试验前后(或观察前后)隶属度空间的变换关系为:

$$(X,F) \Rightarrow (X,F^*) \tag{11.15a}$$

式中,符号 F 和 F^* 分别代表试验前和试验后的隶属度分布。另外,令 f_i 为第 i 个元的隶属度,这里隶属度不满足归一要求,即

$$\sum_i f_i \neq 1, \quad f_i \in F \tag{11.15b}$$

综上所述,无论是概率信息,偶发信息,精确型信息还是模糊信息,整个语法信息的描述方法都是通过针对"事物运动的状态和状态变化方式"的刻画来实现的,换句话说,只要把试验前后的状态和状态变化方式刻画清楚了,便可以充分地描述了所考虑的语法信息。

5) 全信息的描述

在语法信息描述方法的基础上,便可以进一步探讨语义信息和语用信息的描述方法。为了描述语义信息和语用信息,首先要建立"含义"和"效用"的表示方法。

① 语义信息的描述参量。

语义信息反映的是"含义(内容)",而且逻辑是表达含义的有效方法。为此,设置了一个"状态逻辑真实度"参量 t,它应满足

$$0 \leq t \leq 1 \tag{11.16a}$$

以及

$$t = \begin{cases} 1, & \text{状态逻辑为真} \\ \dfrac{1}{2}, & \text{状态逻辑不定} \\ a \in (0,1), & \text{状态逻辑模糊} \\ 0, & \text{状态逻辑为假} \end{cases} \tag{11.16b}$$

例如,某事物 X 具有 N 个可能的运动状态:$\{x_n, n=1,\cdots,N\}$,并且记状态 x_n 的逻辑真实度为 t_n,每个 t_n 都满足式(11.16a)和式(11.16b)。因此,便可建立一个关于事物 X 的逻辑真实度空间,并记作:

$$\begin{bmatrix} \boldsymbol{X} \\ \boldsymbol{T} \end{bmatrix} \equiv \begin{bmatrix} x_1, & x_2, & \cdots & x_n, & \cdots & x_N \\ t_1, & t_2, & \cdots & t_n, & \cdots & t_N \end{bmatrix} \tag{11.17}$$

式中

$$\boldsymbol{T} = \{t_n \mid n=1,\cdots,N\} \tag{11.18}$$

称为 X 的逻辑真实度广义分布。这里之所以称 $\boldsymbol{T}$ 为"广义"分布,是因为 t_n 的总和不一定归一,即有

$$\sum_{n=1}^{N} t_n \geqq = \leqq 1 \tag{11.19}$$

这里符号"$\geqq = \leqq$"表示"可能大于、小于或等于1,而不是必然等于1"(以下同)。

② 语用信息的描述参量。

类似地,可以用效用度的概念来处理事物运动状态及其变化方式的价值表征的问题。于是可设置一个"状态效用度"参量 u,它应满足

$$0 \leqslant u \leqslant 1 \tag{11.20a}$$

以及

$$u = \begin{cases} 1, & \text{状态效用最大} \\ b \in (0,1), & \text{状态效用模糊} \\ 0, & \text{状态效用最小} \end{cases} \tag{11.20b}$$

例如,某事物 X 具有 N 个可能的运动状态 $\{x_n, n=1,\cdots,N\}$,并且记状态 x_n 的效用度为 u_n,每个 u_n 都满足式(11.20a)和式(11.20b)。因此,便可建立一个关于事物 X 的效用度空间,并记作:

$$\begin{bmatrix} X \\ U \end{bmatrix} \equiv \begin{bmatrix} x_1, & x_2, & \cdots & x_n, & \cdots & x_N \\ u_1, & u_2, & \cdots & u_n, & \cdots & u_N \end{bmatrix} \tag{11.21}$$

式中

$$U = \{u_n \mid n = 1, \cdots, N\} \tag{11.22}$$

称为 X 的效用度广义分布。这里之所以称 U 为"广义"分布,是因为 u_n 的总和不一定归一,即有

$$\sum_{n=1}^{N} u_n \geqq = \leqq 1 \tag{11.23}$$

③ 先验和后验广义分布的全信息描述。

对于某个事物 X,它有 N 种可能的状态 $\{x_n, n=1,\cdots,N\}$;如果在观察试验之前它的先验参量分别为 c_n(代表状态变化方式的形式)、t_n(逻辑真实度)和 u_n(效用度),相应的先验广义分布为 C、T 和 U,另外,在观察试验之后,它们的后验广义分布为 C^*、T^* 和 U^*,因此与观察事物 X 相关的语法信息、语义信息和语用信息分别描述为

$$(X, C) \Rightarrow (X, C^*) \tag{11.24}$$

$$(X, T) \Rightarrow (X, T^*) \tag{11.25}$$

$$(X, U) \Rightarrow (X, U^*) \tag{11.26}$$

通常都认为,信息有3个基本的层次,即语法信息、语义信息和语用信息。语法信息是最基本的层次,而语义和语用信息可以由人类主体从语法信息中提炼出来。这里要说明的是,式(11.17)和式(11.21)所描述的语义信息和语用信息分别称为单纯语义信息和单纯语用信息,相应的逻辑真实度和效用度也分别称为单纯逻辑真实度和单纯效用度。但是,正如认识论和信息论所认为的语义信息须以语法信息为基础,语用信息须以语义和语法信息为基础,因此就有必要引入综合逻辑真实度和综合效用度的概念,以及相应的综合逻辑真实度空间和综合效用度空间的概念。相关的定义如下:

- 综合逻辑真实度：

$$\eta_n = c_n t_n, \quad n = 1, 2, \cdots, N \qquad (11.27)$$

- 综合逻辑真实度广义分布：

$$\eta = \{\eta_n \mid n = 1, 2, \cdots, N\} \qquad (11.28)$$

- 综合逻辑真实度空间：

$$\begin{bmatrix} x_1, & x_2, & \cdots & x_N \\ \eta_1, & \eta_1, & \cdots & \eta_N \end{bmatrix} \qquad (11.29)$$

- 综合效用度：

$$\mu_n = c_n t_n u_n, \quad n = 1, 2, \cdots, N \qquad (11.30)$$

- 综合效用度广义分布：

$$\mu = \{\mu_n \mid n = 1, 2, \cdots, N\} \qquad (11.31)$$

- 综合效用度空间：

$$\begin{bmatrix} x_1, & x_2, & \cdots & x_n, & \cdots & x_N \\ \mu_1, & \mu_2, & \cdots & \mu_n, & \cdots & \mu_N \end{bmatrix} \qquad (11.32)$$

至此,便可以描述综合语义信息和综合语用信息的过程:

$$(X, \eta) \Rightarrow (X, \eta^*) \qquad (11.33)$$

以及

$$(X, \mu) \Rightarrow (X, \mu^*) \qquad (11.34)$$

11.1.2 全信息的度量方法

所谓信息的度量,就是从量的关系上去精确地刻画信息,它是整个信息科学的理论基础。以下分两个小问题讨论度量的方法:

1. 语法信息的统一度量:一般信息函数

考虑一个试验 X 和一个观察者 R 组成的系统,记为 $(X, C, C^*; R)$,其中 C 和 C^* 分别为观察者 R 关于试验先验肯定度广义分布和后验肯定度广义分布。下面首先给定肯定度和肯定度广义分布的概念,而后再给出平均肯定度的表达式以及一般信息函数的定义以及香农概率熵。

① x_n 的肯定度：考虑一个抽象试验 X,它具有 N 种可能的结果：$x_1, x_2, \cdots, x_N$。我们把 X 取某种具体状态 x_n 的可能性、机会或程度,称为 x_n 的肯定度,记为 $c_n, n = 1, 2, \cdots, N$。这里应指出,如果 X 是概率型试验,概率其实就是一种肯定度;如果 X 不是概率型试验,因此概率就不存在,但是肯定度的概念依然有效;另外,模糊型试验也不存在概率,但可以定义肯定度,即 x_n 的隶属度。

② 肯定度 $c_n (n = 1, 2, \cdots, N)$ 的集合称为肯定度广义分布,并记作 C,即

$$C = \{c_n \mid n = 1, 2, \cdots, N\} \qquad (11.35)$$

$$0 \leqslant c_n \leqslant 1, \quad n = 1, 2, \cdots, N, \quad \sum_{n=1}^{N} c_n \geqslant = \leqslant 1 \qquad (11.36)$$

式中符号"≥=≤"代表"可以大于、等于或小于"的意思。

③ 令 C 为肯定度分布,今构造一个函数 $M_\phi(C)$,其表达式为

$$M_\phi(C) = \phi^{-1}\left\{\sum_{n=1}^{N} c_n \phi(c_n)\right\} \tag{11.37}$$

则 $M_\phi(C)$ 称为关于 C 的平均肯定度。这里 ϕ 是一个待定的单调连续函数,ϕ^{-1} 是它的逆函数,也是单调连续。

数学上可以证明:函数 ϕ 应为对数形式,即

$$\phi(x) = \ln x \tag{11.38}$$

另外,还有

$$M_\phi(C) = \phi^{-1}\left\{\sum_{n=1}^{N} c_n \phi(c_n)\right\} = \prod_{n=1}^{N}(c_n)^{c_n} \tag{11.39}$$

④ 如果 c_n 为均匀型肯定度分布,并记为 C_0;另外,如果 c_n 为 0-1 型的肯定分布,并记为 C_s;数学上可以证明:试验 (X,C) 的平均肯定度界于 $\frac{1}{N}$ 与 1 之间,即有

$$\frac{1}{N} = M_\phi(C_0) \leq M_\phi(C) \leq M_\phi(C_s) = 1 \tag{11.40}$$

⑤ 考虑一个试验 X 和一个观察者 R 组成的系统,记为 $(X,C,C^*;R)$,其中 C 和 C^* 分别代表观察者 R 关于试验的先验肯定度广义分布和后验肯定度广义分布,并且有

$$M_\phi(C) = \prod_{n=1}^{N}(c_n)^{c_n}, \quad M_\phi(C^*) = \prod_{n=1}^{N}(c_n^*)^{c_n^*} \tag{11.41a}$$

$$\log M_\phi(C) = \sum_{n=1}^{N} c_n \log c_n, \quad \log M_\phi(C^*) = \sum_{n=1}^{N} c_n^* \log c_n^* \tag{11.41b}$$

另外,进一步称

$$I(C) = \log \frac{M_\phi(C)}{M_\phi(C_0)} = \log N + \sum_{n=1}^{N} c_n \log c_n \tag{11.42a}$$

$$I(C^*) = \log \frac{M_\phi(C^*)}{M_\phi(C_0^*)} = \log N + \sum_{n=1}^{N} c_n^* \log c_n^* \tag{11.42b}$$

分别为试验系统 (X,C,C^*) 的对数先验相对平均肯定度和对数后验相对平均肯定度。

⑥ 观察者 R 从试验系统 (X,C,C^*) 中得到的关于试验系统的对数相对平均肯定度的增量,即

$$I(X,C,C^*) \equiv I(C^*;R) - I(C;R) = \sum_{n=1}^{N} c_n^* \log c_n^* - \sum_{n=1}^{N} c_n \log c_n \tag{11.43}$$

则称 $I(X,C^*;R)$ 为一般信息函数。这里要说明,$I(C^*;R)$ 和 $I(C;R)$ 分别代表 R 从试验 X 中所获得的后验信息和 R 关于 X 的先验信息的对数相对平均肯定度,它们的值可分别由式(11.42b)和式(11.42a)给出。

⑦ 如果肯定度归一时,例如概率型信息(其可能状态出现的概率分布为 P 时)以及偶发型信息(其可能度分布为 Q),这时一般信息函数 $I(X,C^*;R)$ 的表达式为:

$$I(C,C^*;R) = I(C^*;R) - I(C;R)$$
$$= \sum_{n=1}^{N} c_n^* \log c_n^* - \sum_{n=1}^{N} c_n \log c_n \quad \text{当}(C=P) \vee (C=Q)\text{时} \quad (11.44)$$

⑧ 如果肯定度不归一时,例如模糊型信息(其隶属度分布为 F),这时一般信息函数 $I(C,C^*;R)$ 的表达式为:

$$I(C,C^*;R) = \frac{1}{N}\sum_{n=1}^{N}[c_n^*\log c_n^* + (1-c_n^*)\log(1-c_n^*)] -$$
$$\frac{1}{N}\sum_{n=1}^{N}[c_n\log c_n + (1-c_n)\log(1-c_n)] \quad \text{当}C=F\text{时} \quad (11.45)$$

⑨ 关于信息单位:当对数底为 2 时,信息单位为二进单位,也称比特(bit,即 Binary Digit 的缩写);当对数底为 e 时,则称自然单位,也称奈特(nat,即 Natural Digit 的缩写);当对数底为 10 时,称为迪特(dit,即 Decimal Digit 的缩写)等等。另外,令事件 i 的概率为 p_i 时,规定

$$0\log 0 = 0 \quad (11.46)$$

⑩ 关于香农概率熵:令 P 和 P^* 分别代表 X 的先验和后验概率分布,下标 s 表示 0-1 分布形式,$H(X)$ 为香农概率熵;于是 $I(C,C_s^*;R)$ 为

$$I(C,C_s^*;R) = I(P,P_s^*;R) = H(X) = -\sum_{n=1}^{N} p_n \log p_n \quad (11.47)$$

⑪ DeLuca-Termini 的模糊熵函数:通常,该函数用 $d(X)$ 表示,这里 X 代表试验。引入一般信息函数 $I(C,C^*;R)$ 的概念,考虑一个模糊型试验 (X,F,F^*) 和一个观察者 R,并注意到肯定度之和不归一,于是有

$$I(C,C^*;R) = \frac{1}{N}\sum_{n=1}^{N} I(c,c^*;R) = \frac{1}{N}\sum_{n=1}^{N}[f_n^*\log f_n^* + (1-f_n^*)\log(1-f_n^*) -$$
$$f_n\log f_n - (1-f_n)\log(1-f_n)] \equiv d(X)$$
$$(11.48)$$

2. 全信息的统一度量:综合语用信息量

对于语义信息的度量,可以考察相对平均逻辑真实度的对数,引入事物 X 的逻辑真实度空间 (X,T),这里 X 和 T 的定义分别为

$$X = \{x_n \mid n = 1,2,\cdots,N\} \quad (11.49a)$$
$$T = \{t_n \mid n = 1,2,\cdots,N\} \quad (11.49b)$$

称为 X 的逻辑真实度广义分布,这里逻辑真实度在性质上是一种模糊量,t_n 的总和不一定归一,因此可以采用模糊语法信息的度量方法去构建语义信息的测度,注意到恒有

$$0 \leq t_n \leq 1, 0 \leq (1-t_n) \leq 1, t_n + (1-t_n) \equiv 1, n = 1,2,\cdots,N \quad (11.50)$$

于是便可以在形式上把 $\{t_n,(1-t_n)\}$ 看作是对于 x_n 的归一化状态逻辑真实分布,并记为

$$T_n = \{t_n,(1-t_n)\}, T_{no} = \left\{\frac{1}{2},\frac{1}{2}\right\}, T_{ns} = \{1,0\} \vee \{0,1\}, \quad n = 1,2,\cdots,N$$
$$(11.51)$$

因此定义在 $\{t_n, (1-t_n)\}$ 上的相应表达式 $M_\phi(T_n)$ 和 $M_\phi(T_{n0})$ 为

$$M_\phi(T_n) = (t_n)^{t_n}(1-t_n)^{(1-t_n)}, \quad n=1,2,\cdots,N \quad (11.52)$$

$$M_\phi(T_{n0}) = \frac{1}{2}, \quad n=1,2,\cdots,N \quad (11.53)$$

令 $I(T)$ 和 $I(T^*)$ 分别为 R 关于 X 的先验和后验单纯语义信息量,而 $I(T,T^*;R)$ 为 R 在观察试验 X 的过程中所获得的实得单纯语义信息量,它的表达式如下

$$\begin{aligned}I(T_n) &= \log[M_\phi(T_n)/M_\phi(T_{n0})] \\ &= t_n\log t_n + (1-t_n)\log(1-t_n) + \log 2\end{aligned} \quad n=1,2,\cdots,N \quad (11.54)$$

$$I(T) = \frac{1}{N}\sum_{n=1}^{N}[I(T_n)] = \frac{1}{N}\sum_{n=1}^{N}[t_n\log t_n + (1-t_n)\log(1-t_n) + \log 2] \quad (11.55)$$

$$\begin{aligned}I(T,T^*;R) &= I(T^*) - I(T) \\ &= \frac{1}{N}\sum_{n=1}^{N}\{[t_n^*\log t_n^* + (1-t_n^*)\log(1-t_n^*)] - \\ & \quad [t_n\log t_n + (1-t_n)\log(1-t_n)]\}\end{aligned} \quad (11.56)$$

同理,综合逻辑真实度 η_n 也是一个模糊量,于是也可以采用与上面类似的方法构建综合语义信息的测度,即

- 当 $(C=P) \cup (C=Q)$ 时,则有

$$I(\eta) = \sum_{n=1}^{N}\eta_n\log\eta_n + \log N \quad (11.57)$$

$$I(\eta,\eta^*;R) = I(\eta^*) - I(\eta) = \sum_{n=1}^{N}(\eta_n^*\log\eta_n^* - \eta_n\log\eta_n) \quad (11.58)$$

- 当 $C=F$ 时,则有

$$I(\eta) = \frac{1}{N}\sum_{n=1}^{N}[\eta_n\log\eta_n - (1-\eta_n)\log(1-\eta_n) + \log 2] \quad (11.59)$$

$$I(\eta,\eta^*;R) = \frac{1}{N}\sum_{n=1}^{N}\left\{\begin{array}{l}[\eta_n^*\log\eta_n^* + (1-\eta_n^*)\log(1-\eta_n^*)] \\ -[\eta_n\log\eta_n + (1-\eta_n)\log(1-\eta_n)]\end{array}\right\} \quad (11.60)$$

对于语用信息,它的表征量是效用度,可以考察相对平均效用度的对数,引入事物 X 的状态效用度空间 (X,U),这里 X 和 U 的定义分别为

$$X = \{x_n \mid n=1,2,\cdots,N\} \quad (11.61a)$$

$$U = \{u_n \mid n=1,2,\cdots,N\} \quad (11.61b)$$

因为效用度也是一个模糊量,因此也可用处理语义信息的办法,于是有

$$U_n = \{u_n,(1-u_n)\}, U_{n0} = \left\{\frac{1}{2},\frac{1}{2}\right\}, n=1,2,\cdots N \quad (11.62a)$$

$$M_\phi(U_n) = (u_n)^{u_n}(1-u_n)^{(1-u_n)}, n=1,2,\cdots N \quad (11.62b)$$

$$I(U_n) = u_n\log u_n + (1-u_n)\log(1-u_n) + \log 2, n=1,2,\cdots N \quad (11.62c)$$

$$I(U) = \frac{1}{N}\sum_{n=1}^{N}[I(U_n)] = \frac{1}{N}\sum_{n=1}^{N}[u_n\log u_n + (1-u_n)\log(1-u_n) + \log 2] \quad (11.62d)$$

$$I(U,U^*;R) = \frac{1}{N}\sum_{n=1}^{N}\left\{\begin{array}{l}[u_{n=1}^*\log u_{n=1}^* + (1-u_{n=1}^*)\log(1-u_{n=1}^*)] \\ -[u_n\log u_n + (1-u_n)\log(1-u_n)]\end{array}\right\} \quad (11.62e)$$

上述式中，$I(U)$ 和 $I(U^*)$ 分别代表先验和后验单纯语用信息量；$I(U,U^*;R)$ 为 R 观察 $(X,U;U^*)$ 过程中所获得的实得单纯语用信息，它具有与 $I(T,T^*;R)$ 类似的性质。

类似地，综合语用信息的特征量是综合效用度 μ_n，它是一个模糊量，于是也可以采用前面类似的方法，构建综合语用信息的测度，即

- 当 $(C=P) \cup (C=Q)$ 时，则有

$$I(\mu) = \sum_{n=1}^{N}\mu_n\log\mu_n \quad (11.63a)$$

$$I(\mu,\mu^*;R) = \sum_{n=1}^{N}(\mu_n^*\log\mu_n^* - \mu_n\log\mu_n) \quad (11.63b)$$

- 当 $C=F$ 时，则有

$$I(\mu) = \frac{1}{N}\sum_{n=1}^{N}[\mu_n\log\mu_n + (1-\mu_n)\log(1-\mu_n) + \log 2] \quad (11.63c)$$

$$I(\mu,\mu^*;R) = \frac{1}{N}\sum_{n=1}^{N}\left\{\begin{array}{l}[\mu_n^*\log\mu_n^* + (1-\mu_n^*)\log(1-\mu_n^*)] \\ -[\mu_n\log\mu_n + (1-\mu_n)\log(1-\mu_n)]\end{array}\right\} \quad (11.63d)$$

此外，图 11.4 给出了各种信息度量的关系，由该图可以清晰地表明，到目前为止国际学术界许多已被认可的信息度量的各种公式，例如 Shanon-Wiener 的概率熵公式 $H(X)$、Deluca-Termini 的模糊熵公式 $d(X)$，Boltzmann-Ashby-Hartley 的信息公式 $\log N$ 以及 Guiasu 的加权熵公式 $I(U,P)$ 等等，都是全信息公示 $I(\mu,\mu^*;R)$ 在相关条件下的退化结果。

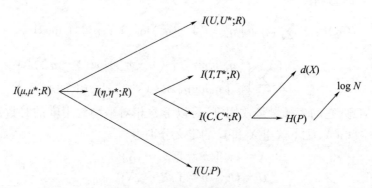

图 11.4 各种信息度量的关系

11.2 第一类信息转换原理以及感知、注意与记忆问题

信息科学是以信息为研究对象，以全部信息运动过程的规律为研究内容的一门科学。在整个信息定义的谱系中，本体论信息和认识论信息是最重要的。某事物的本体论信息，

是指该事物所呈现的运动状态及其变化方式。它是一种客观的存在,不以主体的存在与否为转移,因此本体论信息是原始的信息资源。主体关于某事物的认识论信息,是指主体所表述的该事物运动状态及其变化方式,它包括运动状态及其变化的外在形式、内在含义和效用价值。事实上,主体只有在感知了事物的运动状态及其变化的形式,理解了它的含义,判断了它的效用价值,才算真正掌握了这个事物的认识论信息,才能做出正确的判断和决策。因此,把这样同时考虑事物运动状态及其变化的外形形式(称为语法信息)、内在含义(称为语义信息)和效用价值(称为语用信息)的认识论信息定义为"全信息"是合适的、科学的。图 11.5 给出了以人为认知主体,通过人类信息器官(感觉器官、传导神经系统、思维器官、效应器官)完成的信息获取、信息传递、信息认知、智能决策、策略执行和策略优化的相关过程模型。

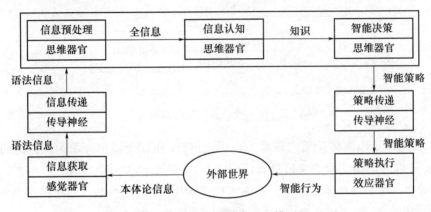

图 11.5　信息运动全过程模型

11.2.1　第一类信息转换原理以及感知、注意功能

认知科学认为,感知具有感觉、知觉、表象三个进程。其中,感觉是对外部刺激的零星局部反映,知觉是对外部刺激的全局性反映而形成的完整模式,表象是当外部刺激消失以后感知系统所重视的外部刺激整体映像。另外,感知系统产生语法信息的过程应当从感觉的进程开始,要到达知觉的进程才能完成。感知的过程就是感受外部刺激的本体论信息转换为语法信息的过程。

人们要认识世界,首先就得获取事物的本体论信息,或者说,首先就必须把本体论信息转换为认识论信息。这种转换是信息获取的一个必要过程,如图 11.6 所示。认识论信息也称全信息,它是语法信息、语义信息和语用信息的有机整体。由于语法信息可以被感知,语用信息可以被体验,语义信息只能通过逻辑演绎(即抽象思维)来推知。正是因为语法信息的"可感知性"、语用信息的"可体验性"以及语义信息的"抽象性"(即它不可能通过感觉器官去感知,也不可能通过亲身经历去体验,它具有一种"只可意会而难以言传"的性质),因此在学术领域常用事物的语法信息和语用信息的逻辑与(即同时满足)来表达事物的语义信息。

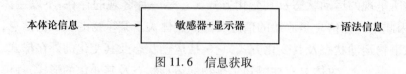

图 11.6 信息获取

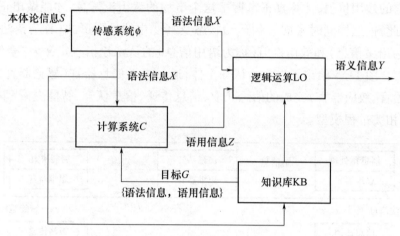

图 11.7 第一类信息转换的原理模型

图 11.7 给出了由本体论信息转换为认识论信息的原理模型图，X 为认识论的语法信息；Y 与 Z 分别为认识论的语义信息与语用信息；该模型包含三个步骤：

- 步骤 1. 令 S 为本体论信息。首先考虑由 S 生成 X 的过程。S 通过传感系统 Φ（对人类就是感觉器官）把 S 转换为 X，这在数学上可看作一种映射：

$$\Phi : S \to X \tag{11.64}$$

- 步骤 2. 令 G 为系统目标信息。这里考虑由 X 生成 Z 的过程。下面考虑两种处理方法。

① 情况 1：采用检索的方法。假设知识库内存储了 G 以及先验的"语法信息与语用信息的对应关系"集合 $\{X_k, Z_k\}$，其中 k 为集合元素的指标，它在指标集合 $(1, K)$ 内取值，这里 K 是某个足够大的正整数，它表示了知识库系统积累的"对立关系"的规模。利用步骤 1 所生成的语法信息 X 去访问上述知识库系统。如果此时输入的语法信息 X 与 $\{X_k, Z_k\}$ 中的某个 X_{k0} 实现了匹配（这里匹配的精度要求依具体问题而定），那么 X_{k0} 所对应的 Z_{k0} 就被认定为此时输入的 X 所对应着语用信息 Z，这个过程数学上可表述为

$$Z = Z_{k0} \in \{X_k, Z_k\} \mid_{X = X_{k0}} \tag{11.65}$$

② 情况 2：采用计算的方法。如果此时的 X 无法与知识库内 $\{X_k, Z_k\}$ 集合的任何 X_k 实现匹配时，这意味着这里的 X 所对应的外部刺激 S 是一种新的刺激，在目前的知识库内没有存储。这时可用下面计算求得相关的语用信息：

$$Z \propto Cor(X, G) \tag{11.66}$$

这里符号 X 为输入的语法信息矢量；G 为系统的目标矢量，Cor 是某种相关运算符（例如，对两个矢量之间计算其夹角的方向余弦）。一旦通过计算得到了 X 所对应的 Z，则可将它们补充存储到知识库的集合 $\{X, Z\}$ 内，使知识库的内容得到增广。

对于人类智能系统，上述两种情况可作如下解释：对于情况1，可理解为面对曾经经历过的外部刺激，在脑海中留有相应的记忆（即似曾相识）。另外，对于人类智能系统所执行的匹配更可能是模糊匹配的估量。对于情况2，可理解为面对完全陌生的外部刺激；对于人类智能系统来讲，对未知刺激进行亲身体验的过程就相当于执行式(11.66)的计算过程。当然，对于人类智能系统所进行的这种"计算"过程基本上也是一种定性的的"估量"。

- 步骤3. 由 X 和 Z 生成相应的 Y，如果用逻辑符号来表达，便为

$$Y \propto \wedge (X, Z) \tag{11.67}$$

式中，$\wedge$ 代表"逻辑与"运算符号。

综上所述，无论是人类自身感觉器官和机器的传感系统，只能完成"由本体论信息到语法信息的转换"，而不可能实现"本体论信息到语义信息的转换"和"由本体论信息到语用信息的转换"。感觉器官只能把外部事物的本体论信息转化为语法信息，而不可能直接获得全信息。另外，面对海量的本体论信息，不可能面面俱到，人类只能注意与选择对自己的生存与发展密切相关的那些外界情况，其中也包括正面与负面作用的关系。此外，由图11.7给出的第一类信息转换模型式(11.65)~式(11.67)所示的第一类信息转换操作过程说明，利用"感觉器官产生的语法信息 A 和大脑事先积累的"语法信息与语用信息对立关系"的先验知识 $\{X, Z\}$ 以及系统工作目标 G，可以在大脑内部的记忆系统（知识库）检索出或者体验出语用信息 Z，并在此基础上通过逻辑推断生成相应的语义信息 Y。因此便可以表明，虽然感觉器官不能感知外部刺激的语义信息和语用信息，但是如果在大脑的记忆系统存在先验知识 $\{X, Z\}$ 和系统目标 G 时，那么便可以利用"第一类信息转换"的原理和机理在大脑内部生成与语法信息 X 相对应的语用信息 Z 和语义信息 Y，以便供给认知过程应用。因此，第一类信息转换原理不仅显示了全信息的"存在性"，而且阐明了全信息的"可生成性"和"可操作性"。换句话说，如果没有第一类信息的转换原理，也就不可能将获得的外部刺激转换成全信息；如果没有这种全信息的支持，也就无法生成和执行"注意"的功能。毫无疑问，没有"注意"功能的系统，绝对不可能成为真正有智能的系统。

11.2.2 记忆系统的全信息机制以及短期与长期记忆问题

Hawkins 提出的智能理论[282]认为：人类智能的奥妙，就在于它强大的记忆与预测能力。他说，人类大脑皮层以它浩大的存储容量，记忆了人们所经历或所知晓的自然界和社会各种事物与事件的相关信息。按照认知科学的研究，从记忆的类型上看可分3种，即感觉记忆、短期记忆和长期记忆，如图11.8所示。人类智能方面的大量研究表明：感觉记忆系统的主要任务是生成全信息和注意能力；短期记忆系统的主要功能是为全信息进行适当的表示和编码，这样才能保证长期记忆系统存储的（无论是陈述性记忆还是非陈述性记忆）都是全信息而不是只有统计性的语法信息即香农信息。另外，这样才能有利于实现"按内容"的存储和"按内容"的提取。

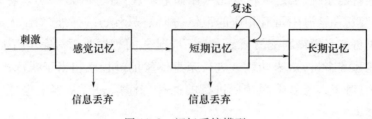

图 11.8 记忆系统模型

认知科学认为,长期记忆系统中存储着大量的词汇,是一个巨大的心理词库。其中关于每个词的信息大致包括三类:①语言;②词和这个词的句法特征以及它在句子中与其他词的关系;③内在含义。长期记忆系统用一定的方式把这些词语"按内在含义"组织成为某种有序的组织结构。因此,长期记忆系统所存储的信息就不是一堆孤立的词语,而是它们所构成的"组织结构"。对于人类长期记忆系统最重要的记忆内容是语义记忆,它的存储方式并不是简单地"照单接受,依次存放",而是要对输入的信息进行深度的处理:不仅要准确地存储信息的形式(语法信息),而且要了解这个语法信息的含义(语义信息),才能实现"按语义"进行的存储;另外,还要进一步了解这个新加入的语义信息与原来已经存储的那些信息之间在内容上的相互关系,才能确定应当把这个信息纳入到哪个组织结构以及在这个组织结构中的哪个具体位置.这也就是说,长期记忆的语义记忆方式充分利用了语法信息、语义信息和语用信息的全信息资源,因此这样的存储才能"有序",信息的提取才能"高效"。

11.3 智能生成机制及其第二类信息转换原理

本节讨论"以信息-知识-智能转换为标志的信息转换与智能生成机制以及所构建的第二类信息转换原理",为便于本节中的下文叙述,简称"智能生成机制"与"第二类信息转换原理"。智能,通常包括自然智能和人工智能。自然智能就是自然创造物的智能,包括人类的智能,动物的智能,植物的智能,以下用"人类智能"作为自然智能的研究对象。人类智能是一个极其复杂的研究对象,它涉及诸多方面的研究,这里仅选择两个代表的研究领域:一个是脑神经科学的研究,另一个是认知科学的研究。前者展现了人类智能的物质结构基础,后者揭示了人类智能工作机能的奥秘。这里要说明的是对脑神经科学,由于大脑物质结构的客观存在,人们对脑神经科学的学术界相对比较明确;而对认知科学本身学术界至今没有统一的认识:狭义的观点把认知科学定义为"认知心理学",而广义的观点则把它理解为"心理学、认知神经科学、神经生理学、信息学、人工智能、计算机科学、语言学、人类学、社会学和哲学等的交叉与融合"。另外,智能系统(其中包括自然智能系统和人工智能系统)是以信息为主导特征的复杂系统,没有信息便不可能有智能,信息的不同就有可能导致系统智能水平的不同。因此,信息的因素、信息转换的规律以及智能生成的机制是贯穿整个智能全局的生命线,而智能系统所涉及的物质因素、能量因素以及系的结构与功能等只能看做信息运动与实现智能生成机制的支持性条件和保障性的服务。因此,研究与探索智能系统奥秘时,首先要抓住信息、信息转换的本质特征,弄清楚智能生成的机制,换句话说"智能生成机制"是比"系统的结构、功能和行为"更具本质意义的特征。抓住了信息转换和智能生成的机制,便抓住了智能系统的核心本质。

由智能的概念,人类的智能活动至少需要以下功能的支持并且缺一不可:信息的获取(由感觉器官系统承担)、信息的传递(由传导神经系统承担)、信息的处理(由初级皮层承担)、知识生成(由大脑的高级皮层承担)、策略制定(由联合皮层和前额叶组织承担)以及策略执行(由效应器官承担)。而在信息科学技术的体系中,信息获取功能的承担者称为"传感系统",信息传递功能的承担者称为"通信系统",信息处理功能的承担者称为"计算系统",知识生成和策略制定的承担者称为"人工智能系统",策略执行功能的承担者称为"控制系统"。其中,传感系统和控制系统是智能系统与外部世界之间的联络中介,计算系统是智能系统的预处理环节,人工智能系统则是智能系统的核心。

脑科学、认知科学和信息科学的研究都表明,人类智能的进化规律和信息科学技术的发展规律都是由简单到复杂,由表层走向核心。具体地说,人类智能的进化是沿着由两端(即感觉器官和执行器官)走向中介(即传导神经系统)再至大脑前端(即初级皮层),最后到达大脑新皮层而臻于成熟。同样地,信息科学的发展也是由两端(即传感系统和控制系统)走向中介(即通信系统)再至前端(即计算系统),最后走向核心(即人工智能系统)才能趋于完善。因此,深入研究"智能生成机制"、深入研究"第一类信息转换原理"和"第二类信息转换原理"是非常必要的。正如 11.2 节所讨论的,第一类信息转换原理是信息内部的转换,即把外部刺激呈现的本体论信息转换为认识主体的认识论信息(全信息);而本节所讨论的第二类信息转换是由信息到各种能力的转换,即把全信息相继转换为基础意识、情感、理智、综合决策和策略执行。可以看出,第一类信息转换原理是第二类信息转换原理的基础和前提,第二类信息转换原理是第一类信息转换原理的深化和升华,二者相互联系、相互依存、相互补充,成为一个智能过程的有机整体。在本章接下来的四个小节(即 11.4 节—11.7 节)中,将分别讨论第二类 A 型~D 型信息转换的相应原理。

11.4 基础意识的生成机制:第二类 A 型信息的转换

所谓"基础意识",是指在本能知识和常识知识的支持下,以及在基于本能知识和常识知识的生存目标制约下,对外部环境刺激和自身刺激产生觉察、理解并作出合乎本能和常识以及合乎目标的反应能力。这就表明,基础意识是一个开放的动力学系统,在基础意识系统中的信息一定是全信息,因为只有全信息才能表达刺激和反应对于主体系统目标的价值,才可能给出"是否有利于目标"的判断。另外,我们还把"觉察、理解、反应"作为基础意识能力的三要素。分析几个要素间的关系可以发现:"觉察"是基础意识能力的基础和前提,"理解"是基础意识能力的核心,"反应"应是结果。

基础意识的生成机制模型可用图 11.9 所示。"在(由第一类信息转换原理生成的体现外来刺激与系统目标利害关系的）全信息触发下启动（觉察）、在本能知识和常识知识支撑下展开（理解）、在目标导控下完成（生成反应）的信息转换"过程。令 C_A 代表第二类 A 型信息转换，I 代表由第一类信息转换原理转换而来并且体现外来刺激与系统目标利害关系的全信息；Ka 表示本能知识和常识知识；G 表示系统目标；Consc 代表生成的基础意识反应。以基础意识的生成为任务的第二类 A 型信息转换可以表达为

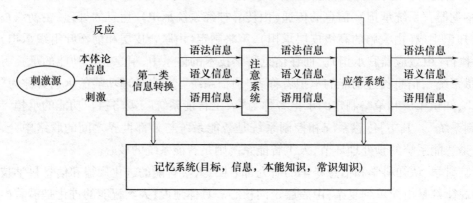

图 11.9 基础意识的生成机制：第二类 A 型信息的转换模型

$$C_A : (I \times K_a \times G) \to \text{Consc} \tag{11.68}$$

这里所谓"由全信息触发"，是指这个基础意识生成机制的启动，是由反映外来刺激性质的"全信息"所触发的，也就是说它是由第一类信息转换原理生成的体现外来刺激与系统目标利害关系的全信息所触发的。所谓"知识支撑"，是指这个过程一旦启动就要在知识（这里是本能知识和常识知识）支撑下展开对于外来刺激的理解，而后转换成合乎常理和合乎目标的基础意识反应。简言之，这个过程就是：在第一类信息转换的基础上，在系统目标导控下，在本能知识与常识知识支持下实现"由（体现外来刺激与系统目标利害关系的）全信息到基础意识反应能力的转换"（它又可简记为"全信息—基础意识的转换"），常称为"第二类 A 型信息转换"。

11.5 情感的生成机制：第二类 B 型信息的转换

与意识的情况相类似，情感的概念也是非常复杂的，它不仅与心理学直接关联，而且与脑神经科学、生理学、医学、认知科学、信息科学、人类学、社会学以及哲学等众多学科密切相关。各个学科都从各自的特定领域来研究情感，建立了各自领域的情感理解。我们认为，情感是人们在本能知识、常识知识和经验知识支持下关于客观事物对于主体的价值关系的一种主观反映。如果某个客观事物对某人呈现出正面价值的关系，他就会产生正面积极的情绪感受；反之，则会产生负面消极的情绪感受；而如果这个客观事物对他呈现出中性的价值，他就会产生无动于衷或者无所谓的情绪感受。另外，由于"价值"是与人们追求的目标相联系，因此在考虑与衡量价值取向时必然要涉及到目标。

此外，由上面的讨论可以看出，在研究情感问题的场合，需要采用"全信息"的概念，因为只有当认知主体获得了关于某个事物的全信息（包括语用信息）之后，才能判断该事物相对于自己目标的价值。这里还要说明的是，这里把情感的知识基础限定在"本能知识、常识知识、经验知识"的范围内，其主要根据是：在大多数情况下，人们的情感是"感性的"，也就是经验性的心理过程，而不是深思熟虑的"理性的"心理思考。

综上分析，人们的情感是人们关于客观事物相对于自己价值关系的主观反映，也正是这些价值关系才激起他们对这些客观事物的某种情感：喜欢或者讨厌，赞成或者反对，或者其他。问题是，面对各种各样的客观事物和情境，人们是怎样形成某种价值关系从而产生某种情感呢？这也就是我们接下来要讨论的情感生成机制问题。

情感生成的机制模型可用图 11.10 所示。令 C_B 代表第二类 B 型信息转换，I 和 K_b 分别代表全信息和知识（这里专指本能知识、常识知识和经验知识），G 代表系统目标，Φ 代表人工情感。因此，以"情感生成"为任务的第二类 B 型信息转换，可以表达为

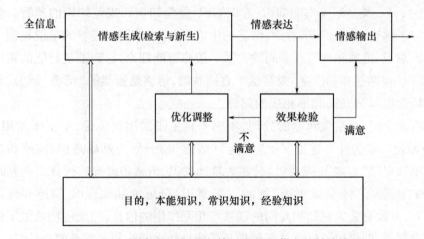

图 11.10　情感的生成机制：第二类 B 型信息的转换模型

$$C_B:(I \times K_b \times G) \to \Phi \tag{11.69}$$

对于第二类 B 型信息转换可表述如下：在第一类信息转换的基础上，在（体现刺激与系统目标之间的利害关系的）全信息的触发下启动、在系统的本能知识-常识知识-经验知识的联合支持下展开，在基于系统目标的价值准则导控下完成的"信息-情感转换"。这个转换被称为"第二类 B 型信息转换"。

这里需要说明，情感生成模块是在（反映外部刺激与系统目标之间的利害关系的）全信息激励下启动，在本能知识、常识知识和经验知识（主要是经验知识）的支持下展开，在系统目标导控下结束。如果面临的客观事物未来就是已经熟悉的事物，情感生成模块就按照原有的经验知识生成熟悉的情感类型。在这种情况下，一切就可以按部就班地进行，应该不会发生任何问题。如果所面临的客观事物是以前未曾经历过的新事物，就不可能在知识库内找到可以匹配的经验知识，而需要在输入的全信息 I、知识库内存储的系统目标 G 和相关知识 K_b 三者的联合支持下生成新的情感类型作为反应。在这种情况下，新的情感类型能否符合系统目标所确立的价值准则，这就需要通过实践检验（见图 11.10 中的

"效果检验")。如果检验的结果是满意或者基本满意,这种新的情感类型就可以在记忆系统(知识库)保存下来,而产生这种新情感类型的规则就作为新的经验知识加入原有的经验知识集合,使原有的经验知识集合得到扩展。相反,如果检验的结果是"不满意",就要通过某种适当的调整来建立新的经验知识,使后者可以支持新的更合适的情感类型的生成。在这里,判定效果"满意"或"不满意"的唯一依据,仍然是要看新生成的情感能否真的有利于系统目标的实现;如果能够有利于系统目标的实现就会满意,否则就会不满意。因此,系统的目的和工作目标始终是情感生成系统检验情感的工作标尺。

11.6 理智的生成机制:第二类 C 型信息的转换

按照智能理论,智能可分成两类:一类是基于本能知识、常识知识和经验知识的情感(又称情智);另一类是基于本能知识、常识知识、经验知识和规范知识的理智。前面的相关小节探讨了感知、注意、基础意识、情感的生成机制,本节研究理智的生成机制。首先讨论一下基础意识、情感和理智三者间的关系。按照智能理论,它们都是智能的重要组成部分:基础意识(包括感知和注意)是智能的直接基础,情感是智能的"情智"部分,而理智是完整智能概念中与"情感"相辅相成的部分。

也许有人会问,对系统问题的处理,本书一直主张采用整体论,不主张使用"分而治之"的"还原论",那为什么这里又把"智能"(或意识)分解为基础意识、情感和理智来研究呢?本书这里把"智能"(或意识)分解为基础意识、情感和理智进行分别研究时,与"分而治之"的"还原论"不同,这里把"智能"(或意识)分解为基础意识、情感和理智进行分别来研究时,并没有丢失它们相互间的联系与相互作用的信息,相反还特意做了保真它们之间的信息联系,即保留了反映外部刺激与系统目标之间的利害关系的全信息。总之,这里始终贯彻了"保信而分",完全不存在经典"还原论"存在的"分而治之"的缺陷。

理智谋略的生成机制模型由图 11.11 所示。

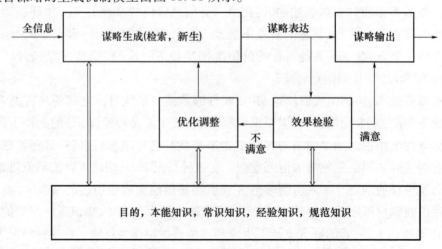

图 11.11 理智谋略的生成机制:第二类 C 型信息转换

表面上看起来,图 11.11 与图 11.10 似乎并无本质区别,只是核心单元由"情感生成"模块变成了"谋略生成"模块。同样地,也需要谋略效果检验与调整的学习系统相配合。其实,在谋略生成的场合,其需要表达的内容要比情感生成的场合复杂得多:在情感生成的场合,它仅需要表达与外来刺激相适应的语义信息和系统目标;而在谋略生成的场合,不仅要表达与外来刺激相适应的语义信息和系统目标,而且要表达实现系统目标的实施步骤和各个步骤的具体谋略。为了导出实施目标的各个步骤,通常需要一定的演绎推理能力。这是理智生成最困难然而又是最具有标志性意义的环节。换言之,在谋略生成的场合,全信息(它代表外来刺激的性质及其与系统目标的利害关系)I、系统目标及其过渡目标 $\{G_n\}$、系统先验知识 K_c(它包括本能知识、常识知识、经验知识和规范知识)这三者的共同作用才能确定系统生成什么样的谋略 $\sum$。仿照(11.69)式,便有

$$C_c:(I \times K_c \times \{G\}) \to \sum \qquad (11.70)$$

上式表达了以"理智谋略生成"为任务的第二类 C 信息转换,如果用语言可以表述如下:在第一类信息转换的基础上,在(体现外部刺激与系统目标之间利害关系的)全信息的触发下启动、在系统内部知识(包括本能知识、常识知识、经验知识、规范知识)的支持下展开、在系统目标的导控下完成的"全信息—理智转换",转换的结果生成了"理智谋略",这个信息转换称为"第二类 C 型信息转换"。这里要说明的是,$\{G_n\}$ 并不是设计者事先设定的,它是理智生成系统通过演绎推理后的产物,是理智生成的核心环节。

另外,按照式(11.70)生成的理智谋略是否合适,这是需要检验的(见图 11.11 中的"效果检验"模块)。如果生成的理智谋略有利于实现系统的目标,检验模块就会产生满意的结果,允许这个理智谋略输出;否则,就需要调整谋略生成模块的策略,生成更合理的理智谋略,再经受检验,直至满意。此外,对于理智谋略生成的机制,仅一般地具有记忆能力和预测能力是不够的,还必须强调系统目标的存储以及全信息的记忆和利用。记忆能力和预测能力只是智能生成机制的必要前提和条件,而不是充分条件。智能生成系统必须具备明确的系统目标,必须利用尽量完整的知识,必须执行在系统目标导控下的基于全信息的信息转换。

最后还要说明,在统一的外部刺激所呈现的本体论信息,以及由"第一类信息转换原理"转换而来的全信息的激励下,在统一的系统目标的导控下,利用记忆系统所存储的本能知识、常识知识、经验知识和规范知识有序地展开工作。另外,它们的互相协调还表现在:如果外部刺激是基础意识单元能够处理的问题,基础意识单元就会生成合理的反应,并把生成的反应报告给情感与理智生成单元核准,并由综合决策单元最终确定;如果超出了基础意识单元处理能力的范畴,基础意识生成单元就会立即自下而上地报告,并把全信息转送给情感生成和理解谋略生成单元处理。反过来,理智谋略生成单元和情感生成单元也可以自上而下地对基础意识和注意单元的工作进行检验和校核。至于在情感生成和理智生成单元之间的相互协调,则可以在综合决策单元获得妥善的处理。

所谓"综合决策",是指在系统生成的情感表达与理智谋略两者之间所实施的某种平衡。因为情感生成和理智谋略生成所依据的知识类型不同,因此它们在生成的复杂程度、

速度和内容也各不相同,情感生成的速度比较快,而基于本能知识、常识知识、经验知识和规范知识的理智谋略的生成就相对比较复杂,需要执行演绎推理等过程,因此就比较缓慢。

一个优秀的决策者,不仅需要上面提到的那些本能知识、常识知识、经验知识、规范知识,而且需要优良的心理素质、杰出的决策智慧和现场灵感与技巧。但遗憾的是,目前关于这类知识的研究还很不成熟,在综合决策过程中如何应用这些知识和能力的研究也很不充分。因此这里对"综合决策"的具体细节便有待于学术界的深入研究。

当然,对于综合决策而言,除了要关注决策的策略之外,同样也要关注决策的效果,即综合决策也需要关注系统的短期与长远目标与效果。原则上讲,对理智谋略与情感表达进行综合协调从而生成智能策略,这是综合决策单元的任务。而把抽象的智能策略转换为具体的智能行为(又称为"执行策略")则是控制单元的任务。

11.7 策略执行的机制:第二类 D 型信息的转换

策略执行是整个基本信息过程的最后环节。回顾智能系统信息转换的过程为:通过第一类信息转换原理的作用,将来自外部世界客体事物的刺激在系统内被变换成为全信息,接着通过第二类 A 型、B 型和 C 型信息转换的作用,全信息又在智能系统内部相继转换成为基础意识能力、情感能力、理智谋略能力和综合决策能力,生成了求解问题的智能策略。现在,又通过第二类 D 型信息转换的作用,把求解问题的智能策略转换为解决问题的智能行为,换句话说,也就是由策略信息到策略行为的转换过程。由于产生行为需要力,"信息-行为转换"也可以等效地理解为"信息-力的转换"。事实上,无论考虑什么样的具体对象,一切形式的控制归根到底总是去改变(或者维持)被控对象原来的运动状态和方式。为了实现控制作用,控制系统就应该产生出各种相应形式的"力"来实施状态方式的改变或者维持。例如为了控制机械系统,就应当能够产生出相应的机械力来改变或者维持这个机械系统的状态方式;为了控制电气系统,就应当能够产生电磁力;为了控制化学过程,就应当能够产生化学力。图 11.12 给出了控制系统的这种功能转化或承接关系。图中策略信息是由策略生成(即综合决策)单元给出的,而真正实施改变被控对象运动状态方式的是力;图中的"执行单元"所完成的功能就是把策略信息转换为力。例如车辆行驶的控制问题,当司机(即控制者)想提高车辆的速度时,在他的头脑中就产生一个相应的策略信息,它规定了应该如何改变车辆(即被控对象)的速度状态和行驶方式。当这个信息由司机头脑中输出时,它的载体是司机头脑中的生物电信号。但是,要想真正实施车辆行驶状态和方式的改变,则要通过人机接口系统,把生物电信号的某种参量的变化(它表现了策略信息)转换为车辆的连杆齿轮系统的动作状态方式(它也表现了同样的策略信息)。这样,策略信息从司机的头脑中发出一直传到机械的齿轮系统,其间策略信息并没有改变,仅仅是策略信息的载体由生物电信号形式变成了机械的形式。再如指挥员进行队形操练,当指挥员(控制者)的头脑中产生的策略指令信息通过神经系统与语言器官传送给被控对象(被训练者),被控对象就依照所收到的策略指令信息来改变自己的运动状态和状态变化方式,排演出策略指令信息所规定的队形。在这个例子里,控制单元是指挥员(更确切地讲是指挥员的头脑),执行单元是他的神经系统与语言器官。策略指令信息在指挥员头脑中的载体是生物化学信号,而执行单元输出策略指令信息的载体应是效应器官,它承担着作用于外部世界的智能行为。图 11.13 给出了整个智能系统中,感觉器官、输入和输出传导神经系统、中枢神经系统(大脑)和效应器官之间的相互联系与作用,它们各司其职、各尽其能,形成一个完美的整体。

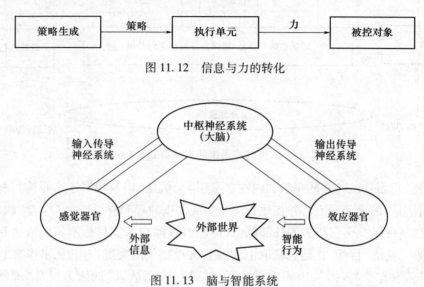

图 11.12 信息与力的转化

图 11.13 脑与智能系统

11.8 人类智能系统主要功能模块及其工作过程

图 11.14 给出了人类智能系统主要功能模块的模型框图,图中符号 X 代表外部刺激,符号 I 代表感知系统在外部刺激作用下所产生的"全信息",符号 G 代表系统的工作"目标"(存储在记忆系统内),符号 a 代表系统知识库所存储的"本能知识和常识知识",符号 b 代表系统知识库所存储的"本能知识、常识知识和经验知识",符号 c 代表系统知识库所存储的"本能知识、常识知识、经验知识和规范知识",符合 d 代表系统知识库所存储的"本能知识、常识知识、经验知识、规范知识以及决策所需的现场感、艺术感和灵感",符号 A 代表策略执行单元所产生的"智能行为"(由"智能策略"转换而来)。以下简要说明人类智能系统功能模型的工作过程。

外部世界的各种事物的运动状态及其变化方式(本体论信息)直接或间接地作用于智能系统的感知系统。脑科学的研究结果表明,感觉器官可以感知这些外部刺激的形式参数,获得相应的语法信息(认识论信息)。由于智能系统具有自己的"目标" G,感知系统便可以根据这个目标由第一类信息转换原理在脑内生成"不仅反映外部刺激的外在形

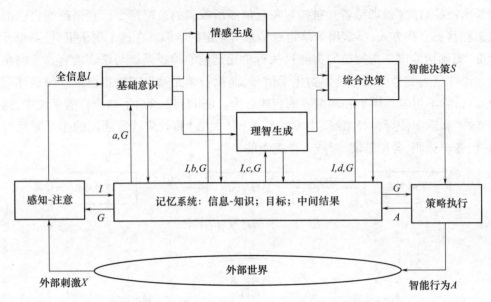

图 11.14 人类智能系统的主要功能模块框图

式(语法信息),而且反映外部刺激的内在含义(语义信息)以及相对于本系统目标的效用价值(语用信息)的全信息 I",并在此基础上生成体现自己目标要求的"注意"机制,以便选择出那些与目标 G 密切相关的外部刺激,抑制或过滤与系统目标不相关或者很少相关的各种刺激。系统"目标"在信息获取上发挥着选择把关的关键作用,如果没有它,则"感知和注意"就没有了"根据",因而也无法生成"选择有用信息"的能力以及"抑制无用信息"的能力。

接着,"感知和注意"系统把已经选择出来的反映外部刺激的形式、内容和效用的全信息 I 送到记忆系统进行必要的加工处理并且存储备用。与此同时,全信息又被送到"基础意识"模块,启动"基础意识"的工作。因为我们把基础意识定义为"本能知识和常识知识支持的心理反应",为了保证"基础意识"模块的有效工作,除了需要由感知系统所生成的反映外部刺激性质的"全信息 I"的启动之外,还需要由记忆系统提供的"系统目标" G 以及与之相应的"本能知识和常识知识" a 的支持。

所谓基础意识模块的反应能力,是指根据系统提供的本能知识和常识知识 a 和目标,通过对于(代表外部刺激的形式、内容和效用的)全信息 I 的处理而生成的合乎才能知识和常识知识的约束,以及合乎目标要求的反应能力:到底是应当响应还是不予理会?如果应当响应,那么根据本能知识和常识知识应当作出怎样的响应?尽管基础意识的"反应能力"和感知系统的"注意能力"都是对全信息所反映的外部刺激所做的某种"选择反应",但不是简单的重复,这是因为二者在认知的层次上是互不相同的。"注意模块"仅是根据系统目标作出"允许通过不是过滤清除"的判决,比较原则和笼统;基础意识模块的反应则不仅根据系统的目标,还要根据系统的本能知识和常识知识进行判断并产生具体的反应,因此较前者要深刻,而且也更具体。

基础意识的"反应能力"是智能系统的重要基础环节,它工作的正确与否直接影响着

第 11 章 基于人工智能与认知计算的现代人机系统及其展望

后续模块以及整个系统的工作。例如,如果某个外部激引起了基础意识模块的响应,那么后续模块就需要自上而下地检验基础模块的响应是否正确:若是正确的反应,就予以确认,并启动后续的情感与理智模块;若是错误的反应,则予以纠正,并启动后续的情感与理智处理。再如,如果基础意识对某个外部刺激不能产生合理反应,那就意味着这个刺激的复杂性可能超出了基础意识的处理能力范围(即超出了本能知识和常识知识的范围),需要基础意识模块自下而上地提交给情感与理智模块进行较深刻的处理。由脑神经科学和认知科学的分析可知,人类情感处理和理智处理是分别由不同的脑组织承担的:情感处理主要在边缘系统进行;理智处理主要在联合皮层进行。所以在形成基础意识的响应之后,这个响应连同全底息 I 将分成两路向上前行,一路进入情感生成支路,在目标 G 和知识库的"本能知识、常识知识、经验知识" b 的联合支持下生成系统对于这个外部刺激的情感判断:是应当爱,还是恨?是应当喜,还是忧?是应当乐,还是怒?另一路进入理智生成支路,在全信息 I 和知识库的"本能知识、常识知识、经验知识,规范知识" c 的支持下生成关于这个外部刺激的知识,进而在系统目标 G 的引导下基于这些知识生成理智谋略,也就是理解外部刺激的形态、内容和价值,从而形成系统对于这个外部刺激的理智性判断:应当欢迎,怎样欢迎?应当反对,怎样反对?应当采纳,怎样采纳?应当排斥,怎样排斥?应该放弃或者不予理会,这是还要说明的是,虽然情感生成和理智生成这两个支路的目标 G 的一致的,但它们所具有的"知识背景"却各不相同:情感生成支路具有"本能知识、常识知识、经验知识" b,理智生成支路具有"本能知识、常识知识、经验知识,规范知识" c。因此两个支路的工作速度与工作质量也各不相同:一方面情感生成支路的速度比较快,而理智生成支路生成理智谋略的速度比较慢;另一方面情感生成支路生成的情感只是建立在本能知识、常识知识和经验知识的基础上,往往不太深刻;而理智谋略生成支路生成的理智谋略是建立在全部知识的基础上,通常会比较深刻。另外,情感支路生成了需要表达的情感,理智支路生成了作为决策基础的谋略,综合决策系统的任务就是在综合这两个支路的结果基础上制定最终策略。这里的综合是一个高度复杂的过程,不仅需要有目标信息中,而且需要有两个支路的结果。在情感支路的结果与理智支路的结果一致时,就直接根据两者的结果,在目标引导下制定最终的策略。在情感支路与理智支路的结果不一致时,就要区分轻重缓急制定最终策略:在紧急情况下需要充分考虑情感支路的结果;在正常情况下需要尊重理智支路的结果,或者在两者之中采取某种权衡。这里所需要的知识 d,不仅应当包含 c,而且通常还应当包含综合决策所需要的一些更加高级更加特殊的知识,例如决策艺术、直觉、现场感和灵感等。

在制定最终策略以后,由"策略的表示"模块把策略表示为策略执行模块能够理解与执行的有效形式,以便执行。这里还要说明,如果策略执行的结果不理想(这是经常会发生的情况),感知系统就要把求解问题的结果状态与目标状态之间的误差情况作为新的信息反馈到"基础意识—情感—理智—决策"系统,从中学习和补充新知、修正和优化策略,改进求解的效果。这种通过反馈学习补充新知和优化策略的过程通常需要进行多次,直至问题得到满意解决。如果通过反馈误差信息、学习新知与优化策略之后,始终无法达到目标,就应当判断"预设目标"可能不尽合理。在这种情况下就要调整和重新设定

"目标"。

需要指出,从感知系统的"注意选择"到基础意识模块的"觉知响应",再到情感支路的"情感生成"和理智支路的"理智谋略生成",反映外部刺激性质的"全信息"经历了智能系统所设置的一道又一道的处理关口,经受了一层又一层的深入剖析。也正是通过这样的步步深入和层层升华,才保证了人类的高度智能水平。另外,这里还有必要简单说一下在人类智能系统的整个工作过程中,"记忆系统"所发挥的基础性作用。事实上,记忆系统不仅存储着系统目标 G 和各种必要的知识(包括本能知识、经验知识、常识知识、规范知识、决策的艺术和灵感知识等),而且还存储了由外部刺激所引发的"全信息"以及作为中间处理过程的各种结果。此外,这里的记忆系统应当包括感觉记忆系统、短期记忆系统、工作记忆系统和长期记忆系统,是一个非常复杂的记忆系统。不仅如此,这个记忆系统体系还应当根据处理进程的需要经常与模型中各个模块(包括感知、注意、基础意识、情感处理、谋略处理、综合决策以及策略执行等)发生的频繁交互作用,提供或接受相关的信息和知识,支持人类智能系统的全部工作。

总之,人类智能系统各模块之间是互相默契与配合的,这其中关联感知、注意与记忆的第一类信息转换原理和关联意识、情感、理者与行为的第二类信息转换原理是智能系统信息转换和运行机理的最关键原理和理论支撑,表 11.1 给出了人类智能系统信息转换所生成的各种智能要素以及信息转换所需要的知识。

表 11.1 智能系统信息转换及生成的智能要素

第一类信息转换的始终点		第二类信息转换所需要的知识	智能要素
本体论信息	全信息	目标知识	注意
本体论信息	全信息	目标+本能+常识	基础意识
本体论信息	全信息	目标+本能+常识+经验	情感
本体论信息	全信息	目标+本能+常识+经验+规范	理智谋略
本体论信息	全信息	目标+本能+常识+经验+规范+灵感	综合决策
本体论信息	全信息	"策略-行为"转换所需的知识	策略执行

11.9 未来人机系统的展望

人类文明发展到现在,共发生了 5 次科技革命并对人类的生活和思维方式带来了巨大的影响,例如第 3 次科技革命主要是发电机、内燃机和电信技术的出现,在重大理论突破上建立了电磁波理论,它极大地扩展了人们的生存空间,而且理论上也开阔了视野;第 4 次科技革命是现代科学的开端,在理论突破上建立了进化论、相对论、量子论、DNA 双螺旋结构理论等;第 5 次科技革命是信息革命,社会交流方式和信息方式的极大发展,相应地理论上是信息革命,产生了冯·诺依曼理论的阿兰·图灵(Alan Turing)理论。信息科学的基本理论体系源于自然科学,它也适用于社会科学。其实,社会运动是一类高级运动形式,但社会运动仍是充满着物质和能量的过程,而且这些过程又都是由信息过程所驾驭与支配的。当今世界正处在新一轮的第 6 次科技革命之时,这次科技革命属于智能革命,是用机器取代或增强人类的智力劳动。以 ChatGPT 为代表的新型对话人工智能工具问世,将会对科技与社会发展产生影响。智能科学始终引领着科技革命的发展进程。本节将紧紧围绕着智能科学和人机系统工程问题从 11 个方面探讨这方面的进展和展望。

11.9.1 人类大脑的研究以及"人类脑计划"的进展

1. 大脑的研究源远流长

人脑是世界上最复杂的物质,它由数百种不同类型的上千亿的神经细胞所构成。对于大脑的奥秘,古人一直进行着这方面的研究与探讨,例如 1664 年英国医生 Thomas Wills 出版了他的《大脑解剖》,1667 年又出版了《大脑病理》,他一生致力于神经病学的研究,他使用的"neurology"被认为是神经病学真正意义上的奠基性概念。到 16 世纪显微镜问世之后,神经微观结构的研究开始进行,1837 年 Purkinje 首次描述了神经元的特点,使得神经细胞成为人类在显微镜下认识的第一种细胞。1861 年法国外科医生神经病理学家 Paul Broca 给出了大脑半球运动性言语的中枢区,为纪念这位病理学家,该区称作 Broca 区。同时,这也为神经心理学的研究开启了历史新起点。

另外,人们对大脑各脑区的功能以及神经元种类图谱、介观神经联接图谱、介观神经元电活动图谱的制作以及计算神经科学的研究也不同程度地获得了新的研究进展。以下仅以脑科学中计算神经学的研究进展为例作简要概述。

1889 年 R. Cajal 提出了神经元学说,认为整个神经系统是由结构上相对独立的神经细胞构成。在 R. Cajal 神经元学说的基础上,1906 年 C. S. Sherrington 提出了神经元间突触的概念。1907 年 Lapique 提出了整合放电(Integrate-and-Fire)神经元模型。20 世纪 20 年代 E. D. Abrian 提出神经动作电位。1943 年 W. S. McCulloch 和 W. Pitts 提出 M-P 神经网络模型。1949 年 D. O. Hebb 提出了神经网络学习的规则,1952 年 A. L. Hodgkin 和 A. F. Huxley 提出了描述细胞的电流与电压变化的 Hodgkin-Huxley 模型。另外,20 世纪 50 年代,F. Rosenblatt 提出了感知机模型。20 世纪 80 年代以来,神经网络计算获得较大的进展,其中有代表性的工作是,J. J. Hopfied 引入李雅普诺夫(Lyapunov)函数给出了网络稳定性判据,并用于联想记忆和优化计算。此外,Amari 在神经网络的数学基础理论方面做了大量研究,其中包括统计神经动力学、神经场的动力学理论、联想记忆等方面作出了奠基性的工作。如今,计算神经科学已成为脑科学与认知科学领域中都十分关注的交叉分支学科。脑科学是从分子水平、细胞水平、行为水平研究人脑智能机理,建立脑的模型、揭示人脑的本质;认知科学是研究人类感知、学习、记忆、思维、意识等人脑心智活动过程的科学;人工智能的研究是用人工的方法和技术,模仿、延伸和扩展人的智能,实现机器的智能。而计算神经科学的飞速发展便为脑科学、认知科学和人工智能科学的研究与发展起到了重要的促进作用。

2. "人类脑计划"研究的进展

20世纪90年代以来,世界主要发达国家纷纷加大对脑科学研究的投入。1990年7月17日布什总统签署"脑的10年"工程计划,这里1990年—2000年命名为"脑的10年";2013年4月2日奥巴马总统宣布BRAIN(brain research throuth advancing innovative neurotechnologies)计划,在未来的10年将新增投入45亿美元用于美国"脑计划"。另外,1996年日本启动为期20年的"脑科学时代"计划。此外,2013年1月,欧盟宣布投入10亿欧元开启"人类脑计划"(human brain project),旨在用巨型计算机模拟整个人类大脑。各发达国家在脑科学研究领域的大量投入,极大地促进了脑科学、人工智能技术以及神经工程技术的飞速发展,为这些学科和技术的研究与发展开启了前所未有的发展机遇。

11.9.2 三代机器人技术的研究与进展

目前,人们通常将机器人的研制划分为三代:第一代是可编程机器人。这一代机器人从20世纪的60年代后半期开始投入使用,目前已在工业界得到广泛应用。第二代是感知机器人,即自适应机器人,它与第一代机器人相比具有不同程度的"感知"能力。目前,这类机器人也已在工业界获得应用。第三代机器人将具有识别、推理、规划和学习等智能机制,它可以把感知和行动智能相结合,所以可以在非特定环境下作业。著名机器专家H. Moravec早在1988年出版的书中预测:"第一代机器人在2010年出现,它的明显特征是有多用途的感知能力以及较强的操作性和移动性;等二代在2020年出现,它最突出的优点是能在工作中学到技能,具有适应性的学习能力;等三代在2030年出现,这一代机器人具备预测能力,在行动之前若预测到较糟的结果,它能及时改变意图;第四代会在2040年出现,这一代机器人将具备更完善的推理能力"。机器人发展到今天,已被业内共同认为:与人类相比这些机器人的推理速度至少要快一百万倍,并且有百万倍的短期记忆力。

首先,加藤一郎提出了机器人应满足的3个基本条件:①具有脑、手、脚等三要素的个体;②具有非接触传感器(用眼、耳接受远方信息)和接触传感器;③具有平衡觉和固有觉的传感器。机器人现在已被广泛地用于生产和生活的许多领域,如按其拥有的智能水平,可分为3个层次:①工业机器人,它毫无智能水平;②初级智能机器人,它已拥有一定的智能,但仍然不具有自动规划的能力;③高级智能机器人。它和初级智能机器人一样,具有感觉、识别、推理和判断能力,同样可以根据斗界条件的变化,在一定范围内自行修改程序。

未来智能机器人将重点发展如下几个方面:
(1)人机协作并且在灵活性、安全性和易用性方面进行深入研究与发展。
(2)发展机器人的服务功能,使它更容易为他们的用户服务。
(3)发展更强大的算法,充分利用互联网和大数据分析以及知识发现等科学工具。
(4)进一步完善与发展推理与决策,不断地优化和提高自身的自适应学习能力。
(5)探索云计算基础设施上的机器人,依靠云计算机处理大量的数据。

11.9.3 脑机接口与脑机融合的协同决策

1. 脑机接口

脑机接口(brain-computer interface,BCI)是指不依赖于大脑的正常输出通路(即外围神经和肌肉组织),便可以实现人脑与外界(例如计算机或者其他外部装置)直接通信的系统。早在1973年 JacquesVidal 发表第一篇关于脑机接口技术的文章至今已近50年,50年来这一技术已获得可喜的进展,如今麻省理工学院、贝尔实验室和神经信息学研究所的科学家们已经成功地研制出一个可以模拟人类神经系统的电脑微芯片,并成功地植入大脑,利用仿生学的原理对人体的神经进行修复。微芯片与大脑协作发出复杂的指令给电子装置,监测大脑的活动取得了很好的效果。另外,美国生物计算机领域的研究人员利用取自动物脑部的组织细胞与计算机硬件进行结合,这样研制而成的机器称为生物电子人或称半机械人。如果芯片与神经末梢相吻合,就可将芯片通过神经纤维与身体上的脑神经系统连接起来,这样就通过计算机提高了人的大脑功能。此外,美国南加州大学的 T. Berger 和 J. Liaw 于1999年提出了动态突触神经回路模型,并且于2003年研制出大脑芯片,它可以取代大脑中的海马功能。大脑芯片在活体小白鼠上实验成功,证明该回路模型与活体鼠脑中的信息处理是一致的。正是由于脑机接口技术和脑科学研究的飞速发展,因此剑桥大学 Humphreys 院士认为:在不久的将来,人们将可以在脑中放入增加记忆的微芯片,使人类有一个备用的大脑。

2. 脑机融合的协同决策

脑机融合是一种基于脑机接口技术,综合利用生物智能(脑)与机器智能(机)相融合,使之产生一种脑的感知和认知能力与机器的计算能力的完美结合,这种完全的结合形态便称为脑机融合(brain-computer integration,BCIN)。在脑机融合系统中,大脑与大脑、大脑与机器之间不仅是信号层面上的脑机互通,更需实现大脑的认知能力与机器的计算能力的融合。但是,大脑的认知单元与机器的智能单元具有不同的关联关系和逻辑通路,所以脑机融合的关键科学问题之一是如何建立脑机协同的认知计算模型。

脑机融合系统具有三个显著特征:①对生物体的感知更加全面,包含表观行为的理解与神经信号解码;②生物体可以作为系统的感知体、计算体和执行体,并且与系统其他部分的信息交互通道为双向;③多层次、多维度的综合利用生物体和机器的能力,以达到系统智能的极大增强。

用11.15给出了基于记忆和意识构建的 CAM(consciousness and memory)心智模型,它包括视觉、听觉、感知缓存、工作记忆、短时记忆、长时记忆、意识、高级认知功能、动作选择以及响应输出这10个主要模块。图11.16给出了由感知(Awareness)、信念(Belief)、目标(Goal)和规划(Plan)四个模块组成的 ABGP 智能体模型。这种智能体模型既考虑了智能体内部的思维状态,又考虑了对外部场景的认知和交互,这对智能体的决策能够发挥重要作用,因此 ABGP 智能体模型是脑机协同工作的核心部件之一。图11.17给出了基于 CAM 心智模型与 ABGP 智能体模型相结合所构建的脑机协同的认知模型。这里脑和机器都被定义为具有共同的目标和共同的心智状态的智能体。在短时记忆支持下,采用分布式动态描述逻辑(Distributed Dynamic Description Logic,D3L)刻画联合意图。分布式动态描述逻辑充分考虑了动态描述逻辑在分布式环境下的特性,利用桥规则构成链,通过分布式推理实现联合意图,使得脑机融合中的智能体进行协同决策。这里应该强调的是,图 11.17 给出的仅仅是一个较粗的框架,在脑机融合技术中,如何才能够使脑机融合的认知模型真正达到协同工作,这不是一件容易的事,至今仍有许多工作有待深入研究,还有许多关键技术需要逐步掌握与突破。

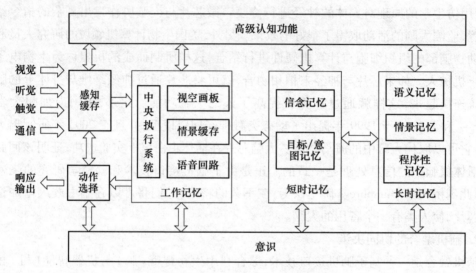

图 11.15　CAM 的心智模型

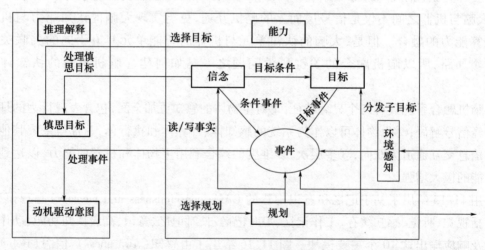

图 11.16　ABGP 智能体模型

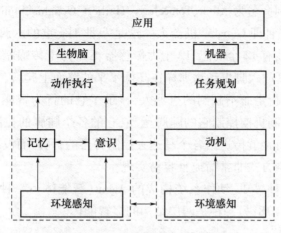

图 11.17 脑机协同的认知模型

11.9.4 类脑智能的研究与进展

类脑智能就是仿照高度进化的大脑运行机制,通过计算建模的方法实现对信息的处理。作为系统,它是本体、外设控制和环境之间良好协调交互的产物。但目前的类脑智能系统仅仅是在对信息的处理机制上类似于人脑,并且缺乏人类所具有的自适应能力。有大量的证据表明:大脑在面对大量不确定和未知信息时,会通过外部世界的表现来预测并操纵自己的感官去积极地适应外部环境,而目前类脑智能体还无法具有这种适应的能力。

对于类脑智能的发展进程,文献[283]认为可划分成三个阶段,即初级类脑智能阶段、高级类脑智能阶段和超脑智能阶段。所谓初级类脑智能(elementary brain-like intelligence)阶段,在这个阶段要使机器能听、说、读、写,能方便地与人沟通,并且能突破语义处理的难关。对于高级类脑智能(advanced brain-like intelligence)阶段,这时机器达到了高智商和高情商。这里智商指具有数字、空间、逻辑、词汇、记忆等能力;另外,智商也指认识客观事物并运用知识去解决实际问题的能力。而情商是指一种自我认识、了解、控制情绪的能力等。

所谓超脑智能(super brain intelligence)阶段,在这个阶段系统具有意识功能,具有高智能、高性能、低能耗、高容错和全意识等特点。我们相信:在全世界科技工作者的共同努力下,类脑智能系统在"信息处理机制上类脑",在"认知行为和智能水平上类人"的宏伟目标一定能够实现。

11.9.5 几种典型的感知-动作系统

MIT 人工智能实验室的 Brooks 先生是最早从事感知-动作系统研究领域的领军人物之一,他认为:在现实世界中,所有的生物智能系统,从最高级的人类到最简单的昆虫,他们的基本能力都表现为"能够在动态变化的环境中生存和发展",这才是生物智能系统的能力和本质。到 20 世纪 90 年代初,麻省理工学院人工智能实验室已研制出 8 种不同行为能力的机器人,分别命名为 Allen、Tom&Jerry、Herbert、Genghis、Squirt、Toto、Seymour、Gnat Robot。这里简介第三种即 Genghis 机器人。这是一种 1kg 重的六脚机器人,它具有完全分布式的控制系统,装有 12 个马态、12 个力传感器、6 个热电传感器、1 个斜度计和 2 根触须。Genghis 能够像真的六脚虫动物那样在高低不平的路面上爬行,它是世界上第一个能够在高低不平地面上行走而不翻倒的机器人,显示了它的行为智能。另外,Genghis 并没有采用传统的中央控制机构控制它的腿脚运动,它的各个腿脚的控制器从机器人的不同部分收到信息之后,直接就传送给各个马达去控制各自的腿脚,而没有对它们进行综合集成。因此,这样的控制方式非常简捷且容易实现。

下面继续讨论两种感知-动作系统构成的 Agent(智能体):一种是慎思型智能体(即 BDI 智能体),见图 11.18;另一种是两层结构的多智能体。

1. 慎思型智能体

"慎思型智能体"在学术界又称为 BDI 智能体,该智能体保持了"感知-动作系统"的基本特色,它一方面感知环境的信息,另一方面对环境作出响应;同时这里 BDI 智能体又对"感知-动作系统"作了重大改进,它通过 BDI 的机制生成使之具有了一定智能水平的相应策略。具体来讲,就是通过感知单元来感知外部的信息,通过一定的加工,把这些信息加工成为智能体的知识(建立信念),而后在目标愿望的引导下把知识演绎成为可以实现愿望的行动意图,最后再通过动作单元生成具体的动作,并且反作用于外部环境。

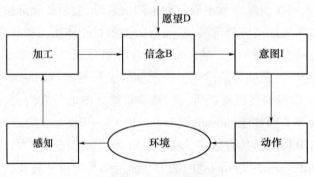

图 11.18　慎思型智能体

2. 多层结构的多智能体

在面向"任务多、规模大"的问题场合,可以根据问题的任务性质,遵循"保信而分,分而治之;保信而合,分合互动"的原则,把问题分解成若干个相对独立的任务,同时又关注各个任务之间的相互作用关系,使得各个任务的求解与总体问题的求解保持着互相的默契与协同。在这种情况下,多智能体的系统便可以发挥独特的作用。图 11.19 给出了两层结构的多智能体框图。通常,多智能体采用两层或者多层的体系结构:底层安排一组互相分工合作的基本智能体,上层是对各个基本智能体进行任务协调实现良性合作的管理智能体,如图 11.19 所示。

上述模型中的管理智能体的作用为:根据各个基本智能体的任务定位,对复杂的任务进行"保信分解",而后把分解出来的各个"子任务"恰到好处地分配给各个对口的基本智

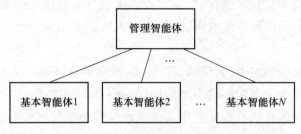

图 11.19 两层结构的多智能体

能体(即"分而治之"),使得每个基本智能体能圆满完成相应的工作;同时,管理智能体具有任务全局的信息和知识,于是它可以把各个基本智能体单独完成的工作进行集成,以构成完整任务的求解,实现"保信而合"。

在图 11.19 中,各个基本智能体之间没有直接的联系,它们分别与管理智能体之间发生任务的交接。图中所给的是一种最简单的多智能体的结构形式,对于更复杂的问题也允许各个基本智能体之间进行直接的合作,因此管理智能体与各个基本智能体以及各个基本智能体之间的相互沟通与合作,便实现了"分合互动"的工作策略。

11.9.6 数字化人-机-环境安全工程

随着计算机技术与网络技术的飞速发展,人机工程也逐渐步入了数字化的时代,无论是对于人机工程本身,还是对于人机界面设计,都拓展了一系列新的研究课题。

(1) 数字化人的体态模型。计算机技术的飞速发展使人机工程学进入了数字化的新时代。其中"数字人"的构建令人关注。因此,当代的建模技术、"数字人"的建模与发展值得关注。

人体的内部骨骼结构和表面拓扑直接影响到体态的定量与定性利用。作为一个工程工具,内部结构的精确性会影响人体态的测定。为了实现体态及其他人体测量学特征的仿真,需要建立人体测量学的数据库。如 1988 年美国陆军广泛应用的数据库 ANSUR88,包含了近 9000 名军人的 132 种标准测量结果。因此,可以利用它们建立人的体态模型,并开发人的建模软件。另一个可以利用的人体测量学数据库是美国国家健康与营养测试协会 1994 年开发的数据库 NHANESⅢ。它包含 33994 个 2 个月的婴儿到 99 岁的老年人的测量数据。其他的数据库还有包含 40000 个 7~90 岁日本人测量数据的 HQL-Japan 数据库(1992—1994 年),包含 8886 个 6~50 岁的韩国人测量数据的 KBISS-Korea 数据库等。目前,人的模型共有 30~148 个自由度。肩与脊椎的详细模型可以考虑人的行为学。

(2) 人机环境系统的建模、分析与评价。传统的协调作用仅考虑了匹配分析,而不考虑产品使用或运作功能方面的协调问题。数字化人机工程学分析法填补了这方面的缺憾。利用数字化人机工程学模型可以分析和协调各功能的交互作用与界面设计,也可以利用它去分析作业场所与作业空间的设计。更为重要的是,人机工程仿真系统通过构筑虚拟环境和任务,通过人体模型,进行动态的人机工程动作、任务仿真,可以满足不同人机工程应用问题的分析,实现与 CAD、CAE 等软件的有效集成。例如用于工作地环境的布局。在人机仿真环境中,图形几何的生成和数字化信息可被用来模拟仿真工作地布局的关键部分。再如进行人体测量学的辨识,并利用人体姿态图像尺寸帮助辨识人体测量学的试验。

再如工作地的精确姿态图,大量的研究证明,数字姿态图可以成为重要的伤害事故表达方式。工作地的图像记录能够成为工作地设计师可靠的指南,并可以利用数字化工作地图进行设计过程中的评估。再如利用人机工程学模型进行维护与服务作业的分析,并为员工培训提供仿真环境或虚拟现实环境。另外,基于运动学、生理学等模拟人的工作过程,可以实现工作时的实时评价与分析,其中包括:可视度评价、可及度评价、舒适度评价、静态施力评价、脊柱受力分析、举力评价、力和扭矩评价、疲劳分析与恢复评价、决策时间标准、姿势预测等。例如,Transom公司开发的Transom Jack人机工程软件,可以评价安全姿势、举升与能量消耗、疲劳与体能恢复、静态受力、人体关节移动范围等人机工程性能指标,并且已经用于航空、车辆、船舶、工厂规划、维修、产品设计等领域。

11.9.7 信息化人-机-环境安全工程

随着经济的全球化和社会的信息化,使得人们面临着更为广泛的活动范围和更多的合作机会,更多地采用动态协作的方式,群策群力、高效和高质量地完成共同的任务。因此,计算机支持的协同工作(computer supported cooperative work,CSCW)的概念已在20世纪80年代提出了。协同工作的出现标志着计算机应用水平上了一个新的台阶,实现了计算机从单纯支持个体工作到能够同时支持群体协同工作的转化。协同工作系统很好地适应了社会信息化、经济全球化和知识经济时代的要求,以及交互性、分布性和协同性等的特点,因而,它的应用领域相当广泛,例如协同编辑、电子会议、工业应用、科学协作、远程教学、工作流管理、远程医疗等。协同工作是一个多学科的新兴领域。

协同工作系统与传统应用系统之间既有差异,又有继承与发展。两者的不同点主要表现在:传统的分布式应用软件系统采用人-机的交互模式,即人和机器(应用软件)交互,而协同工作系统的主要交互模式为人-人交互,协作者通过协同工作系统和其他协作者交互。

除了上述的交互模式之外,不同点还表现在:

(1) 分布式系统可支持多个用户,同时,又屏蔽了用户之间的感知和交互,用户感觉上认为他正在独占使用系统,系统的多个用户并非为了共同的任务或目标而形成有效的群体;而协同工作系统支持协作者感知群体的存在和活动,它们共同使用协同工作系统,以便完成共同的目标或任务。

(2) 协同工作系统和分布式系统具有相似的节点网络分布结构,但在具体技术如协调控制、一致性和并发控制等方面有着区别。分布式系统中,"协调"是指对许多进程或线程的调度和控制,而该类系统的"协调"是指协调群体或群体活动之间的冲突。

(3) 协同工作系统有着群体活动的动态性、人-人交互和工作模式等特性,而分布式系统则不考虑这些因素。

- 协同工作中人与人间的交互。在协同的工作方式中,用户通过计算机彼此交互,其界面问题已经不是简单的人-计算机界面问题,而是复杂的人-计算机-人的界面,主要体现在:

① 人-人交互界面。人-人交互主要通过协同工作系统界面体现。将这种界面称为人-人交互界面。人-人交互界面更直观体现协同工作系统的人-人交互方式,并易与传统应用系统的人机交互方式相对应。

② 群体的组织设计。协同工作的出现不仅产生了一种全新的人-机界面形式,而且伴随着出现了一种全新的社会组织结构。在该类系统中,网络的协同是借助于计算机达成的。因此在该类系统中,相关的组织设计就显得非常重要。

- 基于信息交互的界面设计。从人机界面的角度,可以将互联网理解为一个用户和其他用户的知识之间的抽象界面。因而网络界面设计是人机界面设计的一个延伸,是人与计算机交互方式的演变,它是随计算机技术发展而发展的。随着技术的进步,人机交互方式日益朝着更友好、更便捷的方式发展。因此,人性化的设计是网络界面设计的核心,如何根据人的心理、生理特点,运用技术手段,创造简单、友好的界面,是网络界面设计的重点。

网站是储藏信息的产品,信息是联系供给者与用户间的媒介。信息的提供者利用自身的认知结构将知识转化为可以交流的信息储存在网络环境中,用户在特定的认知环境下为自己的目的获取信息,从而转化为自己的知识。而网页的目的是使最终用户更容易获取信息。

人是一切设计面所面对的主体,由于互联网具有无限的延伸性,数以万计的信息在网络上传递,互联网的用户也遍及多个国家、民族。不同的人群对信息的需求各不相同,他们的社会、文化背景、生活习惯等都不尽相同;而各种各样的网站发布者,对于他们的网站也都有各自发布的初衷。所以,如何利用人们在现实生活中熟悉的图形符号,表达界面信息,寻求那种使人亲近的元素,易于使用户产生共鸣的友好界面,应是人们努力的目标。

按照人机工程学的观点,行为方式是与人们的年龄、性别、地区、种族、职业、生活习俗、受教育程度等有关的,行为方式直接影响着人们对产品的操作使用,是设计者需要加以考虑或者利用的因素。同样,用户上网的浏览习惯、上网特点也是网络界面设计需要注意的。用户上网主要有两种方式:搜索和浏览。搜索过程包含了用户下意识的活动,而浏览则更多的是一个无意识的过程。他们通常都不是针对某一项专门的任务,更多的是由于好奇心与求知欲,而不是获取信息。另外,浏览本身或多或少地被局限于个人兴趣。因此,设计网络时要将注意力集中于内容选择和内容描述上。这里因篇幅所限对此不再讨论,感兴趣的读者可参阅人机界面设计的相关书籍。

11.9.8 虚拟场景下人-机-环境安全工程

"虚拟现实"(virtual reality)是人的想象力和电子技术等相结合而产生的一项综合技术,利用多媒体计算机仿真技术可以构成一种特殊环境,用户可以通过各种传感系统与这种环境进行自然交互,从而体验比现实世界更加丰富的感受。如今虚拟现实技术在军事领域、建筑工程、汽车工业、计算机网络、服装设计、医学、化工及体育健身场所等都得到了广泛的应用。

虚拟现实系统能和环境进行自然交互,它具有以下特征:

(1) 自主性。在虚拟环境中,对象的行为是自主的,是由程序自动完成的,要让操作者感到虚拟环境中的各种生物是有"生命的"和"自主的",而且各种非生物是"可操作的",并且其行为符合各种物理规律。

(2) 交互性。在虚拟环境中,操作者能够对虚拟环境中的生物及非生物进行操作,并且操作的结果能反过来被操作者准确地、真实地感觉到。

(3) 沉浸感。在虚拟环境中,操作者应该能很好地感觉到各种不同的刺激。

虚拟设计系统按照配置的档次可分为两大类:一种是基于 PC 机的廉价设计系统,另一种是基于工作站的高档产品开发设计系统。两类系统的构成原理大同小异,系统的基本结构包括两大部分:一是虚拟环境生成部分,这是虚拟设计系统的主体;二是外围设备,其中包括各种人机交互工具及数据转换与信号控制装置。

虚拟设计可以在设计的初期阶段来帮助设计人员进行设计工作。它能够使设计人员从键盘和鼠标上解脱下来,使其可以通过多种传感器与多维的信息环境进行自然的交互,实现从定性和定量综合集成到环境之中得到感性与理性的认识,从而帮助深化概念,帮助设计人员进行创新设计。另外,它还可以大大地减少实物模型和样机的制造,从而减少产品的研发成本、缩短研发周期。

① 虚拟场景下人机工程的设计及工效学的评价。以设计制造一种新型汽车为例,人们自然会对这辆车的设计提出许许多多的要求。例如,对汽车外形会提出美观条件的要求,还会提出驾驶安全、满足人机工程学的要求,以及维护与装配等方面的要求。设计还要受到生产、时间及费用等互相制约条件的限制。在这种复杂的设计过程中,虚拟设计技术要比传统的 CAD 技术能更好地适应这些要求。上述的各种条件可以集成在虚拟设计的过程中,并且可以减少用于验证概念设计所需的模型个数。在设计过程的各个阶段,可以不断地利用仿真系统来验证假设,既可以减少费用及制造模型所占用的时间,同时又可以满足产品多样化的要求。英国航空实验室进行了一项用于概念验证的项目。研究人员研制开发了一个虚拟人机工程学评价系统,该系统由一个 VPL 生产的高分辨率 HRX Eyephone 头盔式显示器、一个 DataGlove 数据手套、一个 Convolvotron 三维音响系统和一台 SGI 工作站组成,另外系统还为用户提供一个真实的轿车坐舱。设计人员采用 CAD 系统创建了一辆 Rover400 型轿车的驾驶室模型,经过一定的转换后将这个驾驶室模型引入到一个虚拟人机工程学评价系统之中。借助这个系统,设计人员便可以精确研究轿车内部的人机工程学参数,并且必要时可以修改虚拟部件的位置,重新设计整个轿车的内部构造。通过计算机建模和模拟标准的"虚拟"人体模型,还可以对处于虚拟环境中的人对物体的反应进行特定的分析。例如,它能够精确地预测人的行为,给出人的各关节角度是否在舒适范围内,是否超出舒适范围,以及是否超出人的承受范围,从而使设计最大程度地满足人机工程学对舒适性、功能性和安全性的要求。

② 人机工程学模型系统的研制与应用。21世纪是产品竞争的时代,竞争的焦点是它的创新性,因此对于产品生命周期来说,虚拟产品设计、虚拟人体模型和评价标准越来越显得重要,并且成为虚拟产品开发(VPD)中的重要环节。随着计算机技术的发展,虚拟设计与评价正朝着全方位的数字化制造、能够提供仿真集成的整体解决方案发展,并且人能够参与到虚拟制造环境中去。例如,在虚拟的汽车模型系统中,用户可以感觉到车厢空间的大小、颜色、材料等,也可以查看各种仪器的位置并摸索操作方法。此外,这个系统还装有转向盘和其他一些必要的设备,并配有力量反馈系统,以便考察汽车在不同路况下的行驶情况。此外,在现代航天工程中,太空国际空间站的装配和航天员舱外行走都可以采用虚拟现实和视景系统进行太空装配的准备、训练和试验,以提高太空站装配工作的效率,以及航天员舱外行走的可靠性和安全性。

11.9.9 智能化人-机-环境安全工程

随着人机(计算机)系统研究工作的开展,人机结合的内涵在不断发展。研究人机智能结合的目的是,既要发挥各自智能的优势,又要互相弥补对方智能的不足,因此人机智能结合系统是指人的创造性、预见性等高层智能同计算机低层智能相结合的系统。这种结合表明:人的创造性劳动可以交给计算机,使计算机按照人的意图创造性地进行工作。

- 人的智能模型与人机智能结合的必要条件。人的决策过程实质上是一个思维过程。图11.20给出了一种人机交互作用的决策结构。这是一个二维决策过程结构模型,这种模型把人在决策时的智能因素按智能高低划分为4个层次,按思维的先后次序分成了4个阶段。

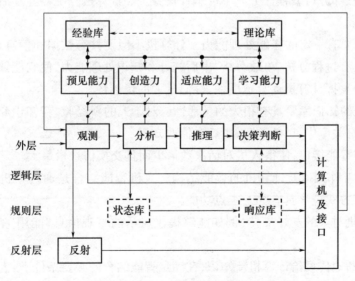

图 11.20 人机智能结构

这种模型不但能概括各种行为模型,而且也可以包括了人的心理活动。它有利于描述人机在线交互作用算法,使得人机智能密切结合起来。

人的智能有三种局限性：

(1) 人的可靠性差，特别是在疲劳时出错率大为增加。统计数据说明人在不大疲劳时，30min 内出现 0.1 次错误；疲劳时，1min 时则可出现 1 次差错。

(2) 人担负的工作量过重时，会影响人的健康，而且在人高度紧张时，还会引起判断与操作的错误或者漏掉了主要信息。

(3) 人的效率比计算机低得多，主要表现在接受信息效率低，反应迟钝（迟后 0.25~0.5s），而且计算速度慢。

综上所述，人承担的工作量应当尽量小，而且越少越好；计算机承担的工作量则是越大越好。为了弥补人的智能的局限性，使人能发挥高层智慧优势，人机智能结合系统必须具备下述必要条件：

1) 人机工作任务按最大最小原则分配，所谓最大最小原则是指

$$\min_{\beta_i^h} \sum_{i=1}^n \beta_i^h E_i^h = A - \max_{\beta_i^c} \sum_{i=1}^n \beta_i^c E_i^c \quad (11.71a)$$

其中 A、E_i^h 和 E_i^c 分别为任务的总工作量、人担负的工作量和计算机担负的工作量，$i=1,2,\cdots,n$ 是决策序号。β_i^c 和 β_i^h 分别定义为

$$\beta_i^c = \begin{cases} 1 & \text{计算机执行任务时} \\ 0 & \text{其他} \end{cases} \quad (11.71b)$$

$$\beta_i^h = \begin{cases} 1 & \text{人执行任务时} \\ 0 & \text{其他} \end{cases} \quad (11.71c)$$

这是一个人机排队系统中动态任务分配原则。为实现这一原则，可以将任务分为三类：可编程任务、部分可编程任务和不可编程任务。经计算机分配器鉴别后把任务分给计算机和人去完成。

2) 计算机要有一定的智能处理能力。计算机不但要具有数据和信息预处理、查询能力，而且还要具有过程分析、事故分析、事后统计和知识处理能力，使它能够弥补人记忆能力的不足，充分发挥计算机运算速度快、存储量大的优越性。

3) 计算机的知识库要具有很大的灵活性。对于人的新经验、新知识和想法可以随时送入计算机的有关库中，以便删除、更新和修改知识。

4) 要采用智能接口，使得人机对话次数最少而且交换信息量最大。

• 人机交互作用以及计算机的智能结构。人机智能结合是通过人机交互作用来实现的，人机交互方式应该具有如下三点功能：

(1) 计算机对人的友好支持，例如能够提供灵活的直观信息，能用"自然语言"和图形进行对话。

(2) 人不断地传授给计算机新知识，在满足智能结合的必要条件下，人的预见性与创造性可通过逻辑决策层，把分析、推理和判断的结果（即人的经验和知识）传授给计算机，以提高和丰富计算机的智能处理能力。

(3) 人、机共同决策，包括在有些算法与模型已知时，靠人机对话确定某些参数，选择某些多目标决策的满意解等。

为了实现人、机智能结合系统,软件设计也应满足以下5点要求:

(1) 计算机应具有高档智能和知识层,例如知识库和推理机构。
(2) 计算机中存储的数据与知识应具有独立性和灵活性,便于用户删除、增补和修改。
(3) 库存内容是动态的、时变的,可随机存取任何知识与数据。
(4) 软件结构应具有灵活性,可任意更改知识结构,以适应新的情况。
(5) 知识和数据的存储应保证安全可靠,不易受干扰动和破坏。

根据上述人机智能结合的必要条件及对软件设计的要求,计算机的软件结构如图11.21所示。

为了使得人机交互能自然地进行,其关键是提高计算机的智能,使其能实现对人的交互意图的理解,完成人要求它完成的工作,其主要工作可包括以下三方面:①对输入的理解和整合;②任务处理的智能化;③输出形式的自动化和优化。

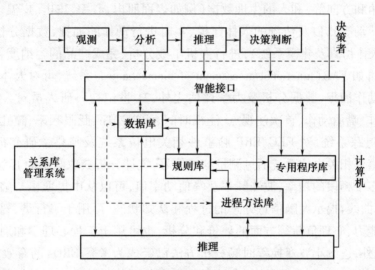

图 11.21　计算机智能结构及其与人的联系

11.9.10　数字化人机界面设计及多学科人机环境系统优化

国外对于人体科学、脑科学、认知神经科学、意识神经科学、工程心理学等都十分重视。以认知神经科学为例,20世纪70年代诞生的认知神经科学是认知科学与神经科学的交叉学科,它是由杰出神经科学家 M. S. Gazzaniga 和认知心理学家 Miller 命名的。事实上,在这一领域的许多科研成果已用于人机环境系统中,对人的工效、脑力工作负荷、作业安全的评价与分析。例如脑电图(EEG)、脑磁图(MEG)、脑电的 β 波、α 波、θ 波和 δ 波、肌电(EMG)、皮电反应(GSR)、心电(EKG/ECG)、胃肠电(EGG)、眼电(EOG)、心率(HR)、心率变异性(HRV)、失匹配负波(MMN)、事件相关电位(ERP)、事件相关脑波振荡(EROs,英文全称为 event-related oscillations),以及皮肤温度(TEMP)、脉搏(FPE/EPE)、眼睑动作、嘴唇动作等参数,作为分析人机环境系统工程问题中脑力工作负荷、人机交互中认知负荷变化、人驾驶疲劳特征、人的行为的评价数据等。国外航空事故的调查报告指出:60%~90%的航空飞行事故都发生在飞行员脑力负荷强度大、应激水平高的飞行任务中。国外已将心率、心率变异性、皮电、眨眼次数(eye blink numbers)、脑电、心电、眼动、呼吸性窦性心律不齐功率(RSA)等成功地用于飞行员的脑力负荷研究和飞行驾驶安全的分析,EEG、ECG和EOG已成为人机环境系统工程中对人的工效分析、行为分析的重要数据。另外,以人机交互界面为例,进入21世纪后,人们已经能够用眼睛控制的"眼标",以及直接用大脑思维控制的"脑标"去操纵图形界面。例如Eye-Typer300系统便是一个由眼睛-视觉-控制的键盘系统,当人在LED上注视了一段时间后,就能输入信息,这种系统可以设计成用来操纵一些控制系统,如电视机、打印机和其他电器。对于现代人机环境系统的实验室平台来讲,除了应具有采集与测量微气候、物理环境的基本数据(例如环境气压、温度、湿度、噪声、振动、有机挥发物、气流流动、光照、粉尘、屏幕/环境亮度对比及GPS定位等)、人的生物力学数据(例如人肢体的受力强度、角度、扭矩、三个方向上运动加速度、倾角和方向等)和人的生理数据(例如表面肌电、心率、皮电、皮温、呼吸、心电、血氧、血容量搏动等),以及传统的人体建模、实时进行动作的捕捉、数据分析、力学评估(例如JACK人体仿真及建模系统),进行人机工效分析、完成产品的容纳度、可达性及虚拟现实设计;再如FAB(functional assessment of biomechanics)系统,可对人体开展无线传感、实时进行动作捕捉、数据分析及力学评估之外,21世纪初科研人员对人的眼动数据(例如眼睑动作、嘴唇动作、首次注视点、注视时间、注视顺序、眨眼频率、瞳孔直径的变化等)以及眼动追踪系统、对EEG/ERP脑事件相关电位系统及脑科学研究都格外重视。EEG/ERP脑事件相关电位系统通过测量脑电信号,统计分析获取脑电的β波、α波、θ波和δ波,获得多个频段的功率、波峰频率及峰值功率值,可以从中提取出与脑认知事件相关的不同特征曲线,揭示大脑信息处理的过程和认知状态,可用于飞行员、驾驶员的注意力、事件辨别能力、心理负荷等方面的评价和分析,也可用于工程心理学和刑事案件的分析和侦破。此外,连续小波变换等时频分析方法已经成为考察EROs的有效方法。21世纪初的试验研究已初步证实:脑波振荡这样的场电位可能直接参与了神经信息的加工过程,并且已经发现在心理过程中大脑不同区域活动的协调,利用了脑波这样的场电位。显然,上述这些研究对揭示人大脑的工作原理十分有益。这里还应说明一下脑磁图(MEG)为癫痫、脑肿瘤、脑血管畸形、帕金森氏症等病的术前定位所起到的关键作用。据官方统计,我国有800万人患有癫痫病。癫痫病人外科手术成功的关键是解决如下两个问题:一是给癫痫病灶精确定位,从而准确切除病灶;二是给病灶周围的重要功能区如感觉、运动、语音、记忆等部位精确定位,从而避免和减少这些功能区的组织损伤。MEG是目前能同时解决这两个问题的最精确的方法,其定位误差不超过2mm。它还能够将捕获的脑功能信号重合在CT或者核磁共振图上,形成清晰直观的定位影像图,分辨出原发病灶和继发病症,从而提高手术治疗的成功率。这里应特别指出的是,发展认知神经科学和脑科学不仅对人的防病治病带来福音,而且这些技术如果用于国防建设,这关系到国家领空的安全。以高超声速无人飞机为例,近年来美、俄等国正着眼于全球战略和本国安全利益的考虑,大力加强对高超声速无人机的研制,许多发达国家已基本锁定把加装先进的"智慧脑"作为无人机未来发展的一种必然选择。

为了进一步阐明这个问题，以下分五点对未来高超声速无人机的设计理念与目标进行概述：

（1）高隐身性。与现有的第五代战斗机的隐身设计理念完全不同，新型无人机的设计理念是要通过提高速度来达到隐身目的。以美国洛克希德·马丁公司SR-72高超声速无人机为例，其巡航速度已达到马赫数6，它使对方根本来不及躲避，它使得目前世界各国的防空体系都无能为力，它完全可以在1h内达到全球任何地点执行作战任务。由于无人机没有驾驶舱，体型较小，再加之各种隐身技术的运用，因此无人机的隐身性能非常高，以2011年2月美国亮相的X-47B无人机为例，在隐身性能方面它已超过了F-117、B-2、F-22和F-35等飞机。

（2）高超声速巡航。高超声速巡航已作为第六代战斗机和新型无人机的设计目标。X-43无人机曾在太平洋上空飞行时创造了接近10倍声速的飞行纪录；另外，X-51A无人机目前美国仍在改进和试验中，它在临近空间（near space，指距地面20~100km的空域）和大气层内飞行所具备的这种飞行速度优势对打击锁定的目标更有信心。

（3）高超机动性。高超机动性已是现代无人机设计的重要指标。所谓高超机动性，主要是指飞机在高速飞行状态下，机动动作的灵活性和敏捷性。以SR-72无人机为例，它采用涡喷发动机与超燃冲压发动机的组合循环推进系统，其巡航速度可达到马赫数6，这已是当今最先进的一种推进技术。在机体结构和空气动力方面，它巧妙地使用了涡升力，有助于实现低速飞行。

（4）高防护能力。高防护能力已是现代无人机目前关注的指标。2011年12月4日伊朗新闻媒体宣称，美军RQ-170隐身"哨兵"无人机被伊朗陆军电子战部队成功俘获。RQ-170无人机的被俘获暴露了无人机的防护问题存在着明显的软肋，对此美国随即采取了加强无人机防御能力的措施。

（5）高智能作战能力。高智能作战能力也是现代无人机高度关注的设计目标。所谓高智能化就是要求无人机不仅能够按照指令或者预先编制的程序来完成既定的作战任务，而且对已知的威胁目标能做出及时和自主反应，还能对随时出现的突发事件做出及时反应。因此给无人机加装先进的"智慧脑"已经成为一种必然的选择。装上这种"智慧脑"，便使无人机能够具有较高程度的自动准确判断力、自动分析处理能力以及自动准确地控制能力，这种新型的"智慧脑"无人机系统便构成了新形式下的人-机系统。在未来的战场上，或许会出现以无人战斗机、无人轰炸机、无人电子战飞机和无人预警机等构成的无人作战体系，如果这种场景出现，那么加装了聪明"智慧脑"的无人飞机会在空战中显示出更大的优势和作战能力。毫无疑问，对于复杂的人机环境系统工程问题，注意将现代最前沿的脑科学和认知神经科学用于对"人"的行为与认知研究、全面建立"人"的较先进的数学模型，注意将现代各类"机"与"环境"的先进分析与计算工具密切结合起来，真正实现多学科的优化策略，充分发挥人机闭环系统的整体性能优势，那么这样设计出的人机环境系统一定是最安全、最高效、对于环境最友好，而且人机环境系统具有最佳的经济性。

11.9.11 构建"人主机辅、人机共生"的智能决策平台

1. HWME 平台系统

早在 20 世纪 80 年代,钱学森先生就提出了开放的复杂巨系统(open complex giant systems,OCGS)的概念,提出了"从定性到定量的综合集成方法",并着眼于人的智能与计算机的高性能两者的结合。以思维科学、脑科学、人工智能为基础,用现代信息理论与网络技术去构建"综合集成研讨厅(Hall for Workshop of Metasynthetic Engineering,HWME)平台系统[284,285],如图 11.22 所示。

在 HWME 平台系统中,一方面汇集了专家们的心智、经验、形象思维能力,大家互相交流、学习、涌现出群体的智慧以便解决复杂的问题;另一方面机器体系的数据存储、分析、计算以及数据挖掘与预测等对人的心智和决策都是一种补充,在求解问题与决策过程时都会起到重要作用。

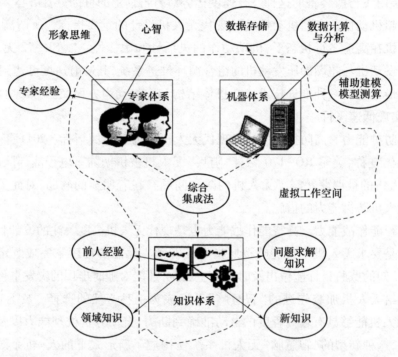

图 11.22 HWME 平台系统示意图

其实,钱学森先生在 1992 年提出的 HWME 方法[2]既体现了"精密科学"从定性判断到精确论证的特点,也体现了以形象思维为主的经验判断到以逻辑思维为主的精密定量论证过程。这个方法的理论基础是思维科学、认知科学、脑科学和信息科学,它的理论基础是系统科学、数学和控制理论;技术基础是计算机信息技术以及微纳米精密加工技术。

2. 发展人主机辅、人机共生的大格局

在人-机-环境系统工程问题的研究中,有两件事情最令学术界关注:一是总体性能评价的指标如何排序与评价,二是人与机的关系。早在 20 世纪 80 年代,钱学森先生提出

了人-机-环境系统工程的概念以来,如何评价系统总体性能指标的问题就一直为学术界所关注,如今总体评价指标已由原来的 3 项(即安全、高效、经济)发展为 4 项[96](即安全、环保、高效、经济),如图 11.23 所示。

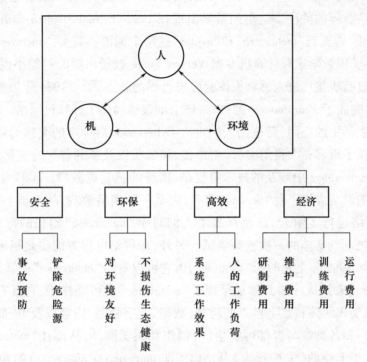

图 11.23　总体性能评价的四项指标

人类社会步入 21 世纪后,环境与持续发展问题仍然没有解决,仍然存在着许多亟待解决的问题,例如气候和环境的急剧变化,支撑地区经济的自然资源的枯竭,外来物种的激增,疾病的传播,空气、水和土壤的恶化,因此便对人类文明构成了史无前例的威胁。在这种生态环境形势问题严重恶化的情况下,在对人机环境系统设计时所考虑的总体性能指标当然应该将"安全"与"环保"放到比"高效"与"经济"更重要的位置上。

科学技术是人类实现文明进化的手段,它是为人类实现文明进化服务的。科学技术发展到今天,人类创造了许许多多工具和机器,这些创造出来的工具和机器,其中也包括智能工具和智能机器(例如机器人和各种 Agent)都是人类创造的并且为人类服务,因此人类的全部能力应该为自身的能力再加上科学技术产物(含智能工具)的能力,即

$$\text{人类能力} = \text{人类自身能力(主)} + \text{智能工具能力(辅)} \tag{11.72}$$

这就是"人机共生律"的一个表述。在这个共生体中,人类和智能工具之间存在着合理的分工:智能工具承担一切常规性的非创造性的劳动(即广义的劳动),人类则主要承担创造性劳动,当然在需要的时候人类也可以承担非创造性的劳动。于是,人类与智能工具之间就形成了一种"优势互补"的分工与合作。在这个合作共生体中,人类处于主导地位(即人为主),智能工具处于"辅人"的地位(即机为辅),因此人主机辅、恰到好处、相得益彰,这就是"人机共生律"的本意。

11.9.12 对"metaverse"的初步认知及其特殊的"人-机-环境系统"

自 2021 年年初以来,"metaverse"一词的热度获得了极大的升温,引起了国内外一些学者以及某些产业界的关注。这个词最早出现在 1992 年 Neal Stephenson 出版的科幻小说 Snow Crash 中,曾提到"metaverse"和"avatar"这两个词语。其实,"metaverse"的原始含义出于 1981 年美国数学家和计算机专家 Vernor Vinge 教授出版的科幻小说 True Names,该书描绘了通过脑机接口进入感官去体验虚拟世界的故事[286]。1984 年加拿大科幻作家 William Gibson 完成了 Neuromancer 的创作,该书细致地描述了计算机网络、生物工程等技术在未来科技生活中的应用,营造出人们进入 Cyberspace 后神奇的交感幻觉。该书实至名归地首次囊括了世界三大科幻奖(即雨果奖、星云奖以及菲利普·迪克奖)项。与 True Names 相比,Neuromancer 中涉及的技术更复杂、所受的感觉更激烈。2003 年 Linden 实验室推出了著名的网络虚拟平台"Second Life",它是一个网络游戏,从本质上来看,该网络游戏与社交网络进行了组合,已经具备了人们对于"metaverse"幻想的部分特点,是将"metaverse"从概念到实体的一次重要尝试。另外,在科幻电影方面更是越来越逼近于现实的体验。例如 1999 年上映的《黑客帝国》,由它可以看到"metaverse"的雏形;2018 年问世的电影《头号玩家》,进一步具体地呈现了"metaverse"的可能样貌,它具有完整的运行经济系统,可以实现实体和数字世界的跨越,数据、数字物品、内容以及 IP 都可以在其间通行;并且,用户和各类参与者都可以生产、创作和买卖商品,从而让"metaverse"更加繁荣;此外,2021 年上映的《失控玩家》从 NPC(即 non-player character)的角度展现了如果人工智能技术大规模地植入"metaverse",将会更真实地还原现实,也会带来更逼近于现实的体验。

目前,学术界对"metaverse"并未给出一致的定义。大多数学者认为:"metaverse"是一个包括物质世界和虚拟世界以及与虚拟经济及社交密切关联的虚拟共享空间,它平行于现实世界,又独立于现实世界,是由虚拟增强的物理现实与具有物理持久性特征的虚拟空间融合构成。在这个共享空间,人们利用数字身份(avatar)在时间依然只能单向流动的世界中进行同步实时交互,用区块链中智能合约(smart contract)框架下所规定的"货币"或者其他数字资产购买及出售由任何人/组织机构创建的物品(可以是实物的,也可以是虚拟的)。

从技术层面看,"metaverse"是各项新技术(如虚拟现实、区块链、人工智能、增强现实、机器视觉、大数据、云计算、网络安全等)的整合。互联网、物联网等试图将万物联系起来,形成一个巨大的相互关联的世界;云计算试图把分布在世界各地的各种计算能力整合起来,形成一个超强的数据存储和计算的网络;大数据试图将万物数据化,把世界变成另一个数据世界;区域链刻画了一个数字化的诚信社会,描绘了诚信世界是如何成为可能的;VR、AR、MR、ER(即 emulated reality)和 XR(即 extended reality)增强了人们在"metaverse"中的沉浸感体验;人工智能让人们的记忆、智力、智慧获得延伸与放大。

从精神维度来看,"metaverse"将成为人们创新思维的实验室、一个能够展现人们内心世界的综合性平台。如果用计算机语言描述,人本身就是一个软硬件集成的复杂系统,这里硬件是指人们的骨骼、身体,软件则是人们的精神世界。千百年来,人类的"硬件"架构并未发生太大的变化,但"软件"在不断地发展完善、更新与迭代。随着大数据、云计算等技术的发展,人们可以更加高效地表达自身情感、更加形象地展示自身的各种内心活动,而"metaverse"的出现便为人类丰富的内心世界提供了实验土壤,通过 VR/AR 等技术,人们的思想可以在虚拟空间中得以再现。

从宇宙观的角度来看,传统的宇宙指的是自然宇宙,自然界的现实物质世界由物质、能量、信息三大要素组成。过去人们的关注点大多放在了对自然宇宙的物理意义以及时间与空间上[287-288]。随着人类各项活动的开展,人们逐渐认知到:信息不仅能够记录自然世界,映射人与人、人与物之间的交互活动,而且随着大数据技术的兴起,人们开始利用相关数据重构一个与自然世界以及万物相对应的数据世界。因此,目前人们的宇宙观正在向着"数据宇宙"迈进[286]。换句话说,"metaverse"将单一的自然宇宙向"双向宇宙"进行了扩展,人们不仅能够利用数据解释物理学宇宙中的各种现象,而且还能够让人们通过编辑数据去探索宇宙更深层的内涵。

对于"metaverse"的理解,学术界常引入"融合"这个关键词,认为"metaverse"是数字世界与物质世界的融合、数字经济与实体经济的融合、数字生活与社会生活的融合、虚拟身份与现实身份的融合。对于"metaverse",为了衡量现实和虚拟的融合程度,又划分为四个等级(又称四个阶段):第 1 阶段——数字孪生(Digital Twin,简称 DT,又称数字映射),即在数字世界里把现实事物映射进去;第 2 阶段——数字原生,这时数据世界的东西与现实世界不再具有一一对应的关系,数据世界的东西有可能是通过人工智能、有可能是通过具有元认知的程序、有可能是通过不依附于现实世界的经济货币关系、也可能是数字世界里全新的社会价值体系;第 3 阶段——现实复现,即现实在虚拟世界里重现。但它源于现实却不是现实,例如物质世界里人的意识复现在虚拟世界里,或许是这个阶段的关键所在。当生命意识以数据形态呈现在"metaverse"世界时,"metaverse"就完成了与物质世界的平行;第 4 阶段——现实改造,突破人们的思维、认知和生理的极限。毫无疑问,目前数字世界与物质世界的融合程度还处于数字孪生的阶段。

所谓"metaverse",就是人们利用信息技术,将自然宇宙扩展为虚拟宇宙,这就使得人与宇宙间的关系从此"由单向转为双向",不仅可以充分利用宇宙中的物质信息,而且还可以将人的主观能动性发挥到极致。因此在 Metaverse Era,除了进行对物质宇宙以及外太空的探索与观测外,还需要关注人们的内心世界。尽管"metaverse"能够为用户带来更多感官体验,允许用户在虚拟的共享空间中进行沉浸式虚拟社交,允许将主观能动性发挥到极致去进行个性化产品设计,允许在区块链去中心化或弱中心化的框架下进行交易等。但冷静理性地思索就会发现,目前人们离这个理想中的"metaverse"还有一些距离:从核心技术层面上看,网络、算力、虚拟现实以及人工智能等关键性技术都尚未成熟。从法律合规的角度上看,"metaverse"的数据安全、经济垄断以及虚拟身份的法律责任等方面的法规制定仍为空白。除此之外,"metaverse"带来的人工智能伦理思考以及现实与虚拟的关系处理问题也将引发人们对"metaverse"产生更加理性的思考。但我们相信:随着关键技术的突破、规则的不断完善,能够便利人们生活、激发人们创造力、给人们带来更多价值的"metaverse"终将会在不远的未来以有序的范式呈现。

以下分七个方面扼要谈一下对"metaverse"的初步认知:

1. "metaverse"的生态全景

首先,"metaverse"是一个由数字化技术呈现出来的沉浸式 3D 虚拟空间。为了实现这种沉浸式的感觉,就需要高效的网络传输和计算能力(例如需要 5G 网络或 6G 网络、WIFI6、物联网、云计算以及边缘计算等技术作支撑),需要运用 VR(即 virtual reality)、AR(即 augmented reality)、MR(即 mixed reality)和 XR(即 extended reality)等一系列人机交互技术和设备。除此之外,还需要丰富的海量内容以及权益认证的技术与机制。因此,前者需要人工智能和电子游戏技术来支撑与呈现,而后者需要区块链技术加以实现。于是网络算力基础设施、人工智能、电子游戏、人机交互技术、区块链技术便共同构成了"metaverse"的技术体系。

其次,"metaverse"的经济体系。在区块链技术的推动下,在"metaverse"中的每个人都能够通过内容创作、编程和游戏设计为"metaverse"的建设做出贡献、创造价值。人们创造的数字内容,以 NFT(即 non-fungible token)的方式进行数字资产确权,并在虚拟数字交易市场中获得价值回馈,进而激励个人创造,从而形成"metaverse"内容生态的正向循环。

最后,在"metaverse"技术体系和经济体系的相互作用下,它不仅能在虚拟的世界中存在,而且还可以与现实世界交互,为人们的娱乐休闲、商业经济、生产制造以及社会生活带来前所未有的新体验。

2. 通往真实虚拟现实的必备要素

通往真实现实必备的 8 个要素可简介如下:

(1) 身份。

在"metaverse"中,身份是一种数字化的存在,是用户独有的、虚拟的,你可以拥有一个或多个虚拟身份,并且与现实身份无关。另外,在"metaverse"中,通过这个虚拟化身,人们就能重新创造自己,构建自己的第二人生。只要将该虚拟化身接入到去中心化数据库,便解决了所产生数据的归属。

(2) 朋友。

在"metaverse"中,你可以拥有真人或 AI 朋友,而且并不要求现实中一定认识。由于"metaverse"将 AR、VR 和人工智能等很好地结合在一起,它不仅能完全补齐现实沟通交互方面的短板,还可以进一步展现在"metaverse"在社交方面的全新体验和表达上的优势。

(3) 真假难辨的沉浸感。

从设计开发的角度来说,要想感受到最佳的沉浸式体验,需要尽可能地调动五感(即视觉、听觉、触觉、嗅觉、味觉)的功能,只有如此,沉浸感体验才是完整的。另外,在进行沉浸式互动设计时还应该考虑声光电的影响以及所需的外部环境,只有这样才能使沉浸式体验更强烈。

(4) 低延迟(又称低时延)。

延迟是指数据从网络的一端传送到另一端并且返回所需要的时间。在"metaverse"

中,低延迟意味着一切都是同步发生的。对于4G网络,其延迟为20~100ms;5G网络为5ms,而6G网络的延迟有望缩短至5G的1/10,传输速率有望达到5G网络的50倍,如此低的延迟会让"metaverse"的体验更加完美。

(5) 多元化。

进行各种交互的多元化是"metaverse"必备的八个要素之一。这里多元化主要包括两种含义:一是由统一向分散变化;二是多样的,提供多种内容、道具、素材,以便构成丰富多彩的世界。另外,多元化还体现了"metaverse"不是一个而是多个。

(6) 登录。

通常,登录的方式有两种:一种是采用"脑机接口"登录;另一种是利用"意念"进行登录,这里仅讨论前一种。在"metaverse"里,登录可以随时随地进行,这里随时随地是指用户、开发者和创作者可以使用任何设备登录,没有时空限制。"脑机接口"技术是近些年来脑科学研究所取得的成果,脑机接口技术的基础是识别脑信号并对大脑功能区进行定位。在大脑活动过程中,对脑信号进行编码和解码,脑机接口就可以在大脑和外部设备间建立一种直接的通信和控制通道。在使用中,为了对大脑信号进行识别和解析并对大脑的功能区定位,对解码速度提出较高的要求。大量的实验表明[126]:基于P300电位的脑机接口以及视觉诱发电位脑机接口的解码效率较高,这就对该技术的工程应用提供了便利。

(7) 去中心化的经济系统。

"metaverse"应该拥有自己的经济系统和原生货币,并能与现实世界的经济系统相映射。NFT(非同质化代币)的存在改变了传统虚拟商品交易模式,是"metaverse"中潜在的经济载体。在未来"metaverse"的经济系统中,区块链价值标记以及建立互信机制是该经济系统里至关重要的环节与机制。另外,支撑这个经济系统有五大要素:数字创造、数字资产、数字市场、数字货币以及数字消费。因篇幅所限,这里省略五大要素所涵盖的内容,感兴趣者可参考相关文献。

(8) 文明体系。

在"metaverse"中形成的文明形态,既跟物理世界文明形态有一些相似之处,但也有许多不同,它具有多样性。各个"metaverse"中居民共同生活在一起,会设定共同的规则,创造出各种数字资产,建立起不同的组织结构,逐渐演化成一个文明社会,并且构建一个在形态、价值理念、语言文化等方面独特的文明体系。

3. 通往真实虚拟现实的技术保障

通往真实虚拟现实的"metaverse",应该要具备6项技术保障:

(1) 人工智能技术。

在"metaverse"的各个层面、各种应用、各个场景下都融合着人工智能技术,例如AI识别、代码人物、各种虚拟场景的AI建设、各种分析预测以及推理等。人工智能对"metaverse"起到"连点成线"的作用。它之所以有如此大的作用,关键是它拥有算力、算法和数据这三个要素。这里算力就是计算能力,它构成了AI技术的底层逻辑。算法是AI技术发展的重要引擎和推动力。从某种意义上说,算法的发展过程也就是AI技术不断进步的过程,即从机器学习逐步发展到深度学习以及强化学习(reinforcement learning)。深度学习与机器学习的不同之处是其学习的方式不同:深度学习可自动执行过程中的大部分特征提取,消除某些人工干预,能使用更大的数据集。而非深度的机器学习则需要人工干预以及支持其学习过程。从启发式智能优化算法到模仿自然规律的进化算法,这是一个不断发展、不断演化的过程。数据是 AI 发展的基础,它支撑着算法,也影响着 AI 的发展。

(2) 交互技术。

交互技术分为输出技术和输入技术。输出技术包括头戴式显示器等;输入技术包括微型摄像头、位置传感器、速度传感器等。复合的交互技术还包括各类脑机接口。毫无疑问,VR 技术、AR 技术、MR 技术、全息影像技术、传感技术以及脑机交互技术等为"metaverse"用户感受沉浸式虚拟体验,提供了技术支持。

(3) 网络和运算技术。

这里讲的网络和运算技术,不仅是指传统意义上的宽带互联网和高速通信网,还包括人工智能、边缘计算(edge computing)、分布式计算等在内的综合智能网络技术。云计算和边缘计算为"metaverse"用户提供了功能更强大、成本更低的终端设备。作为"metaverse"最优的基础支撑平台,云计算提供了海量低成本基础资源。在"metaverse"场景下,云计算自身所具备的分布式网络连接、ICT 资源共享、快速、按需、弹性服务动态拓展等特性将得到进一步展现,基于其对资源利用的规模效应和更高的利用率,使得技术的单位成本最低、资源利用效率最高。

(4) 区块链技术。

区块链(blockchain)是一种按时间顺序将不断产生的信息以及顺序相连方式组合而成的一种可追溯的链式数据结构,是一种以密码学方式保证数据不可篡改、不可伪造的分布式账本。区块链是非对称加密算法、共识机制、分布式存储、点对点传输等相关技术通过新方式组合而形成的创新应用。区块链技术的最大优势与努力方向是"去中心化",通过运用密码学、共识机制、博弈论等技术与方法,在网络节点以及分布式系统中实现基于中心化信用的点对点交易。

区块链具有四个特点:①利用块链式数据结构验证、存储数据;②通过分布式节点与共识算法生成与更新数据;③利用密码学方式保证数据传输与访问安全;④利用由自动化脚本代码组成的智能合约(smart contract, SC)来编程与操作数据。区块链的核心技术主要有四项,即共识算法、非对称加密算法、分布式存储技术以及点对点传输技术。

总之,如果说虚拟现实、人工智能、电子游戏技术是构建并充实虚拟世界内容必不可少的技术,那么区块链就是形成数字资产、营造可信任交易环境、构建"metaverse"中价值网络的关键核心。去中心化的区块链网络最大限度地降低了"metaverse"中心化的垄断可能性,使得每个人均可以自由参与到"metaverse"的建设。智能合约为数字资产的生成以及交易提供了技术保障。在 SC 技术的支持下,通证(Token)、去中心化金融(decentralized finance, DeFi)、非同质化代币(NFT)都将为"metaverse"数字价值的流通作出贡献。另外,跨链技术也将进一步为"metaverse"中各种应用打通价值交互的桥梁,让"metaverse"真正变成价值互通的自由网络。这里所谓跨链是指通过智能合约,使满足规定通信协议的链通过特定的连接方式,实现独立运行的多个区块链之间信息及价值的流动、交换以及同步行为。跨链技术本质上就是将某个链上的数据安全可信地转移到另一条链上。跨链的作用也即是将"metaverse"中一个个分散的孤岛连接起来,编织成"metaverse"中畅通无阻的价值网络。价值互通是跨链的核心,从业务角度讲,跨链技术相当于一个外汇交易所,用户通过交易将本国货币兑换成外币并在他国进行商品交易。对于跨链技术涉及的更多细节,这里因篇幅所限从略。

(5) 物联网技术。

从本质上讲,"metaverse"的属性特征依然属于网络。如果没有网络化,没有社交,只有单独的个体,那么所谓的"metaverse"也就不复存在。"metaverse"依赖于网络通信技术的快速发展,需要一个强智能、低时延、高度科技化的环境,而物联网(Internet of Things, IT)恰好满足"metaverse"组网的需求。所谓物联网,就是"万物相连的互联网",是在互联网基础上的延伸和扩展的网络。人作为拥有主观能动性的主体,人与人之间的沟通只需要有单一的通信网络即可。但 IT 所做的是将人与物、物与物联结起来,是让物能够更加智慧化地服务于人们的工作与生活。

1995 年,Bill Gates 在出版的 *The Road Ahead* 一书中便极为有远见地提出了"物物互联"的设想;1998 年美国麻省理工学院的研究人员提出了利用射频标签、无线网络和互联网,构建物与物互联的物联网的概念与解决方案;2005 年国际电信联盟发布了 *Internet of Things* 研究报告,正式提出了物联网的概念,即世界上的万事万物只要嵌入一个微型的传感器芯片,通过互联网便能够实现物与物之间的信息交互,张成一个"万物互联"的"物联网"。这里必须要说明的是,物联网只能解决物与物之间的连接通信问题,但如何才能使机器听从人们的指令或者根据当前环境做出相应反应,要解决这个问题还必须依赖人工智能。人工智能技术通过对所采集的数据作大数据分析、通过机器学习作出决策判断,因此人工智能是万物互联之后实现智能化的不可或缺的核心技术。在人工智能技术的支撑下,物联网技术便承担起物理世界数字化的前端采集与处理职能,也承担起"metaverse"虚实共生的虚拟世界渗透以及管理物理世界的职能,换句话说,只有在人工智能技术的支撑下真正实现万物互联,"metaverse"才能真正实现虚实共生。

(6) 电子游戏与孪生引擎技术。

电子游戏(Game)是指依赖电子设备平台来运行的交互游戏。作为一种社区生态游戏,电子游戏以区块链技术为基础,将 VR、AR、5G/6G 网络以及云计算融合在一起,直接促进了经济活动与电子游戏的开展。这里所说的电子游戏技术,既包括 3D 建模以及传输的实时渲染,也包括与数字孪生有关的 3D 引擎绘图和依托于仿真硬件与仿真软件的仿真技术。这里应强调的是:电子游戏技术与交互技术的协同发展,是实现"metaverse"用户大量参与的两大前提,前者的作用是使内容极度丰富,后者的作用是增强沉浸感。另外,3D 建模和数值仿真技术还是"metaverse"的两道技术门槛:3D 建模要涉及到 NURBS(即 Non-Uniform Rational B-Splines,非均匀有理 B 样条)曲面重构技术,而数值仿真要通过仿真实验、借助于某些数值方法和物理定律获得问题的数值解。这里应特别强调的是:数字孪生后的事物必须遵守物理学三大定律(即质量守恒定律、电荷守恒定律、能量守恒定律)、力学三大定律(即牛顿第一定律、牛顿第二定律、牛顿第三定律)和热力学四大定律(即热力学第零定律、热力学第一定律、热力学第二定律和热力学第三定律),而电子游戏中人与事物的运动可以不要遵守物理学规律。此外,"metaverse"中的电子游戏技术还有一个作用,就是它将3D建模与仿真技术的专业门槛拉低到普通百姓都能使用的水平,因此便实现了"metaverse"创作者经济的大繁荣。

综上所述,支撑"metaverse"的六大技术支柱常简称为BIGANT,它是由区块链技术、交互技术、游戏引擎与孪生引擎技术、人工智能技术、综合智能网络技术、物联网技术六个支柱的关键英文词头组成。

4. 通往真实虚拟现实的途径

"metaverse"通往真实虚拟现实的途径主要涉及如下四个方面:

(1) 硬件的完善与进化。

硬件方面将涉及:①底层架构,尤其是区块链的不断完善;②后端基建的完善,重点是"AI+"与云计算的融合与发展;③前端设备(例如传感器、显示屏、处理器、光学设备等)的改进与进化;④场景内容的不断细化、完善与发展。

(2) 软件的更新与迭代。

"metaverse"的数字基础包括数字孪生、边缘计算、区块链、NFT等。"metaverse"是一个可以映射现实世界又独立于现实世界的虚拟空间,而数字孪生可以将"metaverse"与现实很好地联系起来,其技术上的成熟度直接决定了"metaverse"在虚实映射与虚实交互中所能支撑的完整性;边缘计算是一种新型计算模型,它以云计算为核心,以现代通信网络为途径,以海量智能终端为前沿,将云、网、端和人工智能技术融合为一体,边缘计算能为"metaverse"的持续发展扫清障碍;区块链是"metaverse"最重要的支柱,它不仅可以解决"metaverse"平台的分散价值传递与合作问题,而且还能解决分散"metaverse"平台的垄断问题;NFT基于区块链,它具有安全且不可篡改性,它是刻在"metaverse"上的所有权证书。

(3) 基础设施的建设。

"metaverse"的基础设施主要包括IDC(互联网数据中心)、云计算、人工智能、物联网等,对于这些方面所涉及的技术细节,在前面的讨论中已做过介绍,这里不再赘述。

(4) 内容的呈现。

目前,"metaverse"的内容主要是在游戏、社交领域展开并注重沉浸性体验,之后还会衍生到全息会议、科教、虚拟娱乐、消费、医疗、健身、电影、艺术等多种行业展开。

5. 通往真实虚拟现实的规则与体系

虽然不同的"metaverse"差别很大,但是在价值取向、制度选择、经济规则、避免内在垄断、尊重其他居民的权利等方面具有共识。在"metaverse"中的规则中至少应包括技术规则与社会规则这两大类。一方面,"metaverse"是依托软硬件技术形成的虚拟世界、技术世界,需要遵守支撑整个"metaverse"世界存在的技术规则。代码、算法、存储运行设备等是构成"metaverse"的基本要素,某种程度上讲,科技是"metaverse"的造物主,只有遵守科学技术的规则,"metaverse"才能存在。另一方面,"metaverse"只有在人们参与后才能成为完整的"metaverse"。社交是人们的基本需求,人们必将在"metaverse"中建立起新的社会生态环境。这种新生的社会环境,需要一种元规则,这种规则可以写入代码中,也可以只存在于"metaverse"社会生态环境中。此外,"metaverse"与现实社会有着紧密的联系,只有构建了元规则,"metaverse"才能与现实社会建立起稳定的关系。在规则的制定中,需要每个"metaverse"的居民们参与并逐渐形成共识。

避免"metaverse"的内在垄断,是"metaverse"的天然基因。在"metaverse"中,每个人都可以通过内容创作、编程和游戏设计等为"metaverse"贡献力量并获取价值。如果不能借助区块链技术和NFT等价值载体获得应有的回报,那"metaverse"居民也就不可能具有持久的创造力。

在"metaverse"中,每个参与的居民都具有独立的身份,都拥有自己的朋友圈,并且可获得强沉浸和低延迟的体验。居民在这里可组建社区、建造城市、共同创建相关的社会规则,并逐渐演化出一个文明的社会生态环境。

对于制定"metaverse"中经济规则以及创建"metaverse"治理规则与实施问题,这里因篇幅所限予以省略。

6. 通往真实虚拟现实的产业架构

以下分四个方面简单讨论一下"metaverse"的产业架构:

(1) 基础设施产业。

基础设施主要指的是实现"metaverse"最基本的技术,其中包括人机交互、3D引擎、游戏渲染、工业互联网、应用商店、智能合约、5G/6G网络、云计算、区块链节点、边缘计算节点、以及用户端路由器、传感器、芯片、VR头显设备、显示器、脑机接口等。因此,与上述相关的产业便可称为基础设施产业。

(2) 人机交互设备产业。

人机交互主要指的是硬件层面,例如VR/AR眼镜、VR/IR头显以及XR等技术。这些技术所涉及的产业,便称为人机交互设备产业。

(3) 去中心化的相关系统产业。

"metaverse"是去中心化的,"metaverse"构成的核心要素也是去中心化的。这种去中心化的举措,有利于把"metaverse"的所有资源更公平地分配。因此,区块链技术是构建"metaverse"经济系统的基础,区块链系统(这里应包括网络资源及计算资源,其中网卡、交换机、路由器等属于网络资源,而CPU、GPU(图形处理器)等属于计算资源)所衍生出的行业,理所当然应属于"metaverse"所涉及的产业架构的一部分。

(4) 空间计算层产业。

对于"metaverse"来讲,空间计算是非常重要的技术路径,它提供了真实与虚拟混合计算的解决方案,扫除了真实世界与虚拟世界之间的障碍。空间计算层主要包括3D引擎、VR技术、AR技术、XR技术以及多任务界面等。与空间计算所涉及的相关产业理所当然应属于"metaverse"的产业架构之一。

7. 特殊的"人-机-环境系统"

前面从六个方面讨论了对"metaverse"的认知,并特别分析了支撑"metaverse"的两个核心体系:①核心技术体系,其中包括人工智能技术、虚拟现实、电子游戏技术、区块链技术以及网络算力基础设施等;②核心经济体系,其中包括数字资产、数字货币、数字市场、数字生产与创造以及创作者经济等。另外，也十分简洁地说明了"metaverse"对未来社交生活、虚拟文娱、数字制造和商业零售等方面可能产生的影响；对"metaverse"会面临的技术瓶颈和法律合规问题，以及可能引发的虚拟与现实的冲突、道德伦理层面等也进行了理性思考。毫无疑问，"metaverse"是一个聚焦于社会链接的 3D 虚拟世界，它勾画出物质世界和虚拟世界以及虚拟经济的一副新的数字生态环境。在"metaverse"这个虚拟共享空间中，既有现实世界的数字化复制物，也有虚拟世界的创造物；它与外部真实世界紧密相联，又能把网络、硬件终端和用户囊括一起构成一个虚拟现实的系统，因此从这个意义上讲便可以把"metaverse"理解为一个特殊的"人-机-环境系统"。但是要说明的是，这里的"人"既包括物理世界中的自然人和机器人，也包括虚拟世界的虚拟人或者数字化替身（avatar，又称数字人 digital human）。如果"人"采用上述概念的话，那么"机"和"环境"此时应如何定义便成为学术界有待研究的新课题。

回顾"metaverse"概念的问世，从 1981 年美国数学家和计算机专家 Vernor Vinge 教授提出通过脑机接口进入感官去体验虚拟的世界，到 1992 年科幻作家 Neal Stephenson 在他的书中提到"metaverse"和"avatar"这两个词语，至今已 30~40 年过去了。如今随着人工智能技术、移动互联网、移动智能终端、物联网、高效率通信网络（例如 5G、6G 或者"星链"网络等）、VR、AR、MR、XR、ER、脑机接口技术、芯片加工技术、区块链技术、机器视觉、大数据分析、机器学习、数字孪生映射、边缘计算、云计算等技术的到来，为"metaverse"的诞生与发展创造了时代机遇。但是，人们还要清醒的认识到：当前人们仅仅是刚刚向数字时代迈进，从数字时代跨入到智能时代还需要一个漫长的努力过程。数字化技术仅仅是带领人们进入"metaverse"的手段，也是创造如真如幻虚拟世界的基础性技术支撑。实际上，人们仅仅是在现有数字化技术的基础上，通过前瞻性的思考，拼凑出如今人们想象的理想"metaverse"。应该明白：目前，大部分关键技术可能还没有成熟到将"metaverse"付诸现实的程度，无论是作为基础设施的网络和计算能力，还是作为入口的虚拟现实技术，或者是提供虚拟内容的人工智能技术，都存在着太多的技术瓶颈有待突破，所以理想中的"metaverse"并不可能一蹴而就、也不能一朝一夕就实现。当人们沉浸在虚拟世界中享受感官刺激与快乐之时，但绝不可以忘记现实中的一切，以及最真实的自己，只有努力拼搏、脚踏实地、抓好基础科学的研究、打牢"metaverse"所需要的两大核心体系，一个理想的"metaverse"才会真正到来。毫无疑问，信息科学与智能技术相融合的发展策略，既是现实世界中未来人机系统发展的方向，也是"metaverse"中特殊"人-机-环境系统"发展的根本保障。

习题与思考 11

11.1 全信息应该包括哪些部分？为什么讲香农信息不是全信息？
11.2 语义信息以及语用信息的描述参量各是什么？
11.3 香农概率熵是如何定义的？
11.4 第一类信息转换原理的基本内容是什么？它主要涉及哪些能力的生成机制？

第 11 章 基于人工智能与认知计算的现代人机系统及其展望

11.5 第二类信息转换原理的基本内容是什么?它主要涉及哪些能力的生成机制?

11.6 在学术界常认为"二暗一黑三起源(即暗物质、暗能量、黑洞以及宇宙起源、生命起源和意识起源)"是科学研究的核心问题,而意识的起源及其意识的含义又十分关键。你能否结合意识研究与认知神经科学之间的联系,举例谈一下它们之间的关联。

11.7 第二类 A 型和 B 型信息的转换包括了哪些内容?

11.8 第二类 C 型和 D 型信息的转换包括了哪些内容?

11.9 人类智能系统主要功能模块有哪些?它们工作的过程大致如何进行?

11.10 世界上发达工业强国开展的"人类脑计划"主要有哪些?

11.11 通常认为机器人划分哪几代?各代的主要特点是什么?

11.12 脑机接口是如何定义的?脑机融合技术中的主要困难是什么?

11.13 类脑智能的定义如何?通常学术界认为划分为哪几个阶段?

11.14 能否简介一下 BDI 智能体的主要模块及功能?

11.15 通常讲"数字化"和"信息化"人-机-环境安全工程主要包括哪些内容?

11.16 通常讲"虚拟场景下"的人-机-环境安全工程主要包括哪些内容?

11.17 通常讲"智能化"人-机-环境安全工程主要包括哪些内容?

11.18 简述一下数字化飞机驾驶舱人机界面设计可能会涉及到哪些内容。

11.19 近年来,metaverse 一词引起了国内外一些学者与某些产业界的关注。这个词最早出现在 1992 年一部科幻小说 *Snow Crash* 中,曾提到"metaverse"和"Avatar"这两个词语。其实,"metaverse"的原始含义是出于 1981 年另一部科幻小说 *True Names*,该书描绘了通过脑机接口进入感官去体验虚拟世界的故事。目前,学术界对 metaverse 并未给出一致性的定义。大多数学者认为:metaverse 是一个平行于现实世界,又独立于现实世界的虚拟共享空间,它是由虚拟增强的物理现实与具有物理持久性特征的虚拟空间融合构成,而支持 metaverse 的技术集群初步可分为五个板块:①网络和计算机技术,其中包括虚拟场景拟合、实时网络传输以及开发计算成本低的算法;②人工智能技术;③电子游戏技术;④人机交互(human interface)感知与交互显示技术,其中包括 VR(即 virtual reality)、AR(即 augmented reality)、MR(即 mixed reality),特别是 XR(即 extended reality)技术;⑤区块链技术等。试针对第四板块中 VR、AR、MR 以及 XR 技术,谈一下这四种技术之间的本质区别。另外,metaverse 这个英文词,你认为应该如何翻译?

11.20 "人主机辅、人机共生"的含义是什么?"人机共生律"的本意是什么?

11.21 近年来,在工效学与人因交互设计领域,国外学者提出 HHMS(即 hybrid human-machine systems)的概念,这与钱学森先生早在 1981 年提出创建与研究人-机-环境系统工程的思想有哪些本质上的联系?为什么 HHMS 从学科发展的角度来看,就是采用大数据分析、数据挖掘、知识发现再加上人工智能技术的融合发展去研究复杂人因系统问题?另外,在 HHMS 中为什么说人脑科学研究以及人的可靠性模型研究是最关键的两道难题?

11.22 在阅读 Dhillon B S(1986)、Reason J(1990)、Ramakumar R(1993)、Hoyland A

(1994)、Kirwan B(1994)、Ushakov I A(1994)、Hollnagel E(1998)、Spurgin A J (2010)等可靠性方面的著作[167,169]以及国内外人因可靠性方面相关文章[171~175]的基础上,试结合20世纪90年代至今,动态人的可靠性模型研究的进展,谈一下你对动态人的可靠性建模问题的理解与认识。

11.23 未来装上"智慧脑"的高超声速无人机,在人机系统工效学方面其设计理念有哪些? 谈一下你对未来微型无人机发展前景的认识。

11.24 通常认为metaverse是连接虚拟世界与现实世界的桥梁。因此,在这种特殊的虚拟空间中,交互技术就显得格外重要。在交互技术中,扩展现实XR技术(这里还认为包括虚拟现实VR、增强现实AR和混合现实MR等),是利用硬件设备、结合多种技术手段将虚拟的内容和真实场景相融合。试回答:在XR技术里,空间中两点间的距离应如何计算? 能否给出一些大致的想法? 另外,在XR技术研究领域,大家都认为空间计算是XR的关键技之一,对此你有何新的理解与体会?

11.25 如果引入metaverse的基本框架,并且注意到它具有如下几点特征:①从时空性来看,metaverse是一个空间维度上虚拟而时间维度上真实的数字世界;②从真实性来看,它既有现实世界的数字化复制物,也有虚拟世界的创造物;③从独立性来看,它是一个与外部真实世界紧密相联,又高度独立的平行空间;④从连接性来看,它是一个能把网络、硬件终端和用户囊括一起的虚拟现实系统。换句话说,metaverse是一个特殊的"人-机-环境系统"。但要说明的是,这里的"人"既应既应该包括物理世界中的自然人和机器人,也应该包括虚拟世界的虚拟人。试问对于这样一个特殊的系统来讲,它的"机"与"环境"应该如何定义?

11.26 人-机-环境系统工程总体性能的评价指标有哪些? 能否以飞行员-飞行驾驶舱-舱内环境组成的系统为例,说明总体性能四项评价指标的具体含义?

11.27 "metaverse"旨在构建一个虚拟的共享空间。在构建的过程中,沉浸式交互设备(包括AR、VR、MR等)是交互时所必要的。首先,VR是利用设备模拟一个虚拟世界,利用计算机生成一种模拟环境,强调用户与虚拟世界的实时交互;AR是借助计算机图形技术和可视化方法产生真实世界中不存在的虚拟对象,并将它准确"放置"在真实世界中。从本质上讲,VR提供的是一个完全不存在于现实世界的虚拟化三维空间,通过视觉等感官营造深度沉浸的体验;而AR是在真实环境下提供辅助性虚拟物体或画面,是用户视野内现实世界的延伸和拓展。另外,MR是VR与AR的混合,即将真实世界和虚拟世界混合在一起,产生了一个新的可视化环境,环境中同时包含了物理实体与虚拟信息。这听上去好像MR与AR也没有太大的区别,但MR至少包含了以下的不同:例如MR中虚拟物体的相对位置不随设备的移动而移动,也就是说在MR中观察虚拟舞台布景时,虚拟舞台并不会随着头显的移动而变化,自始至终存在于物理空间的固定位置,但头显中所看到关于虚拟物品的光场却是随着角度的变化而不断调整,这就使得虚拟物体的视觉呈现效果与看真实物体已无限接近。简言之,在VR世界中,人们看到的一切都是假象;在AR世界里,人们还可以分得清虚虚实实、真真假假;但在MR中,人们已经分不清哪个是真、哪个是假了。在 MR 的基础上,又提出了 XR 的概念,实现了虚拟世界与现实世界之间无缝转换的"沉浸感"体验。人们认为 XR 是 AR、VR 和 MR 三种视觉交叉技术的融合(如图 11.24 所示),它能够给用户更强的沉浸感。结合查阅相关资料,试谈一下对 XR 在工业设计(例如航空发动机的结构设计与总体装配)、航天空间站航天员出舱作业以及医疗手术人员(例如 γ 刀手术)培训等方面中可能产生很好应用前景的一些看法?另外,在真实世界中,随着基因工程、神经工程学、生物医学工程、精密制造、芯片技术以及人工智能技术等领域的飞速发展,人类在人造心脏、脑部神经复活、记忆芯片移植、细胞无限复制繁衍等高新技术方面获得突破。在现代前沿高新技术的发展中,人工智能技术与多种学科融合对人类疾病治疗与康复等发挥了重大作用,试谈一下对此你有何认识?

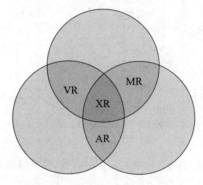

图 11.24　XR 与 VR/AR/MR 间的关系

11.28　在自然界和人类的活动中,存在着三大要素:物质、能量、信息。这里物质是能量的载体,是本源的存在;能量是物质激励的一种外在表现形式,能量可以测量或者计算,但它并不是客观实体。1905 年,Albert Einstein 提出了质能关系式,于是可以把质量守恒定律与能量守恒定律合并为质量能量守恒定律。信息即不是实体物质,也不是能量,但信息却可以用来描述物质和能量;信息是客观世界中,各种运动状态和变化的反映,是客观事物之间相互联系和相互作用的表征。因此,信息与能量可以认为是自然界中最重要的两个变量。另外,数据的本质是物理化的信息,数据的价值来自对物理化信息的使用,由此又可推出:数据与能量可以作为自然界中最重要的两个变量。为了便于理解"metaverse"以及传统农业、传统制造业、传统互联网在数据与能量方面的一些特点,这里引入以能量与数据为自变量的坐标系(见图 11.25 所示)。要说明的是:它不是严格意义上的笛卡儿坐标系,这里无论是横轴或纵轴都没有负的、只有正的,而且原点处也不表示能量与数据为零;因此给出这个坐标系只是为了表征在人类社会的发展过程中,可以较直观地表征能量利用和数据积累方面的一些特点。对于坐标横轴,往右是大数据,左边是小数据;对于坐标纵轴,往上是高能量,往下是低能量。更重要的是:上面给出了两个自变量(即数据与能量)的定义域,即"metaverse"、传统制造业等相当于因变量。由图11.25可以看出:位于第三象限的传统农业,具有低能量、小数据的特点;位于第二象限的传统制造业,具有高能量、小数据的特点;位于第四象限的传统互联网(20世纪80~90年代出现互联网,21世纪有了移动互联网,其数据越来越大,并且算力越来越强),具有数据大,但能量还不够大,无法支持数据交易,但可支持数据的流动;位于第一象限的"metaverse",具有数据大、高能量的特点,它不仅支持数据的流动,而且还支持数据交易。请问对于第四象限中传统的互联网来讲,它是否能支持信息的流通?是否能支持信息的交易?另外,学术界还认为:人工智能具有三大要素:①数据,②算法,③算力。因此,当前人们非常重视人工智能基本算法的研究、重视数据挖掘与知识发现的研究、重视大数据分析、重视计算机设备和网络计算能力的研发。试结合学术界上述几个方面所开展的研究工作,谈一下在对"metaverse"研究时,你对学习人工智能的认识?

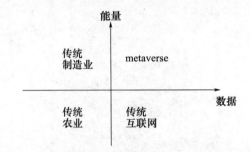

图11.25 对"metaverse"、传统制造业等而言,能量与数据所具有的特点

11.29 人类认识自然世界的客观规律,通常认为有三种方法:①理论推演;②实物试验;③仿真(simulation)技术。随着计算数学数值方法和计算机设备的飞速发展,今天人们对仿真技术的认知已经不是仅仅局限于单个设备或系统的模拟,体系与体系之间的对抗仿真已成为仿真技术的热点问题之一,并且还催生了一批新的仿真技术,虚拟仿真便是现代仿真技术的典型代表。这里我们所说的仿真应该是数字仿真。数字仿真主要受限于模型构建技术。如果模型是采用微分方程构建,即连续系统仿真。连续系统仿真的模型按其数学描述又分为集中参数系统模型与分布参数系统模型。集中参数系统模型一般用常微分方程(组)描述;分布参数系统模型一般用偏微分方程(组)描述。另外,除了连续系统仿真之外,还有一类是离散事件系统仿真,它与连续系统仿真的主要区别在于模型中的参数变化发生在随机时间点上。虚拟仿真是在多媒体技术、虚拟现实技术与通信网络技术等信息科技迅猛发展的基础上产生的一种新型仿真技术。20世纪60年代,NASA资助研究飞机驾驶模拟器与航天员训练模拟器。20世纪80年代在计算机网络技术发展的基础上,启动SIMNET计划,通过网络把地面车辆(即坦克、装甲车)模拟器连接在一起。到1990年,SIMNET被发展为DIS(distributed interactive simulation),通过网络技术将分散在各地的各种武器平台模拟器、计算机生成的兵力以及其他设备连接为一个整体,形成一个在时间和空间上相互耦合的虚拟战场环境,参与

者可以自由地与虚拟战场环境交互,以便完成相关人员与团组的训练,完成对武器系统的性能、方案的验证和评价。这里要指出的是,前面所提到的虚拟战场环境,通常会包含许多仿真实体(simulation entity,SE),例如坦克、战斗机、导弹、舰艇等武器平台及指控车、指挥部等。SE 分为两大类:有人操纵的仿真器(MILS,man-in-loop simulation,人在回路中的仿真系统)或者由计算机生成的实体(即计算机生成的兵力)。在虚拟战场环境中,如何描述 SE 是项关键技术。为了达到良好的效果,虚拟战场环境要求在外观、声音、动力学特征以及反射特性(例如雷达、声纳的反射特性)等方面要与客观环境一致,这就要求在数字化时应该采用数字孪生技术以保证数字孪生后的事物完全按照物理定律和物理关系建模。如今,国外广泛使用"合成仿真环境"(synthetic simulation environment,SSE)这个专用术语用于表达武器系统研究与训练时的环境。1995 年 10 月,MSMP(modeling and simulation master plan)仿真计划公布,因此 HLA(high level architecture)也被提了出来,HLA 综合了 SIMNET 计划与 DIS 协议的有关技术成果,并且为构建大型虚拟仿真系统提供了重要的技术基础。VRML(即 virtual reality modeling language)是一种描述性语言,是虚拟现实建模的语言,它可以在 Internet Web 环境中描述三维对象、虚拟场景及其行为,从而在网络环境中构建三维虚拟世界。Multigen Creator 是为虚拟仿真而创造的造型工具,它从软件设计的理念上就完全针对虚拟仿真的实时性要求,集成了多边形建模、矢量建模和地形生成等多种高级功能,可以在满足实时仿真要求的前提下,高效地创建大面积虚拟场景模型数据库。另外,Cg 和 Vega 是虚拟仿真的开发工具。Cg 的全称为 C for graphics(图形技术的 C 语言),它是为 GPU(图形处理器)编程而特别设计的一种语言,它保留了 C 语言的大部分语义,并让开发者从图形硬件的细节中解脱出来。Vega 包括了完整的 C 语言应用程序接口(API),可以为软件开发人员提供最大限度的灵活性和功能定制,同时也为 Vega 仿真应用程序驱动虚拟实体的运动提供了可能。Vega 将先进的模拟功能和易用工具相结合,从而使用户能简单迅速地编辑、创建与运行仿真应用程序,同时也大幅度减少了源代码的开发时间。换句话说,利用 Vega 开发平台和工具集,可以开发出具有实时性、交互性的应用程序并且具有开发与编辑工作的高效率。因篇幅所限,这里对 VRML 语言建模、Multigen Creator 造型工具、Vega 开发工具的有关内容从略,感兴趣者可参阅《VRML 虚拟现实网页语言》(清华大学出版社,严子翔,2001)、《Multigen Creator 教程》(国防工业出版社,孟晓梅等,2005)、《Vega 程序设计》(国防工业出版社,龚卓蓉,2002)等相关著作与教材。综上所述,根据前面所介绍的虚拟仿真技术在大型虚拟战场环境中进行作战训练的基本框架并主动查阅相关算例,试谈一下对于虚拟战场实时作战训练而言,使用上述 Multigen Creator 造型工具和 Vega 开发工具有何感受?另外,在虚拟战场环境建模中,你对数字孪生技术所起的作用有何体会?

后 记

人类社会发展的历史,就是一部人、机、环境三大要素相互关联、相互制约、相互促进的历史。在人-机-环境系统(man-machine-environment system,MMES)中,"人"是指工作的主体(例如操作人员或决策人员,它可以是单人,也可以是班组或组群),"机"是指人所控制的一切对象(例如:汽车、飞机、轮船、生产过程等,它可以是单个机械装置或科学试验大装置)的总称;"环境"是指人、机所处的特定工作条件(例如:外部作业空间、物理环境、生化环境、社会环境)。应该讲,人机系统(man-machine system,MMS)与 MMES 以及其他相近学科(例如,美国学界常称的人的因素(human factors)、人体工程学(human engineering)、人的因素工程(human factor engineering)等,西欧学界常称的工效学(ergonomics,又译为人因学),东欧学界常称的工程心理学(engineering psychology)等之间的关联是非常紧密的。但是,要从学术上严格界定和规范上述诸学科的研究范围,目前仍不具备严格划分的条件。于是,本书采取了将上述 MMS、MMES 以及其他相近学科都笼统地称作人机系统(又称广义的"人机系统")的做法,这就使智能方法的讨论建立在一个广义的"人机系统"平台上。换句话说,本书所讲的人机系统是广义的"人机系统"。

在即将结束讨论之际,简要介绍本书的三位作者,他们都是人机系统领域内从业多年的著名教授或学者。本书的第一作者王保国教授、博士生导师,2007 年荣获"北京市教学名师"荣誉称号。王教授 1998 年获英国剑桥"杰出成就奖";2000 年获美国 Barons Who's Who 颁发的 New Century Global 500 Award;2016 年获《航空动力学报》创刊 30 周年颁发的学报编委会"突出贡献奖"(排名第一);2019 年于中国人类工效学学会成立 30 周年之际,荣获学会颁发的"终身成就奖"(全国两名之一)。

王保国曾在中国科学院力学研究所和中国科学院工程热物理研究所学习和工作了 16 年,并两次与导师吴仲华院士一起荣获中国科学院重大科技成果奖。在中国科学院力学研究所工作时,1993 年荣获国家劳动人事部"首届全国优秀博士后奖"。另外,曾在清华大学和北京理工大学任教授、博士生导师,分别执教 10 余年,两次获"清华大学教学优秀奖";先后担任北京理工大学三个二级学科(即力学一级学科中"流体力学"、航空宇航科学与技术一级学科中"人机与环境工程"、动力工程及工程热物理一级学科中"动力机械及工程")的首席教授和学科带头人,荣获"北京理工大学师德十大标兵"称号;2013 年起,全职担任中国航空工业集团有限公司气体动力学高级顾问,并直接参与和指导中国航空研究院的研究工作。

王保国教授在科学出版社、机械工业出版社、国防工业出版社、中国石化出版社、清华大学出版社、北京航空航天大学出版社、北京理工大学出版社等七家国内著名出版机构,先后出版 19 本专著和国家规划教材:9 本为著,属于学术著作;10 本为编著,属于国家级规划教材;17本为第一作者。其中,《安全人机工程学》(第1版,2007年;第2版,2016年,机械工业出版社)、《人机环境安全工程原理》(中国石化出版社,2014年)等著作与人机工程、安全工程学科密切相关。

本书第二作者王伟,撰写了书中第1、3、5、8章和第11章第11.8及11.9节。在国外10余年的学习工作经历,她积累了扎实的理论基础与丰富的实务经验。自2012年始一直担任中国人类工效学学会人机工程专业委员会委员,2018年起担任中国人类工效学学会理事。2015年在清华大学出版社出版《人机系统方法学》,被中国人类工效学学会授予"优秀专著奖"。

本书第三作者黄勇教授、博士生导师,自2005年6月至今在北京航空航天大学航空科学与工程学院任教,2010年晋升为教授,并于2011年至2017年期间担任人机与环境工程系主任。主要研究领域为传热学以及人机与环境工程。在Optica、Astronomical Journal、Astrophysical Journal、Physical Review Reasearch、Physical Review Applied、Applied Physics Letters、Journal of Computational Physics、International J of Heat and Mass Transfer、Optics Letters等国内外学术期刊发表论文100余篇,出版专著1部,获得省部级科技进步奖3项,获批国家发明专利20余项。

参考文献

[1] 钱学森. 创建系统学[M]. 太原:山西科学技术出版社,2001.
[2] 钱学敏. 钱学森科学思想研究[M]. 2版. 西安:西安交通大学出版社,2010.
[3] NILSSON N J. Problem-Solving Methods in Artificial Intelligence[M]. New York:McGraw-Hill,1971.
[4] NILSSON N J. Principles of Artificial Intelligence[M]. Berlin:Springer-Verlag,1980.
[5] JACKSON P C. Introduction to Artificial Intelligence[M]. [S.I.]:van Nostrand Reinhold,1974.
[6] HUNT E B. Artificial Intelligence[M]. Waltham,MA:Academic Press,1975.
[7] WINSTON P H. Artificial Intelligence[M]. Boston,MA:Addison-Wesley,1977.
[8] NILSSON N J. Artificial Intelligence:A New Synthesis[M]. San Mateo,CA:Morgan Kaufmann,1998.
[9] RICH E. Artificial Intelligence[M]. New York:McGraw-Hill,1983.
[10] WINSTON P H. Artificial Intelligence [M]. Second Edition. Boston,MA:Addison-Wesley,1984.
[11] de CALLATAY A M. Natural and Artificial Intelligence [M]. Amsterdam:North-Holland,1986.
[12] COHEN P R,FEIGENBAUM E A. The Handbook of Artificial Intelligence [M]. Volume Ⅰ、Ⅱ、Ⅲ. Boston,MA:Addison-Wesley,1986.
[13] RUSSELL S J,NORVIG P. Artificial Intelligence:A Modern Approach[M]. 3rd Edition. Englewood Cliffs,NJ:Prentice Hall,2009.
[14] 傅京孙,蔡自兴,徐光祐. 人工智能及其应用[M]. 北京:清华大学出版社,1987.
[15] 陆汝钤. 人工智能(上册)[M]. 北京:科学出版社,1989.
[16] 王保国,王伟,徐燕骥. 人机系统方法学[M]. 北京:清华大学出版社,2015.
[17] 王保国,王伟,黄伟光,等. 民用航空涡扇发动机设计的法律及气动问题[J]. 西安科技大学学报,2016,36(5):709-718.
[18] 王伟. 人工智能和数据挖掘在人机工程PHM中的应用[J]. 华北科技学院学报,2019,16(5):100-109.
[19] 钟义信,潘新安,杨义先. 智能理论与技术:人工智能与神经网络[M]. 北京:人民邮电出版社,1992.
[20] 马少平,朱小燕. 人工智能[M]. 北京:清华大学出版社,2004.
[21] 丁世飞. 人工智能[M]. 2版. 北京:清华大学出版社,2015.
[22] 王永庆. 人工智能原理与方法(修订版)[M]. 西安:西安交通大学出版社,2018.
[23] 涂序彦. 人工智能及其应用[M]. 北京:电子工业出版社,1988.
[24] 钟义信. 信息科学原理[M]. 5版. 北京:北京邮电大学出版社,2013.
[25] 林尧瑞,马少平. 人工智能导论[M]. 北京:清华大学出版社,1989.
[26] 石纯一,黄昌宁,王家钦. 人工智能原理[M]. 北京:清华大学出版社,1993.
[27] 沟口理一郎,石田亨. 人工智能[M]. 卢伯英,译. 北京:科学出版社,2003.
[28] 戴汝为. 人工智能[M]. 北京:化学工业出版社,2002.
[29] 史忠植,王文杰. 人工智能[M]. 北京:国防工业出版社,2007.

[30] 李德毅,杜鹢.不确定性人工智能[M].2版.北京:国防工业出版社,2014.

[31] 史忠植.高级人工智能[M].北京:科学出版社,2006.

[32] 朱福喜,朱三元,伍春香.人工智能基础教程[M].北京:清华大学出版社,2006.

[33] 陆汝钤.人工智能(下册)[M].北京:科学出版社,1996.

[34] 焦李成,刘若辰,慕彩虹,等.简明人工智能[M].西安:西安电子科技大学出版社,2019.

[35] 何华灿.人工智能导论[M].西安:西北工业大学出版社,1988.

[36] 蔡自兴,徐光祐.人工智能及其应用[M].3版.北京:清华大学出版社,2004.

[37] 焦李成,侯彪.唐旭,等.人工智能、类脑计算与图像解译前沿[M].西安:西安电子科技大学出版社,2020.

[38] 钟义信.机器知行学原理:信息、知识、智能转换与统一理论[M].北京:科学出版社,2007.

[39] 钟义信.高等人工智能原理:观念、方法、模型、理论[M].北京:科学出版社,2014.

[40] HOLLAND J H. Adaptation in Natural and Artificial Systems[M]. Ann Arbor: University of Michigan Press, 1975.

[41] RECHENBERG I. Cybernetic solution path of an experimental problem[R]. Ministery of Aviation, 1965.

[42] RECHENBERG I. Evolutions Strategie: Optimirung Technischer Systeme nach Prinzipien der Biologischen Evolution[M]. Stuttgart: Frammann-Holzboog Verlag, 1973.

[43] SCHWEFEL H P. Evolutions Strategie and Numerische Optimierung[D]. Technical University Berlin, 1975.

[44] FOGEL L J. Autonomous automata[J]. Industrial Research, 1962, 4: 14-19.

[45] KOZA J R. Hierarchical Genetic Algorithms Oprating on Populations of computer Programs[C]. In Sridharan NS (editor). Proceedings of the Eleventh International Joint Conference on Artificial Intelligence, Volume 1, pages 768-774, 1989.

[46] KOZA J R. Genetic Programming On the Programming of Computers by Means of Natural Selection[M]. MIT Press, 1992.

[47] KOZA J R. Genetic Programming Ⅱ: Automatic Discovery of Reusable Programs[M]. Cambridge, MA: MIT Press, 1994.

[48] GLOVER F. Heuristics for integer programming using surrogate constraints[J]. Decision Sciences, 1977, 8(1): 156-166.

[49] GLOVER F. Future paths for integer programming and links to artificial intelligence[J]. Computers & Operations Research, 1986, 13(5): 533-549.

[50] METROPLIS N, ROSENBLUTH A. ROSENBLUTH M, et al. Equation of state calculations by fast computing machines[J]. Journal of Chemical Physics, 1953, 21: 1087-1092.

[51] COLORNI A, DORIGO M, MANIEZZO V, et al. Distributed optimization by ant colonies[C]. In Proceeding of the 1st European Conference on Artificial Life, 1991: 134-142.

[52] CURIO E. The Ethology of Predation[M]. Berlin, Germany: Springer-Verlag, 1976.

[53] KENNEDY J, EBERHERT R C. Particle Swarm Optimization[C]. In Proceedings of the 1995 IEEE International Conference on Neural Networks, IEEE, 1995: 1942-1948.

[54] STORN R, PRICE K. Differential evolution-a simple and efficient heuristic for global optimization over continuous spaces. [J]. Journal of Global Optimization, 1997, 11(4): 341-359.

[55] LARRANAGA P, LOZANO J A. Estimation of Distribution Algorithms: A New Tool for Evolutionary Computation[M]. Boston, MA: Kluwer, 2002.

[56] REYNOLDS R G. Cultural Algorithms: Theory and Applications[M]//Come D, Dorigo M and Glover F, editors, New Ideas in Optimization, Pages 367-378, McGrew-Hill, 1999.

[57] BLACKMORE S. The Meme Machine [M]. Oxford, UK: Oxford University Press, 1999.

[58] FARMER J, PECKARD N H, PERELSON A. The immune system, adaptation and machine learning[J], Physica D, 1986, 22: 187-204.

[59] ITO K, AKAGI S, NISHIKAWA M. A multiobjective optimization approach to a design problem of heat insulation for thermal distribution piping network systems[J]. Journal of Mechanisms, Transmissions, and Automation in Design, 1983, 105(2): 206-213.

[60] SCHAFFER J. Multiple objective optimization with vector evaluated genetic algorithms[C]. International Conference on Genetic Algorithms and Their Applications. Pittsburgh, Pennsylvania, Pages 93-100.

[61] SRINIVAS N, DEB K. Multiobjective optimization using nondominated sorting in genetic algorithms[J]. Evolutionary Computation, 1994, 2(3): 221-248.

[62] GOLDBERG D. Genetic Algorithms in Search, Optimization, and Machine Learning [M]. Addison Wesley, 1989.

[63] DEB K, PRATAP A, AGARWAL S, et al. A fast and elitist multiobjective genetic algorithm: NSGA-II [J]. IEEE Transactions on Evolutionary Computation, 2002, 6(2): 182-197.

[64] NEMHAUSER G, WOLSEY L. Integer and combinatorial optimization[M]. John Wiley & Sons, 1999.

[65] JAYALAKSHMI G, SATHIAMOORTHY S, RAJARAM R. A hybrid genetic algorithm—A new approach to solve traveling salesman problem[J]. International Journal of Computational Engineering Science, 2001, 2 (2): 339-355.

[66] PARDALOS P, MAVRIDOU T. The graph coloring problem: A bibliographic survey[C]. Handbook of Combinatorial Optimization. Kluwer Academic Publishers, 1998: 331-395.

[67] JENSEN T, TOFT B. Graph Coloring Problems[M]. John Wiley & Sons, 1994.

[68] COURANT R. Variational methods for the solution of problems of equilibrium and vibrations [J]. Bulletin of the American Mathematical Society, 1943, 49(1): 1-23.

[69] HOMAIFAR A, QI C, LAI S. Constrained optimization via genetic algorithms[J]. Simulation, 1994, 62 (4): 242-253.

[70] COELLO COELLO C. Use of a self-adaptive penalty approach for engineering optimization problems[J]. Computers in Industry, 2000, 41(2): 113-127.

[71] LEGUIZAMON G, COELLO COELLO C. Boundary search for constrained numerical opitimization problems [M]. Constraint-Handling in Evolutionary Optimization. Springer, 2009: 25-49.

[72] HOLLAND J H. Adaptation in Natural and Artificial Systems: an Introductory Analysis with Application to Biology, Control, and Artificial Intelligence [M]. Cambridge, MA: MIT Press, 1992.

[73] KOZA J, BENNETT F, ANDRE D, et al. Genetic Programming III: Darwinian Invention and Problem Solving [M]. Morgan Kaufmann, 1999.

[74] KOZA J, KEANE M, STREETER M, et al. Genetic Programming IV: Routine Human-Competitive Machine Intelligence [M]. Cambridge, MA: MIT Press, 2005.

[75] 玄光男, 程润伟. 遗传算法与工程设计[M]. 汪定伟, 唐加福, 黄敏, 译. 北京: 科学出版社, 2000.

[76] KIRKPATRICK S, GELATT Jr C D, VECCHI M P. Optimization by Simulated Annealing[J]. Science, 1983, 220: 671-680.

[77] DORIGO M, MANIEZZO V, COLORNI A. Ant system: optimization by a colony of cooperating agents[J]. IEEE Transactions on Systems, Man, and Cybernetics-Part B, 1996, 26(1):29-41.

[78] DORIGO M, DICARO G. The Ant Colony Optimization Meta-heuristic[M]. London: McGraw-Hill, 1999.

[79] 段海滨,王道波,朱家强,等. 蚁群算法理论及应用研究的进展[J]. 控制与决策, 2004, 19(12):1321-1326.

[80] 黄挚雄,张登科,黎群辉. 蚁群算法及其改进形式综述[J]. 计算技术与自动化, 2006, 25(3):35-38.

[81] LINHARES A. Preying on optima: a predatory search strategy for combinatorial problems[C]. Proceedings of the IEEE International Conference on Systems, Man, and Cybernetics, 1998:2974-2978.

[82] LINHARES A. Synthesizing a predatory search strategy for VLSI layouts[J]. IEEE Transactions on Evolutionary Computation, 1999, 3(2):147-152.

[83] LIU C, WANG D. Predatory search algorithm with restriction of solution distance[J]. Biological Cybernetics, 2005, (92):293-302.

[84] SHI Y, EBERHART R. A modified particle swarm optimization[C]. Proceedings of the 1998 IEEE Congress on Evolutionary Computation, 1998:69-73.

[85] KENNEDY J, MENDES R. Population structure and particle swarm performance[C]. Proceedings of IEEE Congress on Evolutionary Computation, 2002:1671-1676.

[86] RAMSEY F P. Truth and Probability[M]. Study in Subjective Probability. New York: Wiley, 1964:62-92.

[87] De FINETTI B. Foresight: its logical law, its subjective sources (in French)[M]. John Wiley, 1964:93-158.

[88] von NEUMANN J, MORGENSTERN O. Theory of Games and Economic Behavior[M]. Princeton, N J.: Princeton University Press, 1944.

[89] WALD A. Statistical Decision Functions[M]. John Wiley, 1950.

[90] BLACKWELL D, GIRSHICK M A. Theory of Games and Statistical Decisions[M]. John Wiley, 1954.

[91] SAVAGE L J. The Foundations of Statistics[M]. 2nd edition, Dover, 1972.

[92] HOWARD R A. Decision Analysis: Applied Decision Theory[C]. Proceedings of the Fourth International Conference on Operational Research. Massachusetts: Boston, 1966.

[93] FISHBURN P C. Utility Theory for Decision Making[M]. New York: Wiley, 1970.

[94] SCHLAIFER R O. Analysis of Decision under Uncertainty[M]. McGraw-Hill. 1969.

[95] BELLMAN R E, ZADEH L A. Decision making in a fuzzy environment[J]. Management Science, 1970, 17B:141-164.

[96] 王保国,王新泉,刘淑艳,等. 安全人机工程学[M]. 2版,北京:机械工业出版社,2016.

[97] BORTOLAN G, DEGANI R. A review of some methods for ranking fuzzy subsets[J]. Fuzzy Sets and Systems, 1985, 15:1-21.

[98] YUAN Y. Criteria for evaluating fuzzy ranking methods[J]. Fuzzy Sets and Systems, 1991. 44:139-157.

[99] DUBOIS D, PRADE H. A review of fuzzy set aggregation connectives[J]. Information Sciences, 1985, 36:85-121.

[100] BUCKLEY J J. Generalized and extended fuzzy sets with applications[J]. Fuzzy Sets and Systems 1988, 25:159-174.

[101] 汪培庄. 模糊集合论及其应用[M]. 上海:上海科技出版社,1983.

[102] 张曾科. 模糊数学在自动化技术中的应用[M]. 北京:清华大学出版社,1997.

[103] 杨伦标,高英仪. 模糊数学原理及应用[M]. 广州:华南理工大学出版社,1993.

[104] MODER J J, Elmaghraby S E. Handbook of Operations Research[M]. Vol. 1 and Vol. 2. von Nostrand Reinhold Company, 1978.

[105] SAATY T L. Mathematical Methods of Operations Research[M]. McGraw Hill, Book Company, 1959.

[106] BELLMAN R E. Dynamic Programming[M]. Princeton University Press, 1957.

[107] BELLMAN R E. DREYFUS S E. Applied Dynamic Programming[M]. Princeton University Press, 1962.

[108] DREYFUS S E, LAW A M. The Art and Theory of Dynamic Programming[M]. Academic Press, 1977.

[109] SVEN DANO. Nonlinear and Dynamic Programming[M]. Springer-Verlag, 1975.

[110] CHANKONG V, HAIMES Y Y. Multiobjective Decision Making: Theory and Methodology[M]. New York: Elsevier Science Publishing Co, Inc, 1983.

[111] DEGROOT M H. Optimal Statistical Decision[M]. McGraw-Hill, 1970.

[112] KEENEY R A, RAIFFA H. Decision with Multiple Objectives[M]. New York: Wiley, 1976.

[113] SAATY T L. A scaling method forpriorities in hierarchical structures[J]. Journal of Mathematical Psychology, 1977, 15: 234.

[114] SAATY T L. The Analytic Hierarchy Process[M]. McGraw-Hill, 1980.

[115] 王保国, 王新泉, 刘淑艳, 等. 安全人机工程学[M]. 北京: 机械工业出版社, 2007.

[116] 王保国, 黄伟光, 王凯全, 等. 人机环境安全工程原理[M]. 北京: 中国石化出版社, 2014.

[117] HWANG C L, YOON K S. Multiple Attribute Decision Making[M]. Berlin: Springer-Verlag, 1981.

[118] BRANS J P, MARESCHAL B, VINCKE P. Promethee: A new family outranking methods in multicriteria anlysis[C]. Operational Research'84, North-Holland: Elsevier Science Publishers, 1984: 408-421.

[119] HWANG C L. Multiple Objective Decision Making: Methods and Applications[M]. Berlin: Springer-Verlag, 1979.

[120] KEMENEY J G, SNELL J L. Mathematical Models in Social Sciences[M]. Cambridge, Massachusetts: The MIT Press, 1972.

[121] ARROW K J. Social Choice ad Individual Values[M]. 2nd edition. New Haven: Yale University Press, 1963.

[122] AROW K J. Social Choice and Multicriterion Decision-making[M]. USA: Halliday Lithograph, 1986.

[123] RUDOLPH G. Convergence properties of caucrical genetic algorithems[J]. IEEE Transactions on Neural Networks, 1994, 5(1): 96-101.

[124] XING L N, CHEN Y W, CAI H P. An intelligent genetic algorithm designed for global optimization of multi-minima functions[J]. Applied Mathematics and Computation, 2006, 178(2): 355-371.

[125] PARASURAMAN R. Neuroergonomics: Research and Practice[J]. Theoretical Issues in Ergonomics Science, 2003, 4: 5-20.

[126] PARASURAMAN R, MATTHEW R. Neuroergonomics: The Brain at Work[M]. New York: Oxford University Press, 2008.

[127] CABEZA R, KINGSTONE A. Handbook of Functional Neuroimaging of Cognition[M]. Cambridge, MA: MIT Press, 2001.

[128] WICKENS C D, HOLLANDS J. Engineering Psychology and Human Performance[M]. 3rd ed. NJ: Prentice Hall, 2000.

[129] SANDERS M S, MCCORMICK E F. Human Factors in Engineering and Design[M]. New York: McGraw-Hill, 1983.

[130] de PONTBRIAND R. Neuro-ergonomics support from bio-and nano-technologies[C]. Proceedings of the 11th International Conference on Human Computer Interaction. Las Vegas,NV:HCI International,2005.

[131] WOLPAW J R,WOLPAW E W. Brain-Computer Interfaces:Principles and Practice[M]. London:Oxford University Press,2012.

[132] FITTS P M,JONES R E,MILTON J L. Eye movements of aircraft pilots during instrument-landing approaches[J]. Aeronautical Engineering Review,1950,9:24-29.

[133] JACOB J K,KARN K S. Eye-tracking in human-computer interaction and usability research:ready to deliver the promises[C]. The Mind's Eye:Cognitive and Applied Aspects of Eye Movement Research. Amsterdam:North-Holland,2003.

[134] FINDLAY J M,GILCHRIST I D. Active Vision[M]. Oxford U K:Oxford University Press,2003.

[135] WICKENS C D,MCCARLEY J S. Appied Attention Theory [M]. BocaRaton:CRC Press,2007.

[136] KLEINMAN D L. Solving the optimal attention allocation problem in manual control [J]. Automatic ContTol,1976,21:813-821.

[137] MATSUI N,BAMBA E. Consideration of the attention allocation problem on the basis of fuzzy entropy, [C]11 Association Symposium of Measurement and Automatic Control,Tokyo,1986,22(6):623-628.

[138] ZADEH L A. Probability theory and fuzzy logic are complementary rather than competitive [J]. Technometrics,1995,37:271-276.

[139] WANYAN X R,ZHUANG D M,WEI H Y,et al. Pilot attention allocation model based on fuzzy theory [J]. computers & Mathematics with Applications,2011,62(7):2727-2735.

[140] WICKENS C D,GOH J,HELLEBERG J,et al. Attentional models of multitask pilot performance using advanced display technology [J]. Human Factors,2003,45:360-380.

[141] PAL N R,PAL S K. Higher order fuzzy entropy and hybrid entropy of a set [J]. Information Sciences, 1992,61:211-231.

[142] WICKENS C D,HELLEBERG J,XU X. Pilot maneuver choice and workload in free flight [J]. Human Factors,2002,44:171-188.

[143] MILLER S M,KIRLIK A,KOSORUKOFF A,et al. Ecological velidiky as a mediator of visual attention allocation in human-machine systems [R]. AHFD-04-17/ NASA-04-6,2004.

[144] DAUBECHIES I. Ten Lectures on Wavelets[M]. SIAM Philadelphia,1992.

[145] MEYER Y. Wavelets and Operators[M]. Cambridge:Cambridge University Press,1992.

[146] 王保国,朱俊强. 高精度算法与小波多分辩分析[M]. 北京:国防工业出版社,2013.

[147] CORTES C,VAPNIK V N. Support vector network[J]. Machine Learning,1995,20(3):273-297.

[148] VAPNIK V N. The Nature of Statistical Learning Theory[M]. New York:Springer,1995.

[149] CRISTIANINI N,SHAWET J. An Introduction to Support Vector Machines and Other Kernel-based Learning Methods[M]. Cambridge:Cambridge University Press,2000.

[150] SCHOLKOPS B,BURGES C J C,SMOLA A J,et al. Advances in Kernel Methods:Support Vector Learning[M]. Cambridges:MIT Press,1999.

[151] CONNEAU A,SCHWENK H,BARRAULT L,et al. Very deep convolutional networks for natural language processing [J]. Nature Neuroscience 2016,19:1154-1164.

[152] SILVER D,HUANG A,MADDISON C J,et al. Mastering the game of go with deep neural networks and tree search [J]. Nature,2016,529(1):484-489.

[153] AGRAWAL R,IMIELINSKI T,SWAMI A. Database mining:a performance perspective [J]. IEEE Transactions Knowledge and Data Engineering,1993,914:925.

[154] HAN JIAWEI,MICHELINE K. DataMining:Concepts and Techniques [M]. Morgan Kaufmann,2006.

[155] LIU B D. Uncertainty Theory [M]. 2nd ed. Berlin:Springer-Verlag,2007.

[156] LIU B D. Uncertainty Theory:A Branch of Mathematics for Modeling Human Uncertainty [M]. Berlin:Springer-Verlag,2010.

[157] LIU Y H. Uncertain random variables:a mixture of uncertainty and randomness [J]. Soft Computing,2013,17(4):625-634.

[158] ZENG Z G,KANG R,WEN M L,et al. Uncertainty theory as a basis for belief reliability [J]. Information Sciences,2018,429:26-36.

[159] ZHANG Q Y,KANG R,WEN M L. Belief reliability for uncertain random systems [J]. IEEE Transactions on Fuzzy Systems,2018,26(6):3605-3614.

[160] ZENG Z G,KANG R,WEN M L,et al. A model-based reliability metric considering aleatory and epistemic uncertainty [J]. IEEE Access,2017,5(99):15505-15515.

[161] ZENG Z G,CHEN Y X,KANG R. The effects of material degradation on sealing performances of O-rings [J]. Applied Mechanics & Materials,2013,328:1004-1008.

[162] CHARNES A,COOPER W W,RHODES E. Measuring the efficiency of decision making units [J]. European Journal of Operational Research,1978,2:429-444.

[163] 魏权龄. 评价相对有效的 DEA 方法[M]. 北京:中国人民大学出版社,1988.

[164] 魏权龄. 数据包络分析[M]. 北京:科学出版社,2004.

[165] WEN M L. Uncertain Data Envelopment Analysis [M]. Berlin:Springer-Verlag,2014.

[166] WEN ML,HAN Q,KANG R,et al. Uncertain optimization model for multi echelon spare parts supply system [J]. Applied Soft Computing,2017,56:646-654.

[167] REASON J. Human Error [M]. Cambridge:Cambridge University Press,1990.

[168] GERTMAN D,BLACKMAN H,MARBLE J,et al. The SPAR-H human reliability analysis method [R]. NUREG/CR-6883. Washington DC:US Nuclear Regulatory Commission,2005.

[169] HOLLNAGEL E. Cognitive Reliability and Error Analysis Method(CREAM)[M]. Oxford:Elsevier Science,1998.

[170] CACCIABUE P C,DECORTIS F,DROZDOWICZ B,et al. COSIMO:a cognitive simulation model of human decision making and behavior in accident management of complex plants [J]. IEEE Transaction on Systems,Man,and Cybernetics,1992,22(5):1058-1074.

[171] CHANG Y H J,MOSLEH A. Cognitive modeling and dynamic probabilistic simulation of operating crew response to complex system accident. Part1:overview of the IDAC model [J]. Reliability Engineering & System Safety,2007,92(8):997-1013.

[172] CHANG Y H J,MOSLEH A. Cognitive modeling and dynamic probabilistic simulation of operating crew response to complex system accident. Part3:IDAC operator response model [J]. Reliability Engineering & System Safety,2007,92(8):1041-1060.

[173] CHANG Y H J,MOSLEH A. Cognitive modeling and dynamic probabilistic simulation of operating crew response to complex system accident. Part2:IDAC performance influencing factors model [J]. Reliability Engineering & System Safety,2007,92(8):1014-1040.

[174] CHANG Y H J,MOSLEH A. Cognitive modeling and dynamic probabilistic simulation of operating crew response to complex system accident. Part4:IDAC causal model of operator problem-solving response [J]. Reliability Engineering & System Safety,2007,92(8):1061-1075.

[175] CHANG Y H J,MOSLEH A. Cognitive modeling and dynamic probabilistic simulation of operating crew response to complex system accident. Part5:Dynamic probabilistic simulation of IDAC model [J]. Reliability Engineering & System Safety,2007,92(8):1076-1101.

[176] COYNE K,MOSLEH A. Modeling nuclear plant operator knowledge and actions:ADS-IDAC simulation approach [C]. ANS PSA Topical Meeting-Challenges to PSA during the nuclear renaissance,2008.

[177] US nuclear Regulatory Commission. Reactor Safety Study:An assessment of accident risks in US Commercial Nuclear Power Plants [R]. WASH-1400,NUREG-75/014,Washington,DC,October,1975.

[178] WOODS D,ROTH E,STUBLER W,et al. Navigating through large display networks in dynamic control applications [C]. Proceedings of the Human Factors Society 34th Annual Meeting. Santa Monica, USA,1990.

[179] SANKARAN M,EHANG R,SMITH N. Bayesian networks for system reliability reassessment [J]. Structural Safety,2001,23:231-251.

[180] BOUDALI H,DYGAN J B. A discrete time Bayesian networks reliability modeling and analysis framework [J]. Reliability Engineering and System Safety,2005,87:337-349.

[181] KABER D B,PERRY C M,SEGALL N,et al. Situation awareness implications of adaptive automation for information processing in an air traffic control related task [J]. International Journal of Industrial Ergonomics,2006,36(5):447-462.

[182] SALAS E,PRINCE C,BAKER D P,et al. Situation awareness in team performance:implications for measurement and training [J]. Human Factors,1995,37:123-136.

[183] BANBURY S,TREMBLAY S. A cognitive approach to situation awareness:theory and application [M]. London:Routledge,2004.

[184] 张力. 数字化核电厂人因可靠性[M]. 北京:国防工业出版社,2019.

[185] KABER D B,ENDSLEY M R. The effects of level of automation and adaptive automation on human performance,situation awareness and workload in a dynamics control task [J]. Theoretical Issues in Ergonomics Science,2004,5(2):113-153.

[186] KOLACAKOWSKI A,FORESTER J,LOIS E,et al. Good practices for implementing human reliability analysis(HRA)[R]. NUREG-1792,Washington DC:US NRC,2005.

[187] BERRY M W,KOGAN J. 文本挖掘[M]. 文卫东,译. 北京:机械工业出版社,2019.

[188] 朱明. 数据挖掘[M]. 2版. 合肥:中国科学技术大学出版社,2008.

[189] 史忠植. 知识发现[M]. 2版. 北京:清华大学出版社,2011.

[190] 梁循,曾月卿. 网络金融[M]. 北京:北京大学出版社,2005.

[191] KARPOFF J M. The relation between price changes and trading volume-a survey [J]. Journal of Finance & Quantitative Analysis,1987,22(2):109-126.

[192] SMIRLOCK M,STARKS L. An empirical analysis of the stock price-volume relationship [J]. Journal of Banking & Finance,1988,12(1):31-42.

[193] ANDERSEN T. Return volatility and trading volume-an information flow interpretation of stochastic volatility [J]. Journal of Finance. 1996,51(1):169-204.

[194] SHERVE S E. Stochastic Calculus for Finance [M]. New York: Springer-Verlag, 2004.

[195] 段立娟, 高文, 王伟强. 时序数据库中相似序列的挖掘[J]. 计算机科学, 2000, 27(5): 39-44.

[196] LAWRENCE B, EASLEY D. Evolution and market behavior [J]. Journal of Economic Theory, 1992(26): 9-40.

[197] HITCHINS D K. Systems Engineering: A 21st Century Systems Methodology [M]. New Jersey: John Wiley & Sons, 2007.

[198] 杨善林, 胡笑旋, 毛雪岷. 融合知识和数据的贝叶斯网络构造[J]. 模式识别与人工智能, 2006, 19(1): 31-34.

[199] 胡笑旋, 杨善林, 马溪骏. 面向复杂问题的贝叶斯网建模方法[J]. 系统仿真学报, 2006 18(11): 3242-3247.

[200] COOPER G F, HERSKOVITS E. A Bayesian method for the induction of probabilistic networks from data [J]. Machine Learning, 1992, 9: 309-348.

[201] JENNINGS N R. Agent-cased computing: promise and perils [C]. International Joint Conference on Artificial Intelligence, 1999: 1426-1429.

[202] WOOLDRIDGE M. An Introduction to Multi-agent Systems [M]. John Wiley & Sons, 2002.

[203] JENNINGS N R. Controlling cooperative problem solving in industrial multi-agent systems using joint intentions [J]. Artificial Intelligence, 1995, 75(2): 195-240.

[204] DAWN G G. Distributing decision support systems on www: the verification of a DSS metadata model [J]. Decision Support System, 2002, 233-245.

[205] THOMAS R C, BURNA A. The case for distributed decision making systems [J]. The Computing Journal, 1982, 25(1): 148-152.

[206] CHUNG H M. Distributed decision support systems: characterization and design choices [C].// Proc. 26th Annual Hawaii International Conference on System Science, 1993: 129-136.

[207] DAGUM P, LUBY M. Approximating probabilistic inference in Bayesian networks is NP-hard [J]. Artificial Intelligence, 1993, 60(1): 141-153.

[208] MADESN A L, JENSEN F V. Lazy propagation: a junction tree inference algorithm based on lazy evaluation [J]. Artificial Intelligence, 1999, 113(1-2): 203-245.

[209] TARJAN R E, YANNAKAKIS M. Simple linear-time algorithms to test chordality of graphs, test acyclicity of hypergraph, and selectively reduce acyclic hypergraph [J]. SIAM Journal of Computation, 1984, 13: 566-579.

[210] DREW F, JEAN T. Game Theory [M]. MIT Press, 1991.

[211] SHACHTER R D. Bayes-ball: The Rational Pastime [C] // Proceedings of the 14th Conference of Uncertainty in Artificial Intelligence, 1998: 480-487.

[212] BERGER J O. Statistical Decision Theory: Fundations, Concepts and Methods [M]. New York: Springer-Verlag, 1980.

[213] HWANG C L. Group Decision under Multi-Criterion [M]. Berlin Springer-Verlag, 1987.

[214] COHEN P R, LEVESQUE H J. Intention is choice with commitment [J]. Artificial Intelligence, 1990, 42(2-3): 213-261.

[215] 石纯一, 张伟. Agent 研究进展[J]. 知识科学与计算科学, 2003: 97-123.

[216] JENNINGS N R. Controlling cooperative problem solving in industrial multi-agent systems using joint in-

tention [J]. Artificial Intelligence, 1995, 75(2): 195-218.

[217] KRAUS S. Method for task allocation via agent coalition formation [J]. Artificial Intelligence, 1998, 101: 165-200.

[218] GROSZ B, KRAUS S. Collaborative plans for complex group actions [J]. Artificial Intelligence, 1996, 86(2): 269-357.

[219] SMITH R G. The contract net protocol high-level communications and control in a distributed problem solver [J]. IEEE Transactions on Computers, 1980, 29(12): 1104-1113.

[220] WOOLDRIDGE M, JENNINGS N R. The cooperative problem solving process [J]. Journal of Logic and Computation, 1999, 9(4): 563-592.

[221] SURESH S. Decision support using the intranet [J]. Decision Support System, 1998, (2): 19-28.

[222] 琚春华,凌云. 基于Agent协作交互的DDSS研究[J]. 系统工程理论与实践, 2003, (6): 48-55.

[223] 杨善林,胡小建,马溪骏. DIDSS环境下信息Agent任务规范的分解[J]. 系统工程学报, 2004, 19(5): 489-495.

[224] KOLLER D, PFEFFER A. Object-oriented Bayesian networks [C].// Proceedings of the 13th Conference on Uncertainty in Artificial Intelligence, 1997: 302-313.

[225] HECKERMAN D. Bayesian networks for data mining [J]. Data Mining and Knowledge Discovery, 1997, 1(1): 79-119.

[226] 汪应洛. 系统工程[M]. 2版. 北京: 机械工业出版社, 2001.

[227] 程吉林. 大系统试验选优理论和应用[M]. 上海: 上海科学技术出版社, 2002.

[228] 郭亚军. 综合评价理论与方法[M]. 北京: 科学出版社, 2002.

[229] 陈守煜. 复杂水资源系统优化模糊识别理论与应用[M]. 长春: 吉林大学出版社, 2002.

[230] 宋光兴,杨德礼. 模糊判断矩阵的一致性检验及一致性改进方法[J]. 系统工程, 2003, 21(1): 110-116.

[231] 姚敏. 计算机模糊信息处理技术[M]. 上海: 上海科学技术文献出版社, 1999.

[232] 杨和雄,李崇文. 模糊数学和它的应用[M]. 天津: 天津科学技术出版社. 1993.

[233] 金菊良,魏一鸣,付强,等. 计算模糊综合评价逆问题的一种方法[J]. 中国管理科学, 2002, 10(6): 81-83.

[234] 金菊良,魏一鸣,付强,等. 计算层次分析法中排序权值的加速遗传算法[J]. 系统工程理论与实践, 2002, 22(11): 39-43.

[235] 邓聚龙. 灰预测与灰决策(修订版)[M]. 武汉: 华中科技大学出版社, 2002.

[236] 曾珍香,顾培亮. 可持续发展的系统分析与评价[M]. 北京: 科学出版社, 2000.

[237] 秦寿康. 综合评价原理与应用[M]. 北京: 电子工业出版社, 2003.

[238] 苏为华. 多指标综合评价理论与方法研究[M]. 北京: 中国物价出版社, 2001.

[239] 李栋,王洪礼,李胜朋. 综合评价法的统一化研究[J]. 天津大学学报(社会科学版), 2006, 8(5): 373-375.

[240] 金菊良,杨晓华,丁晶. 标准遗传算法的改进方案——加速遗传算法[J]. 系统工程理论与实践, 2001, 21(4): 8-13.

[241] 金菊良,魏一鸣,潘金锋. 修正AHP中判断矩阵一致性的加速遗传算法[J]. 系统工程理论与实践, 2004, 24(1): 63-69.

[242] GOLDBERG D E. Genetic Algorithms in Search, Optimization and Machine Learning [M]. New York:

Addison-Wesley,1989.

[243] HOLLAND J H. Genetic algorithm[J]. Scientific American,1992,4:44-50.

[244] 金菊良,张礼兵,潘金锋.基于投影寻踪的天然草地分类模型[J].生态学报,2003,23(10):2184-2188.

[245] FRIEDMAN J H,TURKEY J W. A projection pursuit algorithm for exploratory data analysis[J]. IEEE Transactions on Computer,1974,23(9):881-890.

[246] 金菊良,杨晓华,丁晶.基于实数编码的加速遗传算法[J].四川大学学报(工程科学版),2000,32(4):20-24.

[247] 金菊良,汪淑娟,魏一鸣.动态多指标决策问题的寻踪模型[J].中国管理科学,2004,12(1):64-67.

[248] 樊治平,肖四汉.有时序多指标决策的理想矩阵法[J].系统工程,1993,11(1):61-65.

[249] 樊治平,肖四汉.一类动态多指标决策问题的关联分析法[J].系统工程,1995,13(1):23-27.

[250] 杨善林,刘心报.判断矩阵凸组合系统的优化原理研究[J].系统工程理论与实践,2001,21(8):49-52.

[251] 杨善林,刘心报.GDSS中判断矩阵的两种集结方法[J].计算机学报,2003,24(1):106-111.

[252] 杨晓华,杨志峰,郦建强,等.大气环境质量综合评价的多目标决策-理想区间法[J].环境工程,2003,21(3):70-72.

[253] 杨晓华,沈珍瑶,智能算法及其在资源环境系统建模中的应用[M],北京:北京师范大学出版社,2005.

[254] 金菊良,汪明武,魏一鸣.基于群体决策的水资源可持续利用评价的理想区间法[J],管理工程学报,2006,20(2):78-83.

[255] 金菊良,张欣莉,丁晶.评估洪水灾情等级的投影寻踪模型[J].系统工程理论与实践,2002,22(2):140-144.

[256] 陈森发.复杂系统建模理论与方法[J].南京:东南大学出版社,2005.

[257] MIETTINEN K. Nonlineary Multiobjeckive Optimization[M]. New York:Springer Science& Business Media,1999.

[258] MARLER R T,ARORA J S. Survey of multi-objective optimization methods for engineering[J]. Structural and Multidisciplinary Optimization,2004,26(6):369-395.

[259] WAGNER T,BEUME N,NAUJOKS B. Pareto-, aggregation-, and indicator-based methods in many-objective optimization[C]// International Conference on Evolutionary Multi-Criterion Optimization. Berlin:Springer,2007:742-756.

[260] ZITZLER E,DEB K,THIELE L. Comparison of multiobjeckive evolutionary algorithms:empirical results[J]. Evolutionary Computation,2000,8(2):173-195.

[261] DEB K. Multi-Objective Optimization Using Evolutionary Algorithms[M]. New Jersey:John Wiley & Sons,2001.

[262] SRINIVAS N,DEB K. Multiobjective optimization using nondominated sorting in genetic algorithms[J]. Evolutionary Computation,1994,2(3):221-248.

[263] ZITZLER E,KUNZLI S. Indcator-based selection in multiobjective search[C]// International Conferene on Parallel Problem Solving from Nature. Berlin:Springer,2004:832-842.

[264] HADKA D,REED P. Diagnostic assessment of search controls and failure modes in many-objective evo-

lutionary optimization[J]. Evolutionary Computation,2012,20(3):423-452.

[265] BADER J,ZITZLER E,HYP E. An algorithm for fast hypervolume-based many-objective optimization [J]. Evolutionary Computation,2011,19(1):45-76.

[266] ZHANG Q F,LI H. MOEA/D:a multiobjective evolutionary algorithm based on decompositon[J]. IEEE Transactions on Evolutionary Computation,2007,11(6):712-731.

[267] ISHIBUCHI H,SAKANE Y,TSUKAMOTO N,et al. Simultaneous use of different scalarizing functions in MOEA/D[C]//Proceeding of the 12th Annual Conference on Genetic and Evolutionary Computation, 2010:519-526.

[268] GIAGKIOZIS I,PURSHOUSE R C,FLEMING P J. Generalized decomposition and cross entropy methods for many-objective optimization [J]. Information Sciences,2014,282:363-387.

[269] SILVA V D,TENENBAUM J B. Global Versus Local Methods in Nonlinear Dimensionality Reduction [C]// Advances in Neural Information Processing Systems. Cambridge,2002:705-712.

[270] DEB K PRATAP,AGARWAL S,et al. A fast and elitist multiobjective genetic algorithm:NSGA-Ⅱ[J]. IEEE Transactions on Evolutionary Computation,2002 6(2):182-197.

[271] SINGH H K,ISAACS A,RAY T. A pareto corner search evolutionary algorithm and dimensionlity reduction in many-objective opimization problems[J]. IEEE Transactions on Evolutionary Computation,2011, 15(4):539-556.

[272] PRADITWONG K,YAO X. A new multi-objective evolutionary optimisation algorithm:the-archive algoritim[C]// 2006 International Conference on Computational Intelligence and Security,2006,1:286-291.

[273] DEB K,AGRAWAL R B. Simulated binary crossover forcontinuous search space [J] Complex Systems, 1994,9(3):1-15.

[274] DEB K,TIWARI S. Omni-optimizer:a procedure for single and muti-objectite optimization [C] // International Conference on Evolutionary Multi-Criterion optimization. Berlin:Springer 2005:47-61.

[275] DEB K,JAIN H. An evolutionary many-objective optimization algorithm using reference-point based nondominated sorting approach,part 1:Soving problems with box constraints [J]. IEEE Transactions on Evolutionary Computation,2014,18(4):577-601.

[276] ISHIBUCHI H,TSUKAMOTO N,NOJIMA Y. Evolutionary many-objective optimization:a short review [C] //IEEE congress on Evolutionary computation. Hong Kong,2008:2419-2426.

[277] DEB K,THIELE L,LAUMANNS M,et al. Scalable multi-objective optimization test problems[C]// Proceedings of the 2002 Congress on Evolutionary Computation 2002(1):825-830.

[278] WANG Z,TANG K,YAO X. Muti-objective approaches to optimal testing resource allocation in modular software systems [J]. IEEE Transactions on Reliability,2010,59(3):563-575.

[279] MORGAN R,GALLAGHER M. Sampling techniques and distance metrics in high dimensional continuouslandscape analysis:limitations and improvements [J]. IEEE Transactions on Evolutionary Computation,2014,18(3):456-461.

[280] 钟义信.信息科学:它的内容、方法和意义[J],北京邮电大学报,1984,(3):116-120.

[281] 钟义信,全信息理论:定义与测度[J].北京邮电大学报,1991(3):4-17.

[282] 霍金斯,布拉克斯莉.人工智能的未来[M].贺俊杰,李若子,杨倩,译.西安:陕西科学技术出版社,2006.

[283] 汪云九,杨玉芳.意识与大脑[M].北京:人民出版社,2003.

[284] 戴汝为. 社会智能科学[M]. 上海:上海交通大学出版社,2007.

[285] 钱学森. 关于思维科学[M]. 上海:上海人民出版社,1986.

[286] VINGE V. True Names[M]. Bluejay Books,1981.

[287] HAWKING S W,ELLIS F R. The Large Scale Structure of Space-time [M]. Cambridge:Cambridge University Press,1973.

[288] 温伯格 S. 引力论和宇宙论[M]. 邹振隆,张厉宁,等译. 北京:科学出版社,1980.